개정판
최고의 수험서

1차 필기시험 시험대비

INDUSTRIAL

# 산업안전지도사

**1차**
**Ⅱ 산업안전일반**

김병진 · 김동섭 · 김희권 지음

지금 우리사회는 모든 분야에서 선진사회로 도약을 하고 있습니다. 그러나 산업현장에서는 아직도 끼임(협착)·떨어짐(추락)·넘어짐(전도) 등 반복형 재해와 화재·폭발 등 중대산업사고, 유해화학물질로 인한 직업병 문제 등으로 하루에 약 6명, 일 년이면 2,100여 명의 근로자가 귀중한 목숨을 잃고 있으며 연간 약 9만여 명의 재해자와 연간 17조원의 경제적 손실을 초래하고 있습니다.

산업재해를 줄이지 않고는 선진사회가 될 수 없습니다. 그러므로 각 기업체에서 안전관리의 역할은 커질 수밖에 없는 상황이고 산업안전은 더욱더 강조될 수밖에 없는 상황입니다.

산업안전지도사 시험은 1996년 1회 시험 이후 시험이 없다가 다시 2012년에 처음 시행된 시험입니다. 그래서 시험에 대한 정보 및 수험서가 없기 때문에 많은 어려움이 있었습니다. 이 수험서가 시험을 준비하는 수험생들에게 조금이나마 도움이 되었으면 하는 마음과 재해 감소와 앞으로 안전관련 업무에 조금이나마 보탬이 되기를 희망하는 마음으로 집필하였습니다.

산업안전지도사는 기계, 전기, 화공, 건설 4개 분야로 이루어져 있습니다. 1차 시험은 공통과목으로 산업안전보건법령, 산업안전일반, 기업진단·지도 3과목으로 이루어져 있습니다. 특히, 1차 시험의 3번째 과목인 기업진단·지도는 이번에 새로 추가된 과목입니다.

이 책은 기존에 집필한 **산업안전기사, 건설안전기사, 산업위생관리기사, 산업안전보건법령집 등을 바탕**으로 시험과목을 체계적으로 정리하여 처음 자격시험을 준비하는 수험생들도 어려움 없이 접근할 수 있도록 내용을 구성하였습니다.

**산업안전지도사 자격시험을 준비하기 위한 수험서로서 본서의 특징은 다음과 같습니다.**

1. 각 과목의 이론내용을 충실히 하여 시험에 나오는 거의 모든 문제가 이론내용에 포함되도록 하였고, 시험에 출제될 가능성이 높은 이론은 밑줄 표시하여 수험생들의 집중도를 높였습니다.
2. 수험생들의 이해도를 높이기 위하여 최대한 그림 및 삽화를 넣어서 책의 이해도를 높였습니다.
3. 안전보건분야의 오랜 현장경험을 가지고 있는 **최고의 전문가가 집필**하여 책의 완성도를 높였습니다.

**개정판을 내면서**

산업안전지도사 시험이 예상했던 것보다 어렵게 출제되었습니다. 산업안전지도사는 안전분야에서 기술사와 동급 또는 그 이상의 자격증입니다. 그만큼 많은 준비와 공부가 필요한 시험이 될 것이라 예상됩니다.

개정판을 준비하면서 그동안 미흡했던 이론을 보충하고, 새로운 문제를 추가하였습니다. 앞으로 계속 수정 및 보완을 통해 수험생들한테 한발 더 가까이 가는 수험서가 되도록 노력하겠습니다.

저 자 일동

# 출제기준

■ 1차 시험

| 구분 | 산업안전지도사 | | 산업보건지도사 | |
|---|---|---|---|---|
| | 과목 | 출제영역 | 과목 | 출제영역 |
| 공통필수 | 산업안전보건법령 (Ⅰ) | 「산업안전보건법」, 「산업안전보건법」 시행령, 「산업안전보건법」 시행규칙, 「산업안전보건기준에 관한 규칙」 | 산업안전보건법령 (Ⅰ) | 산업안전지도사와 동일 |
| | 산업안전일반 (Ⅱ) | 산업안전교육론, 안전관리 및 손실방지론, 신뢰성공학, 시스템안전공학, 인간공학, 산업재해 조사 및 원인 분석 등 | 산업위생일반 (Ⅱ) | 산업위생개론, 작업관리, 산업위생보호구, 건강관리, 산업재해조사 및 원인분석 등 |
| | 기업 진단·지도 (Ⅲ) | 경영학(인적자원관리, 조직관리, 생산관리), 산업심리학, 산업위생개론 | 기업 진단·지도 (Ⅲ) | 경영학(인적자원관리, 조직관리, 생산관리), 산업심리학, 산업위생개론 |

## ■ 2차 시험

| 구분 | 산업안전지도사 | | 산업보건지도사 | | 시험방법 |
|---|---|---|---|---|---|
| | 과목 | 출제범위 | 과목 | 출제범위 | |
| 전공필수 | 기계안전공학 | • 기계·기구·설비의 안전 등 (위험기계·양중기·운반기계·압력용기 포함)<br>• 공장자동화설비의 안전기술 등<br>• 기계·기구·설비의 설계·배치·보수·유지기술 등 | 직업환경의학 | • 직업병의 종류 및 인체발병경로, 직업병의 증상 판단 및 대책 등<br>• 역학조사의 연구방법, 조사 및 분석방법, 직종별 산업의학적 관리대책 등<br>• 유해인자별 특수건강진단 방법, 판정 및 사후관리대책 등<br>• 근골격계질환, 직무스트레스 등 업무상 질환의 대책 및 작업관리방법 등 | 주관식<br>(논술형,<br>단답형) |
| | 전기안전공학 | • 전기기계·기구 등으로 인한 위험 방지 등(전기방폭설비 포함)<br>• 정전기 및 전자파로 인한 재해 예방 등<br>• 감전사고 방지기술 등<br>• 컴퓨터·계측제어 설비의 설계 및 관리기술 등 | | | |
| | 화공안전공학 | • 가스·방화 및 방폭설비 등, 화학장치·설비안전 및 방식기술 등<br>• 정성·정량적 위험성 평가, 위험물 누출·확산 및 피해 예측 등<br>• 유해위험물질 화재폭발방지론, 화학공정 안전관리 등 | 산업위생공학 | • 산업환기설비의 설계, 시스템의 성능검사·유지관리기술 등<br>• 유해인자별 작업환경측정 방법, 산업위생통계 처리 및 해석, 공학적 대책 수립기술 등<br>• 유해인자별 인체에 미치는 영향·대사 및 축적, 인체의 방어기전 등<br>• 측정시료의 전처리 및 분석방법, 기기 분석 및 정도관리기술 등 | |
| | 건설안전공학 | • 건설공사용 가설구조물·기계·기구 등의 안전기술 등<br>• 건설공법 및 시공방법에 대한 위험성 평가 등<br>• 추락·낙하·붕괴·폭발 등 재해요인별 안전대책 등<br>• 건설현장의 유해·위험요인에 대한 안전기술 등 | | | |

## ■3차 시험

| 시험과목 | 평정내용 | 시험방법 |
|---|---|---|
| 면접시험 | • 전문지식과 응용능력<br>• 산업안전·보건제도에 대한 이해 및 인식 정도<br>• 지도·상담 능력 | 평정내용에 대한 질의응답 |

## ■시험시간

| 구분 | 시험과목 | 입실 | 시험시간 | 문항수 | 시험방법 |
|---|---|---|---|---|---|
| 제1차<br>시험 | ① 공통필수Ⅰ<br>② 공통필수Ⅱ<br>③ 공통필수Ⅲ | 13:00 | 13:30~15:00<br>(90분) | 과목별<br>25문항 | 객관식<br>5지 선택 |
| 제2차<br>시험 | • 전공필수 | 13:00 | 13:30~15:10<br>(100분) | 과목별<br>9문항<br>(필요시<br>증감 가능) | 논술형(4문항)<br>(3문항 작성,<br>필수 2/택 1) 및<br>단답형(5문항) |
| 제3차<br>시험 | • 전문지식과 응용능력<br>• 산업안전·보건제도에<br>대한 이해 및 인식 정도<br>• 상담·지도 능력 | 수험자 1명당<br>20분 내외 | | – | 면접 |

## ■합격자 결정(산업안전보건법 시행령 제105조)

• 필기시험
  매 과목 100점을 만점으로 하여 과목당 40점 이상, 전 과목 평균 60점 이상을 득점한 사람을 합격자로 결정
• 면접시험
  면접시험은 평정요소별 평가하되, 10점 만점에 6점 이상 득점한 사람을 합격자로 결정

## ■출제영역

| 과목명 | 주요항목 | 세부항목 |
|---|---|---|
| 기업진단・지도 | 1. 경영학(인적자원관리, 조직관리, 생산관리) | 1. 인적자원관리의 개념 및 관리방안에 관한 사항<br>2. 노사관계관리에 관한 사항<br>3. 조직관리의 개념에 관한 사항<br>4. 조직행동론에 관한 사항<br>5. 생산관리의 개념에 관한 사항<br>6. 생산시스템의 설계, 운영에 관한 사항<br>7. 생산관리 최신 이론에 관한 사항 |
| | 2. 산업심리학 | 1. 산업심리 개념 및 요소<br>2. 직무수행과 평가<br>3. 직무태도 및 동기<br>4. 작업집단의 특성<br>5. 산업재해와 행동 특성<br>6. 인간의 특성과 직무환경<br>7. 직무환경과 건강<br>8. 인간의 특성과 인간관계 |
| | 3. 산업위생개론 | 1. 산업위생의 개념<br>2. 작업환경노출기준 개념<br>3. 작업환경 측정 및 평가<br>4. 산업환기<br>5. 건강검진과 근로자건강관리<br>6. 유해인자의 인체영향 |

## ■수험자 유의사항

### 1 · 2차 시험 공통 유의사항

1) 수험원서 또는 제출서류 등의 **허위작성, 위 · 변조, 기재오기, 누락** 및 **연락불능의 경우**에 발생하는 **불이익**은 **수험자의 책임**입니다.
   - ※ 큐넷의 회원정보를 최신화하고 반드시 연락 가능한 전화번호로 수정
   - ※ 알림 서비스 수신 동의 시에 시험실 사전 안내 및 합격축하 메시지 발송

2) 수험자는 시험 시행 전에 시험장소 및 교통편을 확인한 후(**단, 시험실 출입은 불가**) 시험 당일 교시별 입실시간까지 **신분증, 수험표, 지정 필기구를 소지**하고 해당 시험실의 지정된 좌석에 착석하여야 합니다.
   - ※ 매 교시 시험 시작 이후 입실 불가
   - ※ 수험자 입실완료시간 20분 전 교실별 좌석배치도 부착함
   - ※ 신분증 인정 범위 : 주민등록증, 운전면허증, 여권, 공무원증 등
   - ※ '신분증 미확인자 각서' 제출 후 지정 기일까지 신분증을 지참하고 공단 방문하여 신분 확인을 받지 아니할 경우 시험 무효처리
   - ※ 시험 전일 18 : 00부터 산업안전/보건지도사 홈페이지(큐넷)[마이페이지 – 진행 중인 접수내역]에서 시험실을 사전 확인하실 수 있습니다.

3) 본인이 원서접수 시 선택한 시험장이 아닌 **다른 시험장**이나 **지정된 시험실 좌석** 이외에는 응시할 수 없습니다.

4) 시험시간 중에는 화장실 출입이 불가하고 종료 시까지 퇴실할 수 없습니다.
   - ※ '시험포기각서' 제출 후 퇴실한 수험자는 다음 교(차)시 재입실 · 응시 불가 및 당해 시험 무효처리
   - ※ 단, 설사/배탈 등 긴급사항 발생으로 중도퇴실 시 해당 교시 재입실이 불가하고, 시험시간 종료 전까지 시험본부에 대기

5) 일부 교시 결시자, 기권자, 답안카드(지) 제출불응자 등은 당일 **해당 교시 이후 시험에는 응시할 수 없습니다.**

6) 시험 종료 후 감독위원의 **답안카드(답안지) 제출지시에 불응**한 채 계속 답안카드(답안지)를 작성하는 경우 **당해 시험은 무효처리**하고, 부정행위자로 처리될 수 있으니 유의하시기 바랍니다.

7) 수험자는 감독위원의 지시에 따라야 하며, 시험에서 **부정한 행위**를 한 **수험자, 부정한 방법**으로 시험에 **응시한 수험자**에 대하여는 **당해 시험**을 **정지** 또는 **무효**로 하고, 그 처분을 한 날로부터 **5년간 응시자격**이 **정지**됩니다.

8) 시험실에는 벽시계가 구비되지 않을 수 있으므로 **손목시계를 준비**하여 시간관리를 하시기 바라며, **스마트워치** 등 전자 · 통신기기는 시계 대용으로 사용할 수 없습니다.
   - ※ 시험시간은 타종에 따라 관리되며, 교실에 비치되어 있는 시계 및 감독위원의 시간 안내는 단순 참고 사항이며 시간 관리의 책임은 수험자에게 있음
   - ※ 손목시계는 시각만 확인할 수 있는 단순한 것을 사용하여야 하며, 손목시계용 휴대폰 등 부정행위에 활용될 수 있는 일체의 시계 착용을 금함

9) 시험시간 중에는 **통신기기** 및 **전자기기**[휴대용 전화기, 휴대용 개인정보단말기(PDA), 휴대용 멀티미디어 재생장치(PMP), 휴대용 컴퓨터, 휴대용 카세트, 디지털 카메라, 음성파일 변환기(MP3), 휴대용 게임기, 전자사전, 카메라펜, 시각표시 외의 기능이 부착된 시계, 스마트워치 등]를 일체 휴대할 수 없으며, **금속(전파)탐지기** 수색을 통해 시험 도중 관련 장비를 휴대하다가 적발될 경우 실제 사용 여부와 관계없이 **부정행위자로 처리**될 수 있음을 유의하기 바랍니다.
   ※ 휴대폰은 배터리 전원 OFF(또는 배터리 분리) 하여 시험위원 지시에 따라 보관
10) 전자계산기는 필요시 1개만 사용할 수 있고 공학용 및 재무용 등 데이터 저장기능이 있는 전자계산기는 <u>수험자 본인이</u> 반드시 메모리(SD카드 포함)를 제거, 삭제(리셋, 초기화)하고 시험위원이 초기화 여부를 확인할 경우에는 협조하여야 합니다. 메모리(SD카드 포함) 내용이 제거되지 않은 계산기는 사용 불가하며 사용 시 부정행위로 처리될 수 있습니다.
    ※ 단, 메모리(SD카드 포함) 내용이 제거되지 않은 계산기는 사용 불가
    ※ 시험일 이전에 리셋 점검하여 계산기 작동 여부 등 사전확인 및 재설정(초기화 이후 세팅) 방법 숙지
11) 시험 당일 시험장 내에는 **주차공간이 없거나 협소**하므로 **대중교통을 이용**하여 주시고, 교통 혼잡이 예상되므로 미리 입실할 수 있도록 하시기 바랍니다.
12) 시험장은 전체가 금연구역이므로 흡연을 금지하며, 쓰레기를 함부로 버리거나 시설물이 훼손되지 않도록 주의 바랍니다.
13) 가답안 발표 후 의견제시 사항은 반드시 정해진 기간 내에 제출하여야 합니다.
14) 응시편의 제공을 요청하고자 하는 수험자는 큐넷 산업안전/보건지도사 홈페이지를 확인하여 주기 바랍니다.
    ※ 편의제공을 요구하지 않거나 해당 장애 등 증빙서류를 제출하지 않은 수험자는 일반수험자와 동일한 조건으로 응시하여야 함(응시편의 제공 불가)
15) 접수취소 시 시험 응시 수수료 환불은 정해진 기간 이외에는 환불받을 수 없음을 유의하시기 바랍니다.
16) 기타 시험일정, 운영 등에 관한 사항은 해당 자격 큐넷 홈페이지의 시행공고를 확인하시기 바라며, 미확인으로 인한 불이익은 수험자의 귀책입니다.

## 1차(객관식) 시험 수험자 유의사항

1) 답안카드에 기재된 '<u>수험자 유의사항 및 답안카드 작성 시 유의사항</u>'을 준수하시기 바랍니다.
2) 수험자교육시간에 감독위원 안내 또는 방송(유의사항)에 따라 답안카드에 수험번호를 기재 마킹하고, 배부된 시험지의 인쇄상태 확인 후 답안 카드에 형별을 기재 마킹하여야 합니다.
3) 답안카드는 국가전문자격 공통 표준형으로 문제번호가 1번부터 125번까지 인쇄되어 있습니다. 답안 마킹 시에는 반드시 시험문제지의 문제번호와 **동일한 번호에 마킹**하여야 합니다.
   ※ 답안카드 견본을 큐넷 자격별 홈페이지 공지사항에 공개
4) 답안카드 기재 · 마킹 시에는 **반드시 검정색 사인펜을 사용**하여야 합니다.

5) 채점은 전산 자동 판독 결과에 따르므로 유의사항을 지키지 않거나 수험자의 부주의(답안카드 기재·마킹 착오, 불완전한 마킹·수정, 예비마킹, 형별착오 마킹 등)로 판독불능, 중복판독 등 불이익이 발생할 경우 **수험자 책임**으로 이의제기를 하더라도 받아들여지지 않습니다.
　　※ 답안을 잘못 작성했을 경우, 답안카드 교체 및 수정테이프 사용 가능(단, 답안 이외 수험번호 등 인적사항은 수정 불가)하며 재작성에 따른 시험시간은 별도로 부여하지 않음
　　※ 수정테이프 이외 수정액 및 스티커 등은 사용 불가

## 2차(주관식) 시험 수험자 유의사항

1) 국가전문자격 주관식 답안지 표지에 기재된 '<u>답안지 작성 시 유의사항</u>'을 준수하시기 바랍니다.
2) 수험자 인적사항·답안지 등 작성은 반드시 **검정색 필기구만 사용**하여야 합니다. (그 외 연필류, 유색 필기구 등으로 작성한 **답항은 채점하지 않으며 0점 처리**)
　　※ 필기구는 본인 지참으로 별도 지급하지 않음
3) **답안지의 인적사항 기재란 외의 부분에 특정인임을 암시하거나** 답안과 관련 없는 특수한 표시를 하는 경우, **답안지 전체를 채점하지 않으며 0점 처리**합니다.
4) 답안 정정 시에는 반드시 정정 부분을 두 줄(=)로 긋고 다시 기재하여야 하며, 수정테이프(액) 등을 사용했을 경우 채점상의 불이익을 받을 수 있으므로 사용하지 마시기 바랍니다.

## 3차(면접) 시험 수험자 유의사항

1) 수험자는 일시·장소 및 입실시간을 정확하게 확인 후 신분증과 수험표를 소지하고 시험 당일 입실시간까지 해당 시험장 수험자 대기실에 입실하여야 합니다.
2) 소속 회사 근무복, 군복, 교복 등 제복(**유니폼**)을 착용하고 시험장에 입실할 수 없습니다. (**특정인임을 알 수 있는 모든 의복 포함**)

# 시험안내

## ■ 시험의 일부면제(산업안전보건법 시행령 제104조)

**다음 각 호의 어느 하나에 해당하는 사람에 대한 시험의 면제는 해당 분야의 업무영역별 지도사 시험에 응시하는 경우로 한정함**

1) 「국가기술자격법」에 따른 건설안전기술사, 기계안전기술사, 산업위생관리기술사, 인간공학기술사, 전기안전기술사, 화공안전기술사 : 별표 32에 따른 전공필수·공통필수Ⅰ 및 공통필수Ⅱ 과목

   ※ 인간공학기술사는 공통필수Ⅰ 및 공통필수Ⅱ 과목만 면제하고 전공필수(제2차 시험)는 반드시 응시

2) 「국가기술자격법」에 따른 건설 직무분야(건축 중 직무분야 및 토목 중 직무분야로 한정한다), 기계 직무분야, 화학 직무분야, 전기·전자 직무분야(전기 중 직무분야로 한정한다)의 기술사 자격 보유자 : 별표 32에 따른 전공필수 과목

3) 「의료법」에 따른 직업환경의학과 전문의 : 별표 32에 따른 전공필수·공통필수Ⅰ 및 공통필수Ⅱ 과목

4) 공학(건설안전·기계안전·전기안전·화공안전 분야 전공으로 한정한다), 의학(직업환경의학 분야 전공으로 한정한다), 보건학(산업위생 분야 전공으로 한정한다) 박사학위 소지자 : 별표 32에 따른 전공필수 과목

5) 제2호 또는 제4호에 해당하는 사람으로서 각각의 자격 또는 학위 취득 후 산업안전·산업보건 업무에 3년 이상 종사한 경력이 있는 사람 : 별표 32에 따른 전공필수 및 공통필수Ⅱ 과목

   ※ 산업안전·보건업무는 다음의 업무에 한하여 인정

   > ① 안전·보건 관리자로 실제 근무한 기간
   > ② 산업안전보건법에 따라 지정·등록된 산업안전·보건 관련 기관 종사자의 실제 근무한 기간
   >    ※ 안전·보건관리전문기관, 재해예방지도기관, 안전·보건진단기관, 작업환경측정기관, 특수건강진단기관 등(지정서로 확인)
   > ③ 기업체에서 실제 안전관리 또는 보건관리 업무를 수행한 기간
   >    ※ 품질·환경 업무, 시설(안전)점검 등 산업안전보건법상의 안전·보건관리 업무와 무관한 경력기간은 제외하고, 경력증명서상에 '안전관리' 또는 '보건관리'라고 기재되어 있으며 수행기간이 구체적으로 기재되어 있을 경우에 한해 인정

6) 「공인노무사법」에 따른 공인노무사 : 별표 32에 따른 공통필수Ⅰ 과목
7) 산업안전(보건)지도사 자격 보유자로서 다른 지도사 자격 시험에 응시하는 사람 : 별표 32에 따른 공통필수Ⅰ 및 공통필수Ⅲ 과목
8) 산업안전(보건)지도사 자격 보유자로서 같은 지도사의 다른 분야 지도사 자격 시험에 응시하는 사람 : 별표 32에 따른 공통필수Ⅰ, 공통필수Ⅱ 및 공통필수Ⅲ 과목

※ 제1차 또는 제2차 필기시험에 합격한 사람에 대해서는 다음 회의 자격시험에 한정하여 합격한 차수의 필기시험을 면제한다.

※ 경력 및 면제요건 산정 기준일 : 서류심사 마감일

## ■ 자격개요

### ▶ 개요
행정규제 완화방침에 따라 사업장 내의 자율안전관리가 취약해질 우려가 있고, 생산설비의 노후화 등으로 대형 산업사고 발생 가능성이 높아지고 있으나, 사업장 내의 위험성을 평가하고 대처할 수 있는 전문인력이 거의 없기 때문에 산업안전·보건지도사 제도를 도입하게 되었다.

### ▶ 시행처
한국산업인력공단(www.hrdkorea.or.kr)

### ▶ 진로 및 전망
지도사는 일종의 개인사업면허로 자신의 전문지식에 따라 보수 등에서 큰 차이를 보인다. 앞으로는 대기업에서의 자율적인 안전·보건관리 체계가 정착되도록 고도의 기술을 요하는 사업을 지원하는데 지도사의 역할이 부각될 전망이며, 사업장안전·보건관리자로도 취업이 가능할 것이다.

## ■ 지도사의 직무

### ▶ 산업안전지도사는 다음 각 호의 직무를 한다.
1. 공정상의 안전에 관한 평가·지도
2. 유해·위험의 방지대책에 관한 평가·지도
3. 제1호 및 제2호의 사항과 관련된 계획서 및 보고서의 작성
4. 안전보건개선계획서의 작성
5. 산업안전에 관한 사항의 자문에 대한 응답 및 조언

▶산업보건지도사는 다음 각 호의 직무를 한다.
1. 작업환경의 평가 및 개선 지도
2. 작업환경 개선과 관련된 계획서 및 보고서의 작성
3. 근로자 건강진단에 따른 사후관리 지도
4. 직업성 질병 진단(「의료법」에 따른 의사인 산업보건지도사만 해당한다) 및 예방 지도
5. 산업보건에 관한 조사·연구
6. 그 밖에 산업보건에 관한 사항으로서 대통령령으로 정하는 사항

## ■응시자격

제한 없음(누구나 응시 가능)

## ■통계자료

| 2017년 | | 1차 | | | 2차 | | | 3차 | | |
|---|---|---|---|---|---|---|---|---|---|---|
| | | 대상 | 응시 | 합격 | 대상 | 응시 | 합격 | 대상 | 응시 | 합격 |
| 소계 | | 720 | 629 | 43 | 29 | 29 | 17 | 29 | 29 | 23 |
| 안전 | 기계 | 201 | 173 | 15 | 12 | 12 | 6 | 9 | 9 | 6 |
| | 전기 | 82 | 73 | 5 | 3 | 3 | 2 | 3 | 3 | 2 |
| | 화공 | 117 | 104 | 10 | 7 | 7 | 5 | 8 | 8 | 7 |
| | 건설 | 320 | 279 | 13 | 7 | 7 | 4 | 9 | 9 | 8 |

| 2018년 | | 1차 | | | 2차 | | | 3차 | | |
|---|---|---|---|---|---|---|---|---|---|---|
| | | 대상 | 응시 | 합격 | 대상 | 응시 | 합격 | 대상 | 응시 | 합격 |
| 소계 | | 846 | 697 | 236 | 116 | 110 | 41 | 171 | 169 | 88 |
| 안전 | 기계 | 227 | 187 | 59 | 38 | 36 | 6 | 33 | 32 | 16 |
| | 전기 | 94 | 76 | 25 | 15 | 13 | 8 | 18 | 18 | 9 |
| | 화공 | 119 | 97 | 45 | 35 | 33 | 17 | 30 | 30 | 9 |
| | 건설 | 406 | 337 | 107 | 28 | 28 | 10 | 90 | 89 | 54 |

| 2019년 | | 1차 | | | 2차 | | | 3차 | | |
|---|---|---|---|---|---|---|---|---|---|---|
| | | 대상 | 응시 | 합격 | 대상 | 응시 | 합격 | 대상 | 응시 | 합격 |
| 소계 | | 1,172 | 1,018 | 454 | 266 | 239 | 71 | 341 | 335 | 187 |
| 안전 | 기계 | 256 | 219 | 106 | 83 | 75 | 14 | 62 | 60 | 25 |
| | 전기 | 101 | 83 | 39 | 29 | 26 | 4 | 27 | 27 | 20 |
| | 화공 | 127 | 113 | 63 | 48 | 43 | 8 | 43 | 42 | 33 |
| | 건설 | 688 | 603 | 246 | 106 | 95 | 45 | 209 | 206 | 109 |

| 2020년 | | 1차 | | | 2차 | | | 3차 | | |
|---|---|---|---|---|---|---|---|---|---|---|
| | | 대상 | 응시 | 합격 | 대상 | 응시 | 합격 | 대상 | 응시 | 합격 |
| 소계 | | 1,580 | 1,340 | 360 | 276 | 247 | 44 | 350 | 341 | 147 |
| 안전 | 기계 | 285 | 236 | 60 | 73 | 64 | 10 | 63 | 62 | 23 |
| | 전기 | 83 | 69 | 17 | 24 | 22 | 4 | 12 | 12 | 9 |
| | 화공 | 118 | 102 | 35 | 49 | 45 | 8 | 23 | 22 | 10 |
| | 건설 | 1,094 | 933 | 248 | 130 | 116 | 22 | 252 | 245 | 105 |

| 2021년 | | 1차 | | | 2차 | | | 3차 | | |
|---|---|---|---|---|---|---|---|---|---|---|
| | | 대상 | 응시 | 합격 | 대상 | 응시 | 합격 | 대상 | 응시 | 합격 |
| 소계 | | 2,338 | 2,000 | 607 | 448 | 411 | 76 | 414 | 401 | 168 |
| 안전 | 기계 | 439 | 377 | 144 | 118 | 112 | 38 | 92 | 87 | 30 |
| | 전기 | 116 | 98 | 32 | 31 | 29 | 13 | 20 | 20 | 7 |
| | 화공 | 187 | 158 | 63 | 51 | 46 | 22 | 45 | 45 | 24 |
| | 건설 | 1,596 | 1,367 | 138 | 248 | 224 | 3 | 257 | 249 | 107 |

# 차례

## 제1편 | 산업안전교육론

01 교육의 필요성과 목적 · 3
02 교육심리학 · 4
03 안전교육계획 수립 및 실시 · 8
04 교육내용 · 12
05 교육방법 · 26
06 교육실시방법 · 31

## 제2편 | 안전관리 및 손실방지론

01 안전과 생산 · 35
02 안전보건관리 체제 및 운용 · 57
03 무재해운동 등 안전활동 기법 · 77
04 기계위험 방지기술(기계안전 개념) · 83
05 전기위험 방지기술(전기안전 일반) · 97
06 화학설비 위험방지기술(폭발방지 및 안전대책) · 135
07 건설안전기술(건설공사 안전개요) · 150
08 보호구 및 안전보건표지 · 181

## 제3편 | 신뢰성공학

01 결함수분석법(FTA : Fault Tree Analysis) · 213
02 설비관리의 개요 · 220
03 설비의 운전 및 유지관리 · 221

# 제4편 | 시스템안전공학

- 01 시스템 위험분석 및 관리 ········· 225
- 02 시스템 위험분석기법 ············ 229
- 03 안진성 평기의 개요 ············· 236
- 04 신뢰도 및 안전도 계산 ·········· 240

# 제5편 | 인간공학

- 01 인간공학의 정의 ················ 253
- 02 인간-기계 체계 ················ 256
- 03 체계설계와 인간요소 ············ 259
- 04 시각적 표시장치 ················ 262
- 05 청각적 표시장치 ················ 273
- 06 촉각 및 후각적 표시장치 ········ 278
- 07 인간요소와 휴먼에러 ············ 280
- 08 인체계측 및 인간의 체계제어 ···· 286
- 09 신체활동의 생리학적 측정방법 ··· 298
- 10 직업공간 및 작업자세 ··········· 302
- 11 인간의 특성과 안전 ············· 305
- 12 생체리듬과 피로 ················ 317
- 13 산업안전심리 ··················· 321
- 14 리더십 ·························· 338

# 제6편 | 산업재해 조사 및 원인 분석 등

- 01 재해조사 ······················· 361
- 02 산재분류 및 통계분석 ··········· 368
- 03 안전점검·인증 및 진단 ········· 381

# 제7편 | 예상문제 및 해설

- 산업안전교육론 ·············································································· 389
- 안전관리 및 손실방지론 ································································· 405
- 신뢰성공학 ······················································································ 440
- 시스템안전공학 ··············································································· 459
- 인간공학 ·························································································· 477
- 산업재해 조사 및 원인 분석 ························································ 508

# 산업안전교육론

Part 01

# 제1편 산업안전교육론

## 01 교육의 필요성과 목적

### 1. 교육의 목적
피교육자의 발달을 효과적으로 도와줌으로써 이상적인 상태가 되도록 하는 것을 말함

### 2. 교육의 개념(효과)
1) 신입직원은 기업의 내용과 그 방침, 규정을 파악함으로써 친근감과 안정감을 준다.
2) 직무에 대한 지도를 받아 질과 양이 모두 표준에 도달하고 임금의 증가를 도모한다.
3) 재해, 기계설비의 소모 등의 감소에 유효하며 산업재해를 예방한다.
4) 직원의 불만과 결근, 이동을 방지한다.
5) 내부 이동에 대비하여 능력의 다양화, 승진에 대비한 능력 향상을 도모한다.
6) 새로 도입된 신기술에 종업원의 적응이 원활하게 한다.

### 3. 학습지도 이론
1) 자발성의 원리 : 학습자 스스로 학습에 참여해야 한다는 원리
2) 개별화의 원리 : 학습자가 가지고 있는 각각의 요구 및 능력에 맞게 지도해야 한다는 원리
3) 사회화의 원리 : 공동학습을 통해 협력과 사회화를 도와준다는 원리
4) 통합의 원리 : 학습을 종합적으로 지도하는 것으로 학습자의 능력을 조화있게 발달시키는 원리
5) 직관의 원리 : 구체적인 사물을 제시하거나 경험 등을 통해 학습효과를 거둘 수 있다는 원리

# 02 교육심리학

## 1. 교육심리학의 정의
교육의 과정에서 일어나는 여러 문제를 심리학적 측면에서 연구하여 원리를 정립하고 방법을 제시함으로써 교육의 효과를 극대화하려는 교육학의 한 분야
1) 교육심리학에서 심리학적 측면을 강조하는 경우에는 학습자의 발달과정이나 학습방법과 관련된 법칙정립이 그 핵심이 되어 가치중립적인 과학적 연구가 된다.
2) 바람직한 방향으로 학습자를 성장하도록 도와준다는 교육적 측면이 중요시되는 경우에는 교육적인 측면에 가치가 개입된다.

## 2. 교육심리학의 연구방법
1) 관찰법 : 현재의 상태를 있는 그대로 관찰하는 방법
2) 실험법 : 관찰 대상을 교육목적에 맞게 계획하고 조작하여 나타나는 결과를 관찰하는 방법
3) 면접법 : 관찰자가 관찰대상과 직접 면접을 통해서 심리상태를 파악하는 방법
4) 질문지법 : 관찰 대상에게 질문지를 나누어주고 이에 대한 답을 작성하게 해서 알아보는 방법
5) 투사법 : 다양한 종류의 상황을 가정하거나 상상하여 관찰자의 심리상태를 파악하는 방법
6) 사례연구법 : 여러 가지 사례를 조사하여 결과를 도출하는 방법. 원칙과 규정의 체계적 습득이 어렵다.

## 3. 학습이론

1) 자극과 반응(S-R, Stimulus & Response) 이론

   (1) 손다이크(Thorndike)의 시행착오설

   인간과 동물은 차이가 없다고 보고 동물연구를 통해 인간심리를 발견하고자 했으며 동물의 행동이 자극 S와 반응 R의 연합에 의해 결정된다고 하는 것(학습 또한 지식의 습득이 아니라 새로운 환경에 적응하는 행동의 변화이다.)
   ① 준비성의 법칙 : 학습이 이루어지기 전의 학습자의 상태에 따라 그것이 만족스러운가 불만족스러운가에 관한 것
   ② 연습의 법칙 : 일정한 목적을 가지고 있는 작업을 반복하는 과정 및 효과를 포함한 전체과정
   ③ 효과의 법칙 : 목표에 도달했을 때 만족스러운 보상을 주면 반응과 결합이 강해져 조건화가 잘 이루어짐

(2) 파블로프(Pavlov)의 조건반사설

훈련을 통해 반응이나 새로운 행동에 적응할 수 있다.(종소리를 통해 개의 소화작용에 대한 실험을 실시)
① 계속성의 원리(The Continuity Principle) : 자극과 반응의 관계는 횟수가 거듭될수록 강화가 잘됨
② 일관성의 원리(The Consistency Principle) : 일관된 자극을 사용하여야 함
③ 강도의 원리(The Intensity Principle) : 먼저 준 자극보다 같거나 강한 자극을 주어야 강화가 잘됨
④ 시간의 원리(The Time Principle) : 조건자극을 무조건자극보다 조금 앞서거나 동시에 주어야 강화가 잘됨

(3) 파블로프의 계속성의 원리와 손다이크의 연습의 원리 비교
① 파블로프의 계속성 원리 : 같은 행동을 단순히 반복함, 행동의 양적 측면에 관심
② 손다이크의 연습의 원리 : 단순동일행동의 반복이 아님, 최종행동의 형성을 위해 점차적인 변화를 꾀하는 목적 있는 진보의 의미

(4) 스키너(Skinner)의 조작적 조건형성 이론

특정 반응에 대해 체계적이고 선택적인 강화를 통해 그 반응이 반복해서 일어날 확률을 증가시키는 이론(쥐를 상자에 넣고 쥐의 행동에 따라 음식을 떨어뜨리는 실험을 실시)
① 강화(Reinforcement)의 원리 : 어떤 행동의 강도와 발생빈도를 증가시키는 것
  (예 안전퀴즈대회를 열어 우승자에게 상을 줌)
② 소거의 원리
③ 조형의 원리
④ 변별의 원리
⑤ 자발적 회복의 원리

2) 인지이론

(1) 톨만(Tolman)의 기호형태설 : 학습자의 머릿속에 인지적 지도 같은 인지구조를 바탕으로 학습하려는 것이다.
(2) 쾰러(Köhler)의 통찰설
(3) 레빈(Lewin)의 장이론

## 4. 적응기제(適應機制, Adjustment Mechanism)

욕구불만에서 합리적인 반응을 하기가 곤란할 때 일어나는 여러 가지의 비합리적인 행동으로 자신을 보호하려고 하는 것. 문제의 직접적인 해결을 시도하지 않고, 현실을 왜곡시켜 자기를 보호함으로써 심리적 균형을 유지하려는 '행동기제'

### 1) 방어적 기제(Defense Mechanism)

자신의 약점을 위장하여 유리하게 보임으로써 자기를 보호하려는 것
(1) 보상 : 계획한 일을 성공하는 데서 오는 자존감
(2) 합리화(변명) : 너무 고통스럽기 때문에 인정할 수 없는 실제 이유 대신에 자기 행동에 그럴듯한 이유를 붙이는 방법
(3) 승화 : 억압당한 욕구가 사회적·문화적으로 가치 있게 목적으로 향하도록 노력함으로써 욕구를 충족하는 방법
(4) 동일시 : 자기가 되고자 하는 인물을 찾아내어 동일시하여 만족을 얻는 행동

### 2) 도피적 기제(Escape Mechanism)

욕구불만이나 압박으로부터 벗어나기 위해 현실을 벗어나 마음의 안정을 찾으려는 것
(1) 고립 : 자기의 열등감을 의식하여 다른 사람과의 접촉을 피해 자기의 내적 세계로 들어가 현실의 억압에서 피하려는 기제
(2) 퇴행 : 신체적으로나 정신적으로 정상 발달되어 있으면서도 위협이나 불안을 일으키는 상황에는 생애 초기에 만족했던 시절을 생각하는 것
(3) 억압 : 나쁜 무엇을 잊고 더 이상 행하지 않겠다는 해결 방어기제
(4) 백일몽 : 현실에서 만족할 수 없는 욕구를 상상의 세계에서 얻으려는 행동

### 3) 공격적 기제(Aggressive Mechanism)

욕구불만이나 압박에 대해 반항하여 적대시하는 감정이나 태도를 취하는 것
(1) 직접적 공격기제 : 폭행, 싸움, 기물파손
(2) 간접적 공격기제 : 욕설, 비난, 조소 등

4) 적응기제의 전형적인 형태

| 스트레스 | 일반적인 방어기제 |
|---|---|
| 실패 | 합리화, 보상 |
| 죄책감 | 합리화 |
| 적대감 | 백일몽, 억압 |
| 열등감 | 동일시, 보상, 백일몽 |
| 실연 | 합리화, 백일몽, 고립 |
| 개인의 능력한계 | 백일몽, 고립 |

# 03 안전교육계획 수립 및 실시

## 1. 안전교육의 기본방향

### 1) 안전교육계획 수립 시 고려사항
(1) 필요한 정보를 수집
(2) 현장의 의견을 충분히 반영
(3) 안전교육 시행체계와의 관련을 고려
(4) 법 규정에 의한 교육에만 그치지 않는다.

### 2) 안전교육의 내용(안전교육계획 수립 시 포함되어야 할 사항)
(1) 교육대상(가장 먼저 고려)
(2) 교육의 종류
(3) 교육과목 및 교육내용
(4) 교육기간 및 시간
(5) 교육장소
(6) 교육방법
(7) 교육담당자 및 강사

### 3) 교육준비계획에 포함되어야 할 사항
(1) 교육목표 설정
(2) 교육대상자 범위 결정
(3) 교육과정의 결정
(4) 교육방법의 결정
(5) 강사, 조교 편성
(6) 교육보조자료의 선정

### 4) 작성순서
(1) 교육의 필요점 발견
(2) 교육대상을 결정하고 그것에 따라 교육내용 및 방법 결정
(3) 교육준비
(4) 교육실시
(5) 평가

5) 교육지도의 8원칙

　(1) 상대방의 입장고려
　(2) 동기부여
　(3) 쉬운 것에서 어려운 것으로
　(4) 반복
　(5) 한 번에 하나씩
　(6) 인상의 강화
　(7) 오감의 활용
　(8) 기능적인 이해

## 2. 안전보건교육의 단계별 교육과정

| 단계별 | 과정 | 교육목표 | 내용 |
|---|---|---|---|
| 1단계 | 지식교육 | • 안전의식 제고<br>• 기능지식의 주입 · 안전의 감수성 향상 | • 안전의식 향상<br>• 안전의 책임감 주입<br>• 기능, 태도교육에 필요한 기초지식 주입 · 안전규정 숙지 |
| 2단계 | 기능교육 | • 안전작업의 기능<br>• 표준작업의 기능<br>• 위험예측 및 응급처치 | • 전문적 기술 기능 · 안전 기술 기능<br>• 방호장치 관리 기능 · 점검, 검사장비 기능 |
| 3단계 | 태도교육 | • 작업동작의 정확화 · 공구, 보호구 취급 태도의 안전화<br>• 점검태도의 정확화 · 언어태도의 안전화 · 관리자세의 확립 | • 표준작업방법의 습관화<br>• 공구, 보호구 취급과 관리자세의 확립<br>• 작업 전후의 점검, 검사요령의 정확한 습관화<br>• 안전작업 지시 전달확인 등 언어 태도의 습관화 및 정확화 |

1) 안전교육의 3단계

　(1) <u>지식교육(1단계)</u> : 지식의 전달과 이해
　(2) <u>기능교육(2단계)</u> : 실습, 시범을 통한 이해
　　　① 준비 철저
　　　② 위험작업의 규제
　　　③ 안전작업의 표준화

(3) 태도교육(3단계) : 안전의 습관화(가치관 형성)
① 청취(들어본다.) → ② 이해, 납득(이해시킨다.) → ③ 모범(시범을 보인다.) →
④ 권장(평가한다.)

2) 교육법의 4단계

(1) 도입(1단계) : 학습할 준비를 시킨다.(배우고자 하는 마음가짐을 일으키는 단계)
(2) 제시(2단계) : 작업을 설명한다.(내용을 확실하게 이해시키고 납득시키는 단계)
(3) 적용(3단계) : 작업을 지휘한다.(이해시킨 내용을 활용시키거나 응용시키는 단계)
(4) 확인(4단계) : 가르친 뒤 살펴본다.(교육내용을 정확하게 이해하였는가를 테스트하는 단계)

〈교육방법에 따른 교육시간〉

| 교육법의 4단계 | 강의식 | 토의식 |
| --- | --- | --- |
| 제1단계 - 도입(준비) | 5분 | 5분 |
| 제2단계 - 제시(설명) | 40분 | 10분 |
| 제3단계 - 적용(응용) | 10분 | 40분 |
| 제4단계 - 확인(총괄) | 5분 | 5분 |

## 3. 강의계획의 4단계

1) 학습목적과 학습성과의 설정

(1) 학습목적의 3요소

① 주제
② 학습 정도
③ 목표

(2) 학습성과

학습목적을 세분하여 구체적으로 결정하는 것

(3) 학습성과 설정 시 유의할 사항

① 주제와 학습 정도가 포함되어야 한다.
② 학습목적에 적합하고 타당해야 한다.
③ 구체적으로 서술해야 한다.
④ 수강자의 입장에서 기술해야 한다.

2) 학습자료의 수집 및 체계화

3) 교수방법의 선정

4) 강의안 작성

## 04 교육내용

### 1. 안전보건교육 교육과정별 교육시간(산업안전보건법 시행규칙 별표 4)

1) 근로자 안전보건교육(제26조제1항, 제28조제1항 관련)

| 교육과정 | 교육대상 | | 교육시간 |
|---|---|---|---|
| 가. 정기교육 | 사무직 종사 근로자 | | 매분기 3시간 이상 |
| | 사무직 종사 근로자 외의 근로자 | 판매업무에 직접 종사하는 근로자 | 매분기 3시간 이상 |
| | | 판매업무에 직접 종사하는 근로자 외의 근로자 | 매분기 6시간 이상 |
| | 관리감독자의 지위에 있는 사람 | | 연간 16시간 이상 |
| 나. 채용 시의 교육 | 일용근로자 | | 1시간 이상 |
| | 일용근로자를 제외한 근로자 | | 8시간 이상 |
| 다. 작업내용 변경 시의 교육 | 일용근로자 | | 1시간 이상 |
| | 일용근로자를 제외한 근로자 | | 2시간 이상 |
| 라. 특별교육 | 별표 5의 제1호 라목 각 호(제40호는 제외한다)의 어느 하나에 해당하는 작업에 종사하는 일용근로자 | | 2시간 이상 |
| | 별표 5 제1호 라목 제40호의 타워크레인 신호작업에 종사하는 일용근로자 | | 8시간 |
| | 별표 5 제1호 라목 각 호의 어느 하나에 해당하는 작업에 종사하는 일용근로자를 제외한 근로자 | | • 16시간 이상(최초 작업에 종사하기 전 4시간 이상 실시하고 12시간은 3개월 이내에서 분할하여 실시가능)<br>• 단시간 작업 또는 간헐적 작업인 경우에는 2시간 이상 |
| 마. 건설업 기초 안전·보건 교육 | 건설 일용근로자 | | 4시간 |

2) 안전보건관리책임자 등에 대한 교육(제29조제2항 관련)

| 교육대상 | 교육시간 | |
|---|---|---|
| | 신규교육 | 보수교육 |
| 가. 안전보건관리책임자 | 6시간 이상 | 6시간 이상 |
| 나. 안전관리자, 안전관리전문기관의 종사자 | 34시간 이상 | 24시간 이상 |
| 다. 보건관리자, 보건관리전문기관의 종사자 | 34시간 이상 | 24시간 이상 |
| 라. 건설재해예방전문지도기관의 종사자 | 34시간 이상 | 24시간 이상 |
| 마. 석면조사기관의 조사자 | 34시간 이상 | 24시간 이상 |
| 바. 안전보건관리담당자 | – | 8시간 이상 |
| 사. 안전검사기관, 자율안전검사기관의 종사자 | 34시간 이상 | 24시간 이상 |

3) 특수형태근로종사자에 대한 안전보건교육(제95조제1항 관련)

| 교육과정 | 교육시간 |
|---|---|
| 가. 최초 노무제공 시 교육 | 2시간 이상(단기간 작업 또는 간헐적 작업에 노무를 제공하는 경우에는 1시간 이상 실시하고, 특별교육을 실시한 경우는 면제) |
| 나. 특별교육 | 16시간 이상(최초 작업에 종사하기 전 4시간 이상 실시하고 12시간은 3개월 이내에서 분할하여 실시가능) |
| | 단기간 작업 또는 간헐적 작업인 경우에는 2시간 이상 |

4) 검사원 성능검사 교육(제131조제2항 관련)

| 교육과정 | 교육대상 | 교육시간 |
|---|---|---|
| 성능검사 교육 | – | 28시간 이상 |

## 2. 안전보건교육 교육대상별 교육내용(산업안전보건법 시행규칙 별표 5)

1) 근로자 안전보건교육(제26조제1항 관련)

(1) 근로자 정기안전 · 보건교육

| 교육내용 |
|---|
| • 산업안전 및 사고 예방에 관한 사항<br>• 산업보건 및 직업병 예방에 관한 사항<br>• 건강증진 및 질병 예방에 관한 사항<br>• 유해 · 위험 작업환경 관리에 관한 사항<br>• 산업안전보건법령 및 산업재해보상보험법 제도에 관한 사항<br>• 직무스트레스 예방 및 관리에 관한 사항<br>• 직장 내 괴롭힘, 고객의 폭언 등으로 인한 건강장해 예방 및 관리에 관한 사항 |

(2) 관리감독자 정기교육

| 교육내용 |
|---|
| • 산업안전 및 사고 예방에 관한 사항<br>• 산업보건 및 직업병 예방에 관한 사항<br>• 유해 · 위험 작업환경 관리에 관한 사항<br>• 산업안전보건법령 및 산업재해보상보험 제도에 관한 사항<br>• 직무스트레스 예방 및 관리에 관한 사항<br>• 직장 내 괴롭힘, 고객의 폭언 등으로 인한 건강장해 예방 및 관리에 관한 사항<br>• 작업공정의 유해 · 위험과 재해 예방대책에 관한 사항<br>• 표준안전 작업방법 및 지도 요령에 관한 사항<br>• 관리감독자의 역할과 임무에 관한 사항<br>• 안전보건교육 능력 배양에 관한 사항<br>  - 현장근로자와의 의사소통능력 향상, 강의능력 향상 및 그 밖에 안전보건교육 능력 배양 등에 관한 사항. 이 경우 안전보건교육 능력 배양 교육은 별표 4에 따라 관리감독자가 받아야 하는 전체 교육시간의 3분의 1 범위에서 할 수 있다. |

### (3) 채용 시의 교육 및 작업내용 변경 시의 교육

| 교육내용 |
|---|
| • 산업안전 및 사고 예방에 관한 사항<br>• 산업보건 및 직업병 예방에 관한 사항<br>• 산업안전보건법령 및 산업재해보상보험 제도에 관한 사항<br>• 직무스트레스 예방 및 관리에 관한 사항<br>• 직장 내 괴롭힘, 고객의 폭언 등으로 인한 건강장해 예방 및 관리에 관한 사항<br>• 기계·기구의 위험성과 작업의 순서 및 동선에 관한 사항<br>• 작업 개시 전 점검에 관한 사항<br>• 정리정돈 및 청소에 관한 사항<br>• 사고 발생 시 긴급조치에 관한 사항<br>• 물질안전보건자료에 관한 사항 |

### (4) 특별안전·보건교육 대상 작업별 교육내용

| 작업명 | 교육내용 |
|---|---|
| 〈공통내용〉<br>제1호부터 제40호까지의 작업 | 다목과 같은 내용 |
| 〈개별내용〉<br>1. 고압실 내 작업(잠함공법이나 그 밖의 압기공법으로 대기압을 넘는 기압인 작업실 또는 수갱 내부에서 하는 작업만 해당한다) | • 고기압 장해의 인체에 미치는 영향에 관한 사항<br>• 작업의 시간·작업 방법 및 절차에 관한 사항<br>• 압기공법에 관한 기초지식 및 보호구 착용에 관한 사항<br>• 이상 발생 시 응급조치에 관한 사항<br>• 그 밖에 안전·보건관리에 필요한 사항 |
| 2. 아세틸렌 용접장치 또는 가스집합 용접장치를 사용하는 금속의 용접·용단 또는 가열작업(발생기·도관 등에 의하여 구성되는 용접장치만 해당한다) | • 용접 흄, 분진 및 유해광선 등의 유해성에 관한 사항<br>• 가스용접기, 압력조정기, 호스 및 취관두(불꽃이 나오는 용접기의 앞부분) 등의 기기점검에 관한 사항<br>• 작업방법·순서 및 응급처치에 관한 사항<br>• 안전기 및 보호구 취급에 관한 사항<br>• 화재예방 및 초기대응에 관한사항<br>• 그 밖에 안전·보건관리에 필요한 사항 |
| 3. 밀폐된 장소(탱크 내 또는 환기가 극히 불량한 좁은 장소를 말한다)에서 하는 용접작업 또는 습한 장소에서 하는 전기용접 작업 | • 작업순서, 안전작업방법 및 수칙에 관한 사항<br>• 환기설비에 관한 사항<br>• 전격 방지 및 보호구 착용에 관한 사항<br>• 질식 시 응급조치에 관한 사항<br>• 작업환경 점검에 관한 사항<br>• 그 밖에 안전·보건관리에 필요한 사항 |

| 작업명 | 교육내용 |
|---|---|
| 4. 폭발성·물반응성·자기반응성·자기발열성 물질, 자연발화성 액체·고체 및 인화성 액체의 제조 또는 취급작업(시험연구를 위한 취급작업은 제외한다) | • 폭발성·물반응성·자기반응성·자기발열성 물질, 자연발화성 액체·고체 및 인화성 액체의 성질이나 상태에 관한 사항<br>• 폭발 한계점, 발화점 및 인화점 등에 관한 사항<br>• 취급방법 및 안전수칙에 관한 사항<br>• 이상 발견 시의 응급처치 및 대피 요령에 관한 사항<br>• 화기·정전기·충격 및 자연발화 등의 위험방지에 관한 사항<br>• 작업순서, 취급 주의사항 및 방호거리 등에 관한 사항<br>• 그 밖에 안전·보건관리에 필요한 사항 |
| 5. 액화석유가스·수소가스 등 인화성 가스 또는 폭발성 물질 중 가스의 발생장치 취급작업 | • 취급가스의 상태 및 성질에 관한 사항<br>• 발생장치 등의 위험 방지에 관한 사항<br>• 고압가스 저장설비 및 안전취급방법에 관한 사항<br>• 설비 및 기구의 점검 요령<br>• 그 밖에 안전·보건관리에 필요한 사항 |
| 6. 화학설비 중 반응기, 교반기·추출기의 사용 및 세척작업 | • 각 계측장치의 취급 및 주의에 관한 사항<br>• 투시창·수위 및 유량계 등의 점검 및 밸브의 조작주의에 관한 사항<br>• 세척액의 유해성 및 인체에 미치는 영향에 관한 사항<br>• 작업절차에 관한 사항<br>• 그 밖에 안전·보건관리에 필요한 사항 |
| 7. 화학설비의 탱크 내 작업 | • 차단장치·정지장치 및 밸브 개폐장치의 점검에 관한 사항<br>• 탱크 내의 산소농도 측정 및 작업환경에 관한 사항<br>• 안전보호구 및 이상 발생 시 응급조치에 관한 사항<br>• 작업절차·방법 및 유해·위험에 관한 사항<br>• 그 밖에 안전·보건관리에 필요한 사항 |
| 8. 분말·원재료 등을 담은 호퍼(하부가 깔대기 모양으로 된 저장통)·저장창고 등 저장탱크의 내부작업 | • 분말·원재료의 인체에 미치는 영향에 관한 사항<br>• 저장탱크 내부작업 및 복장보호구 착용에 관한 사항<br>• 작업의 지정·방법·순서 및 작업환경 점검에 관한 사항<br>• 팬·풍기(風旗) 조작 및 취급에 관한 사항<br>• 분진 폭발에 관한 사항<br>• 그 밖에 안전·보건관리에 필요한 사항 |

| 작업명 | 교육내용 |
|---|---|
| 9. 다음 각 목에 정하는 설비에 의한 물건의 가열·건조작업<br>　가. 건조설비 중 위험물 등에 관계되는 설비로 속부피가 1세제곱미터 이상인 것<br>　나. 건조설비 중 가목의 위험물 등 외의 물질에 관계되는 설비로서, 연료를 열원으로 사용하는 것(그 최대연소소비량이 매 시간당 10킬로그램 이상인 것만 해당한다) 또는 전력을 열원으로 사용하는 것(정격소비전력이 10킬로와트 이상인 경우만 해당한다) | • 건조설비 내외면 및 기기 기능의 점검에 관한 사항<br>• 복장보호구 착용에 관한 사항<br>• 건조 시 유해가스 및 고열 등이 인체에 미치는 영향에 관한 사항<br>• 건조설비에 의한 화재·폭발 예방에 관한 사항 |
| 10. 다음 각 목에 해당하는 집재장치(집재기·가선·운반기구·지주 및 이들에 부속하는 물건으로 구성되고, 동력을 사용하여 원목 또는 장작과 숯을 담아 올리거나 공중에서 운반하는 설비를 말한다)의 조립, 해체, 변경 또는 수리작업 및 이들 설비에 의한 집재 또는 운반 작업<br>　가. 원동기의 정격출력이 7.5킬로와트를 넘는 것<br>　나. 지간의 경사거리 합계가 350미터 이상인 것<br>　다. 최대사용하중이 200킬로그램 이상인 것 | • 기계의 브레이크 비상정지장치 및 운반경로, 각종 기능 점검에 관한 사항<br>• 작업 시작 전 준비사항 및 작업방법에 관한 사항<br>• 취급물의 유해·위험에 관한 사항<br>• 구조상의 이상 시 응급처치에 관한 사항<br>• 그 밖에 안전·보건관리에 필요한 사항 |
| 11. 동력에 의하여 작동되는 프레스기계를 5대 이상 보유한 사업장에서 해당 기계로 하는 작업 | • 프레스의 특성과 위험성에 관한 사항<br>• 방호장치 종류와 취급에 관한 사항<br>• 안전작업방법에 관한 사항<br>• 프레스 안전기준에 관한 사항<br>• 그 밖에 안전·보건관리에 필요한 사항 |

| 작업명 | 교육내용 |
|---|---|
| 12. 목재가공용 기계[둥근톱기계, 띠톱기계, 대패기계, 모떼기기계 및 라우터기(목재를 자르거나 홈을 파는 기계)만 해당하며, 휴대용은 제외한다]를 5대 이상 보유한 사업장에서 해당 기계로 하는 작업 | • 목재가공용 기계의 특성과 위험성에 관한 사항<br>• 방호장치의 종류와 구조 및 취급에 관한 사항<br>• 안전기준에 관한 사항<br>• 안전작업방법 및 목재 취급에 관한 사항<br>• 그 밖에 안전·보건관리에 필요한 사항 |
| 13. 운반용 등 하역기계를 5대 이상 보유한 사업장에서의 해당 기계로 하는 작업 | • 운반하역기계 및 부속설비의 점검에 관한 사항<br>• 작업순서와 방법에 관한 사항<br>• 안전운전방법에 관한 사항<br>• 화물의 취급 및 작업신호에 관한 사항<br>• 그 밖에 안전·보건관리에 필요한 사항 |
| 14. 1톤 이상의 크레인을 사용하는 작업 또는 1톤 미만의 크레인 또는 호이스트를 5대 이상 보유한 사업장에서 해당 기계로 하는 작업(제40호의 작업은 제외한다) | • 방호장치의 종류, 기능 및 취급에 관한 사항<br>• 걸고리·와이어로프 및 비상정지장치 등의 기계·기구 점검에 관한 사항<br>• 화물의 취급 및 안전작업방법에 관한 사항<br>• 신호방법 및 공동작업에 관한 사항<br>• 인양 물건의 위험성 및 낙하·비래(飛來)·충돌재해 예방에 관한 사항<br>• 인양물이 적재될 지반의 조건, 인양하중, 풍압 등이 인양물과 타워크레인에 미치는 영향<br>• 그 밖에 안전·보건관리에 필요한 사항 |
| 15. 건설용 리프트·곤돌라를 이용한 작업 | • 방호장치의 기능 및 사용에 관한 사항<br>• 기계, 기구, 달기체인 및 와이어 등의 점검에 관한 사항<br>• 화물의 권상·권하 작업방법 및 안전작업 지도에 관한 사항<br>• 기계·기구에 특성 및 동작원리에 관한 사항<br>• 신호방법 및 공동작업에 관한 사항<br>• 그 밖에 안전·보건관리에 필요한 사항 |
| 16. 주물 및 단조(금속을 두들기거나 눌러서 형체를 만드는 일) 작업 | • 고열물의 재료 및 작업환경에 관한 사항<br>• 출탕·주조 및 고열물의 취급과 안전작업방법에 관한 사항<br>• 고열작업의 유해·위험 및 보호구 착용에 관한 사항<br>• 안전기준 및 중량물 취급에 관한 사항<br>• 그 밖에 안전·보건관리에 필요한 사항 |

| 작업명 | 교육내용 |
|---|---|
| 17. 전압이 75볼트 이상인 정전 및 활선작업 | • 전기의 위험성 및 전격 방지에 관한 사항<br>• 해당 설비의 보수 및 점검에 관한 사항<br>• 정전작업·활선작업 시의 안전작업방법 및 순서에 관한 사항<br>• 절연용 보호구, 절연용 보호구 및 활선작업용 기구 등의 사용에 관한 사항<br>• 그 밖에 안전·보건관리에 필요한 사항 |
| 18. 콘크리트 파쇄기를 사용하여 하는 파쇄 작업(2미터 이상인 구축물의 파쇄작업 만 해당한다) | • 콘크리트 해체 요령과 방호거리에 관한 사항<br>• 작업안전조치 및 안전기준에 관한 사항<br>• 파쇄기의 조작 및 공통작업 신호에 관한 사항<br>• 보호구 및 방호장비 등에 관한 사항<br>• 그 밖에 안전·보건관리에 필요한 사항 |
| 19. 굴착면의 높이가 2미터 이상이 되는 지반 굴착(터널 및 수직갱 외의 갱 굴착 은 제외한다)작업 | • 지반의 형태·구조 및 굴착 요령에 관한 사항<br>• 지반의 붕괴재해 예방에 관한 사항<br>• 붕괴 방지용 구조물 설치 및 작업방법에 관한 사항<br>• 보호구의 종류 및 사용에 관한 사항<br>• 그 밖에 안전·보건관리에 필요한 사항 |
| 20. 흙막이 지보공의 보강 또는 동바리를 설치하거나 해체하는 작업 | • 작업안전 점검 요령과 방법에 관한 사항<br>• 동바리의 운반·취급 및 설치 시 안전작업에 관한 사항<br>• 해체작업 순서와 안전기준에 관한 사항<br>• 보호구 취급 및 사용에 관한 사항<br>• 그 밖에 안전·보건관리에 필요한 사항 |
| 21. 터널 안에서의 굴착작업(굴착용 기계 를 사용하여야 하는 굴착작업 중 근로 자가 칼날 밑에 접근하지 않고 하는 작업은 제외한다) 또는 같은 작업에서 의 터널 거푸집 지보공의 조립 또는 콘크리트 작업 | • 작업환경의 점검 요령과 방법에 관한 사항<br>• 붕괴 방지용 구조물 설치 및 안전작업 방법에 관한 사항<br>• 재료의 운반 및 취급·설치의 안전기준에 관한 사항<br>• 보호구의 종류 및 사용에 관한 사항<br>• 소화설비의 설치장소 및 사용방법에 관한 사항<br>• 그 밖에 안전·보건관리에 필요한 사항 |
| 22. 굴착면의 높이가 2미터 이상이 되는 암석의 굴착작업 | • 폭발물 취급 요령과 대피 요령에 관한 사항<br>• 안전거리 및 안전기준에 관한 사항<br>• 방호물의 설치 및 기준에 관한 사항<br>• 보호구 및 신호방법 등에 관한 사항<br>• 그 밖에 안전·보건관리에 필요한 사항 |

| 작업명 | 교육내용 |
|---|---|
| 23. 높이가 2미터 이상인 물건을 쌓거나 무너뜨리는 작업(하역기계로만 하는 작업은 제외한다) | • 원부재료의 취급방법 및 요령에 관한 사항<br>• 물건의 위험성·낙하 및 붕괴재해 예방에 관한 사항<br>• 적재방법 및 전도 방지에 관한 사항<br>• 보호구 착용에 관한 사항<br>• 그 밖에 안전·보건관리에 필요한 사항 |
| 24. 선박에 짐을 쌓거나 부리거나 이동시키는 작업 | • 하역 기계·기구의 운전방법에 관한 사항<br>• 운반·이송경로의 안전작업방법 및 기준에 관한 사항<br>• 중량물 취급 요령과 신호 요령에 관한 사항<br>• 작업안전 점검과 보호구 취급에 관한 사항<br>• 그 밖에 안전·보건관리에 필요한 사항 |
| 25. 거푸집 동바리의 조립 또는 해체작업 | • 동바리의 조립방법 및 작업절차에 관한 사항<br>• 조립재료의 취급방법 및 설치기준에 관한 사항<br>• 조립 해체 시의 사고 예방에 관한 사항<br>• 보호구 착용 및 점검에 관한 사항<br>• 그 밖에 안전·보건관리에 필요한 사항 |
| 26. 비계의 조립·해체 또는 변경작업 | • 비계의 조립순서 및 방법에 관한 사항<br>• 비계작업의 재료 취급 및 설치에 관한 사항<br>• 추락재해 방지에 관한 사항<br>• 보호구 착용에 관한 사항<br>• 비계상부 작업 시 최대 적재하중에 관한 사항<br>• 그 밖에 안전·보건관리에 필요한 사항 |
| 27. 건축물의 골조, 다리의 상부구조 또는 탑의 금속제의 부재로 구성되는 것(5미터 이상인 것만 해당한다)의 조립·해체 또는 변경작업 | • 건립 및 버팀대의 설치순서에 관한 사항<br>• 조립 해체 시의 추락재해 및 위험요인에 관한 사항<br>• 건립용 기계의 조작 및 작업신호 방법에 관한 사항<br>• 안전장비 착용 및 해체순서에 관한 사항<br>• 그 밖에 안전·보건관리에 필요한 사항 |
| 28. 처마 높이가 5미터 이상인 목조건축물의 구조 부재의 조립이나 건축물의 지붕 또는 외벽 밑에서의 설치작업 | • 붕괴·추락 및 재해 방지에 관한 사항<br>• 부재의 강도·재질 및 특성에 관한 사항<br>• 조립·설치 순서 및 안전작업방법에 관한 사항<br>• 보호구 착용 및 작업 점검에 관한 사항<br>• 그 밖에 안전·보건관리에 필요한 사항 |

| 작업명 | 교육내용 |
|---|---|
| 29. 콘크리트 인공구조물(그 높이가 2미터 이상인 것만 해당한다)의 해체 또는 파괴작업 | • 콘크리트 해체기계의 점점에 관한 사항<br>• 파괴 시의 안전거리 및 대피 요령에 관한 사항<br>• 작업방법·순서 및 신호 방법 등에 관한 사항<br>• 해체·파괴 시의 작업안전기준 및 보호구에 관한 사항<br>• 그 밖에 안전·보건관리에 필요한 사항 |
| 30. 타워크레인을 설치(상승작업을 포함한다)·해체하는 작업 | • 붕괴·추락 및 재해 방지에 관한 사항<br>• 설치·해체 순서 및 안전작업방법에 관한 사항<br>• 부재의 구조·재질 및 특성에 관한 사항<br>• 신호방법 및 요령에 관한 사항<br>• 이상 발생 시 응급조치에 관한 사항<br>• 그 밖에 안전·보건관리에 필요한 사항 |
| 31. 보일러(소형 보일러 및 다음 각 목에서 정하는 보일러는 제외한다)의 설치 및 취급 작업<br>　가. 몸통 반지름이 750밀리미터 이하이고 그 길이가 1,300밀리미터 이하인 증기보일러<br>　나. 전열면적이 3제곱미터 이하인 증기보일러<br>　다. 전열면적이 14제곱미터 이하인 온수보일러<br>　라. 전열면적이 30제곱미터 이하인 관류보일러(물관을 사용하여 가열시키는 방식의 보일러) | • 기계 및 기기 점화장치 계측기의 점검에 관한 사항<br>• 열관리 및 방호장치에 관한 사항<br>• 작업순서 및 방법에 관한 사항<br>• 그 밖에 안전·보건관리에 필요한 사항 |
| 32. 게이지 압력을 제곱센티미터당 1킬로그램 이상으로 사용하는 압력용기의 설치 및 취급작업 | • 안전시설 및 안전기준에 관한 사항<br>• 압력용기의 위험성에 관한 사항<br>• 용기 취급 및 설치기준에 관한 사항<br>• 작업안전 점검방법 및 요령에 관한 사항<br>• 그 밖에 안전·보건관리에 필요한 사항 |
| 33. 방사선 업무에 관계되는 작업(의료 및 실험용은 제외한다) | • 방사선의 유해·위험 및 인체에 미치는 영향<br>• 방사선의 측정기기 기능의 점검에 관한 사항<br>• 방호거리·방호벽 및 방사선물질의 취급 요령에 관한 사항<br>• 응급처치 및 보호구 착용에 관한 사항<br>• 그 밖에 안전·보건관리에 필요한 사항 |

| 작업명 | 교육내용 |
|---|---|
| 34. 밀폐공간에서의 작업 | • 산소농도 측정 및 작업환경에 관한 사항<br>• 사고 시의 응급처치 및 비상시 구출에 관한 사항<br>• 보호구 착용 및 보호 장비 사용에 관한 사항<br>• 작업내용·안전작업방법 및 절차에 관한 사항<br>• 장비·설비 및 시설 등의 안전점검에 관한 사항<br>• 그 밖에 안전·보건관리에 필요한 사항 |
| 35. 허가 및 관리 대상 유해물질의 제조 또는 취급작업 | • 취급물질의 성질 및 상태에 관한 사항<br>• 유해물질이 인체에 미치는 영향<br>• 국소배기장치 및 안전설비에 관한 사항<br>• 안전작업방법 및 보호구 사용에 관한 사항<br>• 그 밖에 안전·보건관리에 필요한 사항 |
| 36. 로봇작업 | • 로봇의 기본원리·구조 및 작업방법에 관한 사항<br>• 이상 발생 시 응급조치에 관한 사항<br>• 안전시설 및 안전기준에 관한 사항<br>• 조작방법 및 작업순서에 관한 사항 |
| 37. 석면해체·제거작업 | • 석면의 특성과 위험성<br>• 석면해체·제거의 작업방법에 관한 사항<br>• 장비 및 보호구 사용에 관한 사항<br>• 그 밖에 안전·보건관리에 필요한 사항 |
| 38. 가연물이 있는 장소에서 하는 화재위험 작업 | • 작업준비 및 작업절차에 관한 사항<br>• 작업장 내 위험물, 가연물의 사용·보관·설치 현황에 관한 사항<br>• 화재위험작업에 따른 인근 인화성 액체에 대한 방호조치에 관한 사항<br>• 화재위험작업으로 인한 불꽃, 불티 등의 흩날림 방지 조치에 관한 사항<br>• 인화성 액체의 증기가 남아 있지 않도록 환기 등의 조치에 관한 사항<br>• 화재감시자의 직무 및 피난교육 등 비상조치에 관한 사항<br>• 그 밖에 안전·보건관리에 필요한 사항 |

| 작업명 | 교육내용 |
|---|---|
| 39. 타워크레인을 사용하는 작업 시 신호업무를 하는 작업 | • 타워크레인의 기계적 특성 및 방호장치 등에 관한 사항<br>• 화물의 취급 및 안전작업방법에 관한 사항<br>• 신호방법 및 요령에 관한 사항<br>• 인양 물건의 위험성 및 낙하·비래·충돌재해 예방에 관한 사항<br>• 인양물이 적재될 지반의 조건, 인양하중, 풍압 등이 인양물과 타워크레인에 미치는 영향<br>• 그 밖에 안전·보건관리에 필요한 사항 |

(5) 건설업 기초안전·보건교육에 대한 내용 및 시간(제28조제1항 관련)

| 구분 | 교육내용 | 시간 |
|---|---|---|
| 공통 | 산업안전보건법 주요 내용(건설 일용근로자 관련 부분)<br>안전의식 제고에 관한 사항 | 1시간 |
| 교육 대상별 | 작업별 위험요인과 안전작업 방법(재해사례 및 예방대책) | 2시간 |
| | 건설 직종별 건강장해 위험요인과 건강관리 | 1시간 |

※ 교육대상별 교육시간 중 1시간 이상은 시청각 또는 체험·가상실습을 포함한다.

(6) 안전보건관리책임자 등에 대한 교육내용(제29조제2항 관련)

| 교육<br>대상 | 교육내용 | |
|---|---|---|
| | 신규과정 | 보수과정 |
| 안전보건관리책임자 | • 관리책임자의 책임과 직무에 관한 사항<br>• 산업안전보건법령 및 안전·보건조치에 관한 사항 | • 산업안전·보건정책에 관한 사항<br>• 자율안전·보건관리에 관한 사항 |
| 안전관리자 및 안전관리 전문기관 종사자 | • 산업안전보건법령에 관한 사항<br>• 산업안전보건개론에 관한 사항<br>• 인간공학 및 산업심리에 관한 사항<br>• 안전보건교육방법에 관한 사항<br>• 재해 발생 시 응급처치에 관한 사항<br>• 안전점검·평가 및 재해 분석기법에 관한 사항<br>• 안전기준 및 개인보호구 등 분야별 재해예방 실무에 관한 사항 | • 산업안전보건법령 및 정책에 관한 사항<br>• 안전관리계획 및 안전보건개선계획의 수립·평가·실무에 관한 사항<br>• 안전보건교육 및 무재해운동 추진실무에 관한 사항<br>• 산업안전보건관리비 사용기준 및 사용방법에 관한 사항<br>• 분야별 재해 사례 및 개선 사례에 관한 연구와 실무에 관한 사항 |

| 교육<br>대상 | 교육내용 ||
| --- | --- | --- |
| | 신규과정 | 보수과정 |
| | • 산업안전보건관리비 계상 및 사용기준에 관한 사항<br>• 작업환경 개선 등 산업위생 분야에 관한 사항<br>• 무재해운동 추진기법 및 실무에 관한 사항<br>• 위험성평가에 관한 사항<br>• 그 밖에 안전관리자의 직무 향상을 위하여 필요한 사항 | • 사업장 안전 개선기법에 관한 사항<br>• 위험성평가에 관한 사항<br>• 그 밖에 안전관리자 직무 향상을 위하여 필요한 사항 |
| 보건관리자<br>및<br>보건관리<br>전문기관<br>종사자 | • 산업안전보건법령 및 작업환경측정에 관한 사항<br>• 산업안전보건개론에 관한 사항<br>• 안전보건교육방법에 관한 사항<br>• 산업보건관리계획 수립 · 평가 및 산업 역학에 관한 사항<br>• 작업환경 및 직업병 예방에 관한 사항<br>• 작업환경 개선에 관한 사항(소음 · 분진 · 관리대상 유해물질 및 유해광선 등)<br>• 산업역학 및 통계에 관한 사항<br>• 산업환기에 관한 사항<br>• 안전보건관리의 체제 · 규정 및 보건관리자 역할에 관한 사항<br>• 보건관리계획 및 운용에 관한 사항<br>• 근로자 건강관리 및 응급처치에 관한 사항<br>• 위험성평가에 관한 사항<br>• 감염병 예방에 관한 사항<br>• 자살 예방에 관한 사항<br>• 그 밖의 보건관리자의 직무 향상을 위하여 필요한 사항 | • 산업안전보건법령, 정책 및 작업환경관리에 관한 사항<br>• 산업보건관리계획 수립 · 평가 및 안전보건교육 추진 요령에 관한 사항<br>• 근로자 건강 증진 및 구급환자 관리에 관한 사항<br>• 산업위생 및 산업환기에 관한 사항<br>• 직업병 사례 연구에 관한 사항<br>• 유해물질별 작업환경 관리에 관한 사항<br>• 위험성평가에 관한 사항<br>• 감염병 예방에 관한 사항<br>• 자살 예방에 관한 사항<br>• 그 밖에 보건관리자 직무 향상을 위하여 필요한 사항 |
| 건설재해<br>예방전문<br>지도 기관<br>종사자 | • 산업안전보건법령 및 정책에 관한 사항<br>• 분야별 재해사례 연구에 관한 사항<br>• 새로운 공법 소개에 관한 사항<br>• 사업장 안전관리기법에 관한 사항<br>• 위험성평가의 실시에 관한 사항<br>• 그 밖에 직무 향상을 위하여 필요한 사항 | • 산업안전보건법령 및 정책에 관한 사항<br>• 분야별 재해사례 연구에 관한 사항<br>• 새로운 공법 소개에 관한 사항<br>• 사업장 안전관리기법에 관한 사항<br>• 위험성평가의 실시에 관한 사항<br>• 그 밖에 직무 향상을 위하여 필요한 사항 |

| 교육대상 | 교육내용 | |
|---|---|---|
| | 신규과정 | 보수과정 |
| 석면조사<br>기관<br>종사자 | • 산업안전보건법령, 정책 및 작업환경관리에 관한 사항<br>• 산업보건관리계획 수립·평가 및 안전보건교육 추진 요령에 관한 사항<br>• 근로자 건강 증진 및 구급환자 관리에 관한 사항<br>• 산업위생 및 산업환기에 관한 사항<br>• 직업병 사례연구에 관한 사항<br>• 유해물질별 작업환경 관리에 관한 사항<br>• 위험성평가에 관한 사항<br>• 그 밖에 보건관리자 직무 향상을 위하여 필요한 사항 | • 석면 관련 법령 및 제도(법,「석면안전관리법」및「건축법」등)에 관한 사항<br>• 실내공기오염 관리(또는 작업환경측정 및 관리)에 관한 사항<br>• 산업안전보건 정책 방향에 관한 사항<br>• 건축물·설비 구조의 이해에 관한 사항<br>• 건축물·설비 내 석면함유 자재 사용 및 시공·제거 방법에 관한 사항<br>• 보호구 선택 및 관리방법에 관한 사항<br>• 석면해체·제거작업 및 석면 흩날림 방지 계획 수립 및 평가에 관한 사항<br>• 건축물 석면조사 시 위해도평가 및 석면지도 작성·관리 실무에 관한 사항<br>• 건축 자재의 종류별 석면조사 실무에 관한 사항 |
| 안전보건<br>관리담당자 | | • 위험성평가에 관한 사항<br>• 안전·보건교육방법에 관한 사항<br>• 사업장 순회점검 및 지도에 관한 사항<br>• 기계·기구의 적격품 선정에 관한 사항<br>• 산업재해 통계의 유지·관리 및 조사에 관한 사항<br>• 그 밖에 안전보건관리담당자 직무 향상을 위하여 필요한 사항 |
| 안전검사<br>기관 및<br>자율안전<br>검사기관 | • 산업안전보건법령에 관한 사항<br>• 기계, 장비의 주요장치에 관한 사항<br>• 측정기기 작동 방법에 관한 사항<br>• 공통점검 사항 및 주요 위험요인별 점검내용에 관한 사항<br>• 기계, 장비의 주요안전장치에 관한 사항<br>• 검사 시 안전보건 유의사항<br>• 기계·전기·화공 등 공학적 기초지식에 관한 사항<br>• 검사원의 직무윤리에 관한 사항<br>• 그 밖에 종사자의 직무 향상을 위하여 필요한 사항 | • 산업안전보건법령 및 정책에 관한 사항<br>• 주요 위험요인별 점검내용에 관한 사항<br>• 기계, 장비의 주요장치와 안전장치에 관한 심화과정<br>• 검사 시 안전보건 유의사항<br>• 구조해석, 용접, 피로, 파괴, 피해예측, 작업환기, 위험성평가 등에 관한 사항<br>• 검사대상 기계별 재해사례 및 개선사례에 관한 연구와 실무에 관한 사항<br>• 검사원의 직무윤리에 관한 사항<br>• 그 밖에 종사자의 직무 향상을 위하여 필요한 사항 |

## 05 교육방법

### 1. 교육훈련 기법

1) 강의법

안전지식을 강의식으로 전달하는 방법(초보적인 단계에서 효과적)
① 강사의 입장에서 시간의 조정 가능
② 전체적인 교육내용을 제시하는 데 유리
③ 비교적 많은 인원을 대상으로 단시간에 지식을 부여 가능

2) <u>토의법</u>

10~20인 정도가 모여서 토의하는 방법(안전지식을 가진 사람에게 효과적)으로 태도교육의 효과를 높이기 위한 교육방법. 집단을 대상으로 한 안전교육 중 가장 효율적인 교육방법

3) <u>시범</u>

필요한 내용을 직접 제시하는 방법

4) <u>모의법</u>

실제 상황을 만들어 두고 학습하는 방법

   (1) 제약조건

   ① 단위 교육비가 비싸고 시간의 소비가 많다.
   ② 시설의 유지비가 높다.
   ③ 다른 방법에 비하여 학생 대 교사의 비가 높다.

   (2) 모의법 적용의 경우

   ① 수업의 모든 단계
   ② 학교수업 및 직업훈련 등
   ③ 실제사태는 위험성이 따르는 경우
   ④ 직접 조작을 중요시하는 경우

5) 시청각 교육

시청각 교육자료를 가지고 학습하는 방법

### 6) 실연법

학습자가 이미 설명을 듣거나 시범을 보고 알게 된 지식이나 기능을 강사의 감독 아래 직접적으로 연습해 적용해 보게 하는 교육방법. 다른 방법보다 교사 대 학습자 수의 비율이 높다.

### 7) 프로그램 학습법(Programmed Self-instruction Method)

학습자가 프로그램을 통해 단독으로 학습하는 방법으로, 개발된 프로그램은 변경이 어렵다.

## 2. 안전보건 교육방법

### 1) 하버드 학파의 5단계 교수법(사례연구 중심)
(1) 1단계 : 준비시킨다.(Preparation)
(2) 2단계 : 교시한다.(Presentation)
(3) 3단계 : 연합한다.(Association)
(4) 4단계 : 총괄한다.(Generalization)
(5) 5단계 : 응용시킨다.(Application)

### 2) 수업단계별 최적의 수업방법
(1) 도입단계 : 강의법, 시범
(2) 전개단계 : 토의법, 실연법
(3) 정리단계 : 자율학습법
(4) 도입·전개·정리단계 : 프로그램 학습법, 모의법

## 3. TWI

### 1) TWI(Training Within Industry)

주로 관리감독자를 대상으로 하며 전체 교육시간은 10시간(1일 2시간씩 5일 교육)으로 실시한다. 한 그룹에 10명 내외로 토의법과 실연법 중심으로 강의가 실시되며 훈련의 종류는 다음과 같다.
(1) 작업지도훈련(JIT ; Job Instruction Training)
(2) 작업방법훈련(JMT ; Job Method Training)
(3) 인간관계훈련(JRT ; Job Relations Training)
(4) 작업안전훈련(JST ; Job Safety Training)

2) TWI 개선 4단계

    (1) 작업분해
    (2) 세부내용 검토
    (3) 작업분석
    (4) 새로운 방법의 적용

3) MTP(Management Training Program)

    한 그룹에 10~15명 내외로 전체 교육시간은 40시간(1일 2시간씩 20일 교육)으로 실시한다.

4) ATT(American Telephone & Telegraph Company)

    대상층이 한정되어 있지 않고 토의식으로 진행되며 교육시간은 1차 훈련은 1일 8시간씩 2주간, 2차 과정은 문제 발생 시 하게 되어 있다.

5) CCS(Civil Communication Section)

    강의식에 토의식이 가미된 형태로 진행되며 매주 4일, 4시간씩 8주간(총 128시간) 실시하게 되어 있다.

## 4. O. J. T 및 OFF J. T

1) O. J. T(직장 내 교육훈련)

    직속 상사가 직장 내에서 작업표준을 가지고 업무상의 개별교육이나 지도훈련을 하는 것(개별교육에 적합)
    (1) 개인 개인에게 적절한 지도훈련이 가능
    (2) 직장의 실정에 맞게 실제적 훈련이 가능
    (3) 효과가 곧 업무에 나타나며 훈련의 좋고 나쁨에 따라 개선이 쉬움

2) OFF J. T(직장 외 교육훈련)

    계층별 직능별로 공통된 교육대상자를 현장 이외의 한 장소에 모아 집합교육을 실시하는 교육형태(집단교육에 적합)
    (1) 다수의 근로자에게 조직적 훈련을 행하는 것이 가능
    (2) 훈련에만 전념
    (3) 각각 전문가를 강사로 초청하는 것이 가능

(4) OFF J. T. 안전교육 4단계
   ① 1단계 : 학습할 준비를 시킨다.
   ② 2단계 : 작업을 설명한다.
   ③ 3단계 : 작업을 시켜본다.
   ④ 4단계 : 가르친 뒤를 살펴본다.

## 5. 학습목적의 3요소

1) 교육의 3요소

   (1) 주체 : 강사
   (2) 객체 : 수강자(학생)
   (3) 매개체 : 교재(교육내용)

2) 학습 구성의 3요소

   (1) 목표 : 학습의 목적, 지표
   (2) 주제 : 목표 달성을 위한 주제
   (3) 학습 정도 : 주제를 학습시킬 범위와 내용의 정도

## 6. 교육훈련평가

1) 학습평가의 기본적인 기준

   (1) 타당성
   (2) 신뢰성
   (3) 객관성
   (4) 실용성

2) 교육훈련평가의 4단계

   (1) 반응
   (2) 학습
   (3) 행동
   (4) 결과

3) 교육훈련의 평가방법

   (1) 관찰

   (2) 면접

   (3) 자료분석법

   (4) 과제

   (5) 설문

   (6) 감상문

   (7) 실험평가

   (8) 시험

## 7. 5관의 효과 치

1) 시각효과 60%(미국 75%)
2) 청각효과 20%(미국 13%)
3) 촉각효과 15%(미국 6%)
4) 미각효과 3%(미국 3%)
5) 후각효과 2%(미국 3%)

## 06 교육실시방법

### 1. 강의법

1) 강의식 : 집단교육방법으로 많은 인원을 단시간에 교육할 수 있으며 교육내용이 많을 때 효과적인 방법
2) 문제 제시식 : 주어진 과제에 대처하는 문제 해결방법
3) 문답식 : 서로 묻고 대답하는 방식

### 2. 토의법

1) 토의 운영방식에 따른 유형

    (1) 일제문답식 토의

    교수가 학습자 전원을 대상으로 문답을 통하여 전개해 나가는 방식

    (2) 공개식 토의

    1~2명의 발표자가 규정된 시간(5~10분) 내에 발표하고 발표내용을 중심으로 질의, 응답으로 진행

    (3) 원탁식 토의

    10명 내외 인원이 원탁에 둘러앉아 자유롭게 토론하는 방식

    (4) 워크숍(Workshop)

    학습자를 몇 개의 그룹으로 나눠 자주적으로 토론하는 전개방식

    (5) 버즈법(Buzz Session Discussion)

    참가자가 다수인 경우에 전원을 토의에 참가시키기 위한 방법으로 소집단을 구성하여 회의를 진행시키며 일명 6-6회의라고도 한다.
    ⇒ 진행방법
    ① 먼저 사회자와 기록계를 선출한다.
    ② 나머지 사람은 6명씩 소집단을 구성한다.
    ③ 소집단별로 각각 사회자를 선발하여 각각 6분씩 자유토의를 행하여 의견을 종합한다.

    (6) 자유토의

    학습자 전체가 관심 있는 주제를 가지고 자유롭게 토의하는 형태

### (7) 롤 플레잉(Role Playing)

참가자에게 일정한 역할을 주어서 실제적으로 연기를 시켜봄으로써 자기의 역할을 보다 확실히 인식시키는 방법

### 2) 집단 크기에 따른 유형

#### (1) 대집단 토의

① 패널토의(Panel Discussion) : 사회자의 진행에 따라 특정 주제에 대해 구성원 3~6명이 대립된 견해를 가지고 청중 앞에서 논쟁을 벌이는 것
② 포럼(The Forum) : 1~2명의 전문가가 10~20분 동안 공개 연설을 한 다음 사회자의 진행하에 질의응답의 과정을 통해 토론하는 형식
③ 심포지엄(The Symposium) : 몇 사람의 전문가에 의하여 과제에 관한 견해를 발표한 뒤에 참가자로 하여금 의견이나 질문을 하게 하여 토의하는 방법

#### (2) 소집단 토의

① 브레인스토밍
② 개별지도 토의

## 3. 안전교육 시 피교육자를 위해 해야 할 일

1) 긴장감을 제거해 줄 것
2) 피교육자의 입장에서 가르칠 것
3) 안심감을 줄 것
4) 믿을 수 있는 내용으로 쉽게 할 것

## 4. 먼저 실시한 학습이 뒤의 학습을 방해하는 조건

1) 앞의 학습이 불완전한 경우
2) 앞의 학습 내용과 뒤의 학습내용이 같은 경우
3) 뒤의 학습을 앞의 학습 직후에 실시하는 경우
4) 앞의 학습에 대한 내용을 재생(再生)하기 직전에 실시하는 경우

## 5. 학습의 전이

어떤 내용을 학습한 결과가 다른 학습이나 반응에 영향을 주는 현상. 학습전이의 조건으로는 학습 정도의 요인, 학습자의 지능요인, 학습자의 태도 요인, 유사성의 요인, 시간적 간격의 요인이 있다.

# 안전관리 및 손실방지론

Part 02

# 제2편  안전관리 및 손실방지론

## 01 안전과 생산

### 1. 안전과 위험의 개념

1) 안전관리(안전경영, Safety Management)

기업의 지속 가능한 경영과 생산성 향상을 위하여 재해로부터의 손실(Loss)을 최소화하기 위한 활동으로 사고(Accident)를 사전에 예방하기 위한 예방대책의 추진, 재해의 원인규명 및 재발방지 대책수립 등 인간의 생명과 재산을 보호하기 위한 계획적이고 체계적인 관리를 말한다. 안전관리의 성패는 사업주와 최고 경영자의 안전의식에 좌우된다.

2) 용어의 정의

(1) 사건(Incident)

위험요인이 사고로 발전되었거나 사고로 이어질 뻔했던 원하지 않는 사상(Event)으로서 인적·물직 손실인 상해·질병 및 재산저 손실뿐만 아니라 인적·물적 손실이 발생되지 않는 아차 사고를 포함하여 말한다.

(2) 사고(Accident)

불안전한 행동과 불안전한 상태가 원인이 되어 재산상의 손실을 가져오는 사건을 말한다.

(3) 산업재해

근로자가 업무에 관계되는 건설물·설비·원재료·가스·증기·분진 등에 의하거나 작업 또는 그 밖의 업무로 인하여 사망 또는 부상하거나 질병에 걸리는 것을 말한다.

(4) 위험(Hazard)

직·간접적으로 인적, 물적, 환경적 피해를 입히는 원인이 될 수 있는 실제 또는 잠재된 상태를 말한다.

### (5) 위험도(Risk)

특정한 위험요인이 위험한 상태로 노출되어 특정한 사건으로 이어질 수 있는 사고의 빈도(가능성)와 사고의 강도(중대성) 조합으로서 위험의 크기 또는 위험의 정도를 말한다. (위험도=발생빈도×발생강도)

### (6) 위험성 평가(Risk Assessment)

유해·위험요인을 파악하고 해당 유해·위험요인에 의한 부상 또는 질병의 발생 가능성(빈도)과 중대성(강도)을 추정·결정하고 감소대책을 수립하여 실행하는 일련의 과정을 말한다.

[위험성 평가]

### (7) 아차 사고(Near Miss)

무 인명상해(인적 피해)·무 재산손실(물적 피해) 사고

### (8) 업무상 질병(산업재해보상보험법 시행령 제34조)

① 근로자가 업무수행 과정에서 유해·위험요인을 취급하거나 유해·위험요인에 노출된 경력이 있을 것
② 유해·위험요인을 취급하거나 유해·위험요인에 노출되는 업무시간, 그 업무에 종사한 기간 및 업무환경 등에 비추어 볼 때 근로자의 질병을 유발할 수 있다고 인정될 것
③ 근로자가 유해·위험요인에 노출되거나 유해·위험요인을 취급한 것이 원인이 되어 그 질병이 발생하였다고 의학적으로 인정될 것

(9) 중대재해(산업안전보건법 시행규칙 제3조)

산업재해 중 사망 등 재해의 정도가 심한 것으로서 다음에 정하는 재해 중 하나 이상에 해당되는 재해를 말한다.
① 사망자가 1명 이상 발생한 재해
② 3개월 이상의 요양이 필요한 부상자가 동시에 2명 이상 발생한 재해
③ 부상자 또는 직업성 질병자가 동시에 10명 이상 발생한 재해

(10) 안전·보건진단

산업재해를 예방하기 위하여 잠재적 위험성을 발견하고 그 개선대책을 수립할 목적으로 고용노동부장관이 지정하는 자가 하는 조사·평가를 말한다.

(11) 작업환경측정

작업환경 실태를 파악하기 위하여 해당 근로자 또는 작업장에 대하여 사업주가 측정계획을 수립한 후 시료(試料)를 채취하고 분석·평가하는 것을 말한다.

# 사업장 위험성평가에 관한 지침(고용노동부고시)
## 제1장 총칙

**제1조(목적)** 이 고시는 「산업안전보건법」 제36조에 따라 사업주가 스스로 사업장의 유해·위험요인에 대한 실태를 파악하고 이를 평가하여 관리·개선하는 등 필요한 조치를 할 수 있도록 지원하기 위하여 위험성평가 방법, 절차, 시기 등에 대한 기준을 제시하고, 위험성평가 활성화를 위한 시책의 운영 및 지원사업 등 그 밖에 필요한 사항을 규정함을 목적으로 한다.

**제2조(적용범위)** 이 고시는 위험성평가를 실시하는 모든 사업장에 적용한다.

**제3조(정의)** ① 이 고시에서 사용하는 용어의 뜻은 다음과 같다.
1. "위험성평가"란 유해·위험요인을 파악하고 해당 유해·위험요인에 의한 부상 또는 질병의 발생 가능성(빈도)과 중대성(강도)을 추정·결정하고 감소대책을 수립하여 실행하는 일련의 과정을 말한다.
2. "유해·위험요인"이란 유해·위험을 일으킬 잠재적 가능성이 있는 것의 고유한 특징이나 속성을 말한다.
3. "유해·위험요인 파악"이란 유해요인과 위험요인을 찾아내는 과정을 말한다.
4. "위험성"이란 유해·위험요인이 부상 또는 질병으로 이어질 수 있는 가능성(빈도)과 중대성(강도)을 조합한 것을 의미한다.
5. "위험성 추정"이란 유해·위험요인별로 부상 또는 질병으로 이어질 수 있는 가능성과 중대성의 크기를 각각 추정하여 위험성의 크기를 산출하는 것을 말한다.
6. "위험성 결정"이란 유해·위험요인별로 추정한 위험성의 크기가 허용 가능한 범위인지 여부를 판단하는 것을 말한다.
7. "위험성 감소대책 수립 및 실행"이란 위험성 결정 결과 허용 불가능한 위험성을 합리적으로 실천 가능한 범위에서 가능한 한 낮은 수준으로 감소시키기 위한 대책을 수립하고 실행하는 것을 말한다.
8. "기록"이란 사업장에서 위험성평가 활동을 수행한 근거와 그 결과를 문서로 작성하여 보존하는 것을 말한다.

② 그 밖에 이 고시에서 사용하는 용어의 뜻은 이 고시에 특별히 정한 것이 없으면 「산업안전보건법」(이하 "법"이라 한다), 같은 법 시행령(이하 "영"이라 한다), 같은 법 시행규칙(이하 "규칙"이라 한다) 및 「산업안전보건기준에 관한 규칙」(이하 "안전보건규칙"이라 한다)에서 정하는 바에 따른다.

**제4조(정부의 책무)** ① 고용노동부장관(이하 "장관"이라 한다)은 사업장 위험성평가가 효과적으로 추진되도록 하기 위하여 다음 각 호의 사항을 강구하여야 한다.
1. 정책의 수립·집행·조정·홍보
2. 위험성평가 기법의 연구·개발 및 보급
3. 사업장 위험성평가 활성화 시책의 운영
4. 위험성평가 실시의 지원

5. 조사 및 통계의 유지·관리
  6. 그 밖에 위험성평가에 관한 정책의 수립 및 추진
② 장관은 제1항 각 호의 사항 중 필요한 사항을 한국산업안전보건공단(이하 "공단"이라 한다)으로 하여금 수행하게 할 수 있다.

## 제2장 사업장 위험성평가

**제5조(위험성평가 실시주체)** ① 사업주는 스스로 사업장의 유해·위험요인을 파악하기 위해 근로자를 참여시켜 실태를 파악하고 이를 평가하여 관리 개선하는 등 위험성평가를 실시하여야 한다.
② 법 제63조에 따른 작업의 일부 또는 전부를 도급에 의하여 행하는 사업의 경우는 도급을 준 도급인(이하 "도급사업주"라 한다)과 도급을 받은 수급인(이하 "수급사업주"라 한다)은 각각 제1항에 따른 위험성평가를 실시하여야 한다.
③ 제2항에 따른 도급사업주는 수급사업주가 실시한 위험성평가 결과를 검토하여 도급사업주가 개선할 사항이 있는 경우 이를 개선하여야 한다.

**제6조(근로자 참여)** 사업주는 위험성평가를 실시할 때, 다음 각 호의 어느 하나에 해당하는 경우 법 제36조제2항에 따라 해당 작업에 종사하는 근로자를 참여시켜야 한다.
  1. 관리감독자가 해당 작업의 유해·위험요인을 파악하는 경우
  2. 사업주가 위험성 감소대책을 수립하는 경우
  3. 위험성평가 결과 위험성 감소대책 이행여부를 확인하는 경우

**제7조(위험성평가의 방법)** ① 사업주는 다음과 같은 방법으로 위험성평가를 실시하여야 한다.
  1. 안전보건관리책임자 등 해당 사업장에서 사업의 실시를 총괄 관리하는 사람에게 위험성평가의 실시를 총괄 관리하게 할 것
  2. 사업장의 안전관리자, 보건관리자 등이 위험성평가의 실시에 관하여 안전보건관리책임자를 보좌하고 지도·조언하게 할 것
  3. 관리감독자가 유해·위험요인을 파악하고 그 결과에 따라 개선조치를 시행하게 할 것
  4. 기계·기구, 설비 등과 관련된 위험성평가에는 해당 기계·기구, 설비 등에 전문 지식을 갖춘 사람을 참여하게 할 것
  5. 안전·보건관리자의 선임의무가 없는 경우에는 제2호에 따른 업무를 수행할 사람을 지정하는 등 그 밖에 위험성평가를 위한 체제를 구축할 것
② 사업주는 제1항에서 정하고 있는 자에 대해 위험성평가를 실시하기 위한 필요한 교육을 실시하여야 한다. 이 경우 위험성평가에 대해 외부에서 교육을 받았거나, 관련학문을 전공하여 관련 지식이 풍부한 경우에는 필요한 부분만 교육을 실시하거나 교육을 생략할 수 있다.

③ 사업주가 위험성평가를 실시하는 경우에는 산업안전·보건 전문가 또는 전문기관의 컨설팅을 받을 수 있다.
④ 사업주가 다음 각 호의 어느 하나에 해당하는 제도를 이행한 경우에는 그 부분에 대하여 이 고시에 따른 위험성평가를 실시한 것으로 본다.
  1. 위험성평가 방법을 적용한 안전·보건진단(법 제47조)
  2. 공정안전보고서(법 제44조). 다만, 공정안전보고서의 내용 중 공정위험성 평가서가 최대 4년 범위 이내에서 정기적으로 작성된 경우에 한한다.
  3. 근골격계부담작업 유해요인조사(안전보건규칙 제657조부터 제662조까지)
  4. 그 밖에 법과 이 법에 따른 명령에서 정하는 위험성평가 관련 제도

**제8조(위험성평가의 절차)** 사업주는 위험성평가를 다음의 절차에 따라 실시하여야 한다. 다만, 상시근로자수 20명 미만 사업장(총 공사금액 20억원 미만의 건설공사)의 경우에는 다음 각 호중 제3호를 생략할 수 있다.
  1. 평가대상의 선정 등 사전준비
  2. 근로자의 작업과 관계되는 유해·위험요인의 파악
  3. 파악된 유해·위험요인별 위험성의 추정
  4. 추정한 위험성이 허용 가능한 위험성인지 여부의 결정
  5. 위험성 감소대책의 수립 및 실행
  6. 위험성평가 실시내용 및 결과에 관한 기록

**제9조(사전준비)** ① 사업주는 위험성평가를 효과적으로 실시하기 위하여 최초 위험성평가 시 다음 각 호의 사항이 포함된 위험성평가 실시규정을 작성하고, 지속적으로 관리하여야 한다.
  1. 평가의 목적 및 방법
  2. 평가담당자 및 책임자의 역할
  3. 평가시기 및 절차
  4. 주지방법 및 유의사항
  5. 결과의 기록·보존
② 위험성평가는 과거에 산업재해가 발생한 작업, 위험한 일이 발생한 작업 등 근로자의 근로에 관계되는 유해·위험요인에 의한 부상 또는 질병의 발생이 합리적으로 예견 가능한 것은 모두 위험성평가의 대상으로 한다. 다만, 매우 경미한 부상 또는 질병만을 초래할 것으로 명백히 예상되는 것에 대해서는 대상에서 제외할 수 있다.
③ 사업주는 다음 각 호의 사업장 안전보건정보를 사전에 조사하여 위험성평가에 활용하여야 한다.
  1. 작업표준, 작업절차 등에 관한 정보
  2. 기계·기구, 설비 등의 사양서, 물질안전보건자료(MSDS) 등의 유해·위험요인에 관한 정보
  3. 기계·기구, 설비 등의 공정 흐름과 작업 주변의 환경에 관한 정보

4. 법 제63조에 따른 작업을 하는 경우로서 같은 장소에서 사업의 일부 또는 전부를 도급을 주어 행하는 작업이 있는 경우 혼재 작업의 위험성 및 작업 상황 등에 관한 정보
5. 재해사례, 재해통계 등에 관한 정보
6. 작업환경측정결과, 근로자 건강진단결과에 관한 정보
7. 그 밖에 위험성평가에 참고가 되는 자료 등

**제10조(유해·위험요인 파악)** 사업주는 유해·위험요인을 파악할 때 업종, 규모 등 사업장 실정에 따라 다음 각 호의 방법 중 어느 하나 이상의 방법을 사용하여야 한다. 이 경우 특별한 사정이 없으면 제1호에 의한 방법을 포함하여야 한다.
1. 사업장 순회점검에 의한 방법
2. 청취조사에 의한 방법
3. 안전보건 자료에 의한 방법
4. 안전보건 체크리스트에 의한 방법
5. 그 밖에 사업장의 특성에 적합한 방법

**제11조(위험성 추정)** ① 사업주는 유해·위험요인을 파악하여 사업장 특성에 따라 부상 또는 질병으로 이어질 수 있는 가능성 및 중대성의 크기를 추정하고 다음 각 호의 어느 하나의 방법으로 위험성을 추정하여야 한다.
1. 가능성과 중대성을 행렬을 이용하여 조합하는 방법
2. 가능성과 중대성을 곱하는 방법
3. 가능성과 중대성을 더하는 방법
4. 그 밖에 사업장의 특성에 적합한 방법

② 제1항에 따라 위험성을 추정할 경우에는 다음에서 정하는 사항을 유의하여야 한다.
1. 예상되는 부상 또는 질병의 대상자 및 내용을 명확하게 예측할 것
2. 최악의 상황에서 가장 큰 부상 또는 질병의 중대성을 추정할 것
3. 부상 또는 질병의 중대성은 부상이나 질병 등의 종류에 관계없이 공통의 척도를 사용하는 것이 바람직하며, 기본적으로 부상 또는 질병에 의한 요양기간 또는 근로손실 일수 등을 척도로 사용할 것
4. 유해성이 입증되어 있지 않은 경우에도 일정한 근거가 있는 경우에는 그 근거를 기초로 하여 유해성이 존재하는 것으로 추정할 것
5. 기계·기구, 설비, 작업 등의 특성과 부상 또는 질병의 유형을 고려할 것

**제12조(위험성 결정)** ① 사업주는 제11조에 따른 유해·위험요인별 위험성 추정 결과(제8조 단서에 따라 같은 조 제3호를 생략한 경우에는 제10조에 따른 유해·위험요인 파악결과를 말한다)와 사업장 자체적으로 설정한 허용 가능한 위험성 기준(「산업안전보건법」에서 정한 기준 이상으로 정하여야 한다)을 비교하여 해당 유해·위험요인별 위험성의 크기가 허용 가능한지 여부를 판단하여야 한다.
② 제1항에 따른 허용 가능한 위험성의 기준은 위험성 결정을 하기 전에 사업장 자체적으로 설정해 두어야 한다.

**제13조(위험성 감소대책 수립 및 실행)** ① 사업주는 제12조에 따라 위험성을 결정한 결과 허용 가능한 위험성이 아니라고 판단되는 경우에는 위험성의 크기, 영향을 받는 근로자 수 및 다음 각 호의 순서를 고려하여 위험성 감소를 위한 대책을 수립하여 실행하여야 한다. 이 경우 법령에서 정하는 사항과 그 밖에 근로자의 위험 또는 건강장해를 방지하기 위하여 필요한 조치를 반영하여야 한다.
 1. 위험한 작업의 폐지·변경, 유해·위험물질 대체 등의 조치 또는 설계나 계획 단계에서 위험성을 제거 또는 저감하는 조치
 2. 연동장치, 환기장치 설치 등의 공학적 대책
 3. 사업장 작업절차서 정비 등의 관리적 대책
 4. 개인용 보호구의 사용
② 사업주는 위험성 감소대책을 실행한 후 해당 공정 또는 작업의 위험성의 크기가 사전에 자체 설정한 허용 가능한 위험성의 범위인지를 확인하여야 한다.
③ 제2항에 따른 확인 결과, 위험성이 자체 설정한 허용 가능한 위험성 수준으로 내려오지 않는 경우에는 허용 가능한 위험성 수준이 될 때까지 추가의 감소대책을 수립·실행하여야 한다.
④ 사업주는 중대재해, 중대산업사고 또는 심각한 질병이 발생할 우려가 있는 위험성으로서 제1항에 따라 수립한 위험성 감소대책의 실행에 많은 시간이 필요한 경우에는 즉시 잠정적인 조치를 강구하여야 한다.
⑤ 사업주는 위험성평가를 종료한 후 남아 있는 유해·위험요인에 대해서는 게시, 주지 등의 방법으로 근로자에게 알려야 한다.

**제14조(기록 및 보존)** ① 규칙 제37조제1항제4호에 따른 "그 밖에 위험성평가의 실시내용을 확인하기 위하여 필요한 사항으로서 고용노동부장관이 정하여 고시하는 사항"이란 다음 각 호에 관한 사항을 말한다.
 1. 위험성평가를 위해 사전조사 한 안전보건정보
 2. 그 밖에 사업장에서 필요하다고 정한 사항
② 시행규칙 제37조제2항의 기록의 최소 보존기한은 제15조에 따른 실시 시기별 위험성평가를 완료한 날부터 기산한다.

**제15조(위험성평가의 실시 시기)** ① 위험성평가는 최초평가 및 수시평가, 정기평가로 구분하여 실시하여야 한다. 이 경우 최초평가 및 정기평가는 전체 작업을 대상으로 한다.
② 수시평가는 다음 각 호의 어느 하나에 해당하는 계획이 있는 경우에는 해당 계획의 실행을 착수하기 전에 실시하여야 한다. 다만, 제5호에 해당하는 경우에는 재해발생 작업을 대상으로 작업을 재개하기 전에 실시하여야 한다.
 1. 사업장 건설물의 설치·이전·변경 또는 해체
 2. 기계·기구, 설비, 원재료 등의 신규 도입 또는 변경
 3. 건설물, 기계·기구, 설비 등의 정비 또는 보수(주기적·반복적 작업으로서 정기평가를 실시한 경우에는 제외)

4. 작업방법 또는 작업절차의 신규 도입 또는 변경
  5. 중대산업사고 또는 산업재해(휴업 이상의 요양을 요하는 경우에 한정한다) 발생
  6. 그 밖에 사업주가 필요하다고 판단한 경우
③ 정기평가는 최초평가 후 매년 정기적으로 실시한다. 이 경우 다음의 사항을 고려하여야 한다.
  1. 기계·기구, 설비 등의 기간 경과에 의한 성능 저하
  2. 근로자의 교체 등에 수반하는 안전·보건과 관련되는 지식 또는 경험의 변화
  3. 안전·보건과 관련되는 새로운 지식의 습득
  4. 현재 수립되어 있는 위험성 감소대책의 유효성 등

## 제3장 위험성평가 인정

**제16조(인정의 신청)** ① 장관은 소규모 사업장의 위험성평가를 활성화하기 위하여 위험성평가 우수 사업장에 대해 인정해 주는 제도를 운영할 수 있다. 이 경우 인정을 신청할 수 있는 사업장은 다음 각 호와 같다.
  1. 상시 근로자 수 100명 미만 사업장(건설공사를 제외한다). 이 경우 법 제63조에 따른 작업의 일부 또는 전부를 도급에 의하여 행하는 사업의 경우는 도급사업주의 사업장(이하 "도급사업장"이라 한다)과 수급사업주의 사업장(이하 "수급사업장"이라 한다) 각각의 근로자수를 이 규정에 의한 상시 근로자 수로 본다.
  2. 총 공사금액 120억원(토목공사는 150억원) 미만의 건설공사
② 제2장에 따른 위험성평가를 실시한 사업장으로서 해당 사업장을 제1항의 위험성평가 우수사업장으로 인정을 받고자 하는 사업주는 별지 제1호서식의 위험성평가 인정신청서를 해당 사업장을 관할하는 공단 광역본부장·지역본부장·지사장에게 제출하여야 한다.
③ 제2항에 따른 인정신청은 위험성평가 인정을 받고자 하는 단위 사업장(또는 건설공사)으로 한다. 다만, 다음 각 호의 어느 하나에 해당하는 사업장은 인정신청을 할 수 없다.
  1. 제22조에 따라 인정이 취소된 날부터 1년이 경과하지 아니한 사업장
  2. 최근 1년 이내에 제22조제1항 각 호(제1호 및 제5호를 제외한다)의 어느 하나에 해당하는 사유가 있는 사업장
④ 법 제63조에 따른 작업의 일부 또는 전부를 도급에 의하여 행하는 사업장의 경우에는 도급사업장의 사업주가 수급사업장을 일괄하여 인정을 신청하여야 한다. 이 경우 인정신청에 포함하는 해당 수급사업장 명단을 신청서에 기재(건설공사를 제외한다)하여야 한다.
⑤ 제4항에도 불구하고 수급사업장이 제19조에 따른 인정을 별도로 받았거나, 법 제17조에 따른 안전관리자 또는 같은 법 제18조에 따른 보건관리자 선임대상인 경우에는 제4항에 따른 인정신청에서 해당 수급사업장을 제외할 수 있다.

**제17조(인정심사)** ① 공단은 위험성평가 인정신청서를 제출한 사업장에 대하여는 다음에서 정하는 항목을 심사(이하 "인정심사"라 한다)하여야 한다.
  1. 사업주의 관심도
  2. 위험성평가 실행수준
  3. 구성원의 참여 및 이해 수준
  4. 재해발생 수준
② 공단 광역본부장·지역본부장·지사장은 소속 직원으로 하여금 사업장을 방문하여 제1항의 인정심사(이하 "현장심사"라 한다)를 하도록 하여야 한다. 이 경우 현장심사는 현장심사 전일을 기준으로 최초인정은 최근 1년, 최초인정 후 다시 인정(이하 "재인정"이라 한다)하는 것은 최근 3년 이내에 실시한 위험성평가를 대상으로 한다. 다만, 인정사업장 사후심사를 위하여 제21조제3항에 따른 현장심사를 실시한 것은 제외할 수 있다.
③ 제2항에 따른 현장심사 결과는 제18조에 따른 인정심사위원회에 보고하여야 하며, 인정심사위원회는 현장심사 결과 등으로 인정심사를 하여야 한다.
④ 제16조제4항에 따른 도급사업장의 인정심사는 도급사업장과 인정을 신청한 수급사업장(건설공사의 수급사업장은 제외한다)에 대하여 각각 실시하여야 한다. 이 경우 도급사업장의 인정심사는 사업장 내의 모든 수급사업장을 포함한 사업장 전체를 종합적으로 실시하여야 한다.
⑤ 인정심사의 세부항목 및 배점 등 인정심사에 관하여 필요한 사항은 공단 이사장이 정한다. 이 경우 사업장의 업종별, 규모별 특성 등을 고려하여 심사기준을 달리 정할 수 있다.

**제18조(인정심사위원회의 구성·운영)** ① 공단은 위험성평가 인정과 관련한 다음 각 호의 사항을 심의·의결하기 위하여 각 광역본부·지역본부·지사에 위험성평가 인정심사위원회를 두어야 한다.
  1. 인정 여부의 결정
  2. 인정취소 여부의 결정
  3. 인정과 관련한 이의신청에 대한 심사 및 결정
  4. 심사항목 및 심사기준의 개정 건의
  5. 그 밖에 인정 업무와 관련하여 위원장이 회의에 부치는 사항
② 인정심사위원회는 공단 광역본부장·지역본부장·지사장을 위원장으로 하고, 관할 지방고용노동관서 산재예방지도과장(산재예방지도과가 설치되지 않은 관서는 근로개선지도과장)을 당연직 위원으로 하여 10명 이내의 내·외부 위원으로 구성하여야 한다.
③ 그 밖에 인정심사위원회의 구성 및 운영에 관하여 필요한 사항은 공단 이사장이 정한다.

**제19조(위험성평가의 인정)** ① 공단은 인정신청 사업장에 대한 현장심사를 완료한 날부터 1개월 이내에 인정심사위원회의 심의·의결을 거쳐 인정 여부를 결정하여야 한다. 이 경우 다음의 기준을 충족하는 경우에만 인정을 결정하여야 한다.
  1. 제2장에서 정한 방법, 절차 등에 따라 위험성평가 업무를 수행한 사업장

2. 현장심사 결과 제17조제1항 각 호의 평가점수가 100점 만점에 50점을 미달하는 항목이 없고 종합점수가 100점 만점에 70점 이상인 사업장

② 인정심사위원회는 제1항의 인정 기준을 충족하는 사업장의 경우에도 인정심사위원회를 개최하는 날을 기준으로 최근 1년 이내에 제22조제1항 각 호에 해당하는 사유가 있는 사업장에 대하여는 인정하지 아니 한다.

③ 공단은 제1항에 따라 인정을 결정한 사업장에 대해서는 별지 제2호서식의 인정서를 발급하여야 한다. 이 경우 제17조제4항에 따른 인정심사를 한 경우에는 인정심사 기준을 만족하는 도급사업장과 수급사업장에 대해 각각 인정서를 발급하여야 한다.

④ 위험성평가 인정 사업장의 유효기간은 제1항에 따른 인정이 결정된 날부터 3년으로 한다. 다만, 제22조에 따라 인정이 취소된 경우에는 인정취소 사유 발생일 전날까지로 한다.

⑤ 위험성평가 인정을 받은 사업장 중 사업이 법인격을 갖추어 사업장관리번호가 변경되었으나 다음 각 호의 사항을 증명하는 서류를 공단에 제출하여 동일 사업장임을 인정받을 경우 변경 후 사업장을 위험성평가 인정 사업장으로 한다. 이 경우 인정기간의 만료일은 변경 전 사업장의 인정기간 만료일로 한다.
1. 변경 전·후 사업장의 소재지가 동일할 것
2. 변경 전 사업의 사업주가 변경 후 사업의 대표이사가 되었을 것
3. 변경 전 사업과 변경 후 사업간 시설·인력·자금 등에 대한 권리·의무의 전부를 포괄적으로 양도·양수하였을 것

**제20조(재인정)** ① 사업주는 제19조제4항 본문에 따른 인정 유효기간이 만료되어 재인정을 받으려는 경우에는 제16조제2항에 따른 인정신청서를 제출하여야 한다. 이 경우 인정신청서 제출은 유효기간 만료일 3개월 전부터 할 수 있다.

② 제1항에 따른 재인정을 신청한 사업장에 대한 심사 등은 제16조부터 제19조까지의 규정에 따라 처리한다.

③ 재인정 심사의 범위는 직전 인정 또는 사후심사와 관련한 현장심사 다음 날부터 재인정신청에 따른 현장심사 전일까지 실시한 정기평가 및 수시평가를 그 대상으로 한다.

④ 재인정 사업장의 인정 유효기간은 제19조제4항에 따른다. 이 경우, 재인정 사업장의 인정 유효기간은 이전 위험성평가 인정 유효기간의 만료일 다음날부터 새로 계산한다.

**제21조(인정사업장 사후심사)** ① 공단은 제19조제3항 및 제20조에 따라 인정을 받은 사업장이 위험성평가를 효과적으로 유지하고 있는지 확인하기 위하여 매년 인정사업장의 20퍼센트 범위에서 사후심사를 할 수 있다.

② 제1항에 따른 사후심사는 다음 각 호의 어느 하나에 해당하는 사업장으로 인정심사위원회에서 사후심사가 필요하다고 결정한 사업장을 대상으로 한다. 이 경우 제1호에 해당하는 사업장은 특별한 사정이 없는 한 대상에 포함하여야 한다.
1. 공사가 진행 중인 건설공사. 다만, 사후심사일 현재 잔여공사기간이 3개월 미만인 건설공사는 제외할 수 있다.

2. 제19조제1항제2호 및 제20조제2항에 따른 종합점수가 100점 만점에 80점 미만인 사업장으로 사후심사가 필요하다고 판단되는 사업장
3. 그 밖에 무작위 추출 방식에 의하여 선정한 사업장(건설공사를 제외한 연간 사후심사 사업장의 50퍼센트 이상을 선정한다)

③ 사후심사는 직전 현장심사를 받은 이후에 사업장에서 실시한 위험성평가에 대해 현장심사를 하는 것으로 하며, 해당 사업장이 제19조에 따른 인정 기준을 유지하는지 여부를 심사하여야 한다.

**제22조(인정의 취소)** ① 위험성평가 인정사업장에서 인정 유효기간 중에 다음 각 호의 어느 하나에 해당하는 사업장은 인정을 취소하여야 한다.
1. 거짓 또는 부정한 방법으로 인정을 받은 사업장
2. 직·간접적인 법령 위반에 기인하여 다음의 중대재해가 발생한 사업장(규칙 제2조)
   가. 사망재해
   나. 3개월 이상 요양을 요하는 부상자가 동시에 2명 이상 발생
   다. 부상자 또는 직업성질병자가 동시에 10명 이상 발생
3. 근로자의 부상(3일 이상의 휴업)을 동반한 중대산업사고 발생사업장
4. 법 제10조에 따른 산업재해 발생건수, 재해율 또는 그 순위 등이 공표된 사업장(영 제10조제1항제1호 및 제5호에 한정한다)
5. 제21조에 따른 사후심사 결과, 제19조에 의한 인정기준을 충족하지 못한 사업장
6. 사업주가 자진하여 인정 취소를 요청한 사업장
7. 그 밖에 인정취소가 필요하다고 공단 광역본부장·지역본부장 또는 지사장이 인정한 사업장

② 공단은 제1항에 해당하는 사업장에 대해서는 인정심사위원회에 상정하여 인정취소 여부를 결정하여야 한다. 이 경우 해당 사업장에는 소명의 기회를 부여하여야 한다.
③ 제2항에 따라 인정취소 사유가 발생한 날을 인정취소일로 본다.

**제23조(위험성평가 지원사업)** ① 장관은 사업장의 위험성평가를 지원하기 위하여 공단 이사장으로 하여금 다음 각 호의 위험성평가 사업을 추진하게 할 수 있다.
1. 추진기법 및 모델, 기술자료 등의 개발·보급
2. 우수 사업장 발굴 및 홍보
3. 사업장 관계자에 대한 교육
4. 사업장 컨설팅
5. 전문가 양성
6. 지원시스템 구축·운영
7. 인정제도의 운영
8. 그 밖에 위험성평가 추진에 관한 사항

② 공단 이사장은 제1항에 따른 사업을 추진하는 경우 고용노동부와 협의하여 추진하고 추진결과 및 성과를 분석하여 매년 1회 이상 장관에게 보고하여야 한다.

**제24조(위험성평가 교육지원)** ① 공단은 제21조제1항에 따라 사업장의 위험성평가를 지원하기 위하여 다음 각 호의 교육과정을 개설하여 운영할 수 있다.
  1. 사업주 교육
  2. 평가담당자 교육
  3. 전문가 양성 교육
② 공단은 제1항에 따른 교육과정을 광역본부·지역본부·지사 또는 산업안전보건교육원(이하 "교육원"이라 한다)에 개설하여 운영하여야 한다.
③ 제1항제2호 및 제3호에 따른 평가담당자 교육을 수료한 근로자에 대해서는 해당 시기에 사업주가 실시해야 하는 관리감독자 교육을 수료한 시간만큼 실시한 것으로 본다.

**제25조(위험성평가 컨설팅지원)** ① 공단은 근로자 수 50명 미만 소규모 사업장(건설업의 경우 전년도에 공시한 시공능력 평가액 순위가 200위 초과인 종합건설업체 본사 또는 총 공사금액 120억원(토목공사는 150억원)미만인 건설공사를 말한다)의 사업주로부터 제5조제3항에 따른 컨설팅지원을 요청 받은 경우에 위험성평가 실시에 대한 컨설팅지원을 할 수 있다.
② 제1항에 따른 공단의 컨설팅지원을 받으려는 사업주는 사업장 관할의 공단 광역본부장·지역본부장·지사장에게 지원 신청을 하여야 한다.
③ 제2항에도 불구하고 공단 광역본부장·지역본부·지사장은 재해예방을 위하여 필요하다고 판단되는 사업장을 직접 선정하여 컨설팅을 지원할 수 있다.

## 제4장 지원사업의 추진 등

**제26조(지원 신청 등)** ① 제24조에 따른 교육지원 및 제25조에 따른 컨설팅지원의 신청은 별지 제3호서식에 따른다. 다만, 제24조제1항제3호에 따른 교육의 신청 및 비용 등은 교육원이 정하는 바에 따른다.
② 교육기관의장은 제1항에 따른 교육신청자에 대하여 교육을 실시한 경우에는 별지 제4호서식 또는 별지 제5호서식에 따른 교육확인서를 발급하여야 한다.
③ 공단은 예산이 허용하는 범위에서 사업장이 제24조에 따른 교육지원과 제25조에 따른 컨설팅지원을 민간기관에 위탁하고 그 비용을 지급할 수 있으며, 이에 필요한 지원 대상, 비용지급 방법 및 기관 관리 등 세부적인 사항은 공단 이사장이 정할 수 있다.
④ 공단은 사업주가 위험성평가 감소대책의 실행을 위하여 해당 시설 및 기기 등에 대하여 「산업재해예방시설자금 융자 및 보조업무처리규칙」에 따라 보조금 또는 융자금을 신청한 경우에는 우선하여 지원할 수 있다.
⑤ 공단은 제19조에 따른 위험성평가 인정 또는 제20조에 따른 재인정, 제22조에 따른 인정 취소를 결정한 경우에는 결정일부터 3일 이내에 인정일 또는 재인정일, 인정취소일 및 사업장명, 소재지, 업종, 근로자 수, 인정 유효기간 등의 현황을 지방고용노동관서 산재예방지도과(산재예방지도과가 설치되지 않은 관서는 근로개선지도과)로 보고하여야 한다. 다만, 위험성평가 지원시스템 또는 그 밖의 방법으로 지방고용노동관서에서 인정사업장 현황을 실시간으로 파악할 수 있는 경우에는 그러하지 아니한다.

**제27조(인정사업장 등에 대한 혜택)** ① 장관은 위험성평가 인정사업장에 대하여는 제19조 및 제20조에 따른 인정 유효기간 동안 사업장 안전보건 감독을 유예할 수 있다.

② 제1항에 따라 유예하는 안전보건 감독은 「근로감독관 집무규정(산업안전보건)」 제10조제2항에 따른 기획감독 대상 중 장관이 별도로 지정한 사업장으로 한정한다.

③ 장관은 위험성평가를 실시하였거나, 위험성평가를 실시하고 인정을 받은 사업장에 대해서는 정부 포상 또는 표창의 우선 추천 및 그 밖의 혜택을 부여할 수 있다.

**제28조(재검토기한)** 고용노동부장관은 이 고시에 대하여 2020년 1월 1일 기준으로 매3년이 되는 시점(매 3년째의 12월 31일까지를 말한다)마다 그 타당성을 검토하여 개선 등의 조치를 하여야 한다.

**부칙 〈제2020-53호, 2020. 1. 14.〉**
이 고시는 2020년 1월 16일부터 시행한다.

## 2. 안전보건관리 제이론

### 1) 산업재해 발생모델

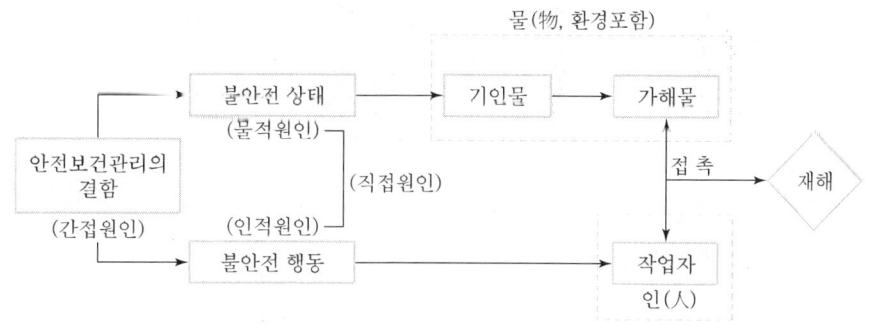

[재해발생의 메커니즘(모델, 구조)]

(1) 불안전한 행동

   작업자의 부주의, 실수, 착오, 안전조치 미이행 등

(2) 불안전한 상태

   기계·설비 결함, 방호장치 결함, 작업환경 결함 등

### 2) 재해발생의 메커니즘

(1) 하인리히(H. W. Heinrich)의 도미노이론(사고발생의 연쇄성)

   1단계 : 사회적 환경 및 유전적 요소(기초원인)
   2단계 : 개인의 결함(간접원인)
   3단계 : 불안전한 행동 및 불안전한 상태(직접원인) ⇒ 제거(효과적임)
   4단계 : 사고

5단계 : 재해

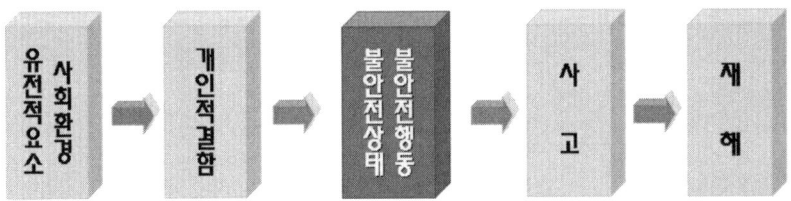

제3의 요인인 불안전한 행동과 불안전한 상태의 중추적 요인을 배제하면 사고와 재해로 이어지지 않는다.

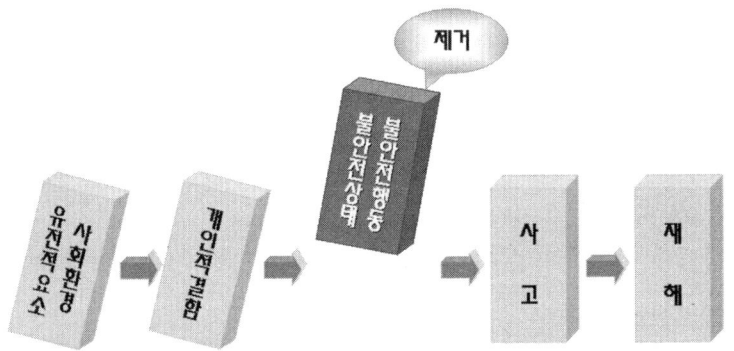

(2) 버드(Frank Bird)의 신 도미노이론

1단계 : 통제의 부족(관리소홀), 재해발생의 근원적 요인
2단계 : 기본원인(기원), 개인적 또는 과업과 관련된 요인
3단계 : 직접원인(징후), 불안전한 행동 및 불안전한 상태
4단계 : 사고(접촉)
5단계 : 상해(손해)

3) 재해구성비율

(1) 하인리히의 법칙

1 : 29 : 300

① 1 : 중상 또는 사망
② 29 : 경상
③ 300 : 무상해사고

330회의 사고 가운데 중상 또는 사망 1회, 경상 29회, 무상해사고 300회의 비율로 사고가 발생

▶ 미국의 안전기사 하인리히가 50,000여 건의 사고조사 기록을 분석하여 발표한 것으로 사망사고가 발생하기 전에 이미 수많은 경상과 무상해 사고가 존재한다는 이론임(사고는 결코 우연에 의해 발생하지 않는다는 것을 설명하는 안전관리의 가장 대표적인 이론)

(2) <u>버드의 법칙</u>

1 : 10 : 30 : 600

① 1 : 중상 또는 폐질
② 10 : 경상(인적, 물적 상해)
③ 30 : 무상해사고(물적 손실 발생)
④ 600 : 무상해, 무사고 고장(위험순간)

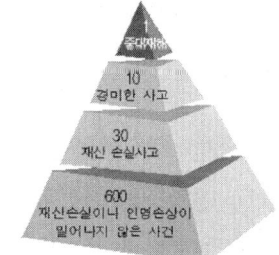

(3) 아담스의 이론

① 관리구조
② 작전적 에러
③ 전술적 에러(불안전행동, 불안전동작)
④ 사고
⑤ 상해, 손해

(4) <u>웨버의 이론</u>

① 유전과 환경
② 인간의 실수
③ 불안전한 행동+불안전한 상태
④ 사고
⑤ 상해

4) 재해예방의 4원칙

하인리히는 재해를 예방하기 위한 "재해예방 4원칙"이란 예방이론을 제시하였다. 사고는 손실우연의 법칙에 의하여 반복적으로 발생할 수 있으므로 사고발생 자체를 예방해야 한다고 주장하였다.

(1) <u>손실우연의 원칙</u>

재해손실은 사고 발생 시 사고대상의 조건에 따라 달라지므로, 한 사고의 결과로서 생긴 재해손실은 우연성에 의해서 결정된다.

(2) <u>원인계기의 원칙</u>

재해발생은 반드시 원인이 있음

(3) 예방 가능의 원칙

재해는 원칙적으로 원인만 제거하면 예방 가능하다.

(4) 대책선정의 원칙

재해예방을 위한 가능한 안전대책은 반드시 존재한다.

5) 사고예방대책의 기본원리 5단계(사고예방원리 : 하인리히)

(1) 1단계 : 조직(안전관리조직)
① 경영층의 안전목표 설정
② 안전관리 조직(안전관리자 선임 등)
③ 안전활동 및 계획수립

(2) 2단계 : 사실의 발견(현상파악)
① 사고 및 안전활동의 기록 검토
② 작업분석
③ 안전점검, 안전진단
④ 사고조사
⑤ 안전평가
⑥ 각종 안전회의 및 토의
⑦ 근로자의 건의 및 애로 조사

(3) 3단계 : 분석·평가(원인규명)
① 사고조사 결과의 분석
② 불안전상태, 불안전행동 분석
③ 작업공정, 작업형태 분석
④ 교육 및 훈련의 분석
⑤ 안전수칙 및 안전기준 분석

(4) 4단계 : 시정책의 선정
① 기술의 개선
② 인사조정
③ 교육 및 훈련 개선
④ 안전규정 및 수칙의 개선
⑤ 이행의 감독과 제재강화

### (5) 5단계 : 시정책의 적용

① 목표 설정
② 3E(기술, 교육, 관리)의 적용

## 6) 재해원인과 대책을 위한 기법

### (1) 4M 분석기법

① 인간(Man) : 잘못된 사용, 오조작, 착오, 실수, 불안심리
② 기계(Machine) : 설계·제작 착오, 재료 피로·열화, 고장, 배치·공사 착오
③ 작업매체(Media) : 작업정보 부족·부적절, 작업환경 불량
④ 관리(Management) : 안전조직 미비, 교육·훈련 부족, 계획 불량, 잘못된 지시

| 항목 | 위험요인 |
|---|---|
| Man (인간) | • 미숙련자 등 작업자 특성에 의한 불안전 행동<br>• 작업에 대한 안전보건 정보의 부적절<br>• 작업자세, 작업동작의 결함<br>• 작업방법의 부적절 등<br>• 휴먼에러(Human error)<br>• 개인 보호구 미착용 |
| Machine (기계) | • 기계·설비 구조상의 결함<br>• 위험 방호장치의 불량<br>• 위험기계의 본질안전 설계의 부족<br>• 비상시 또는 비정상 작업 시 안전연동장치 및 경고장치의 결함<br>• 사용 유틸리티(전기, 압축공기 및 물)의 결함<br>• 설비를 이용한 운반수단의 결함 등 |
| Media (작업매체) | • 작업공간(작업장 상태 및 구조)의 불량, 작업방법의 부적절<br>• 가스, 증기, 분진, 퓸 및 미스트 발생<br>• 산소결핍, 병원체, 방사선, 유해광선, 고온, 저온, 초음파, 소음, 진동, 이상기압 등<br>• 취급 화학물질에 대한 중독 등 |
| Management (관리) | • 관리조직의 결함<br>• 규정, 매뉴얼의 미작성<br>• 안전관리계획의 미흡<br>• 교육·훈련의 부족<br>• 부하에 대한 감독·지도의 결여<br>• 안전수칙 및 각종 표지판 미게시<br>• 건강검진 및 사후관리 미흡<br>• 고혈압 예방 등 건강관리 프로그램 운영 |

(2) 3E 기법(하비, Harvey)
  ① 관리적 측면(Enforcement)
    안전관리 조직 정비 및 적정인원 배치, 적합한 기준설정 및 각종 수칙의 준수 등
  ② 기술적 측면(Engineering)
    안전설계(안전기준)의 선정, 작업행정의 개선 및 환경설비의 개선
  ③ 교육적 측면(Education)
    안전지식 교육 및 안전교육 실시, 안전훈련 및 경험훈련 실시

(3) TOP 이론(콤페스, P. C. Compes)
  ① T(Technology) : 기술적 사항으로 불안전한 상태를 지칭
  ② O(Organization) : 조직적 사항으로 불안전한 조직을 지칭
  ③ P(Person) : 인적 사항으로 불안전한 행동을 지칭

## 3. 생산성과 경제적 안전도

안전관리란 생산성의 향상과 손실(Loss)의 최소화를 위하여 행하는 것으로 비능률적 요소인 사고가 발생하지 않는 상태를 유지하기 위한 활동으로 생산성 측면에서는 다음과 같은 효과를 가져온다.

1) 근로자의 사기진작
2) 생산성 향상
3) 사회적 신뢰성 유지 및 확보
4) 비용절감(손실감소)
5) 이윤증대

## 4. 안전의 가치

인간존중의 이념을 바탕으로 사고를 예방함으로써 근로자의 의욕에 큰 영향을 미치게 되며 생산능력의 향상을 가져오게 된다. 즉, 안전한 작업방법을 시행함으로써 근로자를 보호함은 물론 기업을 효율적으로 운영할 수 있다.

1) 인간존중(안전제일이념)
2) 사회복지
3) 생산성 향상 및 품질향상(안전태도 개선과 안전동기 부여)
4) 기업의 경제적 손실예방(재해로 인한 재산 및 인적 손실예방)

## 5. 제조물 책임과 안전

### 1) 제조물 책임의 정의

제조물 책임(PL)이란 제조, 유통, 판매된 제품의 결함으로 인해 발생한 사고에 의해 소비자나 사용자 또는 제3자에게 신체장애나 재산상의 피해를 줄 경우 그 제품을 제조·판매한 사가 법률상 손해배상책임을 지도록 하는 것을 말한다.

단순한 산업구조에서는 제조자와 소비자 사이의 계약관계만을 가지고 책임관계가 성립되었지만, 복잡한 산업구조와 대량생산/대량소비시대에 이르러 판매, 유통단계까지의 책임을 요구하게 되었다. 또한, 소비자의 입증부담을 덜어주기 위해 과실에서 결함으로 입증대상이 변경되었으며, 결함만으로도 손해배상의 책임을 지게 하는 단계까지 발전했다.

### 2) 제조물 책임법(PL법)의 3가지 기본 법리

(1) 과실책임(Negligence)

주의의무 위반과 같이 소비자에 대한 보호의무를 불이행한 경우 피해자에게 손해배상을 해야 할 의무

(2) 보증책임(Breach of Warranty)

제조자가 제품의 품질에 대하여 명시적, 묵시적 보증을 한 후에 제품의 내용이 사실과 명백히 다른 경우 소비자에게 책임을 짐

(3) 엄격책임(Strict Liability)

제조자가 자사제품이 더 이상 점검되지 않고 사용될 것을 알면서 제품을 시장에 유봉시킬 때 그 제품이 인체에 상해를 줄 수 있는 결함이 있는 것으로 입증되는 제조자는 과실 유무에 상관없이 불법행위법상의 엄격책임이 있음

### 3) 결함

"결함"이란 제품의 안전성이 결여된 것을 의미하는데, "제품의 특성", "예견되는 사용형태", "인도된 시기" 등을 고려하여 결함의 유무를 결정한다.

(1) 설계상의 결함

제조업자가 합리적인 대체설계를 채용하였더라면 피해나 위험을 줄이거나 피할 수 있었음에도 대체 설계를 채용하지 아니하여 당해 제조물이 안전하지 못하게 된 경우

(2) 제조상의 결함

제조업자가 제조물에 대한 제조, 가공상의 주의 의무 이행 여부에 불구하고 제조물이 의도한 설계와 다르게 제조, 가공됨으로써 안전하지 못하게 된 경우

(3) 경고 표시상의 결함

제조업자가 합리적인 설명, 지시, 경고, 기타의 표시를 하였더라면 당해 제조물에 의하여 발생될 수 있는 피해나 위험을 줄이거나 피할 수 있었음에도 이를 하지 아니한 경우

# 02. 안전보건관리 체제 및 운용

## 1. 안전보건관리조직

### 1) 안전보건조직의 목적

기업 내에서 안전관리조직을 구성하는 목적은 근로자의 안전과 설비의 안전을 확보하여 생산합리화를 기하는 데 있다.

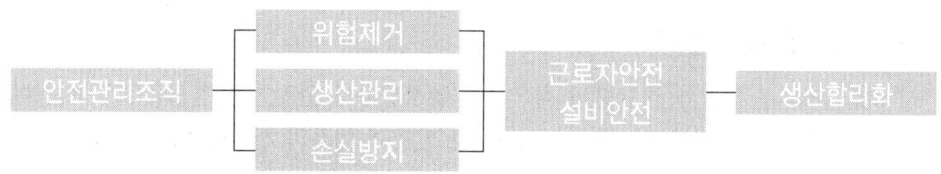

#### (1) 안전관리조직의 3대 기능
① 위험제거기능
② 생산관리기능
③ 손실방지기능

### 2) 라인(LINE)형 조직

소규모기업에 적합한 조직으로서 안전관리에 관한 계획에서부터 실시에 이르기까지 모든 안전업무가 생산라인을 통하여 직선적으로 이루어지도록 편성된 조직

#### (1) 규모
소규모(100명 이하)

#### (2) 장점
① 안전에 관한 지시 및 명령계통이 철저함
② 안전대책의 실시가 신속
③ 명령과 보고가 상하관계뿐으로 간단명료함

#### (3) 단점
① 안전에 대한 지식 및 기술축적이 어려움
② 안전에 대한 정보수집 및 신기술 개발이 미흡
③ 라인에 과중한 책임을 지우기 쉽다.

(4) 구성도

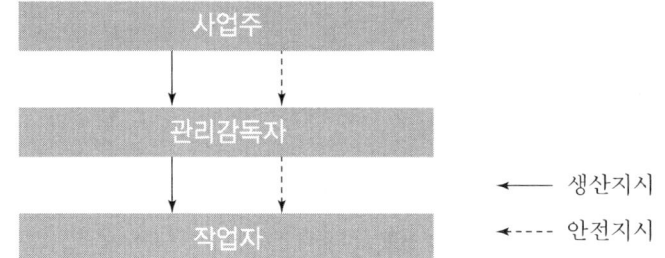

3) 스태프(STAFF)형 조직

중소규모 사업장에 적합한 조직으로서 안전업무를 관장하는 참모(STAFF)를 두고 안전관리에 관한 계획 조정·조사·검토·보고 등의 업무와 현장에 대한 기술지원을 담당하도록 편성된 조직

(1) 규모

중규모(100~500명 이하)

(2) 장점

① 사업장 특성에 맞는 전문적인 기술연구가 가능하다.
② 경영자에게 조언과 자문역할을 할 수 있다.
③ 안전정보 수집이 빠르다.

(3) 단점

① 안전지시나 명령이 작업자에게까지 신속 정확하게 전달되지 못한다.
② 생산부분은 안전에 대한 책임과 권한이 없다.
③ 권한다툼이나 조정 때문에 시간과 노력이 소모된다.

(4) 구성도

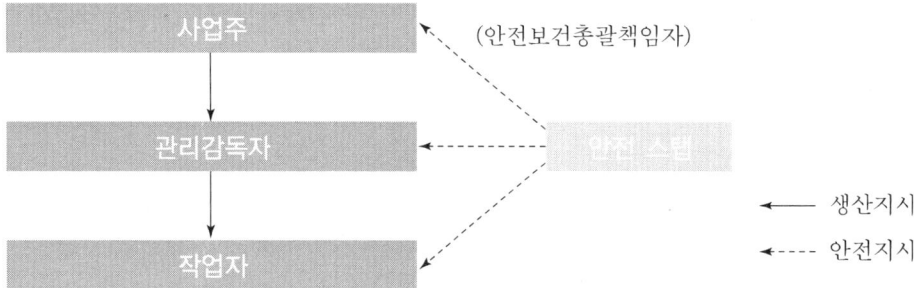

### 4) 라인·스태프(LINE-STAFF)형 조직(직계참모조직)

대규모 사업장에 적합한 조직으로서 라인형과 스태프형의 장점만을 채택한 형태이며 안전업무를 전담하는 스탭을 두고 생산라인의 각 계층에서도 각 부서장으로 하여금 안전업무를 수행하도록 하여 스탭에서 안전에 관한 사항이 결정되면 라인을 통하여 실천하도록 편성된 조직

#### (1) 규모
대규모(1,000명 이상)

#### (2) 장점
① 안전에 대한 기술 및 경험축적이 용이하다.
② 사업장에 맞는 독자적인 안전개선책을 강구할 수 있다.
③ 안전지시나 안전대책이 신속하고 정확하게 하달될 수 있다.

#### (3) 단점
명령계통과 조언의 권고적 참여가 혼동되기 쉽다.

#### (4) 구성도

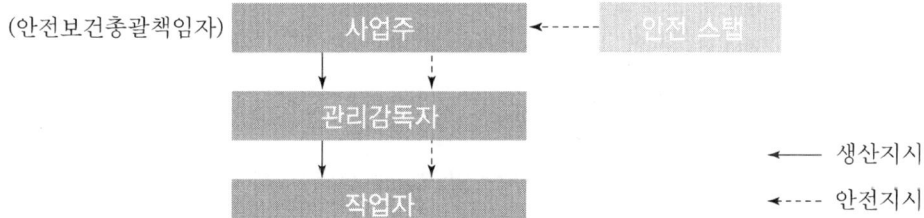

라인-스태프형은 라인과 스태프형의 장점을 절충 조정한 유형으로 라인과 스탭이 협조를 이루어 나갈 수 있고 라인에게는 생산과 안전보건에 관한 책임을 동시에 지우므로 안전보건업무와 생산업무가 균형을 유지할 수 있는 이상적인 조직

## 2. 산업안전보건위원회(노사협의회) 등의 법적 체제 및 운용방법

### 1) 설치대상(산업안전보건법 시행령 제34조)

(1) 상시 근로자 100명 이상을 사용하는 사업장. 다만, 건설업의 경우에는 공사금액 120억원 이상(「건설산업기본법 시행령」 별표 1의 종합공사를 시공하는 업종의 건설업종란 제1호에 따른 토목공사업의 경우에는 150억원 이상)

(2) 상시근로자 50명 이상

  ① 토사석 광업
  ② 목재 및 나무제품 제조업(가구는 제외한다.)
  ③ 화학물질 및 화학제품 제조업(의약품, 세제·화장품 및 광택제 제조업, 화학섬유 제조업은 제외한다.)
  ④ 비금속 광물제품 제조업
  ⑤ 1차 금속 제조업
  ⑥ 금속가공제품 제조업(기계 및 가구는 제외한다.)
  ⑦ 자동차 및 트레일러 제조업
  ⑧ 기타 기계 및 장비 제조업(사무용 기계 및 장비 제조업은 제외한다)
  ⑨ 기타 운송장비 제조업(전투용 차량 제조업은 제외한다.)

(3) 상시근로자 300명 이상

  ① 농업
  ② 어업
  ③ 소프트웨어 개발 및 공급업
  ④ 컴퓨터 프로그래밍, 시스템 통합 및 관리업
  ⑤ 정보서비스업
  ⑥ 금융 및 보험업
  ⑦ 임대업 : 부동산 제외
  ⑧ 전문, 과학 및 기술 서비스업(연구개발업은 제외한다)
  ⑨ 사업지원 서비스업
  ⑩ 사회복지 서비스업

2) 구성(산업안전보건법 시행령 제35조)

 (1) 근로자 위원

  ① 근로자대표
  ② 근로자대표가 지명하는 1명 이상의 명예감독관
  ③ 근로자대표가 지명하는 9명 이내의 해당 사업장의 근로자

 (2) 사용자 위원

  ① 해당 사업의 대표자
  ② 안전관리자
  ③ 보건관리자

④ 산업보건의
⑤ 해당 사업의 대표자가 지명하는 9명 이내의 해당 사업장 부서의 장
(다만, 상시근로자 50명 이상 100명 미만을 사용하는 사업장에서는 해당 사업의 대표자가 지명하는 9명 이내의 해당 사업장 부서의 장을 제외하고 구성할 수 있다.)

3) 산업안전보건위원회의 위원장(산업안전보건법 시행령 제36조)

산업안전보건위원회의 위원장은 위원 중에서 호선(互選)한다. 이 경우 근로자위원과 사용자위원 중 각 1명을 공동위원장으로 선출할 수 있다.

4) 회의결과 등의 공지(산업안전보건법 시행령 제39조)
  (1) 사내방송이나 사내보
  (2) 게시 또는 자체 정례조회
  (3) 그 밖의 적절한 방법

## 3. 안전보건경영시스템

안전보건경영시스템이란 사업주가 자율적으로 자사의 산업재해 예방을 위해 안전보건체제를 구축하고 정기적으로 유해·위험 정도를 평가하여 잠재 유해·위험요인을 지속적으로 개선하는 등 산업재해예방을 위한 조치사항을 체계적으로 관리하는 제반활동을 말한다.

1) 용어의 정의
  (1) "안전보건경영"이란 사업주가 자율적으로 해당 사업장의 산업재해 예방하기 위하여 안전보건관리체제를 구축하고 정기적으로 위험성평가를 실시하여 잠재 유해·위험요인을 지속적으로 개선하는 등 산업재해예방을 위한 조치사항을 체계적으로 관리하는 제반 활동을 말한다.
  (2) "인증"이란 이 규칙에서 정하는 기준에 따른 인증심사와 인증위원회의 심의·의결을 통하여 인증기준에 적합하다는 것을 객관적으로 평가하여 한국산업안전보건공단 이사장(이하 "이사장"이라 한다)이 이를 증명하는 것을 말한다.
  (3) "실태심사"란 인증 신청 사업장에 대하여 인증심사를 실시하기 전에 안전보건 경영 관련 서류와 사업장의 준비상태 및 안전보건경영활동 운영현황 등을 확인하는 심사를 말한다.
  (4) "컨설팅"이란 사업장의 안전보건경영시스템 구축·운영과 관련하여 안전보건 측면의 실태파악, 문제점 발견, 개선대책 제시 등의 제반 지원 활동을 말한다.

(5) "컨설턴트"란 심사원 시험기관에서 실시하는 안전보건경영시스템 심사원 시험에 합격하고 심사원으로 등록한 사람으로 사업장의 요청에 따라 안전보건경영 시스템 구축 및 운영을 컨설팅하는 사람을 말한다.

(6) "인증심사"란 인증 신청 사업장에 대한 인증의 적합 여부를 판단하기 위하여 인증기준과 관련된 안전보건경영 절차의 이행상태 등을 현장 확인을 통해 실시하는 심사를 말한다.

(7) "사후심사"란 인증서를 받은 사업장에서 인증기준을 지속적으로 유지·개선 또는 보완하여 운영하고 있는지를 판단하기 위하여 인증 후 매년 1회 정기적으로 실시하는 심사를 말한다.

(8) "연장심사"란 인증 유효기간을 연장하고자 하는 사업장에 대하여 인증 유효기간이 만료되기 전까지 인증의 연장 여부를 결정하기 위하여 실시하는 심사를 말한다.

(9) "인증위원회"란 이 규칙 제16조에 정한 업무를 심의·의결하기 위하여 운영하는 위원회를 말한다.

(10) "심사원"이란 제20조에 따라 일정한 자격요건을 갖추고 한국산업안전보건공단(이하 "공단"이라 한다)에서 시행하는 심사원 시험에 합격한 후 소정의 절차에 따라 심사원으로 등록된 사람을 말하며, 공단직원 이외의 심사원을 외부 심사원이라 한다.

(11) "선임심사원"이란 외부 심사원으로서 심사팀장의 역할을 수행하는 사람으로 공단에서 선임한 심사원을 말한다.

(12) "심사원 양성교육"이란 심사원을 양성하기 위하여 인증운영·인증기준·심사 절차 및 심사요령 등에 관하여 심사원 교육기관에서 실시하는 총 34시간 이상의 안전보건경영시스템 교육을 말한다.

(13) "심사원 교육기관"이란 심사원 양성교육을 운영하는 기관으로 공단 산업안전보건교육원(이하 "교육원"이라 한다)과 공단이 지정한 외부 교육기관을 말한다.

(14) "발주기관"이란 건설공사를 건설업자에게 도급하는 기관 또는 건설 사업을 관리하는 기관으로「행정기관의 조직과 정원에 관한 통칙」제2조에 따른 중앙 행정기관과 중앙 행정기관의 소속기관,「지방자치법」제2조에 따른 지방자치 단체,「공공기관의 운영에 관한 법률」제5조에 따른 공공기관,「지방공기업법」제2조에 따른 지방직영기업과 지방공사 및 지방공단, 민간기관 등을 말한다.

(15) "종합건설업체"란「건설산업기본법」등에 따라 종합건설업 등록을 하고 종합적인 계획·관리 및 조정하에 시설물을 직접 시공 또는 시공책임을 지는 건설업체를 말한다.

(16) "전문건설업체"란「건설산업기본법」등에 따라 전문건설업 등록을 하고 종합 건설업체로부터 건설공사를 도급받아 건설공사에 대한 시설물의 일부 또는 전문분야에 관한 공사를 시공하는 건설업체를 말한다.

(17) "심사원보"란 제20조에 따라 일정한 자격요건을 갖추고 공단에서 시행하는 심사원 시험에 합격한 후 안전보건경영시스템 심사의 실무를 수행할 능력이 있다고 입증된 자로 심사원으로 등록하기 위한 요건은 갖추지 못한 자를 말한다.

(18) "전환교육"이란 KOSHA18001에 따른 심사원 또는 심사원보에서 KOSHA-MS에 따른 심사원 또는 심사원보로 전환하기 위하여 심사원 교육기관에서 실시하는 총 8시간 이상의 안전보건경영시스템 교육을 말한다.

(19) "공동인증"이란 공단과 안전보건경영시스템(KOSHA-MS & ISO 45001) 인증을 공동으로 수행하는 것을 말한다. 단, 전 업종(건설업 제외)만 해당한다.

(20) "공동인증기관"이란 공단과 안전보건경영시스템(KOSHA-MS & ISO 45001) 인증을 공동으로 수행하는 인증기관을 말한다.

2) 정부의 책무(산업안전보건법 제4조)

(1) 정부는 이 법의 목적을 달성하기 위하여 사업주의 자율적인 산업 안전 및 보건 경영체제 확립을 위한 지원을 성실히 이행할 책무를 진다.

(2) 정부는 제1항 각 호의 사항을 효율적으로 수행하기 위하여 「한국산업안전보건공단법」에 따른 한국산업안전보건공단(이하 "공단"이라 한다), 그 밖의 관련 단체 및 연구기관에 행정적·재정적 지원을 할 수 있다.

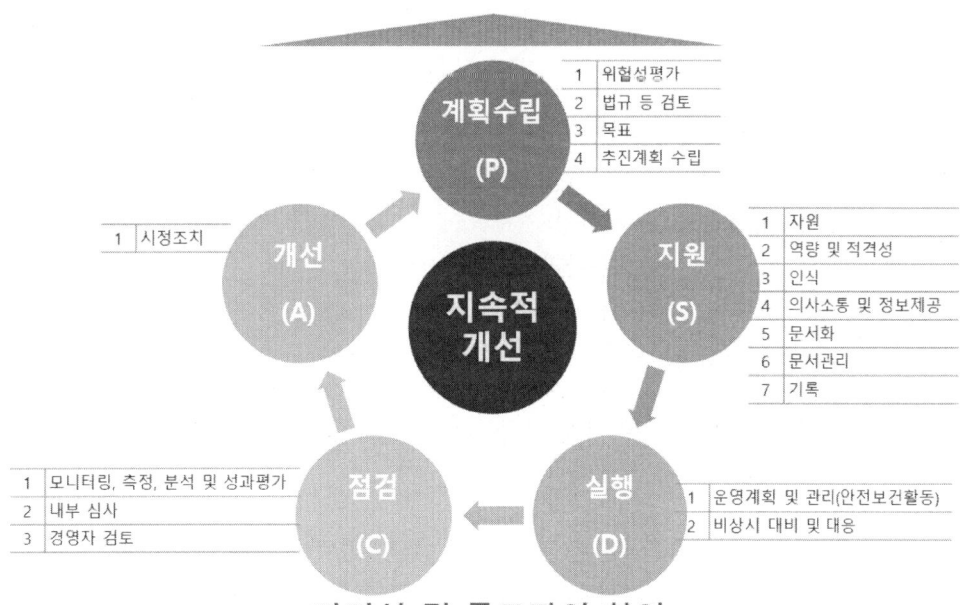

**안전보건경영시스템의 의도된 결과**

3) 산업 안전 및 보건 경영체제 확립 지원(산업안전보건법 시행령 제4조)

고용노동부장관은 법 제4조제1항제4호에 따른 사업주의 자율적인 산업 안전 및 보건 경영체제 확립을 위하여 다음 각 호와 관련된 시책을 마련해야 한다.
(1) 사업의 자율적인 안전·보건 경영체제 운영 등의 기법에 관한 연구 및 보급
(2) 사업의 안전관리 및 보건관리 수준의 향상

## 4. 안전보건관리규정

1) 안전보건관리규정 작성(산업안전보건법 시행규칙 제25조제2항)

안전보건관리규정은 작성해야 할 사유가 발생한 날부터 30일 이내 작성해야 하며, 변경할 사유가 발생한 경우 또한 같다.

2) 안전보건관리규정 작성대상(산업안전보건법 시행규칙 별표2)

| 사업의 종류 | 상시근로자 수 |
|---|---|
| ① 농업 ② 어업 ③ 소프트웨어 개발 및 공급업 ④ 컴퓨터 프로그래밍, 시스템 통합 및 관리업 ⑤ 정보서비스업 ⑥ 금융 및 보험업 ⑦ 임대업 : 부동산 제외 ⑧ 전문, 과학 및 기술 서비스업(연구개발업은 제외한다) ⑨ 사업지원 서비스업 ⑩ 사회복지 서비스업 | 300명 이상 |
| ①~⑩까지의 사업을 제외한 사업 | 100명 이상 |

3) 작성내용(산업안전보건법 제25조 제1항)
(1) 안전 및 보건에 관한 관리조직과 그 직무에 관한 사항
(2) 안전보건교육에 관한 사항
(3) 작업장의 안전 및 보건관리에 관한 사항
(4) 사고 조사 및 대책수립에 관한 사항
(5) 그 밖에 안전 및 보건에 관한 사항

4) 안전보건관리규정의 세부 내용(산업안전보건법 시행규칙 별표3)
(1) 총칙
① 안전보건관리규정 작성의 목적 및 적용 범위에 관한 사항
② 사업주 및 근로자의 재해 예방책임 및 의무 등에 관한 사항
③ 하도급 사업장에 대한 안전·보건관리에 관한 사항

(2) 안전 · 보건 관리조직과 그 직무
　① 안전 · 보건 관리조직의 구성방법, 소속, 업무분장 등에 관한 사항
　② 안전보건관리책임자(안전보건총괄책임자), 안전관리자, 보건관리자, 관리감독자의 직무 및 선임에 관한 사항
　③ 산업안전보건위원회의 설치 · 운영에 관한 사항
　④ 명예산업안전감독관의 직무 및 활동에 관한 사항
　⑤ 작업지휘자 배치 등에 관한 사항

(3) 안전 · 보건교육
　① 근로자 및 관리감독자의 안전 · 보건교육에 관한 사항
　② 교육계획의 수립 및 기록 등에 관한 사항

(4) 작업장 안전관리
　① 안전 · 보건관리에 관한 계획의 수립 및 시행에 관한 사항
　② 기계 · 기구 및 설비의 방호조치에 관한 사항
　③ 유해 · 위험기계 등에 대한 자율검사프로그램에 의한 검사 또는 안전검사에 관한 사항
　④ 근로자의 안전수칙 준수에 관한 사항
　⑤ 위험물질의 보관 및 출입 제한에 관한 사항
　⑥ 중대재해 및 중대산업사고 발생, 급박한 산업재해 발생의 위험이 있는 경우 작업중지에 관한 사항
　⑦ 안전표지 · 안전수칙의 종류 및 게시에 관한 사항과 그 밖에 안전관리에 관한 사항

(5) 작업장 보건관리
　① 근로자 건강진단, 작업환경측정의 실시 및 조치절차 등에 관한 사항
　② 유해물질의 취급에 관한 사항
　③ 보호구의 지급 등에 관한 사항
　④ 질병자의 근로 금지 및 취업 제한 등에 관한 사항
　⑤ 보건표지 · 보건수칙의 종류 및 게시에 관한 사항과 그 밖에 보건관리에 관한 사항

(6) 사고 조사 및 대책수립
　① 산업재해 및 중대산업사고의 발생 시 처리 절차 및 긴급조치에 관한 사항
　② 산업재해 및 중대산업사고의 발생원인에 대한 조사 및 분석, 대책수립에 관한 사항
　③ 산업재해 및 중대산업사고 발생의 기록 · 관리 등에 관한 사항

(7) 위험성평가에 관한 사항

　① 위험성평가의 실시 시기 및 방법, 절차에 관한 사항
　② 위험성 감소대책 수립 및 시행에 관한 사항

(8) 보칙

　① 무재해운동 참여, 안전·보건 관련 제안 및 포상·징계 등 산업재해 예방을 위하여 필요하다고 판단하는 사항
　② 안전·보건 관련 문서의 보존에 관한 사항
　③ 그 밖의 사항
　　사업장의 규모·업종 등에 적합하게 작성하며, 필요한 사항을 추가하거나 그 사업장에 관련되지 않는 사항은 제외할 수 있다.

## 5) 작성 시의 유의사항

(1) 규정된 기준은 법정기준을 상회 하도록 할 것
(2) 관리자층의 직무와 권한, 근로자에게 강제 또는 요청한 부분을 명확히 할 것
(3) 관계법령의 제·개정에 따라 즉시 개정되도록 라인 활용이 쉬운 규정이 되도록 할 것
(4) 작성 또는 개정 시에는 현장의 의견을 충분히 반영할 것
(5) 규정의 내용은 정상 시는 물론 이상 시, 사고 시, 재해발생 시의 조치와 기준에 관해서도 규정할 것

## 6) 안전보건관리규정의 작성·변경 절차

사업주는 안전보건관리규정을 작성 또는 변경할 때에는 산업안전보건위원회의 심의·의결을 거쳐야 한다. 다만, 산업안전보건위원회가 설치되어 있지 아니한 사업장에 있어서는 근로자대표의 동의를 얻어야 한다.

## 5. 안전보건관리계획

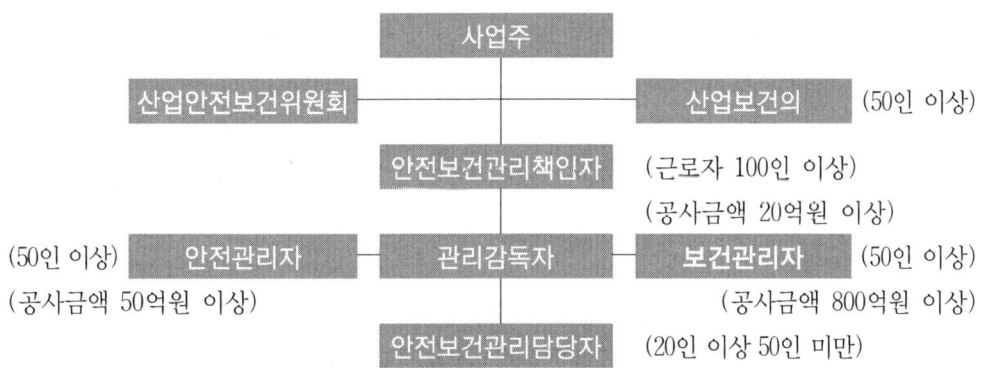

※ 안전(보건)관리자 전담자 선임
 - 300인 이상(건설업 120억원 이상, 토목 150억원 이상)

**안전보건총괄책임자(산업안전보건법 제62조제1항)**
도급인은 관계수급인 근로자가 도급인의 사업장에서 작업을 하는 경우에는 그 사업장의 안전보건관리책임자를 도급인의 근로자와 관계수급인 근로자의 산업재해를 예방하기 위한 업무를 총괄하여 관리하는 안전보건총괄책임자로 지정하여야 한다. 이 경우 안전보건관리책임자를 두지 아니하여도 되는 사업장에서는 그 사업장에서 사업을 총괄하여 관리하는 사람을 안전보건총괄책임자로 지정하여야 한다.

**안전보건총괄책임자 지정 대상사업 (산업안전보건법 시행령 제52조)**
안전보건총괄책임자를 지정해야 하는 사업의 종류 및 사업장의 상시근로자 수
1. 관계수급인에게 고용된 근로자를 포함한 상시근로자가 100명(선박 및 보트 건조업, 1차 금속 제조업 및 토사석 광업의 경우에는 50명) 이상인 사업
2. 관계수급인의 공사금액을 포함한 해당 공사의 총공사금액이 20억원 이상인 건설업

1) 안전관리조직의 구성요건
   (1) 생산관리조직의 관리감독자를 안전관리조직에 포함
   (2) 사업주 및 안전관리책임자의 자문에 필요한 스탭 기능 수행
   (3) 안전관리활동을 심의, 의견청취 수렴하기 위한 안전관리위원회를 둠
   (4) 안전관계자에 대한 권한부여 및 시설, 장비, 예산 지원

2) 안전관리자의 직무

   (1) 안전관리자의 직무 등(산업안전보건법 시행령 제18조제1항)

      ① 산업안전보건위원회 또는 안전·보건에 관한 노사협의체에서 심의·의결한 직무와 해당 사업장의 안전보건관리규정 및 취업규칙에서 정한 직무
      ② 위험성평가에 관한 보좌 및 지도·조언
      ③ 안전인증대상기계등과 자율안전확인대상기계등 구입 시 적격품의 선정에 관한 보좌 및 지도·조언
      ④ 해당 사업장 안전교육계획의 수립 및 안전교육 실시에 관한 보좌 및 지도·조언
      ⑤ 사업장 순회점검, 지도 및 조치 건의
      ⑥ 산업재해발생의 원인조사·분석 및 재발 방지를 위한 기술적 지도·조언
      ⑦ 산업재해에 관한 통계의 유지·관리·분석을 위한 지도·조언
      ⑧ 법 또는 법에 따른 명령이나 정한 안전에 관한 사항의 이행에 관한 보좌 및 지도·조언
      ⑨ 업무수행 내용의 기록·유지
      ⑩ 그 밖에 안전에 관한 사항으로서 고용노동부장관이 정하는 사항

**산업안전보건법 시행규칙 제12조**(안전관리자 등의 증원·교체임명 명령)
지방고용노동관서의 장은 다음 각 호의 어느 하나에 해당하는 사유가 발생한 경우에는 법 제17조제4항과 법 제18조제4항 또는 제19조3항에 따라 사업주에게 안전관리자나 보건관리자 또는 안전보건관리담당자를 정수 이상으로 증원하게 하거나 개임할 것을 명할 수 있다.
1. 해당 사업장의 연간재해율이 같은 업종의 평균재해율의 2배 이상인 경우
2. 중대재해가 연간 2건 이상 발생한 경우. 다만, 해당 사업장의 전년도 사망만인율이 같은 업종의 평균 사망만인율 이하인 경우는 제외한다.
3. 관리자가 질병이나 그 밖의 사유로 3개월 이상 직무를 수행할 수 없게 된 경우
4. 별표 22 제1호에 따른 화학적 인자로 인한 직업성 질병자가 연간 3명 이상 발생한 경우. 이 경우 직업성 질병자의 발생일은 「산업재해보상보험법 시행규칙」 제21조제1항에 따른 요양급여의 결정일로 한다.

   (2) 안전보건관리책임자(산업안전보건법 제15조제1항)

      ① 산업재해 예방계획의 수립에 관한 사항
      ② 안전보건관리규정의 작성 및 그 변경에 관한 사항
      ③ 근로자의 안전·보건교육에 관한 사항
      ④ 작업환경의 측정 등 작업환경의 점검 및 개선에 관한 사항

⑤ 근로자의 건강진단 등 건강관리에 관한 사항
⑥ 산업재해의 원인조사 및 재발 방지대책 수립에 관한 사항
⑦ 산업재해에 관한 통계의 기록 및 유지에 관한 사항
⑧ 안전장치 및 보호구 구입 시 적격품 여부 확인에 관한 사항
⑨ 근로자의 유해·위험예방조치에 관한 사항으로서 고용노동부령으로 정하는 사항

(3) 관리감독자(산업안전보건법 시행령 제15조제1항)
① 사업장 내 관리감독자가 지휘·감독하는 작업과 관련된 기계·기구 또는 설비의 안전·보건 점검 및 이상 유무의 확인
② 관리감독자에게 소속된 근로자의 작업복·보호구 및 방호장치의 점검과 그 착용·사용에 관한 교육·지도
③ 해당 작업에서 발생한 산업재해에 관한 보고 및 이에 대한 응급조치
④ 해당 작업의 작업장 정리·정돈 및 통로확보에 대한 확인·감독
⑤ 해당 사업장의 안전관리자, 보건관리자, 안전보건관리담당자 및 산업보건의의 지도·조언에 대한 협조
⑥ 위험성평가에 관한 업무
 ㉠ 유해·위험요인의 파악에 대한 참여
 ㉡ 개선조치의 시행에 대한 참여
⑦ 그 밖에 해당 작업의 안전·보건에 관한 사항으로서 고용노동부장관이 정하는 사항

(4) 산업보건의(산업안전보건법 시행령 제31조제1항)
① 건강진단 실시결과의 검토 및 그 결과에 따른 작업배치, 작업전환, 근로시간의 단축 등 근로자의 건강보호 조치
② 근로자의 건강장해의 원인조사와 재발방지를 위한 의학적 조치
③ 그밖에 근로자의 건강유지와 증진을 위하여 필요한 의학적 조치에 관하여 고용노동부장관이 정하는 사항

(5) 선임대상 및 교육

| 구분 | 선임신고 | 신규교육 | 보수교육 |
|---|---|---|---|
| 대상 | • 안전관리자(법제17조)<br>• 보건관리자(법제18조)<br>• 산업보건의(법제22조) | • 안전보건관리책임자<br>  (법제15조)<br>• 안전관리자(법제15조)<br>• 보건관리자(법제16조)<br>• 산업보건의(법제17조) | • 안전보건관리책임자<br>  (법제15조)<br>• 안전관리자(법제15조)<br>• 보건관리자(법제16조)<br>• 산업보건의(법제17조)<br>• 재해예방 전문기관 종사자 |
| 기간 | 선임일로부터<br>14일 이내 | 선임일로부터 3개월 이내<br>(단, 보건관리자가 의사인<br>경우는 1개월) | 신규교육을 이수한 후 2년이<br>도래하기 이전 3개월부터 이<br>후 3개월 이내 |
| 기관 | 해당 지방고용노동관서 | 공단, 민간지정교육기관 | |

3) 도급과 관련된 사항

  (1) 정의

   ① "도급"이란 명칭에 관계없이 물건의 제조·건설·수리 또는 서비스의 제공, 그 밖의 업무를 타인에게 맡기는 계약을 말한다
   ② "도급인"이란 물건의 제조·건설·수리 또는 서비스의 제공, 그 밖의 업무를 도급하는 사업주를 말한다. 다만, 건설공사발주자는 제외한다.
   ③ "수급인"이란 도급인으로부터 물건의 제조·건설·수리 또는 서비스의 제공, 그 밖의 업무를 도급받은 사업주를 말한다.
   ④ "관계수급인"이란 도급이 여러 단계에 걸쳐 체결된 경우에 각 단계별로 도급받은 사업주 전부를 말한다.

  (2) 도급인의 안전조치 및 보건조치(산업안전보건법 제63조)

   도급인은 관계수급인 근로자가 도급인의 사업장에서 작업을 하는 경우에 자신의 근로자와 관계수급인 근로자의 산업재해를 예방하기 위하여 안전 및 보건 시설의 설치 등 필요한 안전조치 및 보건조치를 하여야 한다. 다만, 보호구 착용의 지시 등 관계수급인 근로자의 작업행동에 관한 직접적인 조치는 제외한다.

  (3) 도급에 따른 산업재해 예방조치(산업안전보건법 제64조제1항)

   도급인은 관계수급인 근로자가 도급인의 사업장에서 작업을 하는 경우 다음 사항을 이행하여야 하며, 자신의 근로자 및 관계수급인 근로자와 함께 정기적으로 또는 수시로 작업장의 안전 및 보건에 관한 사항을 점검해야 한다.

① 도급인과 수급인을 구성원으로 하는 안전 및 보건에 관한 협의체의 구성 및 운영
② 작업장 순회점검
③ 관계수급인이 근로자에게 하는 제29조제1항부터 제3항까지의 규정에 따른 안전보건교육을 위한 장소 및 자료의 제공 등 지원
④ 관계수급인이 근로자에게 하는 제29조제3항에 따른 안전보건교육의 실시 확인
⑤ 다음 각 목의 어느 하나의 경우에 대비한 경보체계 운영과 대피방법 등 훈련
    ㉠ 작업 장소에서 발파작업을 하는 경우
    ㉡ 작업 장소에서 화재·폭발, 토사·구축물 등의 붕괴 또는 지진 등이 발생한 경우
⑥ 위생시설 등 고용노동부령으로 정하는 시설의 설치 등을 위하여 필요한 장소의 제공 또는 도급인이 설치한 위생시설 이용의 협조
⑦ 같은 장소에서 이루어지는 도급인과 관계수급인 등의 작업에 있어서 관계수급인 등의 작업시기·내용, 안전조치 및 보건조치 등의 확인
⑧ 제7호에 따른 확인 결과 관계수급인 등의 작업 혼재로 인하여 화재·폭발 등 대통령령으로 정하는 위험이 발생할 우려가 있는 경우 관계수급인 등의 작업시기·내용 등의 조정

### (4) 안전보건총괄책임자 지정 대상사업(산업안전보건법 시행령 제52조)

사업의 종류 및 사업장의 상시근로자 수는 관계수급인에게 고용된 근로자를 포함한 상시근로자가 100명(선박 및 보트 건조업, 1차 금속 제조업 및 토사석 광업의 경우에는 50명) 이상인 사업이나 관계수급인의 공사금액을 포함한 해당 공사의 총공사금액이 20억원 이상인 건설업으로 한다

### (5) 안전보건총괄책임자의 직무(산업안전보건법 시행령 제53조제1항)

① 법 제36조에 따른 위험성평가의 실시에 관한 사항
② 법 제51조 및 제54조에 따른 작업의 중지
③ 법 제64조에 따른 도급 시 산업재해 예방조치
④ 법 제72조제1항에 따른 산업안전보건관리비의 관계수급인 간의 사용에 관한 협의·조정 및 그 집행의 감독
⑤ 안전인증대상기계등과 자율안전확인대상기계등의 사용 여부 확인

### (6) 안전보건조정자(산업안전보건법 제68조제1항)

2개 이상의 건설공사를 도급한 건설공사발주자는 그 2개 이상의 건설공사가 같은 장소에서 행해지는 경우에 작업의 혼재로 인하여 발생할 수 있는 산업재해를 예방하기 위하여 건설공사 현장에 안전보건조정자를 두어야 한다.

(7) 안전보건조정자의 업무(산업안전보건법 시행령 제57조제1항)
   ① 법 제68조제1항에 따라 같은 장소에서 이루어지는 각각의 공사 간에 혼재된 작업의 파악
   ② 제1호에 따른 혼재된 작업으로 인한 산업재해 발생의 위험성 파악
   ③ 제1호에 따른 혼재된 작업으로 인한 산업재해를 예방하기 위한 작업의 시기·내용 및 안전보건 조치 등의 조정
   ④ 각각의 공사 도급인의 안전보건관리책임자 간 작업내용에 관한 정보 공유 여부의 확인

## 6. 안전보건 개선계획

1) 안전보건 개선계획의 수립·시행 명령(산업안전보건법 제49조 제1항)
   (1) 산업재해율이 같은 업종의 규모별 평균 산업재해율보다 높은 사업장
   (2) 사업주가 필요한 안전조치 또는 보건조치를 이행하지 아니하여 중대재해가 발생한 사업장
   (3) 직업성 질병자가 연간 2명 이상의 직업성 질병자가 발생한 사업장
   (4) 제106조에 따른 유해인자의 노출기준을 초과한 사업장

2) 안전보건 개선계획서에 포함되어야 할 내용(산업안전보건법 시행규칙 제61조)
   (1) 법 제50조제1항에 따라 안전보건개선계획서를 제출해야 하는 사업주는 법 제49조제1항에 따른 안전보건개선계획서 수립·시행 명령을 받은 날부터 60일 이내에 관할 지방고용노동관서의 장에게 해당 계획서를 제출(전자문서로 제출하는 것을 포함한다)해야 한다.
   (2) 제1항에 따른 안전보건개선계획서에는 시설, 안전보건관리체제, 안전보건교육, 산업재해 예방 및 작업환경의 개선을 위하여 필요한 사항이 포함되어야 한다.

3) 안전보건개선계획서의 검토 등(산업안전보건법 시행규칙 제62조)
   (1) 지방고용노동관서의 장이 제61조에 따른 안전보건개선계획서를 접수한 경우에는 접수일부터 15일 이내에 심사하여 사업주에게 그 결과를 알려야 한다.
   (2) 지방고용노동관서의 장은 안전보건개선계획서에 제61조제2항에서 정한 사항이 적정하게 포함되어 있는지 검토해야 한다. 이 경우 지방고용노동관서의 장은 안전보건개선계획서의 적정 여부 확인을 공단 또는 지도사에게 요청할 수 있다.

4) 안전·보건진단을 받아 안전보건개선계획을 수립할 대상(산업안전보건법 시행령 제49조)

    (1) 산업재해율이 같은 업종 평균 산업재해율의 2배 이상인 사업장
    (2) 사업주가 필요한 안전조치 또는 보건조치를 이행하지 아니하여 중대재해가 발생한 사업장(산업안전보건법 제49조제1항제2호에 해당하는 사업장)
    (3) 직업성 질병자가 연간 2명 이상(상시근로자 1천명 이상 사업장의 경우 3명 이상) 발생한 사업장
    (4) 그 밖에 작업환경 불량, 화재·폭발 또는 누출 사고 등으로 사업장 주변까지 피해가 확산된 사업장으로서 고용노동부령으로 정하는 사업장

## 7. 유해위험방지계획서의 작성·제출 등(산업안전보건법 제42조)

1) 유해·위험 방지에 관한 사항을 적은 계획서(이하 "유해위험방지계획서"라 한다)를 작성하여 고용노동부령으로 정하는 바에 따라 고용노동부장관에게 제출하고 심사를 받아야 한다.

    (1) <u>대통령령으로 정하는 사업의 종류 및 규모에 해당하는 사업</u>으로서 해당 제품의 생산공정과 직접적으로 관련된 건설물·기계·기구 및 설비 등 전부를 설치·이전하거나 그 주요 구조부분을 변경하려는 경우

    ※ "대통령령으로 정하는 업종 및 규모에 해당하는 사업"이란 다음 각 호의 어느 하나에 해당하는 사업으로서 전기 계약용량이 300킬로와트 이상인 사업을 말한다.

    1. 금속가공제품 제조업 ; 기계 및 가구 제외
    2. 비금속 광물제품 제조업
    3. 기타 기계 및 장비 제조업
    4. 자동차 및 트레일러 제조업
    5. 식료품 제조업
    6. 고무제품 및 플라스틱제품 제조업
    7. 목재 및 나무제품 제조업
    8. 기타 제품 제조업
    9. 1차 금속 제조업
    10. 가구 제조업
    11. 화학물질 및 화학제품 제조업
    12. 반도체 제조업
    13. 전자부품 제조업

※ 해당 작업 시작 15일 전까지 안전보건공단에 제출해야 할 서류(2부 제출) (산업안전보건법 시행규칙 제42조 제1항)
  1. 건축물 각 층의 평면도
  2. 기계·설비의 개요를 나타내는 서류
  3. 기계·설비의 배치도면
  4. 원재료 및 제품의 취급, 제조 등의 작업방법의 개요
  5. 그 밖에 고용노동부장관이 정하는 도면 및 서류

(2) 유해하거나 위험한 작업 또는 장소에서 사용하거나 건강장해를 방지하기 위하여 사용하는 기계·기구 및 설비로서 <u>대통령령으로 정하는 기계·기구 및 설비</u>를 설치·이전하거나 그 주요 구조부분을 변경하려는 경우
  ※ "대통령령으로 정하는 기계·기구 및 설비"란 다음 각 호의 어느 하나에 해당하는 기계·기구 및 설비를 말한다.
    1. 금속이나 그 밖의 광물의 용해로
    2. 화학설비
    3. 건조설비
    4. 가스집합 용접장치
    5. 근로자의 건강에 상당한 장해를 일으킬 우려가 있는 물질로서 고용노동부령으로 정하는 물질의 밀폐·환기·배기를 위한 설비
  ※ 해당 작업 시작 15일 전까지 안전보건공단에 제출해야 할 서류(2부 제출) (산업안전보건법 시행규칙 제42조 제2항)
    1. 설치장소의 개요를 나타내는 서류
    2. 설비의 도면
    3. 그 밖에 고용노동부장관이 정하는 도면 및 서류

(3) 대통령령으로 정하는 크기, 높이 등에 해당하는 건설공사를 착공하려는 경우
  ※ 고용노동부령으로 정하는 공사
    1. 다음 하나에 해당되는 건축물 또는 시설 등의 건설·개조 또는 해체 공사
      가. 지상높이가 31미터 이상인 건축물 또는 인공구조물
      나. 연면적 3만제곱미터 이상인 건축물
      다. 연면적 5천제곱미터 이상인 시설로서 다음의 어느 하나에 해당하는 시설
        1) 문화 및 집회시설(전시장 및 동물원·식물원은 제외한다) 2) 판매시설, 운수시설(고속철도의 역사 및 집배송시설은 제외한다) 3) 종교시설 4) 의료시설 중 종합병원 5) 숙박시설 중 관광숙박시설 6) 지하도상가 7) 냉동·냉장 창고시설

2. 연면적 5천제곱미터 이상인 냉동·냉장 창고시설의 설비공사 및 단열공사
3. 최대 지간(支間)길이(다리의 기둥과 기둥의 중심사이의 거리)가 50미터 이상인 다리의 건설등 공사
4. 터널의 건설등 공사
5. 다목적댐, 발전용댐, 저수용량 2천만톤 이상의 용수 전용 댐 및 지방상수도 전용 댐의 신설등 공사
6. 깊이 10미터 이상인 굴착공사

3) 건설업 중 고용노동부령으로 정하는 공사를 착공하려는 사업주는 고용노동부령으로 정하는 자격을 갖춘 자의 의견을 들은 후 유해·위험방지계획서를 작성하여 고용노동부령으로 정하는 바에 따라 고용노동부장관에게 제출하여야 한다.

※ 유해위험방지계획서의 건설안전분야 자격 등(산업안전보건법 시행규칙 제43조)
   1. 건설안전 분야 산업안전지도사
   2. 건설안전기술사 또는 토목·건축 분야 기술사
   3. 건설안전산업기사 이상의 자격을 취득한 후 건설안전 관련 실무경력이 건설안전기사 이상의 자격은 5년, 건설안전산업기사 자격은 7년 이상인 사람

다만, 산업재해발생률 등을 고려하여 고용노동부령으로 정하는 기준에 적합한 건설업체의 경우는 고용노동부령으로 정하는 자격을 갖춘 자의 의견을 생략하고 유해·위험방지계획서를 작성한 후 이를 스스로 심사하여야 하며, 그 심사결과서를 작성하여 고용노동부장관에게 제출하고 해당 사업장에 갖추어 두어야 한다.

4) 공단은 유해·위험방지계획서 및 그 첨부서류를 접수한 경우에는 접수일부터 15일 이내에 심사하여 사업주에게 그 결과를 알려야 한다. 다만, 자체심사 및 확인업체가 유해·위험방지계획서 자체심사서 등을 제출한 경우에는 심사하지 아니할 수 있다.

5) 공단은 유해·위험방지계획서 심사 시 관련 분야의 학식과 경험이 풍부한 사람을 심사위원으로 위촉하여 해당 분야의 심사에 참여하게 할 수 있다

6) 공단은 유해·위험방지계획서 심사에 참여한 위원에게 수당과 여비를 지급할 수 있다. 다만, 소관 업무와 직접 관련되어 참여한 위원의 경우에는 그러하지 아니하다.

7) 고용노동부장관이 정하는 건설물·기계·기구 및 설비 또는 건설공사의 경우에는 법 제145조에 따라 등록된 지도사에게 유해위험방지계획서에 대한 평가를 받은 후 별지 제19호서식에 따라 그 결과를 제출할 수 있다. 이 경우 공단은 제출된 평가 결과가 고용노동부장관이 정하는 대상에 대하여 고용노동부장관이 정하는 요건을 갖춘 지도사가 평가한 것으로 인정되면 해당 평가결과서로 유해위험방지계획서의 심사를 갈음할 수 있다.

8) 건설공사의 경우 제4항에 따른 유해위험방지계획서에 대한 평가는 같은 건설공사에 대하여 법 제42조제2항에 따라 의견을 제시한 자가 해서는 안 된다.

9) 공단은 유해·위험방지계획서의 심사 결과에 따라 다음 각 호와 같이 구분·판정한다.
    (1) 적정 : 근로자의 안전과 보건을 위하여 필요한 조치가 구체적으로 확보되었다고 인정되는 경우
    (2) 조건부 적정 : 근로자의 안전과 보건을 확보하기 위하여 일부 개선이 필요하다고 인정되는 경우
    (3) 부적정 : 건설물·기계·기구 및 설비 또는 건설공사가 심사기준에 위반되어 공사착공 시 중대한 위험이 발생할 우려가 있거나 해당 계획에 근본적 결함이 있다고 인정되는 경우

## 03  무재해운동 등 안전활동 기법

### 1. 무재해의 정의(산업재해)

무재해운동 시행사업장에서 근로자가 업무로 인하여 사망 또는 4일 이상의 요양을 요하는 부상 또는 질병에 걸리지 않는 것을 말한다.

### 2. 무재해운동 목적

1) 회사의 손실방지와 생산성 향상으로 기업에 경제적 이익발생
2) 자율적인 문제해결 능력으로서의 생산, 품질의 향상 능력을 제고
3) 전원참가 운동으로 밝고 명랑한 직장 풍토를 조성
4) 노사 간 화합 분위기 조성으로 노사 신뢰도가 향상

### 3. 무재해운동 이론

1) 무재해운동의 3원칙

  (1) 무의 원칙 : 모든 잠재위험요인을 사전에 발견·파악·해결함으로써 근원적으로 산업재해를 없앤다.
  (2) 참여의 원칙(참가의 원칙) : 작업에 따르는 잠재적인 위험요인을 발견·해결하기 위하여 전원이 협력하여 문제해결 운동을 실천한다.
  (3) 안전제일의 원칙(선취의 원칙) : 직장의 위험요인을 행동하기 전에 발견·파악·해결하여 재해를 예방한다.

2) 무재해운동의 3기둥(3요소)

   (1) 직장의 자율활동의 활성화

   일하는 한 사람 한 사람이 안전보건을 자신의 문제이며 동시에 같은 동료의 문제로 진지하게 받아들여 직장의 팀 멤버와의 협동노력으로 자주적으로 추진해 가는 것이 필요하다.

   (2) 라인(관리감독자)화의 철저

   안전보건을 추진하는 데는 관리감독자(Line)들이 생산활동 속에 안전보건을 접목시켜 실천하는 것이 꼭 필요하다.

   (3) 최고경영자의 안전경영철학

   안전보건은 최고경영자의 "무재해, 무질병"에 대한 확고한 경영자세로부터 시작된다. "일하는 한 사람 한 사람이 중요하다"라는 최고 경영자의 인간존중의 결의로 무재해운동은 출발한다.

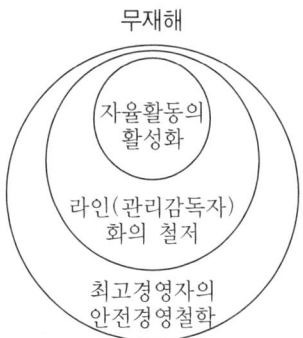

[무재해운동 추진의 3기둥]

3) 무재해운동 실천의 3원칙

   (1) 팀미팅기법
   (2) 선취기법
   (3) 문제해결기법

## 4. 무재해운동 소집단활동

### 1) 지적확인
작업의 정확성이나 안전을 확인하기 위해 눈, 손, 입 그리고 귀를 이용하여 작업시작 전에 뇌를 자극시켜 안전을 확보하기 위한 기법으로 작업을 안전하게 오조작 없이 작업공정의 요소요소에서 자신의 행동을 「⋯,좋아!」하고 대상을 지적하여 큰 소리로 확인하는 것

### 2) 터치앤콜(Touch and Call)
피부를 맞대고 같이 소리치는 것으로 전원이 스킨십(Skinship)을 느끼도록 하는 것. 팀의 일체감, 연대감을 조성할 수 있고 동시에 대뇌 구피질에 좋은 이미지를 불어넣어 안전행동을 하도록 하는 것

[터치앤콜]

### 3) 원포인트 위험예지훈련
위험예지훈련 4라운드 중 2R, 3R, 4R를 모두 원포인트로 요약하여 실시하는 기법으로 2~3분이면 실시가 가능한 현장활동용 기법

### 4) 브레인스토밍(Brain Storming)
소집단 활동의 하나로서 수명의 멤버가 마음을 터놓고 편안한 분위기 속에서 공상, 연상의 연쇄반응을 일으키면서 자유분방하게 아이디어를 대량으로 발언하여 나가는 발상법(오스본에 의해 창안)
① 비판금지 : "좋다, 나쁘다" 등의 비평을 하지 않는다.
② 자유분방 : 자유로운 분위기에서 발표한다.
③ 대량발언 : 무엇이든지 좋으니 많이 발언한다.
④ 수정발언 : 자유자재로 변하는 아이디어를 개발한다.(타인 의견의 수정발언)

[브레인스토밍]

### 5) TBM(Tool Box Meeting) 위험예지훈련

작업 개시 전, 종료 후 같은 작업원 5~6명이 리더를 중심으로 둘러앉아(또는 서서) 3~5분에 걸쳐 작업 중 발생할 수 있는 위험을 예측하고 사전에 점검하여 대책을 수립하는 등 단시간 내에 의논하는 문제해결 기법

(1) TBM 실시요령

① 작업시작 전, 중식 후, 작업종료 후 짧은 시간을 활용하여 실시한다.
② 때와 장소에 구애받지 않고 같은 작업자 5~7인 정도가 모여서 공구나 기계 앞에서 행한다.
③ 일방적인 명령이나 지시가 아니라 잠재위험에 대해 같이 생각하고 해결
④ TBM의 특징은 모두가 "이렇게 하자", "이렇게 한다"라고 합의하고 실행

(2) TBM의 내용

① 작업시작 전(실시순서 5단계)

| 단계 | 내용 |
|---|---|
| 도입 | 직장체조, 무재해기 게양, 목표제안 |
| 점검 및 정비 | 건강상태, 복장 및 보호구 점검, 자재 및 공구확인 |
| 작업지시 | 작업내용 및 안전사항 전달 |
| 위험예측 | 당일 작업에 대한 위험예측, 위험예지훈련 |
| 확인 | 위험에 대한 대책과 팀목표 확인 |

② 작업종료 시
  ㉠ 실시사항의 적절성 확인 : 작업 시작 전 TBM에서 결정된 사항의 적절성 확인
  ㉡ 검토 및 보고 : 그날 작업의 위험요인 도출, 대책 등 검토 및 보고
  ㉢ 문제 제기 : 그날의 작업에 대한 문제 제기

6) 롤플레잉(Role Playing)

작업 전 5분간 미팅의 시나리오를 작성하여 그 시나리오를 보고 멤버들이 연기함으로써 체험학습을 시키는 것

## 5. 위험예지훈련 및 진행방법

1) 위험예지훈련의 종류

　(1) 감수성 훈련 : 위험요인을 발견하는 훈련
　(2) 단시간 미팅훈련 : 단시간 미팅을 통해 대책을 수립하는 훈련
　(3) 문제해결 훈련 : 작업시작 전 문제를 제거하는 훈련

2) 위험예지훈련의 추진을 위한 문제해결 4단계(4라운드)

　(1) 1라운드 : 현상파악(사실의 파악) – 어떤 위험이 잠재하고 있는가?
　(2) 2라운드 : 본질추구(원인조사) – 이것이 위험의 포인트다.
　(3) 3라운드 : 대책수립(대책을 세운다.) – 당신이라면 어떻게 하겠는가?
　(4) 4라운드 : 목표설정(행동계획 작성) – 우리들은 이렇게 하자!

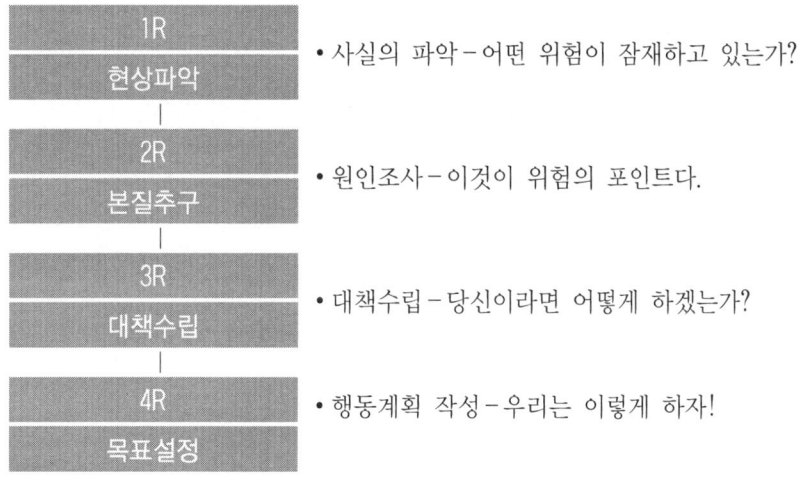

[문제해결 4라운드]

## 6. 위험예지훈련의 3가지 효용

1) 위험에 대한 감수성 향상
2) 작업행동의 요소요소에서 집중력 증대
3) 문제(위험)해결의 의욕(하고자 하는 생각)증대

# 04. 기계위험 방지기술(기계안전 개념)

## TOPIC 01 | 기계의 위험 및 안전조건

### 1. 기계의 위험요인 및 일반적인 안전사항

1) 운동 및 동작에 의한 위험의 분류

   (1) 회전동작

   플라이 휠, 팬, 풀리, 축 등과 같이 회전운동을 한다.

   (2) 횡축동작

   운동부와 고정부 사이에 형성되며 작업점 또는 기계적 결합부분에 위험성이 존재한다.

   (3) 왕복동작

   운동부와 고정부 사이에 위험이 형성되며 운동부 전후좌우 등에 존재한다.

   (4) 진동

   가공품이나 기계부품의 진동에 의한 위험이 존재한다.

2) 기계설비의 위험점 분류

   (1) 협착점(Squeeze Point)

   기계의 왕복운동을 하는 운동부와 고정부 사이에 형성되는 위험점(왕복운동+고정부)

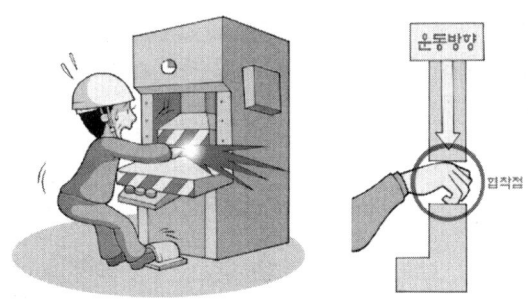

[프레스 상금형과 하금형 사이]

(2) 끼임점(Shear Point)

기계가 회전운동을 하는 부분과 고정부 사이의 위험점이다. 예로서 연삭숫돌과 작업대, 교반기의 교반날개와 몸체 사이 및 반복되는 링크기구 등이 있다(회전 또는 직선운동 +고정부).

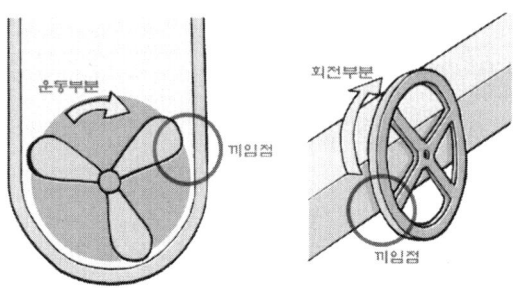

(3) 절단점(Cutting Point)

회전하는 운동부 자체의 위험이나 운동하는 기계부분 자체의 위험에서 초래되는 위험점이다. 예로서 밀링커터와 회전둥근톱날이 있다(회전운동 자체).

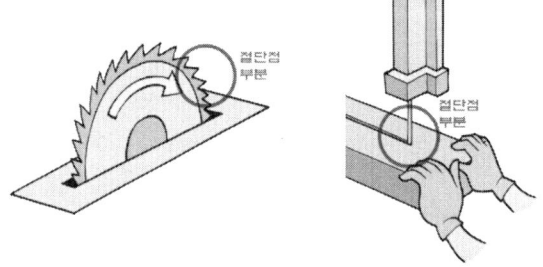

(4) 물림점(Nip Point)

롤, 기어, 압연기와 같이 두 개의 회전체 사이에 신체가 물리는 위험점이다(회전운동+회전운동).

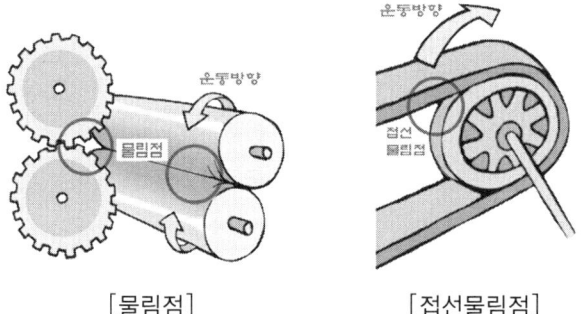

[물림점]　　　　[접선물림점]

(5) 접선물림점(Tangential Nip Point)

회전하는 부분이 접선방향으로 물려 들어가 위험이 만들어지는 위험점이다(회전운동＋접선부).

(6) 회전말림점(Trapping Point)

회전하는 물체(회전축, 커플링)의 길이, 굵기, 속도 등이 불규칙한 부위와 돌기 회전부위에 장갑 및 작업복 등이 말려드는 위험점이다(돌기회전부).

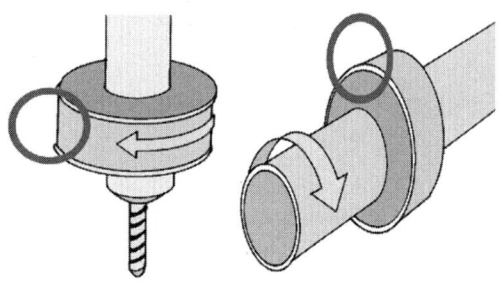

 Point

**기계설비의 위험점의 분류**

1. 협착점(Squeeze Point)
   기계의 왕복운동을 하는 운동부와 고정부 사이에 형성되는 위험점(왕복운동＋고정부)
2. 끼임점(Shear Point)
   기계가 회전운동을 하는 부분과 고정부 사이의 위험점이다. 예로서 연삭숫돌과 작업대 등이 있다. (회전 또는 직선운동＋고정부)
3. 절단점(Cutting Point)
4. 물림점(Nip Point)
5. 접선물림점(Tangential Nip Point)
6. 회전말림점(Trapping Point)
   회전하는 물체(회전축, 커플링)의 길이, 굵기, 속도 등이 불규칙한 부위와 돌기 회전부위에 장갑 및 작업복 등이 말려드는 위험점이다.(돌기회전부)

3) 위험점의 5요소

(1) 함정(Trap)

기계 요소의 운동에 의해서 트랩점이 발생하지 않는가?

(2) 충격(Impact)

움직이는 속도에 의해서 사람이 상해를 입을 수 있는 부분은 없는가?

### (3) 접촉(Contact)

날카로운 물체, 연마체, 뜨겁거나 차가운 물체 또는 흐르는 전류에 사람이 접촉함으로써 상해를 입을 수 있는 부분은 없는가?

### (4) 말림, 얽힘(Entanglement)

가공 중에 기계로부터 기계요소나 가공물이 튀어나올 위험은 없는가?

### (5) 튀어나옴(Ejection)

기계요소와 피가공재가 튀어나올 위험이 있는가?

## 4) 기초역학(재료역학)

### (1) 피로파괴

기계나 구조물 중에는 피스톤이나 커넥팅로드 등과 같이 인장과 압축을 되풀이해서 받는 부분이 있는데, 이러한 경우 그 응력이 인장(또는 압축)강도보다 훨씬 작다 하더라도 이것을 오랜 시간에 걸쳐서 연속적으로 되풀이하여 작용시키면 결국엔 파괴되는데, 이 같은 현상을 재료가 "피로"를 일으켰다고 하며 이 파괴현상을 "피로파괴"라 한다.

피로파괴에 영향을 주는 인자로는 치수효과(Size Effect), 노치효과(Notch Effect), 부식(Corrosion), 표면효과 등이 있다.

### (2) 크리프시험

금속이나 합금에 외력이 일정하게 작용할 경우 온도가 높은 상태에서는 시간이 경과함에 따라 연신율이 일정한도 늘어나다가 파괴된다. 금속재료를 고온에서 긴 시간 외력을 걸면 시간이 경과됨에 따라 서서히 변형이 증가하는 현상을 말한다.

### (3) 인장시험 및 인장응력

① 인장시험

재료의 항복점, 인장강도, 신장 등을 알 수 있는 시험

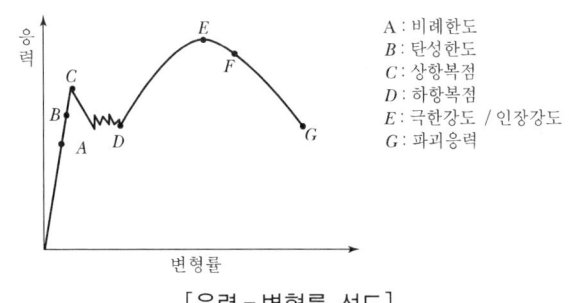

[응력-변형률 선도]

② 인장응력

$$\sigma_t = \frac{\text{인장하중}}{\text{면적}} = \frac{P_t}{A}$$

### (4) 열응력

물체는 가열하면 팽창하고 냉각하면 수축한다. 이때 물체에 자유로운 팽창 또는 수축이 불가능하게 장치하면 팽창 또는 수축하고자 하는 만큼 인장 또는 압축응력이 발생하는데, 이와 같이 열에 의해서 생기는 응력을 열응력이라 한다.

온도 $t_1$℃에서 길이 $l$인 것이 온도 $t_2$℃에서 길이 $l'$로 변하였다면

신장량($\delta$) $= l' - l = \alpha(t_2 - t_1)l = \alpha \Delta t l$ ($\alpha$ : 선팽창계수, $\Delta t$ : 온도의 변화량)

변형률($\varepsilon$) $= \dfrac{\delta}{l} = \dfrac{\alpha(t_2 - t_1)l}{l} = \alpha(t_2 - t_1) = \alpha \Delta t$

열응력($\sigma$) $= E\varepsilon = E\alpha(t_2 - t_1) = E\alpha \Delta t$ ($E$ : 세로탄성계수 혹은 종탄성계수)

### (5) 푸아송비

종변형률(세로변형률) $\varepsilon$과 횡변형률(가로변형률) $\varepsilon'$의 비를 푸아송의 비라 하고 $\nu$로 표시한다.($m$ : 푸아송 수)

$$\nu = \frac{1}{m} = \frac{\varepsilon'}{\varepsilon}$$

여기서, $\varepsilon = \dfrac{l' - l}{l} \times 100(\%)$ ($l$ : 원래의 길이, $l'$ : 늘어난 길이)

### (6) 훅(Hooke)의 법칙

비례한도 이내에서 응력과 변형률은 비례한다. $\sigma = E\varepsilon$

### (7) 세로탄성계수(종탄성계수)

$E = \dfrac{\sigma}{\varepsilon}$, 변형률에 대한 응력의 비는 탄성계수이다.

**기초역학(재료역학)**

1. 피로파괴 : 인장과 압축을 반복하면 파괴가 일어난다.
2. 크리프시험 : 온도가 높은 상태에서 시간이 경과함에 따라 파괴한다.
3. 인장시험 : 인장응력 = $\dfrac{\text{인장하중}}{\text{면적}}$
4. 훅의 법칙 : 응력과 변형률은 비례한다.

## 2. 통행과 통로

### 1) 통로의 설치(안전보건규칙 제22조)

(1) 작업장으로 통하는 장소 또는 작업장 내에는 근로자가 사용할 안전한 통로를 설치하고 항상 사용할 수 있는 상태로 유지하여야 한다.
(2) 통로의 주요 부분에 통로표시를 하고, 근로자가 안전하게 통행할 수 있도록 하여야 한다.
(3) 통로면으로부터 높이 2미터 이내에는 장애물이 없도록 하여야 한다.

### 2) 작업장 내 통로의 안전

(1) 사다리식 통로의 구조(안전보건규칙 제24조제1항)
① 견고한 구조로 할 것
② 심한 손상·부식 등이 없는 재료를 사용할 것
③ 발판의 간격은 일정하게 할 것
④ 발판과 벽과의 사이는 15센티미터 이상의 간격을 유지할 것
⑤ 폭은 30센티미터 이상으로 할 것
⑥ 사다리가 넘어지거나 미끄러지는 것을 방지하기 위한 조치를 할 것
⑦ 사다리의 상단은 걸쳐놓은 지점으로부터 60센티미터 이상 올라가도록 할 것
⑧ 사다리식 통로의 길이가 10미터 이상인 경우에는 5미터 이내마다 계단참을 설치할 것
⑨ 사다리식 통로의 기울기는 75도 이하로 할 것. 다만, 고정식 사다리식 통로의 기울기는 90도 이하로 하고, 그 높이가 7미터 이상인 경우에는 바닥으로부터 높이가 2.5미터 되는 지점부터 등받이울을 설치할 것
⑩ 접이식 사다리 기둥은 사용 시 접혀지거나 펼쳐지지 않도록 철물 등을 사용하여 견고하게 조치할 것

(2) 통로의 조명(안전보건규칙 제21조)

근로자가 안전하게 통행할 수 있도록 통로에 75럭스 이상의 채광 또는 조명시설을 하여야 한다. 다만, 갱도 또는 상시통행을 하지 아니하는 지하실 등을 통행하는 근로자에게 휴대용 조명기구를 사용하도록 한 경우에는 그러하지 아니하다.

### 3) 계단의 안전

(1) 계단의 강도(안전보건규칙 제26조제1항)

계단 및 계단참을 설치하는 경우 매제곱미터당 500킬로그램 이상의 하중에 견딜 수 있는 강도를 가진 구조로 설치하여야 하며, 안전율(안전의 정도를 표시하는 것으로서 재료의 파괴응력도와 허용응력도와의 비율을 말한다)은 4 이상으로 하여야 한다.

(2) 계단참의 높이(안전보건규칙 제28조)

높이가 3미터를 초과하는 계단에 높이 3미터 이내마다 너비 1.2미터 이상의 계단참을 설치하여야 한다.

## 3. 기계의 안전조건

### 1) 외형의 안전화

(1) 묻힘형이나 덮개의 설치(안전보건규칙 제87조)

① 사업주는 기계의 원동기·회전축·기어·풀리·플라이휠·벨트 및 체인 등 근로자가 위험에 처할 우려가 있는 부위에 덮개·울·슬리브 및 건널다리 등을 설치하여야 한다.
② 사업주는 회전축·기어·풀리 및 플라이휠 등에 부속하는 키·핀 등의 기계요소는 묻힘형으로 하거나 해당 부위에 덮개를 설치하여야 한다.
③ 사업주는 벨트의 이음 부분에 돌출된 고정구를 사용하여서는 아니 된다.
④ 사업주는 제1항의 건널다리에는 안전난간 및 미끄러지지 아니하는 구조의 발판을 설치하여야 한다.

(2) 별실 또는 구획된 장소에의 격리

원동기 및 동력전달장치(벨트, 기어, 샤프트, 체인 등)

(3) 안전색채를 사용

기계설비의 위험 요소를 쉽게 인지할 수 있도록 주의를 요하는 안전색채를 사용
① 시동단추식 스위치 : 녹색
② 정지단추식 스위치 : 적색
③ 가스배관 : 황색
④ 물배관 : 청색

2) 작업의 안전화

작업 중의 안전은 그 기계설비가 자동, 반자동, 수동에 따라서 다르며 기계 또는 설비의 작업환경과 작업방법을 검토하고 작업위험분석을 하여 작업을 표준 작업화할 수 있도록 한다.

3) 작업점의 안전화

작업점이란 일이 물체에 행해지는 점 혹은 일감이 직접 가공되는 부분을 작업점(Point of Operation)이라 하며, 이와 같은 작업점은 특히 위험하므로 방호장치나 자동제어 및 원격장치를 설치할 필요가 있다.

4) 기능상의 안전화

최근 기계는 반자동 또는 자동 제어장치를 갖추고 있어서 에너지 변동에 따라 오동작이 발생하여 주요 문제로 대두되므로 이에 따른 기능의 안전화가 요구되고 있다.
예 전압 강하 시 기계의 자동정지, 안전장치의 일정방식

5) 구조적 안전(강도적 안전화)

(1) 재료에 있어서의 결함

(2) 설계에 있어서의 결함

(3) 가공에 있어서의 결함

기계의 안전조건
1. 외형의 안전화 : 묻힘형이나 덮개, 격리, 안전색채
2. 작업의 안전화
3. 작업점의 안전화
4. 기능상의 안전화
5. 구조적 안전(강도적 안전화) : 재료, 설계, 가공에 있어서의 결함

### (4) 안전율

① 안전율(Safety Factor), 안전계수

안전율은 응력계산 및 재료의 불균질 등에 대한 부정확을 보충하고 각 부분의 불충분한 안전율과 더불어 경제적 치수결정에 대단히 중요한 것으로서 다음과 같이 표시된다.

$$S = \frac{극한(기초, 인장)강도}{허용응력} = \frac{파단(최대)하중}{안전(정격)하중} = \frac{항복강도}{사용응력}$$

안전율이나 허용응력을 결정하려면 재질, 하중의 성질, 하중과 응력계산의 정확성, 공작방법 및 정밀도, 부품형상 및 사용장소 등을 고려하여야 한다.

② Cardullo의 안전율

신뢰할만한 안전율을 얻으려면 이에 영향을 주는 각 인자를 상세하게 분석하여 이것으로 합리적인 값을 결정한다.

$$안전율 \; S = a \times b \times c \times d$$
여기서, $a$ : 탄성비, $b$ : 하중계수, $c$ : 충격계수
$d$ : 재료의 결함 등을 보완하기 위한 계수

③ 와이어로프의 안전율

$$안전율 : S = \frac{N \times P}{Q}$$
여기서, $N$ : 로프의 가닥수
$P$ : 와이어로프의 파단하중
$Q$ : 최대사용하중

6) 보전작업의 안전화

   (1) 고장예방을 위한 정기 점검
   (2) 보전용 통로나 작업장의 확보
   (3) 부품교환의 철저화
   (4) 분해 시 차트화
   (5) 주유방법의 개선

## 4. 기계설비의 본질적 안전

1) 본질안전조건

   근로자가 동작상 과오나 실수를 하여도 재해가 일어나지 않도록 하는 것. 기계설비에 이상이 발생되어도 안전성이 확보되어 재해나 사고가 발생하지 않도록 설계되는 기본적 개념이다.

2) 풀 프루프(Fool Proof)

   (1) 정의

   작업자가 기계를 잘못 취급하여 불안전 행동이나 실수를 하여도 기계설비의 안전기능이 작용되어 재해를 방지할 수 있는 기능

   (2) 가드의 종류

   ① 인터록가드(Interlock Guard)
   ② 조절가드(Adjustable Guard)
   ③ 고정가드(Fixed Guard)

3) 페일 세이프(Fail Safe)

   기계나 그 부품에 고장이나 기능불량이 생겨도 항상 안전하게 작동하는 구조와 기능을 추구하는 본질적 안전

4) 인터록장치

   기계의 각 작동부분 상호 간을 전기적, 기구적, 유공압장치 등으로 연결해서 기계의 각 작동부분이 정상으로 작동하기 위한 조건이 만족되지 않을 경우 자동적으로 그 기계를 작동할 수 없도록 하는 것

기계설비의 본질적 안전
1. 풀 프루프(Fool Proof)
   작업자가 기계를 잘못 취급하여 불안전 행동이나 실수를 하여도 기계설비의 안전기능이 작용되어 재해를 방지할 수 있는 기능(인터록가드, 조절가드, 고정가드)
2. 페일 세이프(Fail Safe)
   기계나 그 부품에 고장이나 기능불량이 생겨도 항상 안전하게 작동하는 구조와 기능을 추구하는 본질적 안전

## TOPIC 02 | 기계의 방호

### 1. 방호장치의 종류

#### 1) 격리형 방호장치

작업자가 작업점에 접촉되어 재해를 당하지 않도록 기계설비 외부에 차단벽이나 방호망을 설치하는 것으로 작업장에서 가장 많이 사용하는 방식(덮개)
예) 완전 차단형 방호장치, 덮개형 방호장치, 안전 울타리

#### 2) 위치제한형 방호장치

조작자의 신체부위가 위험한계 밖에 있도록 기계의 조작장치를 위험구역에서 일정거리 이상 떨어지게 한 방호장치(양수조작식 안전장치)

#### 3) 접근거부형 방호장치

작업자의 신체부위가 위험한계 내로 접근하면 기계의 동작위치에 설치해놓은 기구가 접근하는 신체부위를 안전한 위치로 되돌리는 것(손쳐내기식 안전장치)

#### 4) 접근반응형 방호장치

작업자의 신체부위가 위험한계로 들어오게 되면 이를 감지하여 작동 중인 기계를 즉시 정지시키거나 스위치가 꺼지도록 하는 기능을 가지고 있다.(광전자식 안전장치)

### 5) 포집형 방호장치

목재가공기의 반발예방장치와 같이 위험장소에 설치하여 위험원이 비산하거나 튀는 것을 방지하는 등 작업자로부터 위험원을 차단하는 방호장치

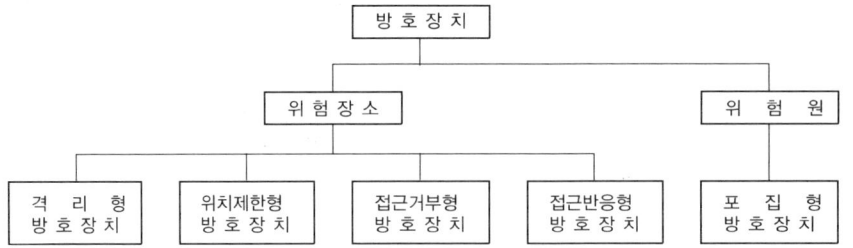

**Point**

방호장치의 종류
1. 위험장소 : 격리형 방호장치, 위치제한형 방호장치, 접근거부형 방호장치, 접근반응형 방호장치
2. 위험원 : 포집형 방호장치

## 2. 작업점의 방호

### 1) 방호장치를 설치할 때 고려할 사항

(1) 신뢰성   (2) 작업성   (3) 보수성의 용이

### 2) 작업점의 방호방법

작업점과 작업자 사이에 장애물을 설치하여 접근을 방지(차단벽이나 망 등)

### 3) 동력기계의 표준방호덮개 설치목적

(1) 가공물 등의 낙하에 의한 위험방지
(2) 위험부위와 신체의 접촉방지
(3) 방음이나 집진

## TOPIC 03 | 기능적 안전

기계설비가 이상이 있을 때 기계를 급정지시키거나 방호장치가 작동되도록 하는 소극적인 대책과 전기회로를 개선하여 오동작을 방지하거나 별도의 완전한 회로에 의해 정상기능을 찾을 수 있도록 하는 것

### 1. 소극적 대책

1) 소극적(1차적) 대책

　이상 발생 시 기계를 급정지시키거나 방호장치가 작동하도록 하는 대책

2) 유해 위험한 기계·기구 등의 방호장치

　(1) 유해 또는 위험한 작업을 필요로 하거나 동력에 의해 작동하는 기계기구 : 유해 위험 방지를 위한 방호조치를 할 것
　(2) 방호조치하지 않고는 양도, 대여, 설치, 사용하거나 양도, 대여의 목적으로 진열 금지

### 2. 적극적 대책

1) 적극적(2차적) 대책

　회로를 개선하여 오동작을 사전에 방지하거나 별도의 안전한 회로에 의한 정상기능을 찾도록 하는 대책

2) 기능적 안전

　(1) Fail-Safe의 기능면에서의 분류
　　① Fail-Passive : 부품이 고장났을 경우 통상 기계는 정지하는 방향으로 이동(일반적인 산업기계)
　　② Fail-Active : 부품이 고장났을 경우 기계는 경보를 울리는 가운데 짧은 시간 동안 운전가능
　　③ Fail-Operational : 부품의 고장이 있더라도 기계는 추후 보수가 이루어질 때까지 안전한 기능 유지

(2) 기능적 Fail-Safe

철도신호의 경우 고장 발생 시 청색신호가 적색신호로 변경되어 열차가 정지할 수 있도록 해야 하며 신호가 바뀌지 못하고 청색으로 있다면 사고 발생의 원인이 될 수 있으므로 철도신호 고장 시에 반드시 적색신호로 바뀌도록 해주는 제도

(3) Lock System

① Interlock System
② Translock System
③ Intralock System

# 05 전기위험 방지기술(전기안전 일반)

## TOPIC 01 전기위험성

### 1. 감전재해

1) 감전(感電, Electric Shock)

인체의 일부 또는 전체에 전류가 흐르는 현상을 말하며 이에 의해 인체가 받게 되는 충격을 전격(電擊, Electric Shock)이라고 한다.

2) 감전(전격)에 의한 재해

인체의 일부 또는 전체에 전류가 흘렀을 때 인체 내에서 일어나는 생리적인 현상으로 근육의 수축, 호흡곤란, 심실세동 등으로 부상·사망하거나 추락·전도 등의 2차적 재해가 일어나는 것을 말한다.

### 2. 감전의 위험요소

1) 전격의 위험을 결정하는 주된 인자

   (1) 통전전류의 크기(가장 근본적인 원인이며 감전피해의 위험도에 가장 큰 영향을 미침)
   (2) 통전시간
   (3) 통전경로
   (4) 전원의 종류(교류 또는 직류)
   (5) 주파수 및 파형
   (6) 전격인가위상(심장 맥동주기의 어느 위상에서의 통전 여부)

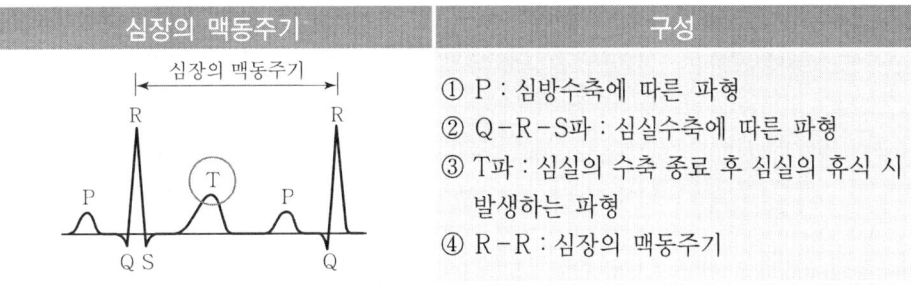

| 심장의 맥동주기 | 구성 |
|---|---|
| (심장의 맥동주기 그래프) | ① P : 심방수축에 따른 파형<br>② Q-R-S파 : 심실수축에 따른 파형<br>③ T파 : 심실의 수축 종료 후 심실의 휴식 시 발생하는 파형<br>④ R-R : 심장의 맥동주기 |

• 전격이 인가되면 심실세동을 일으키는 확률이 가장 크고 위험한 부분 : <u>심실이 수축종료하는 T파 부분</u>

(7) 기타 간접적으로는 인체저항과 전압의 크기 등이 관계함

2) 통전경로별 위험도

| 통전경로 | 위험도 | 통전경로 | 위험도 |
|---|---|---|---|
| 왼손-가슴 | 1.5 | 왼손-등 | 0.7 |
| 오른손-가슴 | 1.3 | 한손 또는 양손-앉아 있는 자리 | 0.7 |
| 왼손-한발 또는 양발 | 1.0 | 왼손-오른손 | 0.4 |
| 양손-양발 | 1.0 | 오른손-등 | 0.3 |
| 오른손-한발 또는 양발 | 0.8 | ※ 숫자가 클수록 위험도가 높아짐 | |

## 3. 통전전류의 세기 및 그에 따른 영향

1) 통전전류와 인체반응

| 통전전류 구분 | 전격의 영향 | 통전전류(교류) 값 |
|---|---|---|
| 최소감지전류 | 고통을 느끼지 않으면서 짜릿하게 전기가 흐르는 것을 감지할 수 있는 최소전류 | 상용주파수 60Hz에서 성인남자의 경우 1mA |
| 고통한계전류 | 통전전류가 최소감지전류보다 커지면 어느 순간부터 고통을 느끼게 되지만 이것을 참을 수 있는 전류 | 상용주파수 60Hz에서 7~8mA |
| 가수전류 (이탈전류) | 인체가 자력으로 이탈 가능한 전류 (마비한계전류라고 하는 경우도 있음) | 상용주파수 60Hz에서 10~15mA<br>▶ 최저가수전류치<br>　- 남자 : 9mA<br>　- 여자 : 6mA |
| 불수전류 (교착전류) | 통전전류가 고통한계전류보다 커지면 인체 각부의 근육이 수축현상을 일으키고 신경이 마비되어 신체를 자유로이 움직일 수 없는 전류(인체가 자력으로 이탈 불가능한 전류) | 상용주파수 60Hz에서 20~50mA |
| 심실세동전류 (치사전류) | 심근의 미세한 진동으로 혈액을 송출하는 펌프의 기능이 장애를 받는 현상을 심실세동이라 하며 이때의 전류 | $I = \dfrac{165}{\sqrt{T}}$ [mA]<br>$I$ : 심실세동전류(mA),<br>$T$ : 통전 시간(s) |

[통전전류별 인체 반응]

| 1mA | 5mA | 10mA | 15mA | 50~100mA |
|---|---|---|---|---|
| 약간 느낄 정도 | 경련을 일으킨다. | 불편해진다.<br>(통증) | 격렬한 경련을<br>일으킨다. | 심실세동으로<br>사망위험 |

2) 심실세동전류

(1) 통전전류가 더욱 증가되면 전류의 일부가 심장부분을 흐르게 된다. 이렇게 되면 심장이 정상적인 맥동을 하지 못하며 불규칙적으로 세동하게 되어 결국 혈액의 순환에 큰 장애를 가져오게 되며 이에 따라 산소의 공급 중지로 인해 뇌에 치명적인 손상을 입히게 된다. 이와 같이 심근의 미세한 진동으로 혈액을 송출하는 펌프의 기능이 장애를 받는 현상을 심실세동이라 하며 이때의 전류를 심실세동전류라 한다.

(2) 심실세동상태가 되면 전류를 제거하여도 자연적으로는 건강을 회복하지 못하며 그대로 방치하면 수분 내에 사망

(3) 심실세동전류와 통전시간과의 관계

$$I = \frac{165}{\sqrt{T}}[\text{mA}] \left(\frac{1}{120} \sim 5\text{초}\right)$$

여기서, 전류 I는 1,000명 중 5명 정도가 심실세동을 일으키는 값

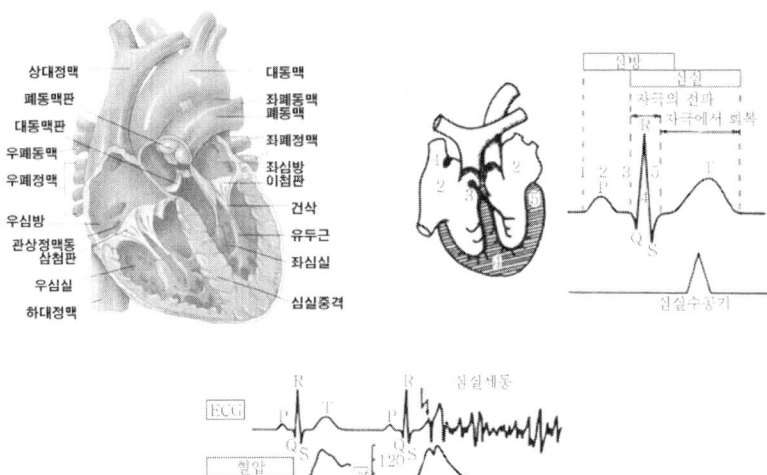

[심실세동의]

### 3) 위험한계에너지

심실세동을 일으키는 위험한 전기에너지

**위험한계에너지**

인체의 전기저항 R을 500[Ω]으로 보면

$$W = I^2RT = \left(\frac{165}{\sqrt{T}} \times 10^{-3}\right)^2 \times 500\,T = (165^2 \times 10^{-6}) \times 500 = 13.6[\text{W}-\sec] = 13.6[\text{J}]$$
$$= 13.6 \times 0.24[\text{cal}] = 3.3[\text{cal}]$$

즉, 13.6[W]의 전력이 1sec간 공급되는 아주 미약한 전기에너지이지만 인체에 직접 가해지면 생명을 위험할 정도로 위험한 상태가 됨

## TOPIC 02 | 전기설비 및 기기

### 1. 배전반 및 분전반

1) 전기사용 장소에서 임시 분전반을 설치하여 반드시 콘센트에서 플러그로 전원을 인출
2) 분기회로에는 감전보호용 지락과 과부하 겸용의 누전차단기를 설치
3) 충전부가 노출되지 않도록 내부 보호판을 설치하고 콘센트에 220V, 380V 등의 전압을 표시
4) 철제 분전함의 외함은 반드시 접지 실시
5) 외함에 회로도 및 회로명, 점검일지를 비치하고 주 1회 이상 절연 및 접지상태 등을 점검
6) 분전함 Door에 시건장치를 하고 "취급자 외 조작금지" 표지를 부착

### 2. 개폐기

개폐기는 전로의 개폐에만 사용되고, 통전상태에서 차단능력이 없음

1) 개폐기의 시설

   (1) 전로 중에 개폐기를 시설하는 경우에는 그곳의 각극에 설치하여야 한다.
   (2) 고압용 또는 특별고압용의 개폐기는 그 작동에 따라 그 개폐상태를 표시하는 장치가 되어 있는 것이어야 한다(그 개폐상태를 쉽게 확인할 수 있는 것은 제외).
   (3) 고압용 또는 특별고압용의 개폐기로서 중력 등에 의하여 자연히 작동할 우려가 있는 것은 자물쇠 장치 기타 이를 방지하는 장치를 시설하여야 한다.
   (4) 고압용 또는 특별고압용의 개폐기로서 부하전류를 차단하기 위한 것이 아닌 개폐기는 부하전류가 통하고 있을 경우에는 개로할 수 없도록 시설하여야 한다(개폐기를 조작하는 곳의 보기 쉬운 위치에 부하전류의 유무를 표시한 장치 또는 전화기 기타의 지령장치를 시설하거나 터블렛 등을 사용함으로써 부하전류가 통하고 있을 때에 개로조작을 방지하기 위한 조치를 하는 경우는 제외).

2) 개폐기의 부착장소

   (1) 퓨즈의 전원측
   (2) 인입구 및 고장점검 회로
   (3) 평소 부하 전류를 단속하는 장소

3) 개폐기 부착 시 유의사항

   (1) 기구나 전선 등에 직접 닿지 않도록 할 것
   (2) 나이프 스위치나 콘센트 등의 커버가 부서지지 않도록 할 것
   (3) 나이프 스위치에는 규정된 퓨즈를 사용할 것
   (4) 전자식 개폐기는 반드시 용량에 맞는 것을 선택할 것

4) 개폐기의 종류

   (1) 주상유입개폐기(PCS ; Primary Cutout Switch 또는 COS ; Cut Out Switch)
      ① 고압컷아웃스위치라 부르고 있는 기기로서 주로 3kV 또는 6kV용 300kVA까지 용량의 1차측 개폐기로 사용하고 있음
      ② 개폐의 표시가 되어 있는 고압개폐기
      ③ 배전선로의 개폐, 고장구간의 구분, 타 계통으로의 변환, 접지사고의 차단 및 콘덴서의 개폐 등에 사용

   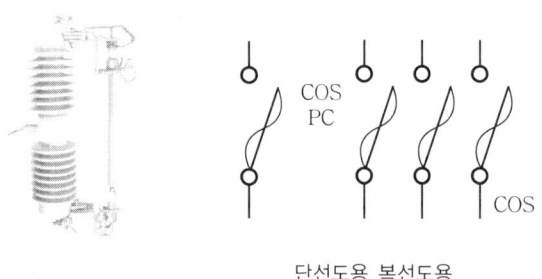

   [고압컷아웃스위치]   단선도용 복선도용
                          [심볼]

   (2) 단로기(DS ; Disconnection Switch)
      ① 단로기는 개폐기의 일종으로 수용가 구내 인입구에 설치하여 무부하 상태의 전로를 개폐하는 역할을 하거나 차단기, 변압기, 피뢰기 등 고전압 기기의 1차측에 설치하여 기기를 점검, 수리할 때 전원으로부터 이들 기기를 분리하기 위해 사용한다.
      
      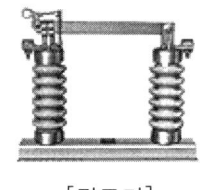
      
      [단로기]
      
      ② 다른 개폐기가 전류 개폐 기능을 가지고 있는 반면에, 단로기는 전압 개폐 기능(부하전류 차단 능력 없음)만 가진다. 그러므로 부하전류가 흐르는 상태에서 차단(개방)하면 매우 위험함. 반드시 무부하 상태에서 개폐

③ 단로기 및 차단기의 투입, 개방 시의 조작순서

- 전원 투입 시 : 단로기를 투입한 후에 차단기 투입(㉠ → ㉡ → ㉢)
- 전원 개방 시 : 차단기를 개방한 후에 단로기 개방(㉢ → ㉡ → ㉠)

(3) 부하개폐기(LBS : Load Breaker Switch)

① 수변전설비의 인입구 개폐기로 많이 사용되며 부하전류를 개폐할 수는 있으나, 고장전류는 차단할 수 없어 전력퓨즈를 함께 사용한다.
② LBS는 한류퓨즈가 있는 것과 한류퓨즈가 없는 것 2종류가 있다.
③ 3상이 동시에 개로되므로 결상의 우려가 없고, 단락사고 시 한류퓨즈가 고속도 차단이 되므로 사고의 피해범위가 작다.

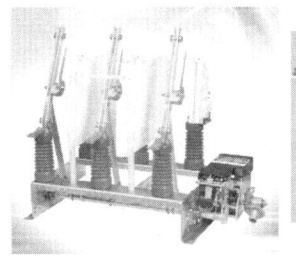

[부하개폐기]

(4) 자동개폐기(AS : Automatic Switch)

① 전자개폐기 : 전동기의 기동과 정지에 많이 사용, 과부하 보호용으로 적합
② 압력개폐기 : 압력의 변화에 따라 작동(옥내 급수용, 배수용에 적합)
③ 시한개폐기 : 옥외의 신호 회로에 사용(Time Switch)
④ 스냅개폐기 : 전열기, 전등 점멸, 소형 전동기의 기동, 정지 등에 사용

(5) 저압개폐기(스위치 내에 퓨즈 삽입)

① 안전개폐기(Cutout Switch) : 배전반 인입구 및 분기 개폐기
② 커버개폐기(Cover knife Switch) : 저압회로에 많이 사용
③ 칼날형개폐기(Knife Switch) : 저압회로의 배전반 등에서 사용(정격전압 250V)
④ 박스개폐기(Box Switch) : 전동기 회로용

## 3. 과전류 차단기

### 1) 차단기의 개요

(1) 정상상태의 전로를 투입, 차단하고 단락과 같은 이상상태의 전로도 일정시간 개폐할 수 있도록 설계된 개폐장치

(2) 차단기는 전선로에 전류가 흐르고 있는 상태에서 그 선로를 개폐하며, 차단기 부하측에서 과부하, 단락 및 지락사고가 발생했을 때 각종 계전기와의 조합으로 신속히 선로를 차단하는 역할

### 2) 과전류의 종류

(1) 단락전류  (2) 과부하전류  (3) 과도전류

### 3) 차단기의 종류

| 차단기의 종류 | 용장소 |
|---|---|
| 배선용 차단기(MCCB), 기중차단기(ACB) | 저압전기설비 |
| 종래 : 유입차단기(OCB)<br>최근 : 진공차단기(VCB), 가스차단기(GCB) | 변전소 및 자가용 고압 및 특고압 전기설비 |
| <u>공기차단기(ABB)</u>, 가스차단기(GCB) | 특고압 및 대전류 차단용량을 필요로 하는 대규모 전기설비 |

(1) 정격전류에 따른 배선용 차단기의 동작시간

| 정격전류[A] | 동작시간(분) | | |
|---|---|---|---|
| | 100% 전류 | 125% 전류 | 200% 전류 |
| <u>30 이하</u> | 연속 통전 | <u>60 이내</u> | <u>2</u> |
| 30 초과~50 이하 | | 60 이내 | 4 |
| 50 초과~100 이하 | | 120 이내 | 6 |
| <u>100 초과~225 이하</u> | | 120 이내 | <u>8</u> |
| 225 초과~400 이하 | | 120 이내 | 10 |
| 401 초과~600 이하 | | 120 이내 | 12 |
| 600 초과~800 이하 | | 120 이내 | 14 |

## 4) 차단기의 소호원리

| 구분 | 진공차단기 (VCB) | 유입차단기 (OCB) | 가스차단기 (GCB) | 공기차단기 (ABB) | 자기차단기 (MBB) | 기중차단기 (ACB) |
|---|---|---|---|---|---|---|
| 소호원리 | $10^{-4}$ Torr 이하의 진공상태에서의 높은 절연특성과 Arc확대에 의한 소호 | 절연유의 절연성능과 발생가스 압력 및 냉각효과에 의한 소호 | SF6 가스의 높은 절연성능과 소호성능을 이용 | 별도 설치한 압축공기 장치를 통해 Arc를 분산, 냉각시켜 소호 | 아크와 차단전류에 의해서 만들어진 자계사 이의 전자력에 의해서 소호 | 공기 중에서 자연소호 |

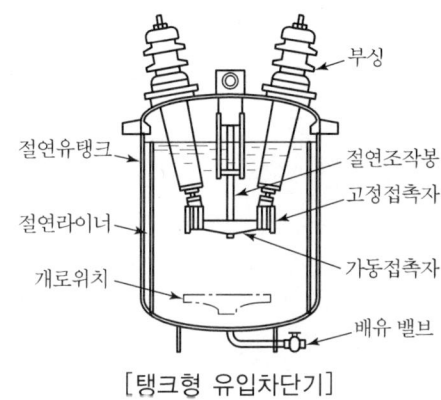

[탱크형 유입차단기]

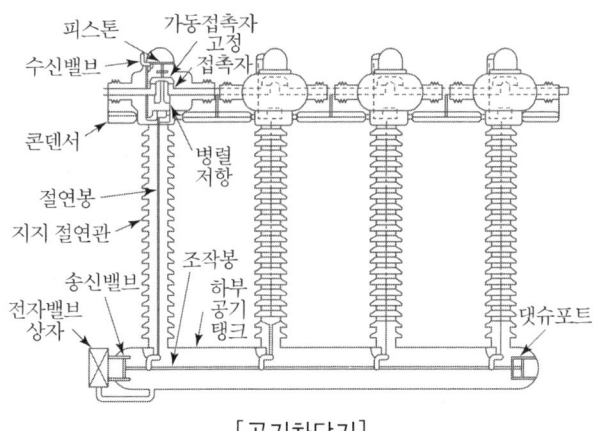

[공기차단기]

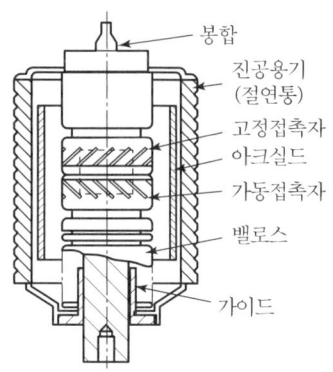

[진공차단기의 소호장치]

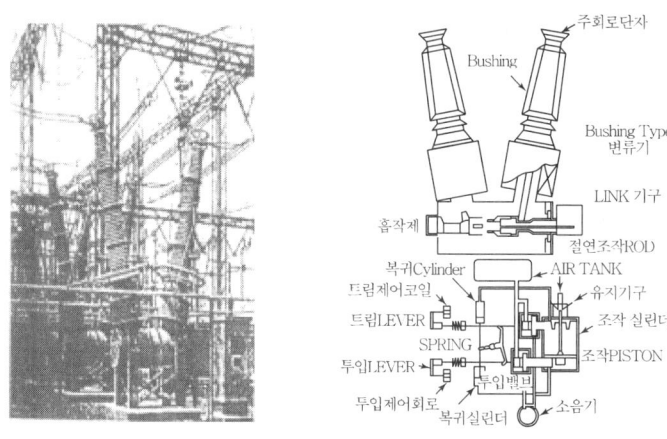

[가스차단기의 외관과 구조]

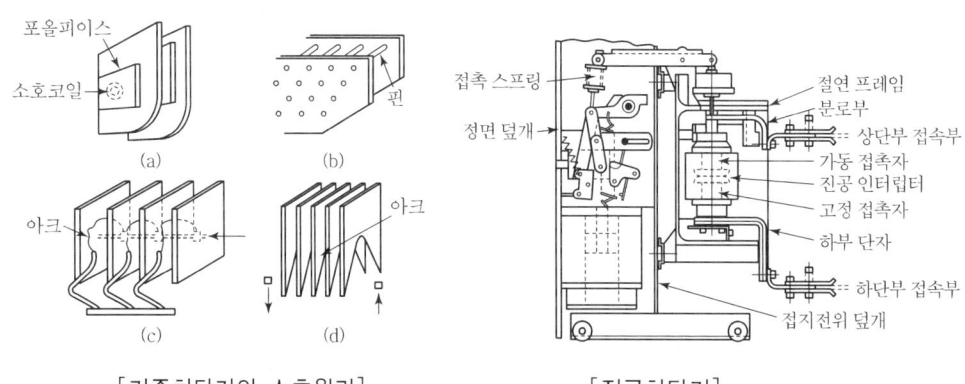

[기중차단기의 소호원리]   [진공차단기]

### 5) 유입차단기의 작동(투입 및 차단)순서

(1) 유입차단기 작동순서

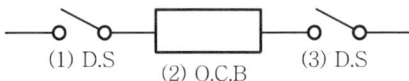

① 투입순서 : (3) – (1) – (2)
② 차단순서 : (2) – (3) – (1)

(2) 바이패스 회로 설치 시 유입차단기 작동순서

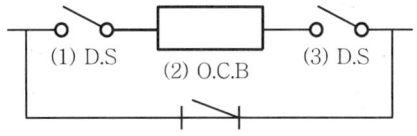

작동순서 : (4) 투입, (2) – (3) – (1)
차단

### 6) 차단기의 차단용량

(1) 단상

정격차단용량 = 정격차단전압 × 정격차단전류

(2) 3상

정격차단용량 = $\sqrt{3}$ × 정격차단전압 × 정격차단전류

## 4. 퓨즈

### 1) 성능

용단특성, 단시간허용특성, 전차단 특성

### 2) 역할

부하전류를 안전하게 통전(과전류 차단하여 전로나 기기보호)

### 3) 규격

(1) 저압용 Fuse

① 정격전류의 1.1배의 전류에 견딜 것
② 정격전류의 1.6배 및 2배의 전류를 통한 경우

| 정격전류[A] | 용단시간(분) | |
|---|---|---|
| | A종 : 정격전류×1.35<br>B종 : 정격전류×1.6 | 정격전류×2(200%) |
| 1~30 | 60 | 2 |
| 31~60 | 60 | 4 |
| 61~100 | 120 | 6 |
| 101~200 | 120 | 8 |
| 201~400 | 180 | 10 |
| 401~600 | 240 | 12 |
| 600 초과 | 240 | 20 |

※ A종 퓨즈 : 110~135[%], B종 퓨즈 : 130~160[%]
※ A종은 정격의 110[%], B종은 정격의 130[%]의 전류로 용단되지 않을 것

(2) 고압용 Fuse

① 포장퓨즈 : 정격전류의 1.3배에 견디고, 2배의 전류에 120분 안에 용단
② 비포장퓨즈 : 정격전류의 1.25배에 견디고, 2배의 전류에 2분 안에 용단

4) 퓨즈의 합금 조성성분과 용융점

| 합금 조성성분 | 용융점 |
|---|---|
| 납(Pb) | 327[℃] |
| 주석(Sn) | 232[℃] |
| 아연(Zn) | 419[℃] |
| 알루미늄(Al) | 660[℃] |

5) 전력퓨즈

(1) 역할과 기능

① 전력퓨즈는 고압 및 특별고압 선로와 기기의 단락보호용
　※ 단락전류의 차단이 주목적

② 전력퓨즈의 역할을 크게 분류하면
　㉠ 부하전류는 안전하게 통전한다.
　㉡ 일정치 이상의 과전류(단락전류)는 차단하여 전선로나 기기를 보호한다.

(2) 전력퓨즈의 종류

① 한류퓨즈

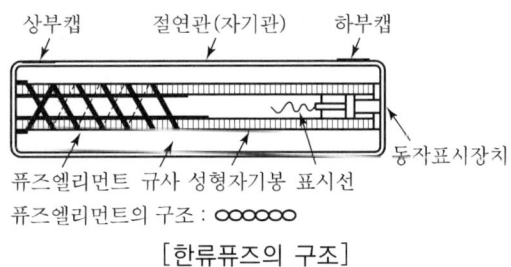

[한류퓨즈의 구조]

② 비한류 퓨즈

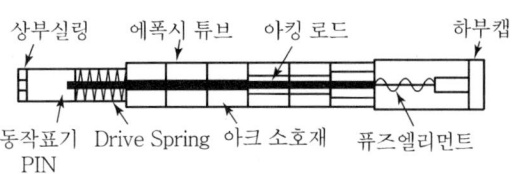

[비한류 퓨즈의 구조]

(3) 전력퓨즈의 장단점

| 장점 | 단점 |
|---|---|
| ① 가격이 싸고 소형 경량이다. | ① 재투입 불가능, 과도전류에 용단되기 쉽다. |
| ② 변성기나 계전기가 필요 없다 | ② 동작시간·전류특성을 계전기처럼 자유롭게 조정 불가능 |
| ③ 한류퓨즈는 차단 시 무소음, 무방출 | ③ 한류퓨즈는 녹아도 차단하지 못하는 전류 범위가 있다. |
| ④ 소형으로 큰 차단용량을 갖는다. | ④ 비보호 영역이 있고 한류형은 차단 시 고전압을 발생 |
| ⑤ 보수가 간단, 고속도 차단 | ⑤ 사용 중 열화하여 동작하면 결상을 일으킴 |
| ⑥ 현저한 한류특성이 있다. | ⑥ 고임피던스 중성점 접지식에서는 지락보호 불가능 |

(4) 전력개폐장치의 기능 비교

| 구분 | 회로분리 | | 사고차단 | |
|---|---|---|---|---|
| | 무부하 | 부하 | 과부하 | 단락 |
| 퓨즈 | ○ | × | × | ○ |
| 차단기 | ○ | ○ | ○ | ○ |
| 개폐기 | ○ | ○ | ○ | × |
| 단로기 | ○ | × | × | × |
| 전자접촉기 | ○ | ○ | ○ | × |

## 5. 보호계전기

### 1) 기능

보호계전기는 정확성, 신속성, 선택성의 3요소를 갖추고 발전기, 변압기, 모선, 선로 및 기타 전력계통의 구성요소를 항상 감시하여 이들에 고장이 발생하던가 계통의 운전에 이상이 있을 때는 즉시 이를 검출 동작하여 고장부분을 분리시킴으로써 전력 공급지장을 방지하고 고장기기나 시설의 손상을 최소한으로 억제하는 기능을 갖는다.

### 2) 구비조건

(1) 사고범위의 국한과 공급의 확보
(2) 보호의 중첩과 협조
(3) 후비보호 기능의 구비
(4) 재폐로에 의한 계통 및 공급의 안정화

### 3) 보호계전기의 종류

| 보호계전기 | 용도 |
|---|---|
| 과전류계전기<br>(50 순시형, 51 교류한시<br>過電流繼電器 :<br>Over Current Relay) | 전류의 크기가 일정치 이상으로 되었을 때 동작하는 계전기이며 특별히 지락사고 시 지락전류의 크기에 응동하도록 한 것을 지락과전류계전기라 하고 일반 과전류계전기를 OCR(Over Current Relay), 지락과전류계전기를 OCGR(64 Over Current Ground Relay)이라 함 |

| 보호계전기 | 용도 |
|---|---|
| 과전류계전기<br>(50 순시형, 51 교류한시<br>過電流繼電器:<br>Over Current Relay) | 전류의 크기가 일정치 이상으로 되었을 때 동작하는 계전기이며 특별히 지락사고 시 지락전류의 크기에 응동하도록 한 것을 지락과전류계전기라 하고 일반 과전류계전기를 OCR(Over Current Relay), 지락과전류계전기를 OCGR(64 Over Current Ground Relay)이라 함 |
| 과전압계전기<br>(59 過電壓繼電器:<br>Over Voltage Relay) | 전압의 크기가 일정치 이상으로 되었을 때 동작하는 계전기이며 지락사고 시 발생되는 영상전압의 크기에 응동하도록 한 것을 특히 지락과전압계전기라 하고 각각 OVR(Over Voltage Relay) 및 OVGR(64 Over Voltage Ground Relay)이라 함 |
| 차동계전기<br>(差動繼電器:<br>Differential Realy; DR) | 피보호설비(또는 구간)에 유입하는 어떤 입력의 크기와 유출되는 출력의 크기 간의 차이가 일정치 이상이 되면 동작하는 계전기를 일괄하여 차동계전기라 하며 전류차동계전기, 비율차동계전기, 전압차동계전기 등이 있다. |
| 비율차동계전기<br>(比率差動繼電器: Ratio<br>Differential Realy; RDR) | 총입력전류와 총출력전류 간의 차이가 총입력전류에 대하여 일정비율 이상으로 되었을 때 동작하는 계전기이며 많은 전력기기들의 주된 보호계전기로 사용된다. (주변압기나 발전기 보호용) |

※ 보호계전기의 응동 : 보호계전기에 전기적 입력의 변화, 가령 크기나 위상의 변화를 주었을 때 계전기의 동작기구가 작동하여 접점을 개로 또는 폐로하여 이를 출력으로 꺼낼 수 있는 것을 말함

## 6. 변압기 절연유

1) 절연유의 조건

   (1) 절연내력이 클 것
   (2) 절연재료 및 금속에 화학작용을 일으키지 않을 것
   (3) 인화점이 높고 응고점이 낮을 것
   (4) 점도가 낮고(유동성이 풍부), 비열이 커서 냉각효과가 클 것
   (5) 저온에서도 석출물이 생기거나 산화하지 않을 것

2) 종류

   (1) 66kV 이상 : 1종광유 4호
   (2) 66kV 미만 : 1종광유 2호

### 3) 보호장치
   (1) 3,000kVA 미만 : 콘서베이터형
   (2) 3,000kVA 초과 : 질소봉입형

### 4) 절연유의 열화원인
   (1) 수분흡수에 따른 산화 작용
   (2) 금속접촉
   (3) 절연재료
   (4) 직사광선
   (5) 이종 절연유의 혼합 등

### 5) 열화 판정시험
   (1) 절연파괴 시험법 : 신 유(30kV 10분), 사용 유(25kV 10분)
   (2) 산가 시험법 : 신 유 염가(0.2 정도), 불량(0.4 이상)

### 6) 여과방법
   (1) 원심분리기법, 여과지법, 전기적 여과지법, 흡착법, 화학적 방법 등이 있다.
   (2) 1,000kVA 이하 변압기는 활선여과가 가능함

## TOPIC 03 | 전기작업안전

### 1. 감전사고에 대한 공통 방지대책
1) 전기설비의 점검 철저
2) 전기기기 및 설비의 정비
3) 전기기기 및 설비의 위험부에 위험표시
4) 설비의 필요부분에 보호접지의 실시
5) 충전부가 노출된 부분에는 절연방호구를 사용
6) 고전압 선로 및 충전부에 근접하여 작업하는 작업자에게는 보호구를 착용시킬 것
7) 유자격자 이외는 전기기계 및 기구에 전기적인 접촉 금지
8) 관리감독자는 작업에 대한 안전교육 시행
9) 사고발생 시의 처리순서를 미리 작성하여 둘 것

## 2. 전기기계·기구에 의한 감전사고에 대한 방지대책

1) 직접접촉에 의한 감전방지대책(충전부 방호대책 : 안전보건규칙 제301조제1항)

   (1) 충전부가 노출되지 않도록 폐쇄형 외함이 있는 구조로 할 것
   (2) 충전부에 충분한 절연효과가 있는 방호망 또는 절연덮개를 설치할 것
   (3) 충전부는 내구성이 있는 절연물로 완전히 덮어 감쌀 것
   (4) 발전소·변전소 및 개폐소 등 구획되어 있는 장소로서 관계근로자가 아닌 사람의 출입이 금지되는 장소에 충전부를 설치하고, 위험표시 등의 방법으로 방호를 강화할 것
   (5) 전주 위 및 철탑 위 등 격리되어 있는 장소로서 관계근로자가 아닌 사람의 접근할 우려가 없는 장소에 충전부를 설치할 것

2) 간접접촉(누전)에 의한 감전방지대책

   (1) 안전전압(산업안전보건법에서 30V로 규정) 이하 전원의 기기 사용

   (2) 보호접지

   ① 접지(기계·기구의 철대 및 금속제 외함)를 요하는 기계·기구
   ('21년 개정) 「한국전기설비규정(KEC)」의 접지는 개정 전의 「전기설비기술기준의 판단기준」 제18조에서 명시하는 것과 같이 접지공사 종류별 접지저항 값을 규정하지 않고, 계통사고 시 인체가 안전하기 위한 접지공사의 시행 또는 ELB 설치 등 보호대책을 제시함

| 접지대상 | (개정 전) 접지방식 | (개정 후) KEC 접지방식 |
|---|---|---|
| (특)고압설비 | 1종 : 접지저항 10Ω | • 계통접지 : TN, TT, IT 계통 |
| 600V 이하 설비 | 특3종 : 접지저항 10Ω | • 보호접지 : 등전위본딩 등 |
| 400V 이하 설비 | 3종 : 접지저항 100Ω | • 피뢰시스템접지 |
| 변압기 | 2종 : (계산요함) | "변압기 중성점 접지"로 명칭 변경 |

### (3) 누전차단기의 설치

누전차단기는 누전을 자동적으로 검출하여 누전전류가 감도전류 이상이 되면 전원을 자동으로 차단하는 장치를 말하며 저압전로에서 감전화재 및 전기기계·기구의 손상 등을 방지하기 위해 사용

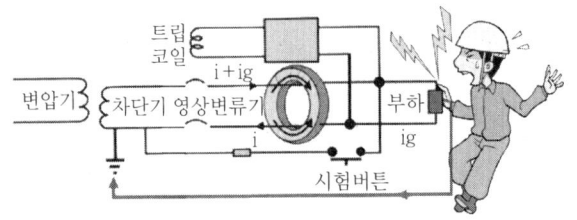

[누전상태]

### (4) 이중절연기기의 사용

### (5) 비접지식 전로의 채용

① 저압배전선로는 일반적으로 고압을 저압으로 변환시키는 변압기의 일단이 접지되어 누전 시에 작업자가 접촉하게 되면 감전사고가 발생하게 되므로 변압기의 저압 측을 비접지식 전로로 할 경우 기기가 누전된다 하더라도 전기회로가 구성되지 않기 때문에 안전하다(인체의 감전사고 방지책으로서 가장 좋은 방법).

② 비접지식 전로는 선로의 길이가 길지 않고 용량이 적은 3kVA 이하인 전로에서 안정적으로 사용할 수 있다.

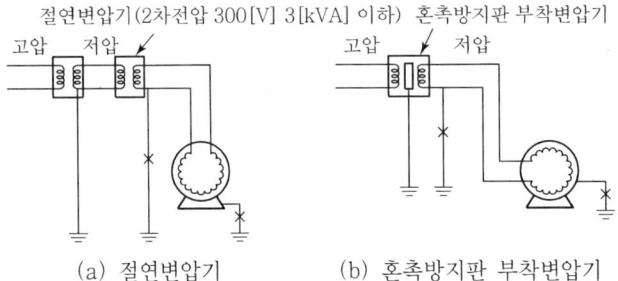

(a) 절연변압기    (b) 혼촉방지판 부착변압기

[비접지식 전로]

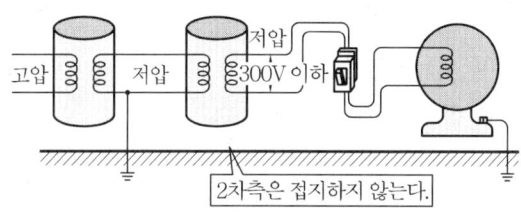

(a) 절연변압기   (b) 혼촉방지판 부착변압기

[비접지식 전로]

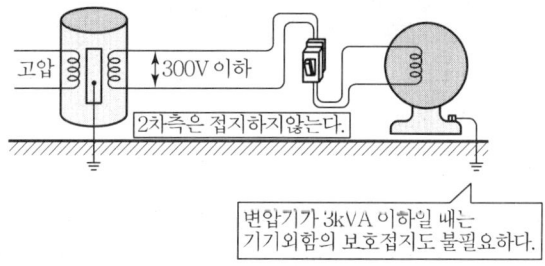

[절연변압기 사용]

[혼촉방지판 부착변압기]

3) 전기기계·기구의 조작 시 등의 안전조치(안전보건규칙 제310조)
  (1) 전기기계·기구의 조작부분을 점검하거나 보수하는 경우에는 전기기계·기구로부터 폭 70cm 이상의 작업공간을 확보하여야 한다. 다만 작업공간의 확보가 곤란할 때에는 절연용 보호구를 착용
  (2) 전기적 불꽃 또는 아크에 의한 화상의 우려가 있는 고압 이상의 충전전로 작업에는 방염처리된 작업복 또는 난연성능을 가진 작업복을 착용

## 3. 배선 등에 의한 감전사고에 대한 방지대책

### 1) 배선 등의 절연피복 및 접속

(1) 절연전선에는 전기용품안전관리법의 적용을 받은 것을 제외하고는 규격에 적합한 고압 절연전선, 600V 폴리에틸렌절연전선, 600V 불소수지절연전선, 600V 고무절연전선 또는 옥외용 비닐절연전선을 사용하여야 한다.

| 전선의 종류 | 주요용도 |
| --- | --- |
| 옥외용 비닐 절연전선(OW) | 저압가공 배전선로에서 사용 |
| 인입용 비닐절연전선(DV) | 저압가공 인입선에 사용 |
| 600V 비닐절연전선(IV) | 습기, 물기가 많은 곳, 금속관 공사용 |
| 옥외용 가교 폴리에틸렌 절연전선(OC) | 고압가공 전선로에 사용 |

(2) 전선을 서로 접속하는 때에는 해당 전선의 절연성능 이상으로 절연될 수 있도록 충분히 피복하거나 적합한 접속기구를 사용하여야 한다. ('21년 개정) 전기설비기술기준 제52조(저압전로의 절연성능) 개정

| 전로의 사용전압 | DC 시험전압(V) | 절연저항(㏁) |
| --- | --- | --- |
| SELV 및 PELV | 250 | 0.5 |
| FELV, 500V 초과 | 500 | 1 |
| 500V 초과 | 1,000 | 1 |

주) 특별저압(Extra Low Voltage : 2차 전압이 AC 50V, DC 120V 이하)으로 SELV(비접지 회로 구성) 및 PLEV(접지회로구성)은 1차와 2차가 전기적으로 절연된 회로, FELV는 1차와 2차가 전기적으로 절연되지 않은 회로

### 2) 습윤한 장소의 이동전선(안전보건규칙 제314조)

물 등의 도전성이 높은 액체가 있는 습윤한 장소에서 근로자가 작업 중에나 통행하면서 이동전선 및 이에 부속하는 접속기구에 접촉할 우려가 있는 경우에는 충분한 절연효과가 있는 것을 사용하여야 한다.

### 3) 통로바닥에서의 전선(안전보건규칙 제315조)

통로바닥에서의 전선 또는 이동전선을 설치 및 사용금지(차량이나 그 밖의 물체의 통과 등으로 인하여 전선의 절연피복이 손상될 우려가 없거나 손상되지 않도록 적절한 조치를 한 경우 제외)

4) 꽂음접속기의 설치·사용 시 준수사항(안전보건규칙 제316조)

　(1) 서로 다른 전압의 꽂음접속기는 상호 접속되지 아니한 구조의 것을 사용할 것
　(2) 습윤한 장소에 사용되는 꽂음접속기는 방수형 등 그 장소에 적합한 것을 사용할 것
　(3) 근로자가 해당 꽂음접속기를 접속시킬 경우에는 땀 등으로 젖은 손으로 취급하지 않도록 할 것
　(4) 해당 꽂음접속기에 잠금장치가 있을 경우에는 접속 후 잠그고 사용할 것

## 4. 전기설비의 점검사항

1) 발전소·변전소·개폐소 또는 이에 준하는 곳의 시설

　(1) 울타리·담 등을 시설할 것
　　① 울타리·담 등의 높이는 2m 이상으로 하고 지표면과 울타리·담 등의 하단 사이의 간격은 15cm 이하로 할 것
　　② 울타리·담 등과 고압 및 특별고압의 충전부분이 접근하는 경우에는 울타리·담 등의 높이와 울타리·담 등으로부터 충전부분까지 거리의 합계는 다음 표에서 정한 값 이상으로 할 것

| 사용전압의 구분 | 울타리·담 등의 높이와 울타리·담 등으로부터 충전부분까지의 거리의 합계 |
|---|---|
| 35,000V 이하 | 5m |
| 35,000V를 넘고 160,000V 이하 | 6m |
| 160,000V를 넘는 것 | 6m에 160,000V를 넘는 10,000V 또는 그 단수마다 12cm를 더한 값 |

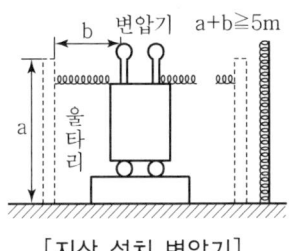

[지상 설치 변압기]

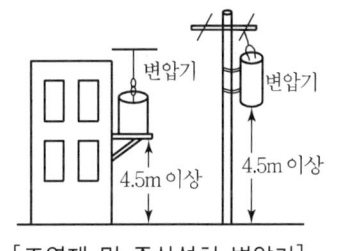

[조영재 및 주상설치 변압기]

(2) 출입구에는 출입금지의 표시를 할 것

(3) 출입구에는 자물쇠장치 기타 적당한 장치를 할 것

2) 아크를 발생시키는 기구와 목재의 벽 또는 천장과의 이격거리

| 아크를 발생시키는 기구 | 이격거리 |
|---|---|
| 개폐기, 차단기 | 고압용의 것은 1m 이상 |
| 피뢰기, 기타 유사한 기구 | 특별고압용의 것은 2m 이상 |

3) 고압옥내배선

(1) 애자사용 공사인 경우

① 사람이 접촉할 우려가 없도록 배선
② 전선은 2.6mm 이상의 연동선과 같은 세기를 가지는 굵기의 고압절연선과 특별고압 절연전선 또는 인하용 고압절연전선 사용
③ 전선의 지지점 간 거리는 6m 이하가 되는지, 또 조영재의 면을 따라 붙이는 가설된 경우에 2m 이상마다 견고하게 지지
④ 전선의 상호간격은 8m 이상 이격되어 있으며, 조영재와의 이격거리는 5cm 이상 유지
⑤ 전선이 조영재를 관통하는 경우 그 부분의 전선마다 난연성 및 내수성의 절연관(애관)으로 보호
⑥ 고압옥내배선이 저압옥내배선과 쉽게 식별할 수 있게 시설
⑦ 고압옥내배선이 다른 고압옥내배선 또는 저압옥내배선 및 수도관 등과 접근이나 교차하는 경우에는 이격거리가 15cm 이상 유지
⑧ 전선의 절연피복 부분에는 손상을 입은 곳이 없으며 전선접속부분은 적절하게 절연 처리, 또 말단부분의 처리는 안전하게 처리

(2) 케이블공사인 경우

① 케이블이 중량물의 압력 또는 기계적 충격을 받을 우려가 있는 장소에 시설되어 있을 때는 적당한 방호장치 시설

| 저압 및 고압선의 매설깊이 ||
|---|---|
| 중량물의 압력을 받지 않는 장소 | 중량물의 압력을 받는 장소 |
| 60cm 이상 | 120cm 이상 |

지중전선로를 관로식 또는 암거식에 의하여 시설하는 경우에는 견고하고, 차량 기타 중량물의 압력에 견디는 콤바인 덕트 케이블이 적합

② 케이블을 조영재의 연하에 배선할 때는 지지점 간의 거리가 2m 이하이고 또한 견고하게 지지
③ 케이블의 방호장치 및 전선의 접속기 등의 금속부분에는 제1종 접지공사 실시
④ 케이블이 저압옥내배선 및 수도관과 접근 또는 교차하는 경우에는 이격거리가 15cm 이상 유지
⑤ 케이블의 단말은 안전하게 처리

4) 저압옥내배선

저압옥내배선은 지름 1.6mm의 연동선이거나 이와 동등 이상의 세기 및 굵기의 것 또는 단면적이 1mm² 이상의 미네럴 인슈레이션 케이블 사용

(1) 저압옥내배선의 시설장소에 적합한 공사방법

| 시설장소의 구분 | 사용전압구분 | 400V 이하인 것 | 400V 이상인 것 | 참고 |
|---|---|---|---|---|
| 전개된 장소 | 건조한 장소 | 애자사용공사, 목재몰드공사, 합성수지몰드공사, 금속몰드공사, 금속덕트공사 또는 버스덕트공사 | 애자사용공사, 금속덕트공사 또는 버스덕트공사 | ※ 애자사용공사인 경우 전선과 조영재 사이의 이격거리<br>① 사용전압이 400V 미만인 경우에는 2.5cm 이상<br>② 400V 이상인 경우에는 4.5cm(건조한 장소에 시설하는 경우에는 2.5cm) 이상일 것 |
| | 기타의 장소 | 애자사용공사 | 애자사용공사 | |
| 점검할 수 있는 은폐장소 | 건조한 장소 | 애자사용공사, 목재몰드공사, 합성덕트공사, 금속몰드공사, 금속덕트공사 또는 버스덕트공사 | 애자사용공사, 금속덕트공사 또는 버스덕트공사 | |
| | 기타의 장소 | 애자사용공사 | 애자사용공사 | |
| 점검할 수 없는 은폐장소 | 건조한 장소 | 셀룰러덕트공사 또는 플로어덕트공사 | 애자사용공사 | |

(2) 저압옥내배선에 사용된 전선의 허용전류는 부하의 용량 등에 적합한 굵기의 전선 사용[절연전선 등의 허용전류(안전전류)는 내선규정 제130조 제1항에서 규정]
(3) 옥내배선에 적합한 절연전선 사용

5) 분전반·배전반·개폐기 등
  (1) 분전반·배전반·개폐기 등의 정격치가 적합한 것 사용(설계도면과 대조하면서 점검)
  (2) 분전반·배전반 등은 견고하게 고정
  (3) 단자와 전선의 접속부분은 견고하게 조임
  (4) 전선의 피복에 손상을 입은 곳은 없으며 단말처리는 안전하게 처리
  (5) 전등분전반인 경우는 단상 3선식에서 중성선에 퓨즈의 사용 없이 전선으로 직결처리
  (6) 분전반이나 배전반이 옥외에 시설되어 있는 경우 방수형 또는 방수구조로 된 것 사용
  (7) 분전반 및 배전반 등의 금속제 외함에는 사용전압에 따르는 접지공사(400V 미만은 제3종접지공사, 400V 이상의 저압용의 것은 특별제3종접지공사) 실시

6) 전등시설
  (1) 백열전등의 옥내에 시설되어 있는 경우는 대지전압이 150V 이하인 회로에서 사용
  (2) 공장 등에서는 다음과 같이 시설되어 있으며 300V 이하에서 사용할 수 있으므로 다음사항을 점검
    ① 기구 및 전로는 사람이 쉽게 접촉할 우려가 없어야 함
    ② 백열전등 및 방전등용 안정기는 옥내배선과 직접 접속하여 사용
    ③ 백열전등의 소켓에는 키나 그 외의 점멸기구가 없을 것
  (3) 조명기구는 견고하게 시설
  (4) 옥외에서 사용하는 조명기구는 방수형이나 방수함 내에 내장되어 시설
  (5) 작업장에서의 이동형 백열전등은 방폭구조

7) 전동기 설비
  (1) 전동기의 설치장소는 원칙적으로 점검하기 쉬운 장소에 설치
  (2) 전동기는 기초콘크리트에 견고하게 고정
  (3) 전동기는 조작하는 개폐기 등은 취급자가 조작하기 쉬운 장소이며, 전동기가 사람의 눈에 발견되기 쉬운 장소에 설치
  (4) 고압전동기의 경우는 사람이 쉽게 접촉될 우려가 없도록 주위에 철망 또는 울타리 등을 시설
  (5) 전동기의 주위에 인간공학을 고려한 작업공간을 확보

(6) 전동기 및 제어반 등에는 사용전압에 따르는 접지공사를 외함이나 철대에 견고하게 시설

(7) 전동기에 접속된 전선의 시공상태가 적절하며 단자는 견고하게 조임

8) 전로의 절연저항 및 절연내력

(1) 저압전로의 절연저항

전기설비기술기준 제52조(저압전로의 절연성능)

| 전로의 사용전압 | DC 시험전압(V) | 절연저항(㏁) |
|---|---|---|
| SELV 및 PELV | 250 | 0.5 |
| FELV, 500V 초과 | 500 | 1 |
| 500V 초과 | 1,000 | 1 |

주) 특별저압(Extra Low Voltage : 2차 전압이 AC 50V, DC 120V 이하)으로 SELV(비접지회로 구성) 및 PLEV(접지회로구성)은 1차와 2차가 전기적으로 절연된 회로, FELV는 1차와 2차가 전기적으로 절연되지 않은 회로

(2) 저압전선로 중 절연부분의 전선과 대지 간의 절연저항은 사용전압에 대한 누설전류가 최대 공급전류의 1/2,000이 넘지 않도록 유지해야 한다.

## 5. 교류아크 용접기의 감전방지대책

### 1) 교류아크 용접작업의 안전

교류아크 용접작업 중에 발생하는 감전사고는 주로 출력측 회로에서 발생하고 있으며, 특히 무부하일 때 그 위험도는 더욱 증가하나, 안정된 아크를 발생시키기 위해서는 어느 정도 이상의 무부하전압이 필요하다. 아크를 발생시키지 않는 상태의 출력측 전압을 무부하전압이라고 하고, 이 무부하전압이 높을 경우 아크가 안정되고 용접작업이 용이하나 무부하 전압이 높아지게 되면 전격에 대한 위험성이 증가하므로 이러한 재해를 방지하기 위해 교류 아크 용접기에 자동전격방지장치(이하 전격방지장치)를 설치하여 전격의 위험을 방지하고 있다.

## 2) 자동전격방지장치

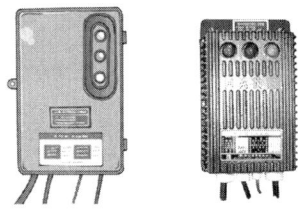

[전격방지장치]

### (1) 전격방지장치의 기능

전격방지장치라 불리는 교류아크 용접기의 안전장치는 용접기의 1차측 또는 2차측에 부착시켜 용접기의 주회로를 제어하는 기능을 보유함으로써 용접봉의 조작, 모재에의 접촉 또는 분리에 따라, 원칙적으로 용접을 할 때에만 용접기의 주회로를 폐로(ON) 시키고, 용접을 행하지 않을 때에는 용접기 주회를 개로(OFF) 시켜 용접기 2차(출력)측의 무부하전압(보통 60~95V)을 25V 이하로 저하시켜 용접기 무부하 시(용접을 행하지 않을 시)에 작업자가 용접봉과 모재 사이에 접촉함으로써 발생하는 감전의 위험을 방지(용접작업중단 직후부터 다음 아크가 발생할 때까지 유지)하고, 아울러 용접기 무부하 시 전력손실을 격감시키는 2가지 기능을 보유한 것이다(용접선의 수명 증가와는 무관함).

### (2) 전격방지장치의 구성 및 동작원리

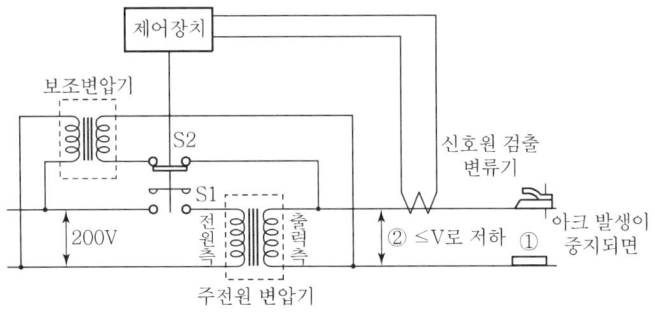

[전격방지장치의 회로도]

① 용접상태와 용접휴지상태를 감지하는 감지부
② 감지신호를 제어부로 보내기 위한 신호증폭부
③ 증폭된 신호를 받아서 주제어장치를 개폐하도록 제어하는 제어부 및 주제어장치의 크게 4가지 부분으로 구성

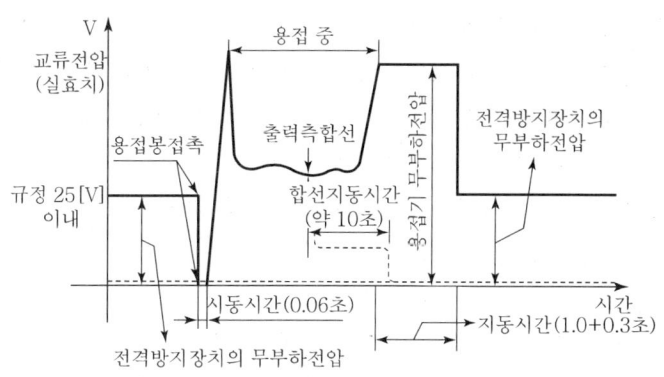

[전격방지장치의 동작특성]

㉠ 시동시간 : 용접봉이 모재에 접촉하고 나서 주제어장치의 주접점이 폐로되어 용접기 2차측에 순간적인 높은 전압(용접기 2차 무부하전압)을 유지시켜 아크를 발생시키는 데까지 소요되는 시간(0.06초 이내)

㉡ 지동시간 : 시동시간과 반대되는 개념으로 용접봉을 모재로부터 분리시킨 후 주접점이 개로되어 용접기 2차측의 무부하전압이 전격방지장치의 무부하전압(25V 이하)으로 될 때까지의 시간

[접점(Magnet) 방식 : 1±0.3초, 무접점(SCR, TRIAC)방식 : 1초 이내]

㉢ 시동감도 : 용접봉을 모재에 접촉시켜 아크를 시동시킬 때 전격방지장치가 동작할 수 있는 용접기의 2차측의 최대저항으로 Ω 단위로 표시

[용접봉과 모재 사이의 접촉저항]

㉣ 정격사용률 = $\dfrac{\text{아크발생시간}}{\text{아크발생시간} + \text{무부하시간}}$

㉤ 허용사용률 = $\dfrac{(\text{정격2차전류})^2}{(\text{실제용접전류})^2} \times \text{정격사용률}$

> 300A의 용접기를 200A로 사용할 경우의 허용사용률
> = $\left(\dfrac{300}{200}\right)^2 \times 50(\text{정격사용률}) = 112\%$

3) 교류아크용접기의 사고방지 대책

　(1) 감전사고의 방지대책

　　① 자동전격방지장치의 사용
　　② 절연 용접봉 홀더의 사용

③ 적정한 케이블의 사용

용접기 출력측 회로의 배선에는 일반적으로 캡타이어 케이블 및 용접용 케이블이 쓰이지만 출력측 케이블은 일반적으로 기름에 의해 쉽게 손상되므로 클로로프렌 캡타이어 케이블을 사용하는 것이 좋다.

또한 아크 전류의 크기에 따른 굵기의 케이블을 사용하여야 한다.

④ 2차측 공통선의 연결

2차측 전로 중 피용접모재와 공통선의 단자를 연결하는 데에는 용접용 케이블이나 캡타이어 케이블을 사용하여야 하며, 이를 사용하지 않고 철근을 연결하여 사용하면 전력손실과 감전위험이 커질 뿐만 아니라 용접부분에 전력이 집중되지 않으므로 용접하기도 어렵게 된다.

⑤ 절연장갑의 사용

⑥ 기타

㉠ 케이블 커넥터 : 커넥터는 충전부가 고무 등의 절연물로 완전히 덮힌 것을 사용하여야 하며, 작업바닥에 물이 고일 우려가 있을 경우에는 방수형으로 되어 있는 것을 사용하여야 한다.

㉡ 용접기 단자와 케이블의 접속 : 접속단자 부분은 충전부분이 노출되어 있는 경우 감전의 위험이 있을 뿐만 아니라, 그 사이에 금속 등이 접촉하여 단락사고가 일어나서 용접기를 파손시킬 위험이 뒤따르므로 완전하게 절연하여야 한다.

㉢ 접지 : 용접기 외함 및 피용접모재에는 접지공사를 실시해야 하는데, 접지선의 공칭단면적은 $2.5mm^2$ 이상의 연동선으로 하면 되지만 수시로 이동해야 하기 때문에 고장 시 안전하게 전류를 흘릴 수 있도록 충분한 굵기의 연동선을 사용하는 것이 바람직하다. 접지를 하지 않으면 모재나 정반의 대지전위가 상승해서 감전의 위험이 있다. 또한 접지는 반드시 직접 접지를 하여야 하며 건물의 철골 등에 접지해서는 안 된다.

(2) 기타 재해 방지대책

| 재해의 구분 | | 보호구 |
| --- | --- | --- |
| 눈 | 아크에 의한 장애<br>(가시광선, 적외선, 자외선) | 차광보호구(보호안경과 보호면) |
| 피부 | 화상 | 가죽제품의 장갑, 앞치마, 각반, 안전화 |
| | 용접흄 및 가스($CO_2$, $H_2O$) | 방진마스크, 방독마스크, 송기마스크 |

## 6. 정전작업의 안전

### 정전전로에서의 전기작업(안전보건규칙 제319조)

① 사업주는 근로자가 노출된 충전부 또는 그 부근에서 작업함으로써 감전될 우려가 있는 경우에는 작업에 들어가기 전에 해당 전로를 차단하여야 한다. 다만, 다음 각 호의 경우에는 그러하지 아니하다.
  1. 생명유지장치, 비상경보설비, 폭발위험장소의 환기설비, 비상조명설비 등의 장치·설비의 가동이 중지되어 사고의 위험이 증가되는 경우
  2. 기기의 설계상 또는 작동상 제한으로 전로차단이 불가능한 경우
  3. 감전, 아크 등으로 인한 화상, 화재·폭발의 위험이 없는 것으로 확인된 경우

② 제1항의 전로 차단은 다음 각 호의 절차에 따라 시행하여야 한다.
  1. 전기기기 등에 공급되는 모든 전원을 관련 도면, 배선도 등으로 확인할 것
  2. <u>전원을 차단한 후 각 단로기 등을 개방하고 확인할 것</u>
  3. 차단장치나 단로기 등에 잠금장치 및 꼬리표를 부착할 것
  4. 개로된 전로에서 유도전압 또는 전기에너지가 축적되어 근로자에게 전기위험을 끼칠 수 있는 전기기기 등은 접촉하기 전에 잔류전하를 완전히 방전시킬 것
  5. 검전기를 이용하여 작업 대상 기기가 충전되었는지를 확인할 것
  6. 전기기기 등이 다른 노출 충전부와의 접촉, 유도 또는 예비동력원의 역송전 등으로 전압이 발생할 우려가 있는 경우에는 충분한 용량을 가진 단락 접지기구를 이용하여 접지할 것

③ 사업주는 제1항 각 호 외의 부분 본문에 따른 작업 중 또는 작업을 마친 후 전원을 공급하는 경우에는 작업에 종사하는 근로자 또는 그 인근에서 작업하거나 정전된 전기기기 등(고정 설치된 것으로 한정한다)과 접촉할 우려가 있는 근로자에게 감전의 위험이 없도록 다음 각 호의 사항을 준수하여야 한다.
  1. 작업기구, 단락 접지기구 등을 제거하고 전기기기 등이 안전하게 통전될 수 있는지를 확인할 것
  2. 모든 작업자가 작업이 완료된 전기기기 등에서 떨어져 있는지를 확인할 것
  3. 잠금장치와 꼬리표는 설치한 근로자가 직접 철거할 것
  4. 모든 이상 유무를 확인한 후 전기기기 등의 전원을 투입할 것

※ 단락접지를 하는 이유

전로가 정전된 경우에도 오통전, 다른 전로와의 접촉(혼촉) 또는 다른 전로에서의 유도작용 및 비상용 발전기의 가동 등으로 정전전로가 갑자기 충전되는 경우가 있으므로 이에 따른 감전위험을 제거하

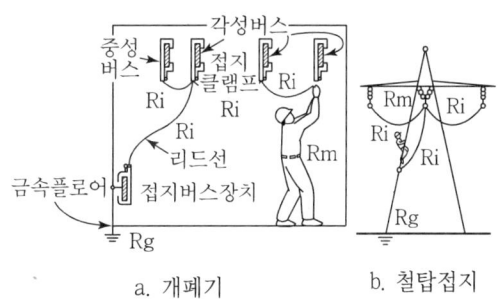

a. 개폐기   b. 철탑접지

기 위해 작업개소에 근접한 지점에 충분한 용량을 갖는 단락접지기구를 사용하여 정전전로를 단락접지하는 것이 필요하다(3상3선식 전선로의 보수를 위하여 정전작업 시에는 3선을 단락접지).

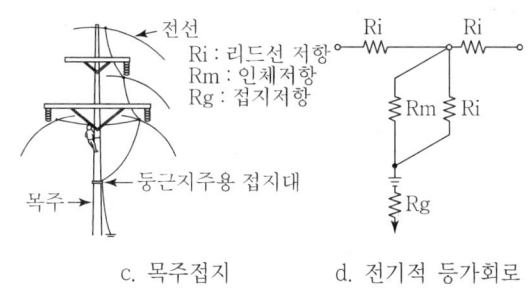

c. 목주접지     d. 전기적 등가회로

[단락접지의 예]

1) 단로기 등의 개폐(안전보건규칙 제307조 관련)

사업주는 부하전류를 차단할 수 없는 고압 또는 특별고압의 단로기(斷路機) 또는 선로개폐기(이하 "단로기등"이라 한다)를 개로(開路)·폐로(閉路)하는 경우에는 그 단로기등의 오조작을 방지하기 위하여 근로자에게 해당 전로가 무부하(無負荷)임을 확인한 후에 조작하도록 주의 표지판 등을 설치하여야 한다. 다만, 그 단로기등에 전로가 무부하로 되지 아니하면 개로·폐로할 수 없도록 하는 연동장치를 설치한 경우에는 그러하지 아니하다.

2) 정전절차

국제사회안전협회(ISSA)에서 제시하는 정전작업의 5대 안전수칙

첫째 : 작업 전 전원차단
둘째 : 전원투입의 방지
셋째 : 작업장소의 무전압 여부 확인
넷째 : 단락접지
다섯째 : 작업장소의 보호

## 7. 활선 및 활선근접작업의 안전

### 충전전로에서의 전기작업(안전보건규칙 제321조)

① 사업주는 근로자가 충전전로를 취급하거나 그 인근에서 작업하는 경우에는 다음 각 호의 조치를 하여야 한다.
1. 충전전로를 정전시키는 경우에는 제319조에 따른 조치를 할 것
2. 충전전로를 방호, 차폐하거나 절연 등의 조치를 하는 경우에는 근로자의 신체가 전로와 직접 접촉하거나 도전재료, 공구 또는 기기를 통하여 간접 접촉되지 않도록 할 것
3. 충전전로를 취급하는 근로자에게 그 작업에 적합한 절연용 보호구를 착용시킬 것
4. 충전전로에 근접한 장소에서 전기작업을 하는 경우에는 해당 전압에 적합한 절연용 방호구를 설치할 것. 다만, 저압인 경우에는 해당 전기작업자가 절연용 보호구를 착용하되, 충전전로에 접촉할 우려가 없는 경우에는 절연용 방호구를 설치하지 아니할 수 있다.
5. 고압 및 특별고압의 전로에서 전기작업을 하는 근로자에게 활선작업용 기구 및 장치를 사용하도록 할 것
6. 근로자가 절연용 방호구의 설치·해체작업을 하는 경우에는 절연용 보호구를 착용하거나 활선작업용 기구 및 장치를 사용하도록 할 것
7. 유자격자가 아닌 근로자가 충전전로 인근의 높은 곳에서 작업할 때에 근로자의 몸 또는 긴 도전성 물체가 방호되지 않은 충전전로에서 대지전압이 50킬로볼트 이하인 경우에는 300센티미터 이내로, 대지전압이 50킬로볼트를 넘는 경우에는 10킬로볼트당 10센티미터씩 더한 거리 이내로 각각 접근할 수 없도록 할 것
8. 유자격자가 충전전로 인근에서 작업하는 경우에는 다음 각 목의 경우를 제외하고는 노출 충전부에 다음 표에 제시된 접근한계거리 이내로 접근하거나 절연 손잡이가 없는 도전체에 접근할 수 없도록 할 것
    가. 근로자가 노출 충전부로부터 절연된 경우 또는 해당 전압에 적합한 절연장갑을 착용한 경우
    나. 노출 충전부가 다른 전위를 갖는 도전체 또는 근로자와 절연된 경우
    다. 근로자가 다른 전위를 갖는 모든 도전체로부터 절연된 경우

| 충전전로에서의 전기작업(안전보건규칙 제321조) ||
|---|---|
| 충전전로의 선간전압<br>(단위 : 킬로볼트) | 충전전로에 대한 접근 한계거리<br>(단위 : 센티미터) |
| 0.3 이하 | 접촉금지 |
| 0.3 초과 0.75 이하 | 30 |
| 0.75 초과 2 이하 | 45 |
| 2 초과 15 이하 | 60 |
| 15 초과 37 이하 | 90 |
| 37 초과 88 이하 | 110 |
| 88 초과 121 이하 | 130 |
| 121 초과 145 이하 | 150 |
| 145 초과 169 이하 | 170 |
| 169 초과 242 이하 | 230 |
| 242 초과 362 이하 | 380 |
| 362 초과 550 이하 | 550 |
| 550 초과 800 이하 | 790 |

② 사업주는 절연이 되지 않은 충전부나 그 인근에 근로자가 접근하는 것을 막거나 제한할 필요가 있는 경우에는 울타리를 설치하고 근로자가 쉽게 알아볼 수 있도록 하여야 한다. 다만, 전기와 접촉할 위험이 있는 경우에는 도전성이 있는 금속제 울타리를 사용하거나, 제1항의 표에 정한 접근 한계거리 이내에 설치해서는 아니 된다.

③ 사업주는 제2항의 조치가 곤란한 경우에는 근로자를 감전위험에서 보호하기 위하여 사전에 위험을 경고하는 감시인을 배치하여야 한다.

## 1) 활선작업시의 안전거리

### (1) 안전거리

충전부위에 대하여 신체부위가 통전 및 정전유도에 대한 보호조치를 하지 않고서는 이 이내에 접근해서는 안 되는 거리를 말하며 날씨와 눈어림치를 감안하여 충분한 거리를 유지하여야 한다.

### (2) 활선작업거리

활선장구를 사용할 경우 활선장구의 충전부 접촉점과 작업원의 손으로 잡은 부분과의 최소 한계거리를 말하며, 작업원은 항상 이 거리 이상을 유지하여야 하며 동시에 충전부와 신체부위와는 안전거리 이상을 유지하여야 한다.

| 충전부 선로전압[KV] | 안전거리[cm] | 활선작업거리[cm] |
|---|---|---|
| 3.3~6.6 | 20 | 60 |
| 11.4 | 20 | 60 |
| 22~22.9 | 30 | 75 |
| 66 | 75 | 95 |
| 154 | 160 | 160 |
| 345 | 350 | 350 |

## 8. 전선로에 근접한 전기작업안전

### 충전전로 인근에서 차량·기계장치 작업(안전보건규칙 제322조)

① 사업주는 충전전로 인근에서 차량, 기계장치 등(이하 이 조에서 "차량등"이라 한다)의 작업이 있는 경우에는 차량등을 충전전로의 충전부로부터 300센티미터 이상 이격시켜 유지시키되, 대지전압이 50킬로볼트를 넘는 경우 이격시켜 유지하여야 하는 거리(이하 이 조에서 "이격거리"라 한다)는 10킬로볼트 증가할 때마다 10센티미터씩 증가시켜야 한다. 다만, 차량등의 높이를 낮춘 상태에서 이동하는 경우에는 이격거리를 120센티미터 이상(대지전압이 50킬로볼트를 넘는 경우에는 10킬로볼트 증가할 때마다 이격거리를 10센티미터씩 증가)으로 할 수 있다.

② 제1항에도 불구하고 충전전로의 전압에 적합한 절연용 방호구 등을 설치한 경우에는 이격거리를 절연용 방호구 앞면까지로 할 수 있으며, 차량등의 가공 붐대의 버킷이나 끝부분 등이 충전전로의 전압에 적합하게 절연되어 있고 유자격자가 작업을 수행하는 경우에는 붐대의 절연되지 않은 부분과 충전전로 간의 이격거리는 제321조제1항제8호의 표에 따른 접근 한계거리까지로 할 수 있다.

③ 사업주는 다음 각 호의 경우를 제외하고는 근로자가 차량등의 그 어느 부분과도 접촉하지 않도록 울타리를 설치하거나 감시인 배치 등의 조치를 하여야 한다.
  1. 근로자가 해당 전압에 적합한 제323조제1항의 절연용 보호구등을 착용하거나 사용하는 경우
  2. 차량등의 절연되지 않은 부분이 제321조제1항의 표에 따른 접근 한계거리 이내로 접근하지 않도록 하는 경우

④ 사업주는 충전전로 인근에서 접지된 차량등이 충전전로와 접촉할 우려가 있을 경우에는 지상의 근로자가 접지점에 접촉하지 않도록 조치하여야 한다.

1) 근접작업시의 이격거리

| 전로의 전압 | | 이격거리[m] |
|---|---|---|
| 저압 | 교류 : 1,000V 이하, 직류 : 1,500V 이하 | 1 |
| 고압 | 교류 1,000V 초과 7kV 이하<br>직류 1,500V 초과 7kV 이하 | 1.2 |
| 특고압 | 7kV 초과 | 2.0(60kV 이상에서는 10kV 단수마다 0.2m씩 증가) |

2) 가공전선로의 시설기준

(1) 저고압 가공전선의 높이

| 시설 구분 | 높이 |
|---|---|
| 도로를 횡단하는 경우 | 지표상 6m 이상(농로 기타 교통이 번잡하지 아니한 도로 및 횡단보도교 제외) |
| 철도 또는 궤도를 횡단하는 경우 | 궤조면상(軌條面上) 6.5m 이상 |
| 횡단보도교의 위에 시설하는 경우 | 저압 가공전선은 그 노면상 3.5m 이상<br>고압 가공전선은 그 노면상 3.5m 이상 |

## TOPIC 04  감전사고 시의 응급조치

### 1. 전격에 의한 인체상해

전격에 의한 인체상해는 통전전류와 시간 그리고 통전경로에 따라 크게는 사망에서부터 넓은 창상 적게는 좁쌀만한 작은 상처자국을 남기게 된다. 또한 감전 시 생성된 열에 의해서 피부조직의 손상을 초래하는 경우도 있으며, 피부의 손상은 50℃ 이상에서 세포의 단백질이 변질되고 80℃에 이르면 피부세포가 파괴된다.

※ 전류에 의해 생기는 열량 Q는 전류의 세기 I의 제곱과, 도체의 전기저항 R와, 전류를 통한 시간 t에 비례한다.

[열량(Q) = 0.24 $I^2Rt$]

※ 전격현상의 메커니즘
① 심실세동에 의한 혈액 순환기능 상실
② 호흡중추신경 마비에 따른 호흡중기
③ 흉부수축에 의한 질식

1) 감전사
    (1) 심장·호흡의 정지(심장사)
    (2) 뇌사
    (3) 출혈사

2) 감전지연사
    (1) 전기화상        (2) 급성신부전
    (3) 패혈증          (4) 소화기 합병증
    (5) 2차적 출혈      (6) 암의 발생

3) 감전에 의한 국소증상
    (1) 피부의 광성변화    (2) 표피박탈
    (3) 전문              (4) 전류반점
    (5) 감전성 궤양

4) 감전 휴유증
    (1) 심근경색
    (2) 뇌의 파손 또는 경색(연화)에 의한 운동 및 언어 등의 장애

## 2. 감전사고시의 응급조치

1) 개요

감전쇼크에 의하여 호흡이 정지되었을 경우 혈액 중의 산소함유량이 약 1분 이내에 감소하기 시작하여 산소결핍현상이 나타나기 시작한다. 그러므로 단시간 내에 인공호흡 등 응급조치를 실시할 경우 감전사망자의 95% 이상 소생시킬 수 있음(1분 이내 95%, 3분 이내 75%, 4분 이내 50%, 5분 이내이면 25%로 크게 감소)

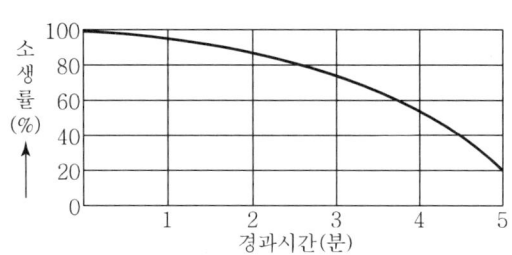

[감전사고 후 응급조치 개시시간에 따른 소생률]

2) 응급조치 요령

(1) 전원을 차단하고 피재자를 위험지역에서 신속히 대피(2차 재해예방)

(2) 피재자의 상태 확인

① 의식, 호흡, 맥박의 상태확인
② 높은 곳에서 추락한 경우 : 출혈의 상태, 골절의 이상 유무 확인
③ 관찰 결과 의식이 없거나 호흡 및 심장이 정지해 있거나 출혈이 심할 경우 관찰을 중지하고 곧 필요한 응급조치

(3) 응급조치

| 응급조치순서 | 응급조치 요령 |
| --- | --- |
| 기도확보 | • 입속의 이물질 제거<br>• 호흡이 쉽도록 아래턱을 들어 올리고 머리를 뒤로 젖혀서 기도를 확보 |
| ↓ | |
| 인공호흡 | • 구강대 구강법<br>• 닐센법과 샤우엘법 |
| ↓ | |
| 심장마사지 | • 인공호흡과 동시에 실시 |

## 3) 인공호흡

### (1) 구강대 구강법

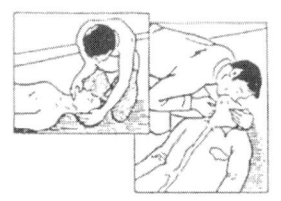

| 구강대 구강법 처치 시 주의사항 |
|---|
| • 구강대 구강법은 모든 사람이 쉽게 행할 수 있으므로 환자를 발견하면 그곳에서 곧바로 실시<br>• 우선 인공호흡을 실시하고 다른 사람은 구급차나 의사를 요청<br>• 추락 등에 의해 출혈이 심한 경우 지혈을 한 후 인공호흡을 실시<br>• 구급차가 도착할 때까지 환자가 소생하지 않을 때는 구급차로 후송하면서 계속 인공호흡 실시 |

### (2) 닐센법 및 샤우엘법

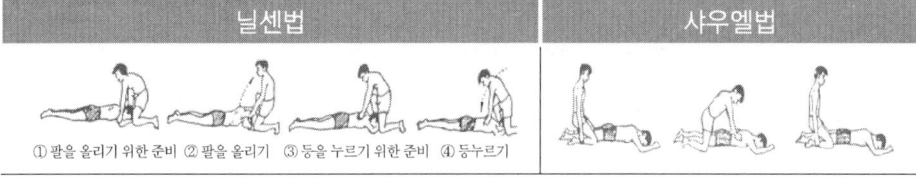

| 닐센법 | 샤우엘법 |
|---|---|
| ①팔을 올리기 위한 준비 ②팔을 올리기 ③등을 누르기 위한 준비 ④등누르기 | |

## 4) 심장마사지(인공호흡과 동시에 실시)

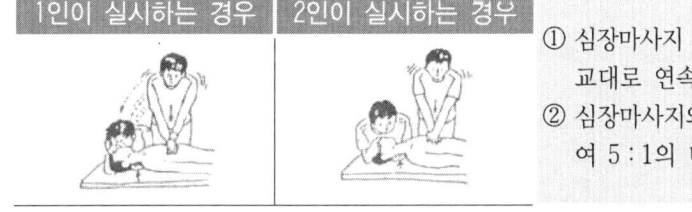

| 1인이 실시하는 경우 | 2인이 실시하는 경우 | ① 심장마사지 15회 정도와 인공호흡 2회를 교대로 연속적으로 실시<br>② 심장마사지와 인공호흡을 2명이 분담하여 5 : 1의 비율로 실시 |
|---|---|---|

## 5) 전기화상 사고시의 응급조치

(1) 불이 붙은 곳은 물, 소화용 담요 등을 이용하여 소화하거나 급한 경우에는 피재자를 굴리면서 소화한다.
(2) 상처에 달라붙지 않은 의복은 모두 벗긴다.
(3) 화상부위에 세균감염으로부터 보호하기 위하여 화상용 붕대를 감는다.
(4) 화상을 사지에만 입었을 경우 통증이 줄어들도록 약 10분간 화상부위를 물에 담그거나 물을 뿌릴 수 있다.
(5) 상처부위에 파우더, 향유, 기름 등을 발라서는 안 된다.

(6) 진정, 진통제는 의사의 처방에 의하지 않고는 사용하지 말아야 한다.
(7) 의식이 있는 환자에게는 물이나 차를 조금씩 먹이되 알코올은 삼가야 하며 구토증 환자에게는 물·차 등의 취식을 금해야 한다.
(8) 피재자를 담요 등으로 감싸되 상처부위가 닿지 않도록 한다.

6) 전기분야에서의 화상의 분류

| 화상의 구분 | 증상 | 응급조치 |
|---|---|---|
| 1도 | 피부가 붉어지는 정도 | 식용유, 바세린, 아연화연고 등을 엷게 도포하고 냉각한다. |
| 2도 | 붉어진 피부 위에 물집이 생김 | 수포가 터지지 않도록 하고 붕산연고를 바른 가제를 붙이고 의사의 치료를 받는다. |
| 3도 | <u>표피 및 피하조직까지 장해가 미침</u> | 붕산연고나 유류를 바르고 즉시 의사의 치료를 받는다. |
| 4도 | 탄화된다. | 화상부위가 넓고 피부만 아니라 근육, 심줄, 뼈까지 변화가 미치므로 즉시 의사의 치료를 받는다. |

# 06 화학설비 위험방지기술(폭발방지 및 안전대책)

## TOPIC 01 | 폭발의 원리 및 특성

### 1. 화재의 종류(한국산업규격 KS B 6259)

| 구분 | A급 화재 | B급 화재 | C급 화재 | D급 화재 |
|---|---|---|---|---|
| 명칭 | 일반 화재 | 유류·가스 화재 | 전기 화재 | 금속 화재 |
| 가연물 | 목재, 종이, 섬유, 석탄 등 | 각종 유류 및 가스 | 전기기기, 기계, 전선 등 | Mg 분말, Al 분말 등 |
| 표현색 | 백색 | 황색 | 청색 | 색표시 없음 |

1) 일반 화재(A급 화재)

   (1) 목재, 종이 섬유 등의 일반 가열물에 의한 화재
   (2) 물 또는 물을 많이 함유한 용액에 의한 냉각소화, 산·알칼리, 강화액, 포말 소화기 등이 유효하다.

2) 유류 및 가스화재(B급 화재)

   (1) 제4류 위험물(특수인화물, 석유류, 에스테르류, 케톤류, 알코올류, 동식물류 등)과 제4류 준위험물(고무풀, 나프탈렌, 송진, 파라핀, 제1종 및 제2종 인화물 등)에 의한 화재, 인화성 액체, 기체 등에 의한 화재이다.
   (2) 연소 후에 재가 거의 없는 화재로 가연성 액체 등에 발생한다.
   (3) 공기 차단에 의한 질식소화효과를 위해 포말소화기, $CO_2$ 소화기, 분말소화기, 할로겐화물(할론) 소화기 등이 유효하다.
   (4) 유류화재시 발생할 수 있는 화재 현상
      ① 보일 오버(Boil Over) : 유류탱크 화재 시 유면에서부터 열파(Heat Wave)가 서서히 아래쪽으로 전파하여 탱크 저부의 물에 도달했을 때 이 물이 급히 증발하여 대량의 수증기가 되어 상층의 유류를 밀어올려 거대한 화염을 불러일으키는 동시에 다량의 기름을 탱크 밖으로 불이 붙은 채 방출시키는 현상
      ② 슬롭 오버(Slop Over) : 위험물 저장탱크 화재 시 물 또는 포를 화염이 왕성한 표면에 방사할 때 위험물과 함께 탱크 밖으로 흘러넘치는 현상

### 3) 전기화재(C급 화재)

(1) 전기를 이용하는 기계·기구 또는 전선 등 전기적 에너지에 의해서 발생하는 화재
(2) 질식, 냉각효과에 의한 소화가 유효하며, 전기적 절연성을 가진 소화기로 소화해야 한다. 유기성 소화기, $CO_2$ 소화기, 분말소화기, 할로겐화물(할론) 소화기 등이 유효하다.

### 4) 금속화재(D급 화재)

(1) Mg분, Al분 등 공기 중에 비산한 금속분진에 의한 화재
(2) 소화에 물을 사용하면 안 되며, 건조사, 팽창 진주암 등 질식소화가 유효하다.

## 2. 연소파와 폭굉파

### 1) 연소파

가연성 가스와 적당한 공기가 미리 혼합되어 폭발범위 내에 있을 경우, 확산의 과정이 생략되기 때문에 화염의 전파 속도가 매우 빠른데, 이러한 혼합가스에 착화하게 되면 착화원에 국한된 반응영역이 형성되어 혼합가스 중으로 퍼져나간다. 그 진행속도가 0.1~1.0m/s 정도 될 때, 이를 연소파(Combustion Wave)라 한다.

### 2) 폭굉파

연소파가 일정 거리를 진행한 후 연소 전파 속도가 1,000~3,500m/s 정도에 달할 경우 이를 폭굉현상(Detonation Phenomenon)이라 하며, 이때의 국한된 반응영역을 폭굉파(Detonation Wave)라 한다. 폭굉파의 속도는 음속을 앞지르므로, 진행후면에는 그에 따른 충격파가 있다.

(1) 폭발한계와 폭굉한계

폭굉은 폭발이 발생된 후에 일어나는 것이므로 폭굉한계는 폭발한계 내에 존재한다. 따라서 폭발한계는 폭굉한계보다 농도범위가 넓다.

(2) 폭굉 유도거리

최초의 완만한 연소속도가 격렬한 폭굉으로 변할 때까지의 시간. 다음의 경우 짧아진다.
① 정상 연소속도가 큰 혼합물일 경우
② 점화원의 에너지가 큰 경우
③ 고압일 경우
④ 관 속에 방해물이 있을 경우
⑤ 관경이 작을 경우

3) 폭발위력이 미치는 거리

$$r_2 = r_1 \times \left(\frac{W_2}{W_1}\right)^{1/3}$$

여기서, $r_1$, $r_2$ : 폭발점과의 거리, $W_1$, $W_2$ : 폭발물의 양

## 3. 폭발의 분류

1) 기상폭발

　(1) **혼합가스의 폭발** : 가연성 가스와 조연성 가스의 혼합가스가 폭발범위 내에 있을 때

　(2) **가스의 분해폭발** : 반응열이 큰 가스분자 분해 시 단일성분이라도 점화원에 의해 폭발

　(3) **분진폭발** : 가연성 고체의 미분이나 가연성 액체의 액적(mist)에 의한 폭발

　(4) **기상폭발 시 압력상승에 기인하는 피해가 예측되는 경우 검토사항**
　　① 가연성 혼합기(가연성 가스+산소공급원)의 형성상황
　　② 압력상승 시의 취약부 파괴상황
　　③ 개구부가 있는 공간 내의 화염전파와 압력상승상황

2) 액상폭발(응상폭발)

　(1) **혼합위험성에 의한 폭발** : 산화성 물질과 환원성 물질 혼합 시 폭발
　　혼합위험의 영향인자 : 온도, 압력, 농도

　(2) **폭발성 화합물의 폭발** : 반응성 물질의 분자 내의 연소에 의한 폭발과 흡열화합물의 분해 반응에 의한 폭발

　(3) **증기폭발** : 물, 유기액체 또는 액화가스 등의 과열 시 급속하게 증발된 증기에 의한 폭발

3) 분진폭발(KOSHA GUIDE)

　(1) **정의** : 가연성 고체의 미분이나 가연성 액체의 액적에 의한 폭발

　(2) **입자의 크기** : $75\mu m$ 이하의 고체입자가 공기 중에 부유하여 폭발분위기 형성

　(3) **분진폭발의 순서** : 퇴적분진 → 비산 → 분산 → 발화원 → 전면폭발 → 2차 폭발

(4) 분진폭발의 특성

① 가스폭발보다 발생에너지가 크다.
② 폭발압력과 연소속도는 가스폭발보다 작다.
③ 불완전연소로 인한 가스중독의 위험성은 크다.
④ 화염의 파급속도보다 압력의 파급속도가 크다.
⑤ 가스폭발에 비하여 불완전연소가 많이 발생한다.
⑥ 주위 분진에 의해 2차, 3차 폭발로 파급될 수 있다.

(5) 분진폭발에 영향을 주는 인자

① 분진의 입경이 작을수록 폭발하기 쉽다.
② 일반적으로 부유분진이 퇴적분진에 비해 발화온도가 높다.
③ 연소열이 큰 분진일수록 저농도에서 폭발하고 폭발위력도 크다.
④ 분진의 비표면적이 클수록 폭발성이 높아진다.

(6) 분진폭발 시험장치 : 하트만(Hartmann)식 시험장치

(7) 분진폭발을 방지하기 위한 불활성 분진폭발 첨가물 : 탄산칼슘, 모래, 석분, 질석 가루 등

### Point

**폭발 분류에 따른 특징과 예시**

| 구분 | 특징 | 예시 |
| --- | --- | --- |
| 가스폭발 | • 메탄, 수소, 아세틸렌 등의 가연성 가스<br>• 가솔린, 알코올 등 인화성 액체의 증기 | • 공기와의 혼합 상태에서 점화원으로 인한 산화반응<br>• 용기 등 밀폐공간에서는 분해, 중합반응 |
| 증기폭발 | 고압 포화약, 액체의 급속 가열 극저온 액화가스의 수면 유출 등 | • 물리적 폭발로서 급속한 기화현상에 의한 체적팽창<br>• 보일러 등 고압포화수의 급속한 방출<br>• 물 등에 고온의 용융금속 등이 대량 유입 |
| 미스트폭발 | 윤활유, 기계유 등 가연성 액체 | 가연성 액체가 안개상태로 공기 중에 누출되어 가스-공기와의 부유 상태 혼합물을 형성하여 폭발 |
| 고체폭발 | 화약류, 유기 과산화물, 유기 발포제 등 | 위험물질 자체가 지닌 산소와 산화반응으로 폭발 |
| 분진폭발 | 금속분, 농산물, 석탄, 유황, 합성 수지 및 섬유 등 가연성 분진 | 공기 중 부유분진이 폭발 하한계 이상의 농도로 유지될 때 점화원에 의해 폭발 |

4) 폭발형태 분류

(1) 미스트 폭발

① 가연성 액체가 무상상태로 공기 중에 누출되어 부유상태로 공기와의 혼합물이 되어 폭발성 혼합물을 형성하여 폭발이 일어나는 것
② 미스드와 공기와의 혼합물에 발화원이 가해지면 액적이 증기화하고 이것이 공기와 균일하게 혼합되어 가연성 혼합기를 형성하여 인화 폭발하게 된다.

(2) 증기폭발

① 급격한 상변화에 의한 폭발(Explosion by rapid phase transition)
② 용융금속이나 슬러그(Slug) 같은 고온의 물질이 물속에 투입되었을 때, 액상에서 기상으로의 급격한 상변화에 의해 폭발이 일어나게 된다.
③ 저온액화가스(LPG, LNG)가 사고로 인해 탱크 밖으로 누출되었을 때에도 조건에 따라서는 급격한 기화에 수반되는 증기폭발을 일으킨다.
④ 폭발의 과정에 착화를 필요로 하지 않으므로 화염의 발생은 없으나 증기폭발에 의해 공기 중에 기화한 가스가 가연성인 경우에는 증기폭발에 이어서 가스폭발이 발생할 위험이 있다.

(3) 증기운 폭발(UVCE ; Unconfined Vapor Cloud Explosion)

① 증기운 : 저온 액화가스의 저장탱크나 고압의 가연성 액체용기가 파괴되어 다량의 가연성 증기가 폐쇄공간이 아닌 대기중으로 급격히 방출되어 공기 중에 분산 확산되어 있는 상태
② 가연성 증기운에 착화원이 주어지면 폭발하여 Fire Ball을 형성하는데 이를 증기운 폭발이라고 한다.
③ 증기운 크기가 증가하면 점화 확률이 높아진다.

(4) 비등액팽창 증기폭발(BLEVE ; Boiling Liquid Expanding Vapor Explosion) (KOSHA GUIDE)

① 비점이 낮은 액체 저장탱크 주위에 화재가 발생했을 때 저장탱크 내부의 비등현상으로 인한 압력상승으로 탱크가 파열되어 그 내용물이 증발, 팽창하면서 발생되는 폭발현상

[BLEVE]

② BLEVE 방지대책
  ㉠ 열의 침투 억제 : 보온조치 열의 침투속도를 느리게 한다(액의 이송시간 확보).
  ㉡ 탱크의 과열방지 : 물분무 설치 냉각조치(살수장치)
  ㉢ 탱크로 화염의 접근 금지 : 방액재 내부 경사조정. 화염차단 최대한 지연

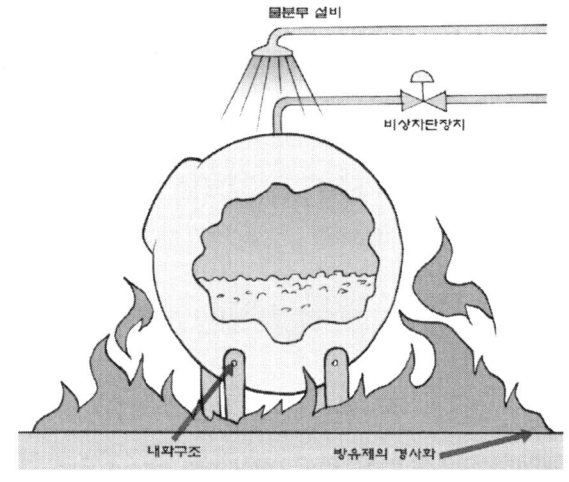

[BLEVE 방지대책]

## 4. 가스폭발의 원리

### 1) 용어의 정의

(1) 폭발한계(Explosion Limit)

가스 등의 폭발현상이 일어날 수 있는 농도 범위. 농도가 지나치게 낮거나 지나치게 높아도 폭발은 일어나지 않는다.

(2) 폭발하한계(Lower Explosive Limit ; LEL)

가스 등이 공기 중에서 점화원에 의해 착화되어 화염이 전파되는 최소 농도

(3) 폭발상한계(Upper Explosive Limit ; UEL)

가스 등이 공기 중에서 점화원에 의해 착화되어 화염이 전파되는 최대 농도

[연소(폭발)범위의 정의]

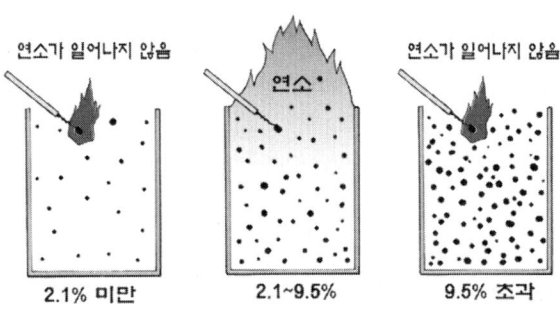

[프로판 가스의 연소범위를 통한 폭발범위의 이해]

2) 폭발압력(KOSHA GUIDE)

(1) 폭발압력과 가스농도 및 온도와의 관계

① 가스농도 및 온도와의 관계 : 폭발압력은 초기압력, 가스농도, 온도변화에 비례

$$P_m = P_1 \times \frac{n_2}{n_1} \times \frac{T_2}{T_1}$$

② 폭발압력과 가연성 가스 농도와의 관계
  ㉠ 가연성 가스의 농도가 너무 희박하거나 진하여도 폭발압력은 낮아진다.
  ㉡ 폭발압력은 양론농도보다 약간 높은 농도에서 최대폭발압력이 된다.
  ㉢ 최대폭발압력의 크기는 공기보다 산소의 농도가 큰 혼합기체에서 더 높아진다.
  ㉣ 가연성 가스의 농도가 클수록 폭발압력은 비례하여 높아진다.

(2) 밀폐된 용기 내에서 최대폭발압력에 영향을 주는 요인

① 가연성 가스의 초기온도 : 온도 증가에 따라 최대폭발압력($P_m$)은 감소
② 가연성 가스의 초기압력 : 압력 증가에 따라 최대폭발압력($P_m$)은 증가
③ 가연성 가스의 농도 : 농도 증가에 따라 최대폭발압력($P_m$)은 증가
④ 발화원의 강도 : 발화원의 강도가 클수록 최대폭발압력($P_m$)은 증가
⑤ 용기의 형태 : 용기가 작을수록 최대폭발압력($P_m$)은 증가
⑥ 가연성 가스의 유량 : 유량이 클수록 최대폭발압력($P_m$)은 증가

(3) 최대폭발압력 상승속도

① 최초압력이 증가하면 최대폭발압력 상승속도 증가
② 발화원의 강도가 클수록 최대폭발압력 상승속도는 크게 증가
③ 난류현상이 있을 때 최대폭발압력 상승속도는 크게 증가

3) 최소발화에너지(Minimum Ignition Energy : MIE)(KOSHA GUIDE)

(1) 정의 : 물질을 발화시키는 데 필요한 최저 에너지

(2) 최소발화에너지에 영향을 주는 인자

① 가연성 물질의 조성
② 발화 압력 : 압력에 반비례(압력이 클수록 최소발화에너지는 감소한다)
③ 혼입물 : 불활성 물질이 증가하면 최소발화에너지는 증가

(3) 최소발화에너지의 특징

① 일반적으로 분진의 최소발화에너지는 가연성 가스보다 큰 에너지 준위를 가진다.
② 온도의 변화에 따라 최소발화에너지는 변한다.
③ 유속이 커지면 발화에너지는 커진다.
④ 화학양론농도 보다도 조금 높은 농도일 때에 최솟값이 된다.

(4) 전기(정전기)로서의 최소발화에너지

$$E = \frac{1}{2}CV^2 (\text{mJ})$$

여기서, $E$ : 방전에너지, $C$ : 전기용량, $V$ : 불꽃전압

## 5. 폭발등급

### 1) 안전간격(=화염일주한계)

내측의 가스점화 시 외측의 폭발성 혼합가스까지 화염이 전달되지 않는 한계의 틈이다. 8ℓ의 둥근 용기 안에 폭발성 혼합가스를 채우고 점화시켜 발생된 화염이 용기 외부의 폭발성 혼합가스에 전달되는가의 여부를 측정하였을 때 화염을 전달시킬 수 없는 한계의 틈 사이를 말한다. 안전간격이 작은 가스일수록 폭발 위험이 크다.
가스폭발 한계 측정 시 화염 방향이 상향일 때 가장 넓은 값을 나타낸다.

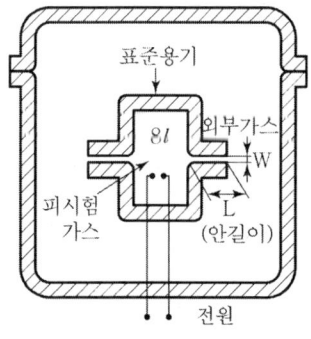

### 2) 폭발등급

안전간격(=화염일주한계) 값에 따라 폭발성 가스를 분류하여 등급을 정한 것

### 3) 폭발등급에 따른 안전간격과 해당물질

| 폭발등급 | 안전간격(mm) | 해당물질 |
|---|---|---|
| 1등급 | 0.6 이상 | 메탄, 에탄, 프로판, n-부탄, 가솔린, 일산화탄소, 암모니아, 아세톤, 벤젠, 에틸에테르 |
| 2등급 | 0.6~0.4 | 에틸렌, 석탄가스, 이소프렌, 산화에틸렌 |
| 3등급 | 0.4 이하 | 수소, 아세틸렌, 이황화탄소, 수성가스 |

### 4) 발화도와 해당물질

| 발화도 | 발화점의 범위(℃) | 해당물질 |
|---|---|---|
| G1 | 450 초과 | 아세톤, 암모니아, 톨루엔, 프로판, 메탄올, 메탄, 벤젠, 석탄가스, 수소 등 |
| G2 | 300 초과 450 이하 | 아세틸렌, 에탄올, 부탄, 에틸렌, 에틸렌옥사이드 등 |
| G3 | 200 초과 300 이하 | 가솔린, 핵산 등 |
| G4 | 135 초과 200 이하 | 아세트알데히드, 에틸에테르 등 |
| G5 | 100 초과 135 이하 | 이황화탄소 등 |

제2과목 산업안전일반

## TOPIC 02 폭발방지대책

### 1. 폭발방지대책

1) 예방대책

   (1) 폭발을 일으킬 수 있는 위험성 물질과 발화원의 특성을 알고 그에 따른 폭발이 일어나지 않도록 관리

   ① 인화성 액체의 증기, 인화성 가스 또는 인화성 고체에 의한 폭발·화재 예방 – 폭발범위 이하로 농도를 관리하기 위한 방법(안전보건규칙 제232조 관련)
   　　㉠ 통풍　㉡ 환기　㉢ 분진제거

   (2) 공정에 대하여 폭발 가능성을 충분히 검토하여, 예방할 수 있도록 설계단계부터 페일세이프(Fail Safe) 원칙을 적용

2) 국한대책

   폭발의 피해를 최소화하기 위한 대책(안전장치, 방폭설비 설치 등)

3) 폭발방호(Explosion Protection)

   (1) 폭발봉쇄　　　　(2) 폭발억제
   (3) 폭발방산　　　　(4) 대기방출

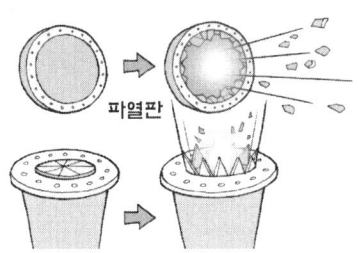

[폭발방산의 예 – 파열판]

4) 분진폭발의 방지(KOSHA GUIDE)

   (1) 분진 생성 방지 : 보관, 작업장소의 통풍에 의한 분진 제거
   (2) 발화원 제거 : 불꽃, 전기적 점화원(전원, 정전기 등) 제거
   (3) 불활성물질 첨가 : 시멘트분, 석회, 모래, 질석 등 돌가루
   (4) 2차 폭발방지

## 5) 방폭설비

### (1) 방폭구조의 종류(KOSHA GUIDE)

| 방폭구조(Ex) 종류 | 구조의 원리 | 대상기기 |
|---|---|---|
| 내압방폭 (d) | 선폐구조로 용기 내부에서 폭발성 가스 및 증기가 폭발하였을 때 용기가 그 압력에 견디며 또한 접합면, 개구부 등을 통해서 외부의 폭발성 가스에 인화될 우려가 없는 구조 | • 아크가 생길 수 있는 모든 전기기기<br>• 표면온도가 높이 올라갈 수 있는 모든 전기기구 |
| 압력방폭 (p) | 용기 내부에 보호기체(신선한 공기 또는 불연성 기체)를 압입하여 내부압력을 유지함으로써 폭발성 가스 또는 증기가 침입하는 것을 방지하는 구조 | 아크가 생길 수 있는 모든 전기기기 |
| 유입방폭 (o) | 전기기기의 불꽃, 아크 또는 고온이 발생하는 부분을 기름 속에 넣어 기름면 위에 존재하는 폭발성 가스 또는 증기에 인화될 우려가 없도록 한 구조 | 아크가 생길 수 있는 모든 전기기기 |
| 안전증방폭 (e) | 정상운전 중에 폭발성 가스 또는 증기에 점화원이 될 전기불꽃, 아크 또는 고온이 되어서는 안 될 부분에 이런 것의 발생을 방지하기 위하여 기계적, 전기적 구조상 또는 온도상승에 대해서 특히 안전도를 증가시킨 구조 | • 안전증 변압기 전체<br>• 안전증 접속단자 장치<br>• 안전증 측정계기 |
| 본질안전방폭 (i) | 정상시 및 사고시(단선, 단락, 지락 등)에 발생하는 전기불꽃, 아크 또는 고온에 의하여 폭발성 가스 또는 증기에 점화되지 않는 것이 점화시험, 기타에 의하여 확인된 구조 | 이론적으로는 모든 전기기기를 본질안전 방폭화를 할 수 있으나 동력을 직접 사용하는 기기는 실제적으로 사용 불가능<br>• 신호기 • 전화기 • 계측기 |
| 특수방폭 (s) | 상기 이외의 방폭구조로서 폭발성 가스 또는 증기에 점화 또는 위험 분위기로 인화를 방지할 수 있는 것이 시험, 기타에 의하여 확인된 구조 | 폭발성 가스에 점화하지 않는 기기의 회로, 계측제어, 통신관계 등 미전력 회로를 가진 기기 |

(2) 방폭구조의 선정

① 가스폭발 위험장소

| 폭발위험장소 분류 | 방폭구조의 전기기계·기구 |
|---|---|
| 0종 장소<br>(위험분위기가 지속적으로 장기간 존재하는 장소) | • 본질안전방폭구조(ia)<br>• 그 밖에 관련 공인 인증기관이 0종 장소에서 사용이 가능한 방폭구조로 인증한 방폭구조 |
| 1종 장소<br>(정상 상태에서 위험 분위기가 존재하기 쉬운 장소) | • 내압방폭구조(d)  • 압력방폭구조(p)<br>• 충전방폭구조(q)  • 유입방폭구조(o)<br>• 안전증방폭구조(e)  • 본질안전방폭구조(ia, ib)<br>• 몰드방폭구조(m)<br>• 그 밖에 관련 공인 인증기관이 1종 장소에서 사용이 가능한 방폭구조로 인증한 방폭구조 |
| 2종 장소<br>(이상상태 하에서 위험 분위기가 단기간 동안 존재할 수 있는 장소) | • 0종장소 및 1종장소에 사용 가능한 방폭구조<br>• 비점화방폭구조(n)<br>• 그 밖에 2종장소에서 사용하도록 특별히 고안된 비방폭형 구조 |

② 분진폭발 위험장소

| 폭발위험장소 분류 | 방폭구조의 전기기계·기구 |
|---|---|
| 20종 장소 | • 밀폐방진방폭구조(DIP A20 또는 B20)<br>• 그 밖에 관련 공인 인증기관이 20종 장소에서 사용이 가능한 방폭구조로 인증한 방폭구조 |
| 21종 장소 | • 밀폐방진방폭구조(DIP A20 또는 A21, DIP B20 또는 B21)<br>• 밀폐방진방폭구조(SDP)<br>• 그 밖에 관련 공인 인증기관이 21종 장소에서 사용이 가능한 방폭구조로 인증한 방폭구조 |
| 22종 장소 | • 20종장소 및 21종 장소에 사용 가능한 방폭구조<br>• 일반방진방폭구조(DIP A22 또는 B22)<br>• 그 밖에 22종 장소에서 사용하도록 특별히 고안된 비방폭형 구조 |

(3) 방폭구조의 구비조건(KOSHA GUIDE)

① 시건장치를 할 것
② 대상 기기에 접지단자를 설치할 것

③ 퓨즈를 사용할 것
④ 도선의 인입방식을 정확히 채택할 것

(4) 지하작업장 등의 폭발위험 방지(안전보건규칙 제296조 관련)
① 가스의 농도를 측정하는 사람을 지명하고 다음 각 목의 경우에 그로 하여금 해당 가스의 농도를 측정하도록 할 것
㉠ 매일 작업을 시작하기 전
㉡ 가스의 누출이 의심되는 경우
㉢ 가스가 발생하거나 정체할 위험이 있는 장소가 있는 경우
㉣ 장시간 작업을 계속하는 경우(이 경우 4시간마다 가스 농도를 측정하도록 하여야 한다)
② 가스의 농도가 인화하한계 값의 25퍼센트 이상으로 밝혀진 경우에는 즉시 근로자를 안전한 장소에 대피시키고 화기나 그 밖에 점화원이 될 우려가 있는 기계·기구 등의 사용을 중지하며 통풍·환기 등을 할 것

## 2. 폭발하한계 및 폭발상한계의 계산(KOSHA GUIDE)

1) 폭발하한계 계산

$$\text{LEL}_{mix} = \frac{1}{\sum_{n=1}^{n} \frac{y_i}{\text{LEL}_i}}$$

여기서, $\text{LEL}_{mix}$ : 가스 등 혼합물의 폭발하한계(vol%)
$\text{LEL}_i$ : 가스 등의 성분 중 $i$ 성분의 폭발하한계(vol%)
$y_i$ : 가스 등의 성분 중 $i$ 성분의 mol 분율
$n$ : 가스 등의 성분의 수

2) 폭발상한계 계산

$$\text{UEL}_{mix} = \frac{1}{\sum_{n=1}^{n} \frac{y_i}{\text{UEL}_i}}$$

여기서, $\text{UEL}_{mix}$ : 가스 등 혼합물의 폭발상한계(vol%)
$\text{UEL}_i$ : 가스 등의 성분 중 $i$ 성분의 폭발상한계(vol%)

3) 폭발(연소)한계에 영향을 주는 요인(KOSHA GUIDE)

(1) 온도

기준이 되는 25℃에서 100℃씩 증가할 때마다 폭발(연소) 하한계는 값의 8%가 감소하며, 폭발(연소)상한은 8% 증가한다.

폭발(연소)하한계 : $L_t = L_{25℃} - (0.8 L_{25℃} \times 10^{-3})(T-25)$

폭발(연소)상한계 : $U_t = U_{25℃} + (0.8 U_{25℃} \times 10^{-3})(T-25)$

(2) 압력

폭발(연소)하한계에는 영향이 경미하나 폭발(연소)상한계에는 크게 영향을 준다. 보통의 경우 가스압력이 높아질수록 폭발(연소)범위는 넓어진다.

(3) 산소

폭발(연소)하한계는 공기나 산소 중에서 변함이 없으나 폭발(연소)상한계는 산소농도 증가에 따라 비례하여 상승하게 된다.

(4) 화염의 진행 방향

4) <u>혼합가스의 폭발범위</u>

(1) 르샤틀리에(Le Chatelier) 법칙(KOSHA GUIDE)

$$L = \frac{100}{\frac{V_1}{L_1} + \frac{V_2}{L_2} + \cdots + \frac{V_n}{L_n}} \text{(순수한 혼합가스일 경우)}$$

또는

$$L = \frac{V_1 + V_2 + \cdots + V_n}{\frac{V_1}{L_1} + \frac{V_2}{L_2} + \cdots + \frac{V_n}{L_n}} \text{(혼합가스가 공기와 섞여 있을 경우)}$$

여기서, $L$ : 혼합가스의 폭발한계(%) – 폭발상한, 폭발하한 모두 적용 가능
$L_1, L_2, L_3, \cdots, L_n$ : 각 성분가스의 폭발한계(%) – 폭발상한계, 폭발하한계
$V_1, V_2, V_3, \cdots, V_n$ : 전체 혼합가스 중 각 성분가스의 비율(%) – 부피비

(2) 실험데이터가 없어서 연소한계를 추정하는 경우에는 다음 식을 이용한다.
(Jones 식)(KOSHA GUIDE)

$$LFL = 0.55C_{st}, UFL = 3.50C_{st}$$

여기서, $C_{st}$ : 완전연소가 일어나기 위한 연료, 공기의 혼합기체 중 연료의 부피(%)

$$C_{st} = \frac{연료의\ 몰수}{연료의\ 몰수 + 공기의\ 몰수} \times 100 (단일성분일\ 경우)$$

$$C_{st} = \frac{1}{\frac{V_1}{C_{st1}} + \frac{V_2}{C_{st2}} + \frac{V_3}{C_{st3}} + \cdots + \frac{V_n}{C_{stn}}} \times 100 (혼합가스일\ 경우)$$

5) 위험도

(1) 폭발하한계 값과 폭발상한계 값의 차이를 폭발하한계 값으로 나눈 것
(2) 기체의 폭발 위험수준을 나타낸다.
(3) 일반적으로 위험도 값이 큰 가스는 폭발상한계 값과 폭발하한계 값의 차이가 크며, 위험도가 클수록 공기 중에서 폭발 위험이 크다.

$$H = \frac{U - L}{L}$$

여기서, $H$ : 위험도
$L$ : 폭발하한계 값(%)
$U$ : 폭발상한계 값(%)

6) Brugess – Wheeler의 법칙

포화탄화수소계의 가스에서는 폭발하한계의 농도 $X(vol\%)$와 그의 연소열(kcal/mol) $Q$의 곱은 일정

$$X \cdot \frac{Q}{100} ≒ 11(일정)$$

# 07 건설안전기술(건설공사 안전개요)

## TOPIC 01 지반의 안전성

### 1. 건설공사 재해분석

1) 개요

 (1) 건설공사는 아파트, 빌딩, 주택 등 건축구조물 공사와 터널, 교량, 댐 등 토목구조물을 시공하는 것으로 대부분의 공사가 옥외공사이며 고소작업, 동시 복합적인 작업의 형태로 이루어지므로 산업재해가 지속적으로 발생하고 있다.

 (2) 또한 최근에는 구조물이 고층화, 대형화, 복잡화됨에 따라 새로운 유형의 산업재해가 발생하고 있으므로 사전에 충분한 유해위험요인에 대한 평가 및 대책이 이루어져야 한다.

2) 재해발생 형태

 (1) 추락 : 작업발판, 비계, 개구부 등 단부에서 떨어짐
 (2) 전도 : 사다리, 말비계, 건설기계 등의 전도로 인한 재해
 (3) 협착 : 건설 장비(차량) 작업 중 근로자와 장비의 충돌·협착으로 인한 재해
 (4) 낙하·비래 : 건설용 자재, 공구, 콘크리트 비산물 등의 낙하·비래
 (5) 붕괴(무너짐) : 거푸집 동바리, 비계, 토사의 붕괴 또는 무너짐에 의한 재해

 (6) 감전 : 가공전로 접촉, 전기기계·기구의 누전에 의한 감전
 (7) 화재(폭발) : 용접작업 중 불티 비산 등에 의한 화재·폭발
 (8) 기타 : 산소결핍에 의한 질식, 유해물질에 의한 중독, 뇌심혈관계 질환 등

## 2. 지반의 조사

### 1) 정의

지반조사란 지질 및 지층에 관한 조사를 실시하여 토층분포상태, 지하수위, 투수계수, 지반의 지지력을 확인하여 구조물의 설계·시공에 필요한 자료를 구하는 것이다.

### 2) 지반조사의 종류

#### (1) 지하탐사법

① 터파보기(Test Pit) : 굴착 깊이=1.5~3m, 삽으로 지반의 구멍을 거리간격 5~10m로 실제 굴착, 얕고 경미한 건물에 이용
② 탐사간(짚어보기) : ∅9mm의 철봉을 지중에 관입하여 지반의 단단한 상태를 판단
③ 물리적 탐사 : 탄성파, 음파, 전기저항 등을 이용하여 지반의 구성층 판단

#### (2) Sounding 시험(원위치 시험)

로드(Rod) 선단에 콘, 샘플러, 저항날개 등의 저항체를 지중에 삽입하여 관입, 회전, 인발하여 저항력에 의해 흙의 성질을 판단하는 원위치 시험법

① 표준관입시험(Standard Penetration Test)

현 위치에서 직접 흙(주로 사질지반)의 다짐상태를 판단하는 시험으로 무게 63.5kg의 추를 76cm 높이에서 자유낙하시켜 샘플러를 30cm 관입시키는 데 필요한 타격횟수 N을 구하는 시험, N치가 클수록 토질이 밀실

| N값 | 모래지반 상대밀도 | N값 | 점토지반 점착력 |
|---|---|---|---|
| 0~4 | 몹시 느슨 | 0~2 | 아주 연약 |
| 4~10 | 느슨 | 2~4 | 연약 |
| 10~30 | 보통 | 4~8 | 보통 |
| 30~50 | 조밀 | 8~15 | 강한 점착력 |
| 50 이상 | 대단히 조밀 | 15~30 | 매우 강한 점착력 |
|  |  | 30 이상 | 견고(경질) |

② 콘관입시험(Cone Penetration Test)

로드 선단에 부착된 Cone(콘)을 지중 관입하여 지반 경연정도로 지반상태를 판단, 주로 연약한 점성토 지반에 적용

③ 베인시험(Vane Test)

회전 Rod가 부착된 Vane(구형)을 지중에 관입하고 회전시켜 흙의 전단강도, 흙 Moment를 측정하는 시험으로 깊이 10m 미만의 연약한 점토질 지반의 시험에 주로 적용

④ 스웨덴식 사운딩시험(Swedish Sounding Test)

로드 선단에 Screw Point를 부착하여 침하와 회전시켰을 때의 관입량을 측정하는 시험으로 거의 모든 토질에 적용가능하며 굴착 깊이 H=30m까지 가능

(3) 보링(Boring)

보링이란 굴착용 기계를 이용하여 지반을 천공하여 토사를 채취하고 지반의 토층분포, 층상, 구성 상태를 판단하는 것이다

① 오거보링(Auger Boring)
② 수세식 보링(Wash Boring)
③ 충격식 보링(Percussion Boring)
④ 회전식 보링(Rotary Boring)

(4) Sampling(시료채취)

샘플링이란 흙이 가지고 있는 물리적·역학적 특성을 규명하기 위해 시료를 채취하는 것으로 교란정도에 따라 교란시료채취와 불교란시료 채취로 나눌 수 있다.

① 불교란시료 : 토질이 자연상태로 흩어지지 않게 채취
② 교란시료 : 토질이 흐트러진 상태로 채취

## 3. 토질시험방법

### 1) 정의

토질시험이란 흙의 물리적 성질과 역학적 성질을 알기 위하여 주로 실내에서 행하는 시험으로 크게 물리적 시험과 역학적 시험으로 나눌 수 있다.

### 2) 물리적 시험

(1) 비중시험 : 흙입자의 비중 측정
(2) 함수량시험 : 흙에 포함되어 있는 수분의 양을 측정
(3) 입도시험 : 흙입자의 혼합상태를 파악
(4) 액성·소성·수축 한계시험 : 함수비 변화에 따른 흙의 공학적 성질을 측정

※ 아터버그한계(Atterberg Limits) : 흙의 성질을 나타내기 위한 지수를 일컫는다. 흙은 함수비에 따라서 고체, 반고체, 소성, 액체 등의 네 가지 상태로 존재한다.

각 상태마다 흙의 연경도와 거동이 달라진다. 따라서 공학적 특성도 마찬가지로 다르게 된다. 각각의 상태 사이의 경계는 흙의 거동 변화에 수축한계($W_s$), 소성한계($W_p$), 액성한계($W_L$)로 구분한다.

① 소성지수($I_p$) : 흙이 소성상태로 존재할 수 있는 함수비의 범위
  ($I_p = W_L - W_P$)
② 수축지수($I_s$) : 흙이 반고체상태로 존재할 수 있는 함수비의 범위
  ($I_s = W_p - W_s$)
③ 액성지수($I_L$) : 흙이 자연상태에서 함유하고 있는 함수비의 정도
  ($W_n$ : 자연함수비)

$$I_L = \frac{W_n - W_p}{W_L - W_p} = \frac{W_n - W_p}{I_p}$$

여기서, $W_s$ : 수축한계, $W_p$ : 소성한계, $W_L$ : 액성한계

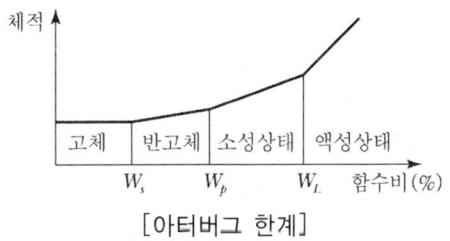

[아터버그 한계]

(5) 밀도시험 : 지반의 다짐도 판정

### 3) 역학적 시험

(1) 투수시험 : 지하수위, 투수계수 측정
(2) 압밀시험 : 점성토의 침하량 및 침하속도 계산
(3) 전단시험 : 직접전단시험, 간접전단시험, 흙의 전단저항 측정
(4) 표준관입시험 : 흙의 지내력 판단, 사질토 적용
(5) 다짐시험 : 공학적 목적으로 흙의 성질을 개선하는 방법(흙의 단위중량, 전단강도 증가)
(6) 지반 지지력(지내력)시험 : 평판재하시험, 말뚝박기시험, 말뚝재하시험

## 4. 토공계획

### 1) 토공사 사전조사

계획 및 설계 시 충분한 지반조사와 지하매설물 및 인접 구조물에 대한 사전조사를 실시하여 안전성을 확보

### 2) 사전 조사해야 할 사항

(1) 토질 및 지반조사

① 주변에 기 절토된 경사면의 실태조사
② 토질구성(표토, 토질, 암질) 및 토질구조(지층의 경사, 지층, 파쇄대의 분포)
③ 사운딩(Sounding) : 표준관입시험, 콘관입시험, 베인테스트
④ 시추(Boring) : 오거, 수세식, 회전식, 충격식 보링, N치 및 K치
⑤ 물리적 탐사(Geophysical Exploration)

(2) 지하매설물 조사

① 매설물의 종류 : Gas관, 상수도관, 통신, 전력케이블 등
② 매설깊이
③ 지지방법 등에 대한 조사

(3) 기존 구조물 인접작업 시

① 기존 구조물의 기초상태 조사
② 지질조건 및 구조 형태 등에 대한 조사

### 3) 시공계획

(1) 시공기면

시공지반의 계획고를 말하며 F.L로 표시한다.

(2) 시공기면 결정 시 고려사항

① 토공량이 최소가 되도록 하며 절토량과 성토량을 균형시킬 것
② 유용토는 가까운 곳에 토취장, 토사장을 두고 운반거리를 짧게 할 것
③ 연약지반, 산사태, 낙석 위험지역은 가능한 한 피할 것
④ 암석 굴착은 적게 할 것
⑤ 비탈면 등은 흙의 안정을 고려할 것
⑥ 용지보상이나 지상물 보상이 최소가 되도록 할 것

## 5. 지반의 이상현상 및 안전대책

### 1) 히빙(Heaving)

(1) 정의

히빙이란 연약한 점토지반을 굴착할 때 흙막이벽 배면 흙의 중량이 굴착저면 이하의 흙보다 중량이 클 경우 굴착지면 이하의 지지력보다 크게 되어 흙막이 배면에 있는 흙이 안으로 밀려들어 굴착저면이 솟아오르는 현상

(2) 지반조건

연약한 점토지반, 굴착저면 하부의 피압수

(3) 피해

① 흙막이의 전면적 파괴
② 흙막이 주변 지반침하로 인한 지하매설물 파괴

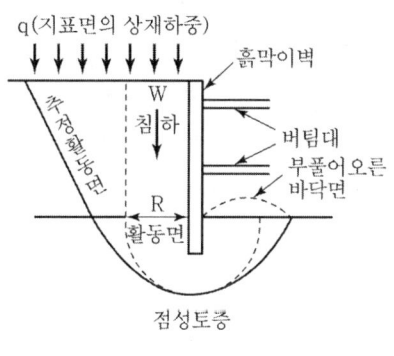

[히빙 현상]

(4) 안전대책

① 흙막이벽의 근입장 깊이를 경질지반까지 연장
② 굴착주변의 상재하중을 제거
③ 시멘트, 약액주입공법 등으로 Grouting 실시
④ Well Point, Deep Well 공법으로 지하수위 저하
⑤ 굴착방식을 개선(Island Cut, Caisson 공법 등)

## 2) 보일링(Boiling)

### (1) 정의
투수성이 좋은 사질토 지반을 굴착할 때 흙막이벽 배면의 지하수위가 굴착저면보다 높을 때 굴착저면 위로 모래와 지하수가 솟아오르는 현상

### (2) 지반조건
투수성이 좋은 사질지반, 굴착저면 하부의 피압수

### (3) 피해
① 흙막이의 전면적 파괴
② 흙막이 주변 지반침하로 인한 지하매설물 파괴
③ 굴착저면의 지지력 감소

### (4) 안전대책
① 흙막이벽의 근입장 깊이를 경질지반까지 연장
② 차수성이 높은 흙막이 설치(지하연속벽, Sheet Pile 등)
③ 시멘트, 약액주입공법 등으로 Grouting 실시
④ Well Point, Deep Well 공법으로 지하수위 저하
⑤ 굴착토를 즉시 원상태로 매립

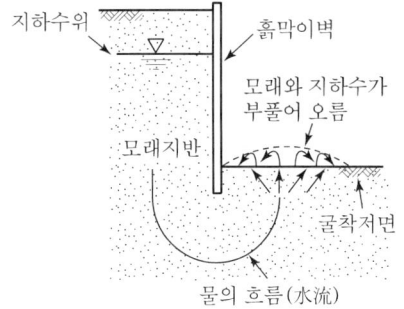

[보일링 현상]

> **Point**
>
> **히빙과 보일링의 예방대책**
> 1. 히빙
>    ① 흙막이벽의 근입장 깊이를 경질지반까지 연장
>    ② 굴착주변의 상재하중을 제거
>    ③ 시멘트, 약액주입공법 등으로 Grouting 실시
>    ④ Well Point, Deep Well 공법으로 지하수위 저하
>    ⑤ 굴착방식을 개선(Island Cut, Caisson 공법 등)
> 2. 보일링
>    ① 흙막이벽의 근입장 깊이를 경질지반까지 연장
>    ② 차수성이 높은 흙막이 설치(지하연속벽, Sheet Pile 등)
>    ③ 시멘트, 약액주입공법 등으로 Grouting 실시
>    ④ Well Point, Deep Well 공법으로 지하수위 저하
>    ⑤ 굴착토를 즉시 원상태로 매립

### 3) 연약지반의 개량공법

#### (1) 연약지반의 정의

① 연약지반이란 점토나 실트와 같은 미세한 입자의 흙이나 간극이 큰 유기질토 또는 이탄토, 느슨한 모래 등으로 이루어진 토층으로 구성

② 지하수위가 높고 제체 및 구조물의 안정과 침하문제를 발생시키는 지반

#### (2) 점성토 연약지반 개량공법

① 치환공법 : 연약지반을 양질의 흙으로 치환하는 공법으로 굴착, 활동, 폭파 치환

② 재하공법(압밀공법)
  ㉠ 프리로딩공법(Pre-Loading) : 사전에 성토를 미리하여 흙의 전단강도를 증가
  ㉡ 압성토공법(Surcharge) : 측방에 압성토하여 압밀에 의해 강도증가
  ㉢ 사면선단 재하공법 : 성토한 비탈면 옆부분을 덧붙임하여 비탈면 끝의 전단강도를 증가

③ 탈수공법 : 연약지반에 모래말뚝, 페이퍼드레인, 팩을 설치하여 물을 배제시켜 압밀을 촉진하는 것으로 샌드드레인, 페이퍼드레인, 팩드레인공법

④ 배수공법 : 중력배수(집수정, Deep Well), 강제배수(Well Point, 진공 Deep Well)

⑤ 고결공법 : 생석회 말뚝공법, 동결공법, 소결공법

### (3) 사질토 연약지반 개량공법

① 진동다짐공법(Vibro Floatation) : 봉상진동기를 이용, 진동과 물다짐을 병용
② 동다짐(압밀)공법 : 무거운 추를 자유낙하시켜 지반충격으로 다짐효과
③ 약액주입공법 : 지반 내 화학약액(LW, Bentonite, Hydro)을 주입하여 지반고결
④ 폭파다짐공법 : 인공지진을 발생시켜 모래지반을 다짐
⑤ 전기충격공법 : 지반 속에서 고압방전을 일으켜 발생하는 충격력으로 지반 다짐
⑥ 모래다짐말뚝공법 : 충격, 진동 타입에 의해 모래를 압입시켜 모래 말뚝을 형성하여 다짐에 의한 지지력을 향상

**Point**

연약지반 개량공법

1. 점성토 연약지반
    ① 치환공법
    ② 재하공법(압밀공법)
        ㉠ 프리로딩공법(Pre-Loading)
        ㉡ 압성토공법(Surcharge)
        ㉢ 사면선단 재하공법
    ③ 탈수공법
    ④ 배수공법
    ⑤ 고결공법

2. 사질토 연약지반
    ① 진동다짐공법(Vibro Floatation)
    ② 동다짐(압밀)공법
    ③ 약액주입공법
    ④ 폭파다짐공법
    ⑤ 전기충격공법
    ⑥ 모래다짐말뚝공법

## TOPIC 02 | 공정계획 및 안전성 심사

### 1. 안전관리 계획 및 작성내용

1) 입지 및 환경조건 : 주변 교통, 부지상황, 매설물 등의 현황
2) 안전관리 중점 목표 : 착공에서 준공까지 각 단계의 중점목표를 결정
3) 공정, 공종별 위험요소 판단 : 공정, 공종별 유해위험요소를 판단하여 대책수립
4) 안전관리조직 : 원활한 안전활동, 안전관리의 확립을 위해 필요한 조직
5) 안전행사계획 : 일일, 주간, 월간계획
6) 긴급연락망 : 긴급사태 발생 시 연락할 경찰서, 소방서, 발주처, 병원 등의 연락처 게시

## 2. 건설재해 예방대책

1) 안전을 고려한 설계
2) 무리가 없는 공정계획
3) 안전관리 체제 확립
4) 작업지시 단계에서 안전사항 철저 지시
5) 작업원의 안전의식 강화
6) 안전보호구 착용
7) 작업자 이외 출입금지
8) 악천후 시 작업중지
9) 고소작업 시 방호조치
10) 건설기계의 충돌·협착 방지
11) 거푸집동바리 및 비계 등 가설구조물의 붕괴·무너짐 방지
12) 낙하·비래에 의한 위험방지
13) 전기기계·기구의 감전예방 조치

## 3. 건설공사의 안전관리

1) 지반굴착 시 위험방지

   (1) 사전 지반조사 항목

   ① 형상·지질 및 지층의 상태
   ② 균열·함수(含水)·용수 및 동결의 유무 또는 상태
   ③ 매설물 등의 유무 또는 상태
   ④ 지반의 지하수위 상태

   (2) 굴착면의 기울기 기준

| 구분 | 지반의 종류 | 기울기 |
|---|---|---|
| 보통흙 | 습지 | 1 : 1 ~ 1 : 1.5 |
|  | 건지 | 1 : 0.5 ~ 1 : 1 |
| 암반 | 풍화암 | 1 : 1.0 |
|  | 연암 | 1 : 1.0 |
|  | 경암 | 1 : 0.5 |

※ 굴착면의 기울기 기준에 관한 문제는 거의 매회 출제되므로 기울기 기준은 반드시 암기

2) 발파 작업 시 위험방지

   (1) 발파의 작업기준(안전보건규칙 제348조 및 발파작업표준안전작업지침 관련)

   ① 얼어붙은 다이나마이트는 화기에 접근시키거나 그 밖의 고열물에 직접 접촉시키는 등 위험한 방법으로 융해되지 않도록 할 것
   ② 화약 또는 폭약을 장전하는 경우에는 그 부근에서 화기의 사용 또는 흡연을 하지 않도록 할 것
   ③ 장전구는 마찰·충격·정전기 등에 의한 폭발이 발생할 위험이 없는 안전한 것을 사용할 것
   ④ 발파공의 충진재료는 점토·모래 등 발화성 또는 인화성의 위험이 없는 재료를 사용할 것
   ⑤ 점화 후 장전된 화약류가 폭발하지 아니한 경우 또는 장전된 화약류의 폭발 여부를 확인하기 곤란한 경우에는 다음 각 목의 사항을 따를 것
      ㉠ 전기뇌관에 의한 경우에는 발파모선을 점화기에서 떼어 그 끝을 단락시켜 놓는 등 재점화되지 않도록 조치하고 그때부터 5분 이상 경과한 후가 아니면 화약류의 장전장소에 접근시키지 않도록 할 것
      ㉡ 전기뇌관 외의 것에 의한 경우에는 점화한 때부터 15분 이상 경과한 후가 아니면 화약류의 장전장소에 접근시키지 않도록 할 것
   ⑥ 전기뇌관에 의한 발파의 경우에는 점화하기 전에 화약류를 장전한 장소로부터 30m 이상 떨어진 안전한 장소에서 전선에 대하여 저항측정 및 도통시험을 할 것
   ⑦ 발파모선은 적당한 치수 및 용량의 절연된 도전선을 사용하여야 한다.
   ⑧ 점화는 충분한 용량을 갖는 발파기를 사용하고 규정된 스위치를 반드시 사용하여야 한다.
   ⑨ 발파 후 즉시 발파모선을 발파기로부터 분리하고 그 단부를 절연시킨 후 재점화가 되지 않도록 하여야 한다.

   (2) 발파 후 안전조치

   ① 전기발파 직후 발파모선을 점화기(발파기)로부터 떼어내어 재점화되지 않도록 하고 5분 이상 경과한 후에 발파장소에 접근
   ② 도화선 발파 직후 15분 이상 경과한 후에 발파장소에 접근
   ③ 터널에서 발파 후의 유독가스 및 낙석의 붕괴 위험성을 확인 후 발파장소에 접근
   ④ 발파 시 사용된 전선, 도화선, 기타 기구, 기재 등은 확실히 회수
   ⑤ 불발화약류가 있을 때는 물을 유입시키거나 기타 안전한 방법으로 화약류를 회수

⑥ 불발화약류의 회수가 불가능할 경우에는 불발공에 평행되게 구멍을 뚫고 발파를 하는데 불발공과 새로 뚫는 구멍의 위치와의 거리는 기계 뚫기는 60cm 이상, 인력으로 뚫을 때는 30cm 이상
⑦ 발파 후 처리에 있어 불발화약류가 섞일 우려가 있으므로 이를 확인

(3) 발파허용 진동치

| 구분 | 문화재 | 주택·아파트 | 상가 | 절설 콘크리트 빌딩 및 상가 |
|---|---|---|---|---|
| 건물기초에서의 허용진동치(cm/sec) | 0.2 | 0.5 | 1.0 | 1.0~4.0 |

3) 충전전로에서의 감전 위험방지

(1) 전압의 구분
① 저압 : 1,500V 이하 직류전압 또는 1,000V 이하의 교류전압
② 고압 : 1,500V 초과 7,000V 이하의 직류전압 또는 1,000V 초과 7,000V 이하의 교류전압
③ 특별고압 : 7,000V를 초과하는 직·교류전압

(2) 충전전로에서의 전기작업(안전보건규칙 제321조 제1항)
① 충전전로를 정전시키는 경우에는 제319조에 따른 조치를 할 것
② 충전전로를 방호, 차폐 또는 절연 등의 조치를 하는 경우에는 근로자의 신체가 전로와 직접 접촉하거나 도전재료, 공구 또는 기기를 통하여 간접 접촉되지 않도록 할 것
③ 충전전로를 취급하는 근로자에게 절연용 보호구를 착용시킬 것
④ 충전전로에 근접하는 장소에서 전기작업을 하는 경우에는 해당 전압에 적합한 절연용 방호구를 설치할 것. 다만, 저압인 경우에는 해당 전기작업자가 절연용 보호구를 착용하되, 충전전로에 접촉할 우려가 없는 경우에는 절연용 방호구를 설치하지 아니할 수 있다.
⑤ 고압 및 특별고압의 전로에서 전기작업을 하는 근로자에게 활선작업용 기구 및 장치를 사용하도록 할 것
⑥ 근로자가 절연용 방호구의 설치·해체작업을 하는 경우에는 절연용 보호구를 착용하거나 활선작업용 기구 및 장치를 사용하도록 할 것
⑦ 유자격자가 아닌 근로자가 충전전로 인근의 높은 곳에서 작업할 때에 근로자의 몸 또는 긴 도전성 물체가 방호되지 않은 충전전로에서 대지전압이 50kV 이하인

경우에는 300cm 이내로, 대지전압이 50kV를 넘는 경우에는 10kV당 10cm씩 더한 거리 이내로 각각 접근할 수 없도록 할 것

⑧ 유자격자가 충전전로 인근에서 작업하는 경우에는 다음 각 목의 경우를 제외하고는 노출 충전부에 다음 표에 제시된 접근한계거리 이내로 접근하거나 절연 손잡이가 없는 도전체의 접근할 수 없도록 할 것

㉠ 근로자가 노출 충전부로부터 절연된 경우 또는 해당 전압에 적합한 절연장갑을 착용한 경우

㉡ 노출 충전부가 다른 전위를 갖는 도전체 또는 근로자와 절연된 경우

㉢ 근로자가 다른 전위를 갖는 모든 도전체로부터 절연된 경우

| 충전전로의 선간전압(단위 : kV) | 충전전로에 대한 접근 한계거리(단위 : cm) |
|---|---|
| 0.3 이하 | 접촉금지 |
| 0.3 초과 0.75 이하 | 30 |
| 0.75 초과 2 이하 | 45 |
| 2 초과 15 이하 | 60 |
| 15 초과 37 이하 | 90 |
| 37 초과 88 이하 | 110 |
| 88 초과 121 이하 | 130 |
| 121 초과 145 이하 | 150 |
| 145 초과 169 이하 | 170 |
| 169 초과 242 이하 | 230 |
| 242 초과 362 이하 | 380 |
| 362 초과 550 이하 | 550 |
| 550 초과 800 이하 | 790 |

## 4) 잠함 내 굴착작업 위험방지

(1) 잠함 또는 우물통의 급격한 침하로 인한 위험방지(안전보건규칙 제376조)

① 침하관계도에 따라 굴착방법 및 재하량 등을 정할 것

② 바닥으로부터 천장 또는 보까지의 높이는 1.8m 이상으로 할 것

(2) 잠함 등 내부에서의 작업(안전보건규칙 제377조)

① 산소 결핍 우려가 있는 경우에는 산소의 농도를 측정하는 사람을 지명하여 측정하도록 할 것

② 근로자가 안전하게 오르내리기 위한 설비를 설치할 것
③ 굴착 깊이가 20m를 초과하는 경우에는 해당 작업장소와 외부와의 연락을 위한 통신설비 등을 설치할 것
④ 산소농도 측정결과 산소의 결핍이 인정되거나 굴착 깊이가 20m를 초과하는 경우에는 송기를 위한 설비를 설치하여 필요한 양의 공기를 공급

(3) 잠함 등 내부에서 굴착작업의 금지(안전보건규칙 제378조)
① 승강설비, 통신설비, 송기설비에 고장이 있는 경우
② 잠함 등의 내부에 많은 양의 물 등이 스며들 우려가 있는 경우

## TOPIC 03 | 건설업 산업안전보건관리비 계상 및 사용

### 제1장 총칙

**제1조(목적)** 이 고시는 「산업안전보건법」 제72조, 같은 법 시행령 제59조 및 제60조와 같은 법 시행규칙 제89조에 따라 건설업의 산업안전보건관리비 계상 및 사용기준을 정함을 목적으로 한다.

**제2조(정의)** ① 이 고시에서 사용하는 용어의 뜻은 다음과 같다.
1. "건설업 산업안전보건관리비"(이하 "안전보건관리비"라 한다)란 산업재해 예방을 위하여 건설공사 현장에서 직접 사용되거나 해당 건설업체의 본점 또는 주사무소(이하 "본사"라 한다)에 설치된 안전 전담부서에서 법령에 규정된 사항을 이행하는 데 소요되는 비용을 말한다.
2. "안전보건관리비 대상액"(이하 "대상액"이라 한다)이란 「예정가격 작성기준」(기획재정부 계약예규) 및 「지방자치단체 입찰 및 계약집행기준」(행정안전부 예규) 등 관련 규정에서 정하는 공사원가계산서 구성항목 중 직접재료비, 간접재료비와 직접노무비를 합한 금액(발주자가 재료를 제공할 경우에는 해당 재료비를 포함한다)을 말한다.
3. "자기공사자"란 건설공사의 시공을 주도하여 총괄·관리하는 자(건설공사발주자로부터 건설공사를 최초로 도급받은 수급인은 제외한다)를 말한다.
4. "감리자"란 다음 각 목의 어느 하나에 해당하는 자를 말한다.
   가. 「건설기술진흥법」 제2조제5호에 따른 감리 업무를 수행하는 자
   나. 「건축법」 제2조제1항제15호의 공사감리자
   다. 「문화재수리 등에 관한 법률」 제2조제12호의 문화재감리원
   라. 「소방시설공사업법」 제2조제3호의 감리원
   마. 「전력기술관리법」 제2조제5호의 감리원

바. 「정보통신공사업법」 제2조제10호의 감리원

사. 그 밖에 관계 법률에 따라 감리 또는 공사감리 업무와 유사한 업무를 수행하는 자

② 그 밖에 이 고시에서 사용하는 용어의 정의는 이 고시에 특별한 규정이 없으면 「산업안전보건법」(이하 "법"이라 한다), 같은 법 시행령(이하 "영"이라 한다), 같은 법 시행규칙(이하 "규칙"이라 한다), 예산회계 및 건설관계법령에서 정하는 바에 따른다.

**제3조(적용범위)** 이 고시는 법 제2조제11호의 건설공사 중 총공사금액 2천만원 이상인 공사에 적용한다. 다만, 다음 각 호의 어느 하나에 해당되는 공사 중 단가계약에 의하여 행하는 공사에 대하여는 총계약금액을 기준으로 적용한다.

1. 「전기공사업법」 제2조에 따른 전기공사로서 저압·고압 또는 특별고압 작업으로 이루어지는 공사
2. 「정보통신공사업법」 제2조에 따른 정보통신공사

## 제2장 안전보건관리비의 계상 및 사용

**제4조(계상의무 및 기준)** ① 건설공사발주자(이하 "발주자"라 한다)가 도급계약 체결을 위한 원가계산에 의한 예정가격을 작성하거나, 자기공사자가 건설공사 사업 계획을 수립할 때에는 다음 각 호와 같이 안전보건관리비를 계상하여야 한다. 다만, 발주자가 재료를 제공하거나 일부 물품이 완제품의 형태로 제작·납품되는 경우에는 해당 재료비 또는 완제품 가액을 대상액에 포함하여 산출한 안전보건관리비와 해당 재료비 또는 완제품 가액을 대상액에서 제외하고 산출한 안전보건관리비의 1.2배에 해당하는 값을 비교하여 그 중 작은 값 이상의 금액으로 계상한다.

1. 대상액이 5억 원 미만 또는 50억 원 이상인 경우 : 대상액에 별표 1에서 정한 비율을 곱한 금액
2. 대상액이 5억 원 이상 50억 원 미만인 경우 : 대상액에 별표 1에서 정한 비율을 곱한 금액에 기초액을 합한 금액
3. 대상액이 명확하지 않은 경우 : 제4조제1항의 도급계약 또는 자체사업계획상 책정된 총공사금액의 10분의 7에 해당하는 금액을 대상액으로 하고 제1호 및 제2호에서 정한 기준에 따라 계상

② 발주자는 제1항에 따라 계상한 안전보건관리비를 입찰공고 등을 통해 입찰에 참가하려는 자에게 알려야 한다.

③ 발주자와 법 제69조에 따른 건설공사도급인 중 자기공사자를 제외하고 발주자로부터 해당 건설공사를 최초로 도급받은 수급인(이하 "도급인"이라 한다)은 공사계약을 체결할 경우 제1항에 따라 계상된 안전보건관리비를 공사도급계약서에 별도로 표시하여야 한다.

④ 별표 1의 공사의 종류는 별표 5의 건설공사의 종류 예시표에 따른다. 다만, 하나의 사업장 내에 건설공사 종류가 둘 이상인 경우(분리발주한 경우를 제외한다)에는 공사금액이 가장 큰 공사종류를 적용한다.

⑤ 발주자 또는 자기공사자는 설계변경 등으로 대상액의 변동이 있는 경우 별표 1의3에 따라 지체 없이 안전보건관리비를 조정 계상하여야 한다. 다만, 설계변경으로 공사금액이 800억 원 이상으로 증액된 경우에는 증액된 대상액을 기준으로 제1항에 따라 재계상한다.

제5조(계상방법 및 계상시기 등) <삭제>

제6조(수급인등의 의무) <삭제>

제7조(사용기준) ① 도급인과 자기공사자는 안전보건관리비를 산업재해예방 목적으로 다음 각 호의 기준에 따라 사용하여야 한다.
1. 안전관리자·보건관리자의 임금 등
    가. 법 제17조제3항 및 법 제18조제3항에 따라 안전관리 또는 보건관리 업무만을 전담하는 안전관리자 또는 보건관리자의 임금과 출장비 전액
    나. 안전관리 또는 보건관리 업무를 전담하지 않는 안전관리자 또는 보건관리자의 임금과 출장비의 각각 2분의 1에 해당하는 비용
    다. 안전관리자를 선임한 건설공사 현장에서 산업재해 예방 업무만을 수행하는 작업지휘자, 유도자, 신호자 등의 임금 전액
    라. 별표 1의2에 해당하는 작업을 직접 지휘·감독하는 직·조·반장 등 관리감독자의 직위에 있는 자가 영 제15조제1항에서 정하는 업무를 수행하는 경우에 지급하는 업무수당(임금의 10분의 1 이내)
2. 안전시설비 등
    가. 산업재해 예방을 위한 안전난간, 추락방호망, 안전대 부착설비, 방호장치(기계·기구와 방호장치가 일체로 제작된 경우, 방호장치 부분의 가액에 한함) 등 안전시설의 구입·임대 및 설치를 위해 소요되는 비용
    나. 「건설기술진흥법」 제62조의3에 따른 스마트 안전장비 구입·임대 비용의 5분의 1에 해당하는 비용. 다만, 제4조에 따라 계상된 안전보건관리비 총액의 10분의 1을 초과할 수 없다.
    나. 용접 작업 등 화재 위험작업 시 사용하는 소화기의 구입·임대비용
3. 보호구 등
    가. 영 제74조제1항제3호에 따른 보호구의 구입·수리·관리 등에 소요되는 비용
    나. 근로자가 가목에 따른 보호구를 직접 구매·사용하여 합리적인 범위 내에서 보전하는 비용
    다. 제1호가목부터 다목까지의 규정에 따른 안전관리자 등의 업무용 피복, 기기 등을 구입하기 위한 비용
    라. 제1호가목에 따른 안전관리자 및 보건관리자가 안전보건 점검 등을 목적으로 건설공사 현장에서 사용하는 차량의 유류비·수리비·보험료
4. 안전보건진단비 등
    가. 법 제42조에 따른 유해위험방지계획서의 작성 등에 소요되는 비용
    나. 법 제47조에 따른 안전보건진단에 소요되는 비용
    다. 법 제125조에 따른 작업환경 측정에 소요되는 비용
    라. 그 밖에 산업재해예방을 위해 법에서 지정한 전문기관 등에서 실시하는 진단, 검사, 지도 등에 소요되는 비용

5. 안전보건교육비 등
    가. 법 제29조부터 제31조까지의 규정에 따라 실시하는 의무교육이나 이에 준하여 실시하는 교육을 위해 건설공사 현장의 교육 장소 설치·운영 등에 소요되는 비용
    나. 가목 이외 산업재해 예방 목적을 가진 다른 법령상 의무교육을 실시하기 위해 소요되는 비용
    다. 안전보건관리책임자, 안전관리자, 보건관리자가 업무수행을 위해 필요한 정보를 취득하기 위한 목적으로 도서, 정기간행물을 구입하는 데 소요되는 비용
    라. 건설공사 현장에서 안전기원제 등 산업재해 예방을 기원하는 행사를 개최하기 위해 소요되는 비용. 다만, 행사의 방법, 소요된 비용 등을 고려하여 사회통념에 적합한 행사에 한한다.
    마. 건설공사 현장의 유해·위험요인을 제보하거나 개선방안을 제안한 근로자를 격려하기 위해 지급하는 비용
6. 근로자 건강장해예방비 등
    가. 법·영·규칙에서 규정하거나 그에 준하여 필요로 하는 각종 근로자의 건강장해 예방에 필요한 비용
    나. 중대재해 목격으로 발생한 정신질환을 치료하기 위해 소요되는 비용
    다. 「감염병의 예방 및 관리에 관한 법률」 제2조제1호에 따른 감염병의 확산 방지를 위한 마스크, 손소독제, 체온계 구입비용 및 감염병병원체 검사를 위해 소요되는 비용
    라. 법 제128조의2 등에 따른 휴게시설을 갖춘 경우 온도, 조명 설치·관리기준을 준수하기 위해 소요되는 비용
7. 법 제73조 및 제74조에 따른 건설재해예방전문지도기관의 지도에 대한 대가로 지급하는 비용
8. 「중대재해 처벌 등에 관한 법률」 시행령 제4조제2호나목에 해당하는 건설사업자가 아닌 자가 운영하는 사업에서 안전보건 업무를 총괄·관리하는 3명 이상으로 구성된 본사 전담조직에 소속된 근로자의 임금 및 업무수행 출장비 전액. 다만, 제4조에 따라 계상된 안전보건관리비 총액의 20분의 1을 초과할 수 없다.
9. 법 제36조에 따른 위험성평가 또는 「중대재해 처벌 등에 관한 법률 시행령」 제4조제3호에 따라 유해·위험요인 개선을 위해 필요하다고 판단하여 법 제24조의 산업안전보건위원회 또는 법 제75조의 노사협의체에서 사용하기로 결정한 사항을 이행하기 위한 비용. 다만, 제4조에 따라 계상된 안전보건관리비 총액의 10분의 1을 초과할 수 없다.

② 제1항에도 불구하고 도급인 및 자기공사자는 다음 각 호의 어느 하나에 해당하는 경우에는 안전보건관리비를 사용할 수 없다. 다만, 제1항제2호나목 및 다목, 제1항제6호나목부터 라목, 제1항제9호의 경우에는 그러하지 아니하다.
  1. 「(계약예규)예정가격작성기준」 제19조제3항 중 각 호(단, 제14호는 제외한다)에 해당되는 비용
  2. 다른 법령에서 의무사항으로 규정한 사항을 이행하는 데 필요한 비용
  3. 근로자 재해예방 외의 목적이 있는 시설·장비나 물건 등을 사용하기 위해 소요되는 비용
  4. 환경관리, 민원 또는 수방대비 등 다른 목적이 포함된 경우
③ 도급인 및 자기공사자는 별표 3에서 정한 공사진척에 따른 안전보건관리비 사용기준을 준수하여야 한다. 다만, 건설공사발주자는 건설공사의 특성 등을 고려하여 사용기준을 달리 정할 수 있다.
④ <삭 제>

⑤ 도급인 및 자기공사자는 도급금액 또는 사업비에 계상된 안전보건관리비의 범위에서 그의 관계수급인에게 해당 사업의 위험도를 고려하여 적정하게 안전보건관리비를 지급하여 사용하게 할 수 있다.

**제8조(사용금액의 감액·반환 등)** 발주자는 도급인이 법 제72조제2항에 위반하여 다른 목적으로 사용하거나 사용하지 않은 안전보건관리비에 대하여 이를 계약금액에서 감액조정하거나 반환을 요구할 수 있다.

**제9조(사용내역의 확인)** ① 도급인은 안전보건관리비 사용내역에 대하여 공사 시작 후 6개월마다 1회 이상 발주자 또는 감리자의 확인을 받아야 한다. 다만, 6개월 이내에 공사가 종료되는 경우에는 종료 시 확인을 받아야 한다.
② 제1항에도 불구하고 발주자, 감리자 및 「근로기준법」 제101조에 따른 관계 근로감독관은 안전보건관리비 사용내역을 수시 확인할 수 있으며, 도급인 또는 자기공사자는 이에 따라야 한다.
③ 발주자 또는 감리자는 제1항 및 제2항에 따른 안전보건관리비 사용내역 확인 시 기술지도 계약 체결, 기술지도 실시 및 개선 여부 등을 확인하여야 한다.

**제10조(실행예산의 작성 및 집행 등)** ① 공사금액 4천만 원 이상의 도급인 및 자기공사자는 공사실행예산을 작성하는 경우에 해당 공사에 사용하여야 할 안전보건관리비의 실행예산을 계상된 안전보건관리비 총액 이상으로 별도 편성해야 하며, 이에 따라 안전보건관리비를 사용하고 별지 제1호서식의 안전보건관리비 사용내역서를 작성하여 해당 공사현장에 갖추어 두어야 한다.
② 도급인 및 자기공사자는 제1항에 따른 안전보건관리비 실행예산을 작성하고 집행하는 경우에 법 제17조와 영 제16조에 따라 선임된 해당 사업장의 안전관리자가 참여하도록 하여야 한다.

[별표 1]

### [공사종류 및 규모별 안전관리비 계상기준표]

| 공사종류 | 대상액 5억원 미만 | 대상액 5억원 이상 50억원 미만 | | 대상액 50억원 이상 | 영 별표5에 따른 보건관리자 선임 대상 건설공사 |
|---|---|---|---|---|---|
| | | 비율(X) | 기초액(C) | | |
| 일반건설공사(갑) | 2.93% | 1.86% | 5,349,000원 | 1.97% | 2.15% |
| 일반건설공사(을) | 3.09% | 1.99% | 5,499,000원 | 2.10% | 2.29% |
| 중건설공사 | 3.43% | 2.35% | 5,400,000원 | 2.44% | 2.66% |
| 철도·궤도신설공사 | 2.45% | 1.57% | 4,411,000원 | 1.66% | 1.81% |
| 특수및기타건설공사 | 1.85% | 1.20% | 3,250,000원 | 1.27% | 1.38% |

[별표 1의2]

### [관리감독자 안전보건업무 수행 시 수당지급 작업]

1. 건설용 리프트·곤돌라를 이용한 작업
2. 콘크리트 파쇄기를 사용하여 행하는 파쇄작업 (2미터 이상인 구축물 파쇄에 한정한다)
3. 굴착 깊이가 2미터 이상인 지반의 굴착작업
4. 흙막이지보공의 보강, 동바리 설치 또는 해체작업
5. 터널 안에서의 굴착작업, 터널거푸집의 조립 또는 콘크리트 작업
6. 굴착면의 깊이가 2미터 이상인 암석 굴착 작업
7. 거푸집지보공의 조립 또는 해체작업
8. 비계의 조립, 해체 또는 변경작업
9. 건축물의 골조, 교량의 상부구조 또는 탑의 금속제의 부재에 의하여 구성되는 것(5미터 이상에 한정한다)의 조립, 해체 또는 변경작업
10. 콘크리트 공작물(높이 2미터 이상에 한정한다)의 해체 또는 파괴 작업
11. 전압이 75볼트 이상인 정전 및 활선작업
12. 맨홀작업, 산소결핍장소에서의 작업
13. 도로에 인접하여 관로, 케이블 등을 매설하거나 철거하는 작업
14. 전주 또는 통신주에서의 케이블 공중가설작업
15. 영 별표 2의 위험방지가 특히 필요한 작업

[별표 1의3]

## [설계변경 시 안전관리비 조정·계상 방법]

1. 설계변경에 따른 안전관리비는 다음 계산식에 따라 산정한다.
    - 설계변경에 따른 안전관리비 = 설계변경 전의 안전관리비 + 설계변경으로 인한 안전관리비 증감액

2. 제1호의 계산식에서 설계변경으로 인한 안전관리비 증감액은 다음 계산식에 따라 산정한다.
    - 설계변경으로 인한 안전관리비 증감액 = 설계변경 전의 안전관리비 × 대상액의 증감 비율

3. 제2호의 계산식에서 대상액의 증감 비율은 다음 계산식에 따라 산정한다. 이 경우, 대상액은 예정가격 작성시의 대상액이 아닌 설계변경 전·후의 도급계약서상의 대상액을 말한다.
    - 대상액의 증감 비율 = [(설계변경후 대상액 - 설계변경 전 대상액)/설계변경 전 대상액] × 100%


[별표 3]

## [공사진척에 따른 안전관리비 사용기준]

| 공정률 | 50% 이상 70% 미만 | 70% 이상 90% 미만 | 90% 이상 |
|---|---|---|---|
| 사용기준 | 50% 이상 | 70% 이상 | 90% 이상 |

※ 공정률은 기성공정률을 기준으로 한다.

[별표 5]

## [건설공사의 종류 예시표]

| 공사종류 | 내 용 예 시 |
|---|---|
| 1. 일반건설<br>공사(갑) | □ 중건설공사, 철도 또는 궤도건설공사, 기계장치공사 이외의 건축건설, 도로신설 등 공사와 이에 부대하여 해당 공사를 현장 내에서 행하는 공사<br>가. 건축물 등의 건설공사<br>　(1) 건축건설공사와 이에 부대하여 해당 공사현장 내에서 행하여지는 공사<br>　(2) 목조, 연와조, 블록조, 석조, 철근콘크리트조 등의 건물 건설공사<br>　　- 건축물의 신설공사와 그의 보수 및 파괴공사 또는 이에 부대하여 행하여지는 건설공사<br>　(3) 주택, 축사, 가건물, 창고, 학교, 강당, 체육관, 사무소, 백화점, 점포, 공장, 발전소, 특수공장, 연구소, 병원, 기념탑, 기념건물, 역사 등을 신축, 개축, 보수, 파괴, 해체하는 건설공사<br>　(4) 철골, 철근 및 철근콘크리트조 가옥을 이축(移築)하는 공사<br>　(5) 구입한 철파이프를 절단, 벤딩(구부림), 조립하여 축사 등을 건설하는 공사<br>　(6) 건축물 설비공사<br>　(가) 해당 건축물 내외에서 행하는 설비 또는 부대공사<br>　　1) 해당 건축물 내외의 전기, 전등, 전신기 등의 설비공사<br>　　2) 해당 건축물 내외의 송배전선로, 전기배선, 전화선로, 네온장치 등의 부설공사<br>　　3) 해당 건축물 내외의 급수 및 급탕 등의 설비공사<br>　　4) 해당 건축물 내외의 안전 및 소화 등의 설비공사<br>　　5) 해당 건축물 내외의 난방, 냉방, 환기, 건조, 온·습도 조절 등의 설비공사<br>　　6) 해당 건축물의 도장공사 및 시멘트 취부 방수 공사<br>　　7) 해당 건축물의 설비를 위한 석축, 타일, 기와, 슬레이트 등을 부설하는 건설공사<br>　　8) 해당 건축물 내의 냉동기의 부설에 일관하여 행하여지는 난방 및 냉동 등의 시설에 관한 공사<br>　　9) 건축물 내의 아이스스케이팅 설비에 관한 공사<br>　　10) 그 밖의 건축물의 설비공사<br>　(나) 내장, 유리 등의 기타 전문 제공사<br>　(7) 교량건설공사<br>　(가) 일반교량의 신설공사와 이에 부대하여 해당 공사장 내에서 행하는 건설공사<br>　(나) 기설교량의 보수와 개수에 관한 공사, 교량에 교각, 교대 등의 기초건설공사, 기타 교량의 보수 공사<br>　(다) 선창의 건설공사<br>나. 도로신설공사<br>　(1) 도로신설에 관한 공사와 이에 부대하여 행하여지는 공사<br>　(가) 도로 또는 광장의 신설공사<br>　(나) 기설도로의 변경, 굴곡의 제거 및 확장공사<br>　(다) 도로 및 광장의 포장공사(사리살포공사 포함한다) |

| 공사종류 | 내 용 예 시 |
|---|---|
| 1. 일반건설<br>공사(갑) | 다. 기타 건설공사<br>(1) 중건설공사, 철도 또는 궤도신설공사 (다만, 철도 또는 궤도의 신설공사에 단순히 노무용역과 건설기술만을 제공하는 사업은 제외한다), 건축건설공사, 도로신설공사, 기계장치공사 이외의 기타 건설공사와 이에 부대하여 해당 공사현장 내에서 행하는 건설공사<br>  (가) 수력발전시설 및 댐시설 이외의 제방건설공사<br>  (나) 기설터널의 보수 및 복구공사<br>  (다) 기설의 도로 등의 개수, 복구 또는 유지관리의 공사<br>  (라) 구내에서 인입선공사, 증선공사 등<br>  (마) 옹벽축조의 건설공사<br>  (바) 기설도로 또는 플랫홈 등의 포장공사(사리살포, 잔디붙이기 공사 등은 포함한다)<br>  (사) 공작물의 해체, 이동, 제거 또는 철거의 공사<br>  (아) 철골조, 철근조, 철근콘크리트조 등의 고가철도의 신설공사와 이에 부대하여 해당 공사 현장 내에서 행하는 건설공사<br>  (자) 지반으로부터 10m 이내의 지하에 복개식으로 시공하는 지하도, 지하철도, 지하상가 또는 통신선로 등의 인입통신구의 신설공사와 이에 부대하여 해당 공사현장 내에서 행하는 건설공사<br>  (차) 하천의 연제(언제 : 제방도로), 제방수문, 통문, 갑문 등의 신설개수에 관한 공사<br>  (카) 관개용수로, 그 밖의 각종 수로의 신설개수, 유지에 관한 공사<br>  (타) 운하 및 수로 또는 이의 부속건물의 건설공사<br>  (파) 저수지, 광독침전지 수영장 등의 건설공사<br>  (하) 사방설비의 건설공사<br>  (거) 해안 또는 항만의 방파제, 안벽 등의 건설공사(중건설공사의 고제방(댐) 등 신설공사 이외의 공사를 말한다)<br>  (너) 호반, 하천 또는 해면의 준설, 간척 또는 매립 등의 공사<br>  (더) 비행장, 골프장, 경마장 또는 경기장의 조성에 관한 공사<br>  (러) 개간, 경지정리, 부지 또는 광장의 조성공사<br>  (머) 지하에 구축하는 각종 물탱크의 건설공사(기초공사를 포함한다)<br>  (버) 철관, 콘크리트관, 케이블류, 가스관, 흄관, 지중선, 동재 등의 매설공사<br>  (서) 침몰된 공작물의 인양공사<br>  (어) 수중오물 수거작업공사<br>  (저) 그 밖의 각종 건설공사(건설공사를 위한 시추공사를 포함하나 광업시추 및 시굴공사는 제외한다)<br>  (처) 각종 운동장 스탠드 건설공사<br>  (커) 체토사(쌓여서 막힌 흙과 모래)의 붕괴 및 낙석 등의 방지벽 건설공사와 이와 부대하여 해당 공사장 내에서 행하는 각종 공사<br>  (터) 과선교(구름다리)의 건설공사<br>  (퍼) 철탑, 연돌(굴뚝), 풍동 등의 건설공사<br>  (허) 광고탑, 탱크 등의 건설공사 |

| 공사종류 | 내 용 예 시 |
|---|---|
| 1. 일반건설<br>공사(갑) | (고) 문, 담장, 축대, 정원 등의 건설공사<br>(노) 용광로의 건설공사<br>(도) 전차궤도의 송전가선의 건설공사와 그 보수공사<br>(로) 송전선로, 통신선로 또는 철관의 건설공사 및 기계장치의 산세정 공사<br>(모) 신호기의 건설공사<br>(보) 하수도관 세척공사<br>(소) 무대셋트 제작, 조립, 도색, 도배, 철거공사<br>(오) 그 밖의 각종 건설공사<br>(조) 일반 경상보수의 용역사업은 이에 분류<br>(2) 일반건설공사(을), 중건설공사, 철도·궤도신설공사, 특수 및 기타 건설공사의 사업에 직접적으로 관련하여 행하지 않는다고 인정되는 건설공사로서 다른 것에 분류하지 아니한 건설공사 |
| 2. 일반건설<br>공사(을) | □ 각종의 기계·기구장치 등을 설치하는 공사<br>가. 기계장치공사<br>(1) 각종 기계·기구장치를 위한 조립 및 부설공사와 이에 부대하여 행하여지는 건설공사<br>  (가) 각종의 기계 및 기구장치를 위한 기초처리 공사<br>  (나) 기계 및 기구장치를 위한 기계대 건설공사<br>  (다) 보일러, 기중기, 양중기 등의 조립 및 부설공사<br>  (라) 전기수진기, 공기압축기, 건조기, 각종 운반기 등의 조립 및 부설공사<br>  (마) 석유정제장치, 펌프제조장치 등과 같은 기계·기구의 조립 또는 부설공사<br>  (바) 삭도 건설공사<br>  (사) 화력 및 원자력발전시설의 설치공사<br>  (아) 변전소 설치 및 수리공사<br>  (자) 그 밖의 각종 기계 및 기구의 설치공사 또는 해체공사<br>  (차) 기계장치의 수리공사<br>  (카) 승강기 및 에스컬레이터의 설치공사<br>  (타) 화력, 원자력 및 수력발전소의 수리공사(다만 산세정공사는 제외한다)<br>  (파) 공해방지시설 및 폐수처리시설 공사<br>  (하) 도시가스제조 및 공급설비공사<br>  (거) 통신장비(컴퓨터 통신장비를 포함한다)의 설치, 이전, 철거공사 |
| 3. 중건설공사 | □ 고제방(댐), 수력발전시설, 터널 등을 신설하는 공사<br>가. 고제방(댐) 등 신설공사<br>(1) 제방의 기초지반(터파기 밑나비가 10m 이상인 경우에는 그 최심부: 기초지반의 최심부는 말뚝선단의 위치임. 다만, 잔교식공법의 경우는 제외한다)에서 그 정상까지의 높이가 20m 이상되는 제방 및 해안 또는 항만의 방파제, 안벽 등의 신설에 관한 공사와 이에 부대하여 해당 공사장 내에서 행하여지는 건설공사<br>  (가) 제방의 신설에 관한 가설공사 또는 기초공사<br>  (나) 제방의 신설 공사장 내에서 시공하는 제방체, 배사구(쌓인 모래를 내보내는 출구를 말한다), 가제방, 골재채취, 송전선로, 철탑, 발전소, 변전소 등의 시설공사<br>  (다) 제방공사용 자재의 운반을 하기 위한 도로, 철도 또는 궤도의 건설공사 |

| 공사종류 | 내 용 예 시 |
|---|---|
| 3. 중건설공사 | (라) 제방의 신설에 따른 취수구, 배수로, 가배수로, 여수로, 하수구의 복개, 물탱크 등의 취수시설에 관한 공사<br>(마) 제방의 신설에 따른 수력발전시설용의 터널 또는 토석제방 등의 신설에 관한 공사<br>(바) 제방이 신설에 따른 기설의 수력발전소의 수로를 이용하여 유수량의 조절 등을 목석으로 시공하는 지수지의 신설공사<br>(사) 제방의 신설에 따른 수력발전시설의 신설공사용의 각종 기계의 철관의 조립 또는 그 부설공사<br>(아) 제방의 신설에 따른 홍수조절 관계용수로 또는 발전 등의 사업에 이용하기 위한 다목적댐 건설공사<br>(자) 제방의 신설공사를 건설하기 위하여 해당 건설업자의 사무소, 종업원의 숙사, 취사장 등을 건설하는 공사<br>(차) 해안 또는 항만의 방파제, 안벽 등의 건설공사와 이에 부대하여 해당 공사장에서 시행하는 건설공사 |

　나. 수력발전시설 설비공사
　　(1) 이 분야에서 수력발전시설 신설공사, 고제방(댐) 신설공사 및 터널신설공사 등과 이 공사에 부대하여 해당 공사 현장에서 행하여지는 공사
　　　(가) 수력발전시설의 신설공사에 관한 가설공사 또는 기초공사
　　　(나) 수력발전시설의 신설공사장에서 시공하는 제방체, 배사구, 가제방, 골재채취, 송전선로, 철탑, 발전소, 변전소 등의 건설공사
　　　(다) 수력발전시설의 신설공사용 자재의 운반을 하기 위한 도로, 철도 또는 궤도의 건설공사
　　　(라) 수력발전시설의 신설에 따른 취수구, 배수로, 가배수로, 여수로, 하수구의 복개, 물탱크 등의 취수시설에 관한 공사
　　　(마) 수력발전시설용의 터널 또는 토목세방 등의 신설에 관한 공사
　　　(바) 기설의 수력발전소의 수로를 이용하여 유출량의 조절 등을 목적으로 시공되는 수력발전조절지(저수지)의 신설공사
　　　(사) 수력발전시설의 신설공사용 배치플랜트, 시멘트 사이로, 골재 운반용의 벨트, 컨베이어 등의 기계와 철관의 조립 또는 부설공사
　　　(아) 수력발전시설에 따른 홍수조절관개용수 보급 또는 발전 등의 사업에 이용하기 위한 다목적댐 시설 공사
　　　(자) 수력발전의 신설공사를 위하여 해당 건설업자의 사무소, 종업원의 숙사, 취사장 등을 건설하는 공사
　　　(차) 그 밖의 삭도건설공사

　다. 터널신설공사
　　(1) 터널 신설에 관한 건설공사와 이에 부대하여 행하는 내면설비공사
　　　(가) 터널신설공사 현장에서 시공하는 가설공사, 갱도굴착공사, 토사 및 암괴지(바위지역을 말한다)의 운반처리공사, 배수시설공사 또는 터널내면설비공사
　　　(나) 터널신설공사 현장에서 시공하는 노면포장, 사리의 살포, 궤도의 신설, 건축물의 건설, 전선의 가설, 전등 및 전화의 가설 등의 건설공사

| 공사종류 | 내 용 예 시 |
|---|---|
| 3. 중건설공사 | (2) 지반에서 10m 이상의 지하까지 복개식으로 시공하는 지하철도, 지하도, 지하상가 및 통신선로 등의 인입통신구 신설공사와 이에 부대하여 해당 사업장에서 행하는 건설공사<br>(3) 굴착식으로 시공하는 지하철도 및 지하도신설 공사와 이에 부대하여 해당 공사장에서 행하는 건설공사 |
| 4. 철도 또는 궤도신설 공사 | □ 철도 또는 궤도 등을 신설하는 공사<br>가. 철도 또는 궤도 신설공사<br>(1) 철도 또는 궤도 신설에 관한 공사와 이에 부대하여 행하는 공사(기설 노반 또는 구조물에서 행하는 철도·궤도 신설공사에 한정한다)<br>(가) 철도 및 궤도의 건설용 기계의 조립 또는 부설공사<br>(나) 철도 및 궤도 신설공사에 따른 역사·과선교, 송전선로 등의 건설공사<br>※ 이 공사에서 신설이란 신설선의 건설, 단선을 복선으로 하는 경우 등 신설형태로 시공되는 것을 말한다. |
| 5. 특수 및 기타건설 공사 | □ 다른 공사와 분리 발주되어 시간·장소적으로 독립하여 행하는 다음의 공사(다른 공사와 병행하여 행하는 경우에는 일반건설공사(갑)으로 분류한다)<br>(1) 건설산업기본법에 의한 준설공사, 조경공사, 택지조성공사(경지정리공사를 포함한다), 포장공사<br>(2) 전기공사업법에 의한 전기공사<br>(3) 정보통신공사업법에 의한 정보통신공사 |

## TOPIC 04 사전안전성 검토(유해·위험방지계획서)

### 1. 위험성 평가

1) 개요

(1) 정의

위험성평가란 건설현장의 유해·위험요인을 파악하고 유해·위험요인에 의한 부상 또는 질병의 발생 가능성(빈도)와 중대성(강도)을 추정·결정하고 감소 대책을 수립하여 실행하는 일련의 과정

(2) 관련법령(산업안전보건법 제36조)

① 사업주는 건설물, 기계·기구·설비, 원재료, 가스, 증기, 분진, 근로자의 작업행동 또는 그 밖의 업무로 인한 유해·위험 요인을 찾아내어 부상 및 질병으로 이어질 수 있는 위험성의 크기가 허용 가능한 범위인지를 평가하여야 하고, 그 결과에 따라

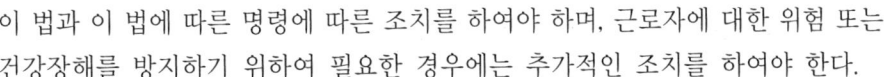

이 법과 이 법에 따른 명령에 따른 조치를 하여야 하며, 근로자에 대한 위험 또는 건강장해를 방지하기 위하여 필요한 경우에는 추가적인 조치를 하여야 한다.

② 사업주는 제1항에 따른 평가 시 고용노동부장관이 정하여 고시하는 바에 따라 해당 작업장의 근로자를 참여시켜야 한다.

③ 사업주는 제1항에 따른 평가의 결과와 조치사항을 고용노동부령으로 정하는 바에 따라 기록하여 보존하여야 한다.

④ 제1항에 따른 평가의 방법, 절차 및 시기, 그 밖에 필요한 사항은 고용노동부장관이 정하여 고시한다.

2) 실시주체

위험성평가는 사업주가 주체가 되어 안전보건관리책임자, 관리감독자, 안전관리자, 보건관리자, 해당 작업의 근로자가 참여하여 역할을 분담하여 실시

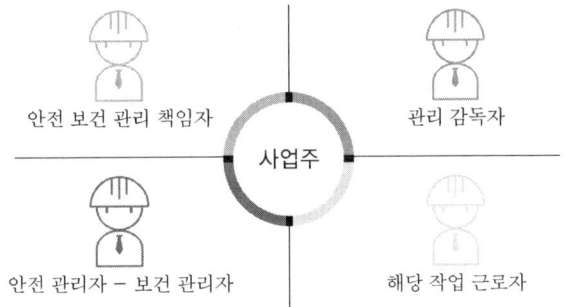

3) 실시 절차

① 사전준비 : 위험성평가 실시계획서의 작성, 평가대상 선정, 평가에 필요한 각종자료 수집
② 유해위험요인 파악 : 사업장 순회점검 및 안전보건 체크리스트 등을 활용하여 사업장 내 유해·위험요인 파악
③ <u>위험성 추정</u> : 유해·위험요인이 부상 또는 질병으로 이어질 수 있는 가능성 및 중대성의 크기를 추정하여 위험성의 크기를 산출
④ 위험성 결정 : 유해·위험요인별 위험성추정 결과와 사업장에서 설정한 허용가능한 위험성의 기준을 비교하여 추정된 위험성의 크기가 허용가능한지 여부를 판단
⑤ 위험성 감소대책 수립 및 실행 : 위험성 결정 결과 허용 불가능한 위험성을 합리적으로 실천 가능한 범위에서 가능한 한 낮은 수준으로 감소시키기 위한 대책을 수립하고 실행

## 2. 유해·위험방지계획서 제출대상 건설공사

### 1) 목적

건설공사 시공 중에 나타날 수 있는 추락, 낙하, 감전 등 재해위험에 대해 공사 착공 전에 설계도, 안전조치계획 등을 검토하여 유해·위험요소에 대한 안전 보건상의 조치를 강구하여 근로자의 안전·보건을 확보하기 위함

### 2) 제출대상 공사(산업안전보건법 시행령 제42조 제3항)

(1) 지상높이가 31m 이상인 건축물 또는 인공구조물, 연면적 30,000m² 이상인 건축물 또는 연면적 5,000m² 이상의 문화 및 집회시설(전시장 및 동물원·식물원은 제외한다), 판매시설, 운수시설(고속철도의 역사 및 집배송시설은 제외한다), 종교시설, 의료시설 중 종합병원, 숙박시설 중 관광숙박시설, 지하도상가 또는 냉동·냉장창고시설
(2) 연면적 5,000m² 이상의 냉동·냉장창고시설의 설비공사 및 단열공사
(3) 최대지간 길이가 50m 이상인 다리의 건설등 공사
(4) 터널건설 등의 공사
(5) 다목적 댐, 발전용 댐 및 저수용량 2천만톤 이상의 용수전용 댐, 지방상수도 전용댐 건설 등의 공사
(6) 깊이가 10m 이상인 굴착공사

### 3) 작성 및 제출

(1) 제출시기

유해·위험방지계획서 작성 대상공사를 착공하려고 하는 사업주는 일정한 자격을 갖춘 자의 의견을 들은 후 동 계획서를 작성하여 공사착공 전일까지 한국산업안전보건공단 관할 지역본부 및 지사에 2부를 제출

(2) 검토의견 자격 요건

① 건설안전분야 산업안전지도사
② 건설안전기술사 또는 토목·건축분야 기술사
③ 건설안전산업기사 이상으로서 건설안전관련 실무경력 7년(기사는 5년) 이상

## 3. 유해·위험방지계획서의 확인사항

1) 확인시기(산업안전보건법 시행규칙 제46, 47조)

    (1) 건설공사 중 6개월 이내마다 공단의 확인을 받아야 함
    (2) 자체심사 및 확인업체의 사업주는 해당 공사 준공 시까지 6개월 이내마다 자체확인을 실시

2) 확인사항

    (1) 유해·위험방지계획서의 내용과 실제공사 내용과의 부합 여부
    (2) 유해·위험방지계획서 변경내용의 적정성
    (3) 추가적인 유해·위험요인의 존재 여부

## 4. 제출 시 첨부서류

1) 공사 개요 및 안전보건관리계획

    (1) 공사 개요서(별지 제101호 서식)
    (2) 공사현장의 주변 현황 및 주변과의 관계를 나타내는 도면(매설물 현황을 포함한다)
    (3) 건설물, 사용 기계설비 등의 배치를 나타내는 도면
    (4) 전체 공정표
    (5) 산업안전보건관리비 사용계획서(별지 제102호 서식)
    (6) 안전관리 조직표
    (7) 재해 발생 위험 시 연락 및 대피방법

2) 작업공사 종류별 유해·위험방지계획

    (1) 제42조 제3항 제1호에 따른 건축물 또는 시설 등의 건설·개조 또는 해체공사

| 작업공사 종류 | 주요 작성대상 | 첨부서류 |
|---|---|---|
| 1. 가설공사<br>2. 구조물공사<br>3. 마감공사<br>4. 기계 설비 공사<br>5. 해체공사 | 가. 비계 조립 및 해체 작업(외부비계 및 높이 3미터 이상 내부비계만 해당한다)<br>나. 높이 4미터를 초과하는 거푸집동바리[동바리가 없는 공법(무지주공법으로 데크플레이트, 호리빔 등)과 옹벽 등 벽체를 포함한다] 조립 및 해체작업 또는 비탈면 슬라브의 거푸집동바리 조립 및 해체 작업 | 1. 해당 작업공사 종류별 작업 개요 및 재해예방 계획<br>2. 위험물질의 종류별 사용량과 저장·보관 및 사용 시의 안전작업계획 |

| 작업공사 종류 | 주요 작성대상 | 첨부서류 |
|---|---|---|
| 1. 가설공사<br>2. 구조물공사<br>3. 마감공사<br>4. 기계 설비공사<br>5. 해체공사 | 다. 작업발판 일체형 거푸집 조립 및 해체 작업<br>라. 철골 및 PC(Precast Concrete) 조립 작업<br>마. 양중기 설치·연장·해체 작업 및 천공·항타 작업<br>바. 밀폐공간내 작업<br>사. 해체 작업<br>아. 우레탄폼 등 단열재 작업[(취급장소와 인접한 장소에서 이루어지는 화기(火器) 작업을 포함한다]<br>자. 같은 장소(출입구를 공동으로 이용하는 장소를 말한다)에서 둘 이상의 공정이 동시에 진행되는 작업 | (비고)<br>1. 바목의 작업에 대한 유해·위험방지계획에는 질식·화재 및 폭발 예방 계획이 포함되어야 한다.<br>2. 각 목의 작업과정에서 통풍이나 환기가 충분하지 않거나 가연성 물질이 있는 건축물 내부나 설비 내부에서 단열재 취급·용접·용단 등과 같은 화기작업이 포함되어 있는 경우에는 세부계획이 포함되어야 한다. |

(2) 제42조제3항제2호에 따른 냉동·냉장창고시설의 설비공사 및 단열공사

| 작업공사 종류 | 주요 작성대상 | 첨부서류 |
|---|---|---|
| 1. 가설공사<br>2. 단열공사<br>3. 기계 설비공사 | 가. 밀폐공간 내 작업<br>나. 우레탄폼 등 단열재 작업(취급장소와 인접한 곳에서 이루어지는 화기 작업을 포함한다)<br>다. 설비 작업<br>라. 같은 장소(출입구를 공동으로 이용하는 장소를 말한다)에서 둘 이상의 공정이 동시에 진행되는 작업 | 1. 해당 작업공사 종류별 작업개요 및 재해예방 계획<br>2. 위험물질의 종류별 사용량과 저장·보관 및 사용 시의 안전작업계획<br>(비고)<br>1. 가목의 작업에 대한 유해·위험방지계획에는 질식·화재 및 폭발 예방계획이 포함되어야 한다.<br>2. 각 목의 작업과정에서 통풍이나 환기가 충분하지 않거나 가연성 물질이 있는 건축물 내부나 설비 내부에서 단열재 취급·용접·용단 등과 같은 화기작업이 포함되어 있는 경우에는 세부계획이 포함되어야 한다. |

(3) 제42조제3항제3호에 따른 다리 건설등의 공사

| 작업공사 종류 | 주요 작성대상 | 첨부서류 |
|---|---|---|
| 1. 가설공사<br>2. 하부공 공사<br>3. 상부공 공사 | 가. 하부공 작업<br>  1) 작업발판 일체형 거푸집 조립 및 해체 작업<br>  2) 양중기 설치·연장·해체 작업 및 천공·항타 작업<br>  3) 교대·교각 기초 및 벽체 철근조립 작업<br>  4) 해상·하상 굴착 및 기초 작업<br>나. 상부공 작업<br>  가) 상부공 가설작업[압출공법(ILM), 캔틸레버공법(FCM), 동바리설치공법(FSM), 이동지보공법(MSS), 프리캐스트 세그먼트 가설공법(PSM) 등을 포함한다]<br>  나) 양중기 설치·연장·해체 작업<br>  다) 상부슬라브 거푸집동바리 조립 및 해체(특수작업대를 포함한다) 작업 | 1. 해당 작업공사 종류별 작업개요 및 재해예방 계획<br>2. 위험물질의 종류별 사용량과 저장·보관 및 사용시의 안전작업계획 |

(4) 제42조제3항제4호에 따른 터널 건설등의 공사

| 작업공사 종류 | 주요 작성대상 | 첨부서류 |
|---|---|---|
| 1. 가설공사<br>2. 굴착 및 발파 공사<br>3. 구조물공사 | 가. 터널굴진공법(NATM)<br>  1) 굴진(갱구부, 본선, 수직갱, 수직구 등을 말한다) 및 막장내 붕괴·낙석 방지 계획<br>  2) 화약 취급 및 발파 작업<br>  3) 환기 작업<br>  4) 작업대(굴진, 방수, 철근, 콘크리트 타설을 포함한다) 사용 작업<br>나. 기타 터널공법[(TBM)공법, 쉴드(Shield)공법, 추진(Front Jacking)공법, 침매공법 등을 포함한다]<br>  1) 환기 작업<br>  2) 막장내 기계·설비 유지·보수 작업 | 1. 해당 작업공사 종류별 작업개요 및 재해예방 계획<br>2. 위험물질의 종류별 사용량과 저장·보관 및 사용시의 안전작업계획<br>(비고)<br>1. 나목의 작업에 대한 유해·위험방지계획에는 굴진(갱구부, 본선, 수직갱, 수직구 등을 말한다) 및 막장내 붕괴·낙석 방지 계획이 포함되어야 한다. |

(5) 제42조제3항제5호에 따른 댐 건설등의 공사

| 작업공사 종류 | 주요 작성대상 | 첨부서류 |
|---|---|---|
| 1. 가설공사<br>2. 굴착 및 발파 공사<br>3. 댐 축조공사 | 가. 굴착 및 발파 작업<br>나. 댐 축조[가(假)체절 작업을 포함한다] 작업<br>  1) 기초처리 작업<br>  2) 둑 비탈면 처리 작업<br>  3) 본체 축조 관련 장비 작업(흙쌓기 및 다짐만 해당한다)<br>  4) 작업발판 일체형 거푸집 조립 및 해체 작업(콘크리트 댐만 해당한다) | 1. 해당 작업공사 종류별 작업개요 및 재해예방 계획<br>2. 위험물질의 종류별 사용량과 저장·보관 및 사용 시의 안전작업계획 |

(6) 제42조제3항제6호에 따른 굴착공사

| 작업공사 종류 | 주요 작성대상 | 첨부서류 |
|---|---|---|
| 1. 가설공사<br>2. 굴착 및 발파 공사<br>3. 흙막이 지보공(支保工) 공사 | 가. 흙막이 가시설 조립 및 해체 작업(복공작업을 포함한다)<br>나. 굴착 및 발파 작업<br>다. 양중기 설치·연장·해체 작업 및 천공·항타 작업 | 1. 해당 작업공사 종류별 작업개요 및 재해예방 계획<br>2. 위험물질의 종류별 사용량과 저장·보관 및 사용 시의 안전작업계획 |

[비고] 작업 공사 종류란의 공사에서 이루어지는 작업으로서 주요 작성대상란에 포함되지 않은 작업에 대해서도 유해·위험방지계획을 작성하고, 첨부서류란의 해당 서류를 첨부하여야 한다.

**유해위험방지계획서 제출대상 건설공사**

1. <u>지상높이가 31m 이상</u>인 건축물 또는 인공구조물, 연면적 30,000m² 이상인 건축물 또는 연면적 5,000m² 이상의 문화 및 집회시설(전시장 및 동물원·식물원은 제외한다), 판매시설, 운수시설(고속철도의 역사 및 집배송시설은 제외한다), 종교시설, 의료시설 중 종합병원, 숙박시설 중 관광숙박시설, 지하도상가 또는 냉동·냉장창고시설의 건설·개조 또는 해체(이하 "건설 등"이라 한다)
2. 연면적 5,000m² 이상의 냉동·냉장창고시설의 설비공사 및 단열공사
3. <u>최대지간 길이가 50m 이상</u>인 교량건설 등 공사
4. 터널건설 등의 공사
5. 다목적 댐, 발전용 댐 및 <u>저수용량 2천만톤 이상</u>의 용수전용 댐, 지방상수도 전용댐 건설 등의 공사
6. <u>깊이가 10m 이상</u>인 굴착공사

# 08 보호구 및 안전보건표지

## 1. 보호구의 개요

산업재해 예방을 위해 작업자 개인이 착용하고 작업하는 것으로서 유해·위험상황에 따라 발생할 수 있는 재해를 예방하거나 그 유해·위험의 영향이나 재해의 성노를 감소시키기 위한 것을 말한다.

보호구에 완전히 의존하여 기계·기구 설비의 보완이나 작업환경 개선을 소홀히 해서는 안 되며, 보호구는 어디까지나 보조수단으로 사용함을 원칙으로 해야 한다.

### 1) 보호구가 갖추어야 할 구비요건

(1) 착용이 간편할 것
(2) 작업에 방해를 주지 않을 것
(3) 유해·위험요소에 대한 방호가 확실할 것
(4) 재료의 품질이 우수할 것
(5) 외관상 보기가 좋을 것
(6) 구조 및 표면가공이 우수할 것

### 2) 보호구 선정 시 유의사항

(1) 사용 목적에 적합할 것
(2) 의무(자율)안전인증을 받고 성능이 보장되는 것
(3) 작업에 방해가 되지 않을 것
(4) 착용이 쉽고 크기 등이 사용자에게 편리할 것

## 2. 보호구의 종류

### 1) 안전인증 대상 보호구(산업안전보건법 시행령 제74조 제1항 제3호)

(1) 추락 및 감전 위험방지용 안전모
(2) 안전화
(3) 안전장갑
(4) 방진마스크
(5) 방독마스크
(6) 송기마스크
(7) 전동식 호흡보호구
(8) 보호복
(9) 안전대
(10) 차광(遮光) 및 비산물(飛散物) 위험방지용 보안경
(11) 용접용 보안면
(12) 방음용 귀마개 또는 귀덮개

### 2) 자율 안전확인 대상 보호구(산업안전보건법 시행령 제77조 제1항 제3호)

(1) 안전모(추락 및 감전 위험방지용 안전모 제외)
(2) 보안경(차광 및 비산물 위험방지용 보안경 제외)
(3) 보안면(용접용 보안면 제외)

### 3) 안전인증의 표시

| 의무인증, 자율안전확인신고 표시 | (의무인증이 아닌)임의인증 표시 |
|---|---|
| KCs |  |

## 3. 보호구의 성능기준 및 시험방법

### 1) 안전모

#### (1) 안전모의 구조

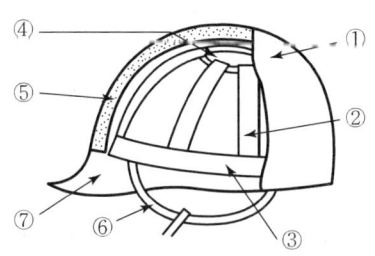

| 번호 | | 명칭 |
|---|---|---|
| ① | | 모체 |
| ② | 착장체 | 머리받침끈 |
| ③ | | 머리고정대 |
| ④ | | 머리받침고리 |
| ⑤ | | 충격흡수재 |
| ⑥ | | 턱끈 |
| ⑦ | | 챙(차양) |

#### (2) 의무안전인증대상 안전모의 종류 및 사용구분

| 종류 (기호) | 사용구분 | 비고 |
|---|---|---|
| AB | 물체의 낙하 또는 비래 및 추락에 의한 위험을 방지 또는 경감시키기 위한 것 | |
| AE | 물체의 낙하 또는 비래에 의한 위험을 방지 또는 경감하고, 머리부위 감전에 의한 위험을 방지하기 위한 것 | 내전압성 (주1) |
| ABE | 물체의 낙하 또는 비래 및 추락에 의한 위험을 방지 또는 경감하고, 머리부위 감전에 의한 위험을 방지하기 위한 것 | 내전압성 |

(주1) 내전압성이란 7,000V 이하의 전압에 견디는 것을 말한다.

(3) 안전모의 구비조건

① 일반구조

　㉠ 안전모는 모체, 착장체(머리고정대, 머리받침고리, 머리받침끈) 및 턱끈을 가질 것

　㉡ 착장체의 머리고정대는 착용자의 머리부위에 적합하도록 조절할 수 있을 것

　㉢ 착장체의 구조는 착용자의 머리에 균등한 힘이 분배되도록 할 것

　㉣ 모체, 착장체 등 안전모의 부품은 착용자에게 상해를 줄 수 있는 날카로운 모서리 등이 없을 것

　㉤ 턱끈은 사용 중 탈락되지 않도록 확실히 고정되는 구조일 것

　㉥ 안전모의 착용높이는 85mm 이상이고 외부수직거리는 80mm 미만일 것

　㉦ 안전모의 내부수직거리는 25mm 이상 50mm 미만일 것

　㉧ 안전모의 수평간격은 5mm 이상일 것

　㉨ 머리받침끈이 섬유인 경우에는 각각의 폭은 15mm 이상이어야 하며, 교차되는 끈의 폭의 합은 72mm 이상일 것

　㉩ 턱끈의 폭은 10mm 이상일 것

② AB종 안전모는 가목의 조건에 적합해야 하고 충격흡수재를 가져야 하며, 리벳(rivet) 등 기타 돌출부가 모체의 표면에서 5mm 이상 돌출되지 않아야 한다. 다만, 통기목적으로 안전모에 구멍을 뚫을 수 있으며 통기구멍의 총면적은 150mm$^2$ 이상, 450mm$^2$ 이하로 하여야 하며, 직경 3mm의 탐침을 통기구멍에 삽입하였을 때 탐침이 두상에 닿지 않아야 한다.

③ AE종 안전모는 가목의 조건에 적합해야 하고 금속제의 부품을 사용하지 않고, 착장체는 모체의 내외면을 관통하는 구멍을 뚫지 않고 붙일 수 있는 구조로서 모체의 내외면을 관통하는 구멍 핀홀 등이 없어야 한다.

④ ABE종 안전모는 가목 및 다목에서 규정하는 조건에 적합해야 한다. 가목 및 다목에서 규정하는 조건에 적합하여야 하며 충격흡수재를 부착하되, 리벳(rivet) 등 기타 돌출부가 모체의 표면에서 5mm 이상 돌출되지 않아야 한다.

(4) <u>성능시험방법</u>

① 내관통성시험　　② 충격흡수성시험
③ 내전압성시험　　④ 내수성시험
⑤ 난연성시험　　　⑥ 턱끈풀림

| 항목 | 시험성능기준 |
|---|---|
| 내관통성 | AE, ABE종 안전모는 관통거리가 9.5mm 이하이고, AB종 안전모는 관통거리가 11.1mm 이하이어야 한다. |
| 충격흡수성 | 최고전달충격력이 4,450N을 초과해서는 안되며, 모체와 착장체의 기능이 상실되지 않아야 한다. |
| 내전압성 | AE, ABE종 안전모는 교류 20KV에서 1분간 절연파괴 없이 견뎌야 하고, 이때 누설되는 충전전류는 10mA 이하이어야 한다. |
| 내 수 성 | AE, ABE종 안전모는 질량증가율이 1% 미만이어야 한다. |
| 난 연 성 | 모체가 불꽃을 내며 5초 이상 연소되지 않아야 한다. |
| 턱끈풀림 | 150N 이상 250N 이하에서 턱끈이 풀려야 한다. |

2) 안전화

(1) 안전화의 명칭

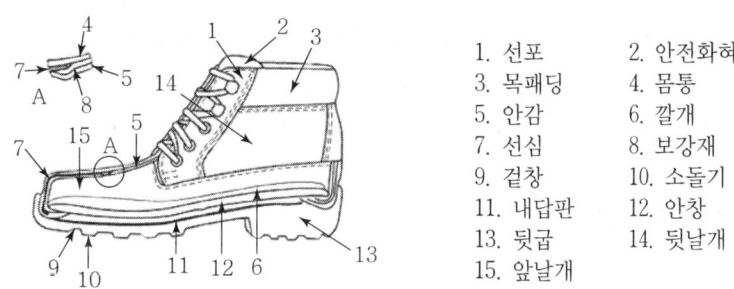

1. 선포  2. 안전화혀
3. 목패딩  4. 몸통
5. 안감  6. 깔개
7. 선심  8. 보강재
9. 겉창  10. 소돌기
11. 내답판  12. 안창
13. 뒷굽  14. 뒷날개
15. 앞날개

[가죽제 안전화 각 부분의 명칭]

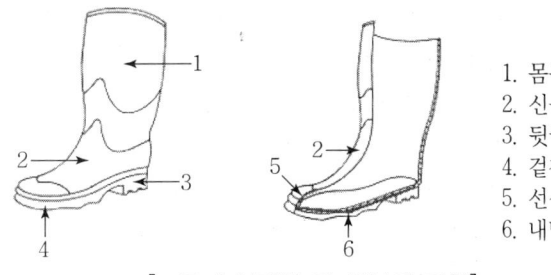

1. 몸통
2. 신울
3. 뒷굽
4. 겉창
5. 선심
6. 내답판

[고무제 안전화 각 부분의 명칭]

### (2) 안전화의 종류

| 종류 | 성능구분 |
|---|---|
| 가죽제안전화 | 물체의 낙하, 충격 또는 날카로운 물체에 의한 찔림 위험으로부터 발을 보호하기 위한 것<br>성능시험 : 내답발성, 내압박, 충격, 박리 |
| 고무제안전화 | 물체의 낙하, 충격 또는 날카로운 물체에 의한 찔림 위험으로부터 발을 보호하고 내수성 또는 내화학성을 겸한 것<br>성능시험 : 압박, 충격, 침수 |
| 정전기안전화 | 물체의 낙하, 충격 또는 날카로운 물체에 의한 찔림 위험으로부터 발을 보호하고 정전기가 인체로의 대전을 방지하기 위한 것 |
| 발등 안전화 | 물체의 낙하, 충격 또는 날카로운 물체에 의한 찔림 위험으로부터 발 및 발등을 보호하기 위한 것 |
| 절연화 | 물체의 낙하, 충격 또는 날카로운 물체에 의한 찔림 위험으로부터 발을 보호하고 저압의 전기에 의한 감전을 방지하기 위한 것 |
| 절연장화 | 고압에 의한 감전을 방지 및 방수를 겸한 것 |
| 화학물질용 안전화 | 물체의 낙하, 충격 또는 날카로운 물체에 의한 찔림 위험으로부터 발을 보호하고 화학물질로부터 유해위험을 방지하기 위한 것 |

### (3) 안전화의 등급

| 등급 | 사용장소 |
|---|---|
| 중작업용 | 광업, 건설업 및 철광업 등에서 원료취급, 가공, 강재취급 및 강재 운반, 건설업 등에서 중량물 운반작업, 가공대상물의 중량이 큰 물체를 취급하는 작업장으로서 날카로운 물체에 의해 찔릴 우려가 있는 장소 |
| 보통 작업용 | 기계공업, 금속가공업, 운반, 건축업 등 공구 가공품을 손으로 취급하는 작업 및 차량 사업장, 기계 등을 운전조작하는 일반작업장으로서 날카로운 물체에 의해 찔릴 우려가 있는 장소 |
| 경작업용 | 금속 선별, 전기제품 조립, 화학제품 선별, 반응장치 운전, 식품 가공업 등 비교적 경량의 물체를 취급하는 작업장으로서 날카로운 물체에 의해 찔릴 우려가 있는 장소 |

(4) 안전화의 몸통 높이에 따른 구분

단위 : mm

| 몸통 높이(h) | | |
|---|---|---|
| 단화 | 중단화 | 장화 |
| 113 미만 | 113 이상 | 178 이상 |

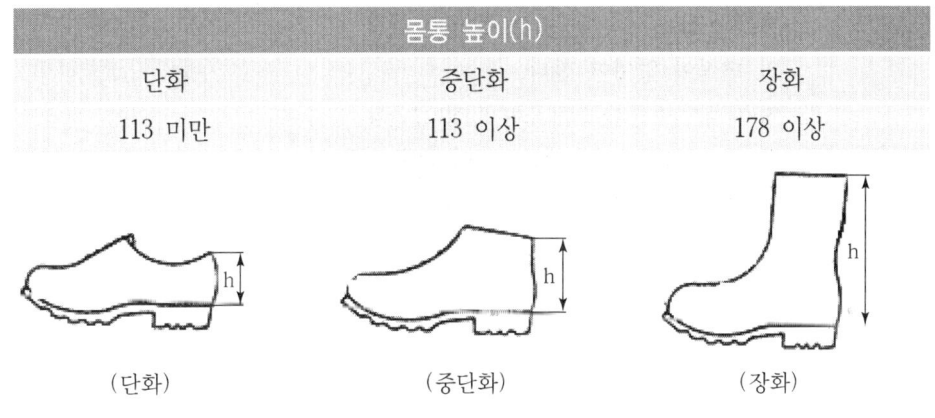

(단화)　　　　　(중단화)　　　　　(장화)

[안전화 몸통 높이에 따른 구분]

(5) 가죽제 발보호안전화의 일반구조
① 안전화의 발 끝 부분에 선심을 넣어 압박 및 충격으로부터 착용자의 발가락을 보호할 수 있는 구조이어야 한다.
② 착용감이 좋으며 작업 및 활동하기가 편리해야 한다.
③ 겉창의 소돌기는 좌우, 전후 균형을 유지해야 한다.
④ 선심의 내측은 헝겊, 가죽, 고무 또는 합성수지 등으로 감싸고 특히 후단부의 내측은 보강되어 있어야 한다.
⑤ 내답발성을 향상시키기 위해 얇은 금속 또는 이와 동등 이상의 재질로 된 내답판을 사용해야 한다.

⑥ 안창은 유연하고 강하여야 하며 흡습성이 있는 재질이어야 한다.
⑦ 봉합사가 사용된 경우 그 사용목적에 적합하고 굵기 및 꼬임이 균등해야 한다.
⑧ 내답판은 안전화의 손상 없이는 제거될 수 없도록 안전화 내측에 삽입되어야 한다.
⑨ 가죽은 천연가죽으로 하거나 합성수지로 코팅된 인조가죽을 사용하고 두께가 균일하여야 하며 홈 등의 결함이 없어야 한다.
⑩ 선심은 충격 및 압박시험조건에 파손되지 않고 견딜 수 있는 충분한 강도를 가지는 금속, 합성수지 또는 이와 동등 이상의 재질이어야 하며 표면이 모두 평활하고 가장자리 및 모서리는 둥글게 하고 강재 선심인 경우에는 전체표면에 부식방지 처리를 해야 한다.
⑪ 안전화 겉창내면의 가장자리와 내답판 최대 이격거리를 명시해야 한다.

### 3) 내전압용 절연장갑

(1) 일반구조

① 절연장갑은 고무로 제조하여야 하며 핀홀(Pin Hole), 균열, 기포 등의 물리적인 변형이 없어야 한다.
② 여러 색상의 층들로 제조된 합성 절연장갑이 마모되는 경우에는 그 아래에 다른 색상의 층이 나타나야 한다.

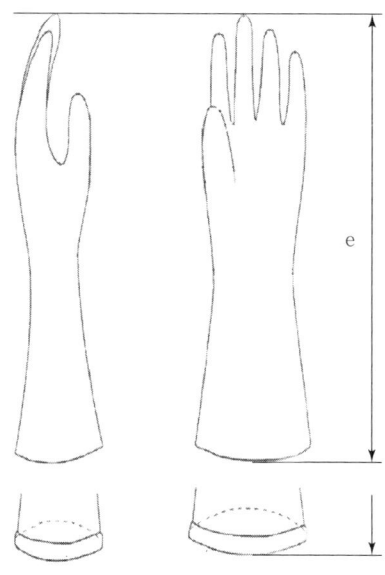

(e : 표준길이)

(2) 절연장갑의 등급 및 색상

| 등급 | 최대사용전압 | | 비고 |
|---|---|---|---|
| | 교류(V, 실효값) | 직류(V) | |
| 00 | 500 | 750 | 갈색 |
| 0 | 1,000 | 1,500 | 빨간색 |
| 1 | 7,500 | 11,250 | 흰색 |
| 2 | 17,000 | 25,500 | 노란색 |
| 3 | 26,500 | 39,750 | 녹색 |
| 4 | 36,000 | 54,000 | 등색 |

(3) 고무의 최대 두께

| 등급 | 두께(mm) | 비고 |
|---|---|---|
| 00 | 0.50 이하 | |
| 0 | 1.00 이하 | |
| 1 | 1.50 이하 | |
| 2 | 2.30 이하 | |
| 3 | 2.90 이하 | |
| 4 | 3.60 이하 | |

(4) 절연내력

| 절연내력 | 최소내전압 시험<br>(실효치, kV) | | 00등급 | 0등급 | 1등급 | 2등급 | 3등급 | 4등급 |
|---|---|---|---|---|---|---|---|---|
| | | | 5 | 10 | 20 | 30 | 30 | 40 |
| | 시험전압<br>(실효치, kV) | | 2.5 | 5 | 10 | 20 | 30 | 40 |
| | 누설전류<br>시험<br>(실효값<br>mA) | 표준<br>길이<br>mm | | | | | | |
| | | 460 | 미적용 | 18 이하 | 18 이하 | 18 이하 | 18 이하 | 18 이하 |
| | | 410 | 미적용 | 16 이하 | 16 이하 | 16 이하 | 16 이하 | 16 이하 |
| | | 360 | 14 이하 | 14 이하 | 14 이하 | 14 이하 | 14 이하 | 미적용 |
| | | 270 | 12 이하 | 12 이하 | 미적용 | 미적용 | 미적용 | 미적용 |

4) 화학물질용 안전장갑

(1) 일반구조 및 재료

① 안전장갑에 사용되는 재료와 부품은 착용자에게 해로운 영향을 주지 않아야 한다.
② 안전장갑은 착용 및 조작이 용이하고, 착용상태에서 작업을 행하는 데 지장이 없어야 한다.
③ 안전장갑은 육안을 통해 확인한 결과 찢어진 곳, 터진 곳, 구멍난 곳이 없어야 한다.

(2) 안전인증 유기화합물용 안전장갑에는 안전인증의 표시에 따른 표시 외에 다음 내용을 추가로 표시해야 한다.

① 안전장갑의 치수
② 보관·사용 및 세척상의 주의사항
③ 화학물질 구분문자와 안전장갑을 표시하는 화학물질 보호성능 표시 그림 및 제품 사용에 대한 설명

[화학물질 보호성능 표시]

④ 다음 화학물질 외 제조자가 다른 화학물질에 대한 투과저항시험을 실시하고, 성능수준을 사용설명서에 표시하는 경우 제조회사의 시험 결과임을 명시

〈화학물질 목록〉

| 구분 문자 | 화학물질 | CAS 번호 |
|---|---|---|
| A | 메탄올 | 67-56-1 |
| B | 아세톤 | 67-64-1 |
| C | 아세토니트릴 | 75-05-8 |
| D | 디클로로메탄 | 75-09-2 |
| E | 이황화탄소 | 75-15-0 |
| F | 톨루엔 | 108-88-3 |
| G | 디에틸아민 | 109-89-7 |
| H | 테트라하이드로퓨란 | 109-99-9 |
| I | 에틸아세테이트 | 141-78-6 |
| J | N-헥산 | 110-54-3 |
| K | 수산화나트륨 40% | 1310-73-2 |
| L | 황산 96% | 7664-93-9 |

⑤ 재료시험의 각 성능 수준을 사용설명서에 표시

## 5) 방진마스크

### (1) 방진마스크의 등급 및 사용장소

| 등급 | 특급 | 1급 | 2급 |
|---|---|---|---|
| 사용장소 | • 베릴륨 등과 같이 독성이 강한 물질들을 함유한 분진 등 발생장소<br>• 석면 취급장소 | • 특급마스크 착용장소를 제외한 분진 등 발생장소<br>• 금속품 등과 같이 열적으로 생기는 분진 등 발생장소<br>• 기계적으로 생기는 분진 등 발생장소(규소 등과 같이 2급 방진마스크를 착용하여도 무방한 경우는 제외한다.) | • 특급 및 1급 마스크 착용장소를 제외한 분진 등 발생장소 |

배기밸브가 없는 안면부 여과식 마스크는 특급 및 1급 장소에 사용해서는 안 된다.

〈여과재 분진 등 포집효율〉

| 형태 및 등급 | | 염화나트륨(NaCl) 및 파라핀 오일(Paraffin oil) 시험(%) |
|---|---|---|
| 분리식 | 특급 | 99.95 이상 |
| | 1급 | 94.0 이상 |
| | 2급 | 80.0 이상 |
| 안면부 여과식 | 특급 | 99.0 이상 |
| | 1급 | 94.0 이상 |
| | 2급 | 80.0 이상 |

### (2) 안면부 누설율

| 형태 및 등급 | | 누설률(%) |
|---|---|---|
| 분리식 | 전면형 | 0.05 이하 |
| | 반면형 | 5 이하 |
| 안면부 여과식 | 특급 | 5 이하 |
| | 1급 | 11 이하 |
| | 2급 | 25 이하 |

(3) 전면형 방진마스크의 항목별 유효시야

| 형태 | | 시야(%) | |
|---|---|---|---|
| | | 유효시야 | 겹침시야 |
| 전면형 | 1 안식 | 70 이상 | 80 이상 |
| | 2 안식 | 70 이상 | 20 이상 |

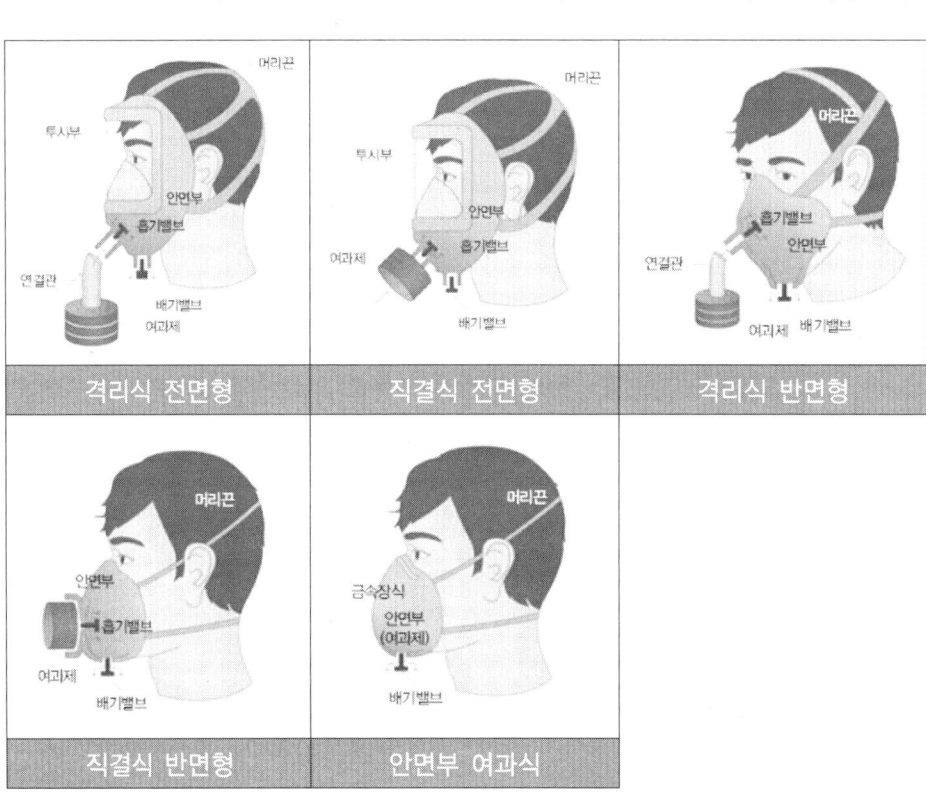

(4) 방진마스크의 형태별 구조분류

| 형태 | 분리식 | | 안면부 여과식 |
|---|---|---|---|
| | 격리식 | 직결식 | |
| 구조 분류 | 안면부, 여과재, 연결관, 흡기밸브, 배기밸브 및 머리끈으로 구성되며 여과재에 의해 분진 등이 제거된 깨끗한 공기를 연결관으로 통하여 흡기밸브로 흡입되고 체내의 공기는 배기밸브를 통하여 외기중으로 배출하게 되는 것으로 부품을 자유롭게 교환할 수 있는 것을 말한다. | 안면부, 여과재, 흡기밸브, 배기밸브 및 머리끈으로 구성되며 여과재에 의해 분진 등이 제거된 깨끗한 공기가 흡기밸브를 통하여 흡입되고 체내의 공기는 배기밸브를 통하여 외기중으로 배출하게 되는 것으로 부품을 자유롭게 교환할 수 있는 것을 말한다. | 여과재로 된 안면부와 머리끈으로 구성되며 여과재인 안면부에 의해 분진 등을 여과한 깨끗한 공기가 흡입되고 체내의 공기는 여과재인 안면부를 통해 외기중으로 배기되는 것으로 (배기밸브가 있는 것은 배기밸브를 통하여 배출)부품이 교환될 수 없는 것을 말한다. |

(5) 방진마스크의 일반구조 조건

① 착용 시 이상한 압박감이나 고통을 주지 않을 것
② 전면형은 호흡 시에 투시부가 흐려지지 않을 것
③ 분리식 마스크에 있어서는 여과재, 흡기밸브, 배기밸브 및 머리끈을 쉽게 교환할 수 있고 착용자 자신이 안면과 분리식 마스크의 안면부와의 밀착성 여부를 수시로 확인할 수 있어야 할 것
④ 안면부 여과식 마스크는 여과재로 된 안면부가 사용기간 중 심하게 변형되지 않을 것
⑤ 안면부 여과식 마스크는 여과재를 안면에 밀착시킬 수 있어야 할 것

(6) 방진마스크의 일반구조 조건

① 방진마스크는 쉽게 착용되어야 하고 착용하였을 때 안면부가 안면에 밀착되어 공기가 새지 않을 것
② 흡기밸브는 미약한 호흡에 대하여 확실하고 예민하게 작동하도록 할 것
③ 배기밸브는 방진마스크의 내부와 외부의 압력이 같을 경우 항상 닫혀 있도록 할 것. 또한, 약한 호흡 시에도 확실하고 예민하게 작동하여야 하며 외부의 힘에 의하여 손상되지 않도록 덮개 등으로 보호되어 있을 것
④ 연결관(격리식에 한한다)은 신축성이 좋아야 하고 여러 모양의 구부러진 상태에서도 통기에 지장이 없을 것 (또한, 턱이나 팔의 압박이 있는 경우에도 통기에 지장이 없어야 하며 목의 운동에 지장을 주지 않을 정도의 길이를 가질 것
⑤ 머리끈은 적당한 길이 및 탄력성을 갖고 길이를 쉽게 조절할 수 있을 것

(7) 방진마스크의 재료 조건

① 안면에 밀착하는 부분은 피부에 장해를 주지 않을 것
② 여과재는 여과성능이 우수하고 인체에 장해를 주지 않을 것
③ 방진마스크에 사용하는 금속부품은 내식성을 갖거나 부식방지를 위한 조치가 되어 있을 것
④ 전면형의 경우 사용할 때 충격을 받을 수 있는 부품은 충격 시에 마찰 스파크가 발생되어 가연성의 가스혼합물을 점화시킬 수 있는 알루미늄, 마그네슘, 티타늄 또는 이의 합금을 사용하지 않을 것
⑤ 반면형의 경우 사용할 때 충격을 받을 수 있는 부품은 충격 시에 마찰 스파크가 발생되어 가연성의 가스혼합물을 점화시킬 수 있는 알루미늄, 마그네슘, 티타늄 또는 이의 합금을 최소한 사용할 것

(8) 방진마스크 선정기준(구비조건)

① 분진포집효율(여과효율)이 좋을 것
② 흡기, 배기저항이 낮을 것
③ 사용적이 적을 것
④ 중량이 가벼울 것
⑤ 시야가 넓을 것
⑥ 안면 밀착성이 좋을 것

6) 방독마스크

(1) 방독마스크의 종류

| 종류 및 등급 | | 시험가스의 조건 | | 파과농도 (ppm, ±20%) | 파과시간 (분) |
|---|---|---|---|---|---|
| | | 시험가스 | 농도 (%, ±10%) | | |
| 유기 화합 물용 | 고농도 | 시클로 헥산 | 0.5 | 10.0 | 35 이상 |
| | 중농도 | | 0.1 | | 70 이상 |
| | 저농도 | 시클로 헥산 | 0.05 | 5.0 | 70 이상 |
| | | 디메틸에테르 | 0.05 | | 70 이상 |
| | | 이소부탄 | 0.25 | | |

| 종류 및 등급 | | 시험가스의 조건 | | 파과농도 (ppm, ±20%) | 파과시간 (분) |
|---|---|---|---|---|---|
| | | 시험가스 | 농도 (%, ±10%) | | |
| 할로겐스용 | 고농도 | 염소가스 | 0.5 | 0.5 | 20 이상 |
| | 중농도 | | 0.1 | | 20 이상 |
| | 저농도 | | 0.05 | | 20 이상 |
| 황화수소용 | 고농도 | 황화수소가스 | 0.5 | 10.0 | 40 이상 |
| | 중농도 | | 0.1 | | 40 이상 |
| | 저농도 | | 0.05 | | 40 이상 |
| 시안화 수소용 | 고농도 | 시안화수소가스 | 0.5 | 10.0* | 25 이상 |
| | 중농도 | | 0.1 | | 25 이상 |
| | 저농도 | | 0.05 | | 25 이상 |
| 아황산스용 | 고농도 | 아황산 가스 | 0.5 | 5.0 | 20 이상 |
| | 중농도 | | 0.1 | | 20 이상 |
| | 저농도 | | 0.05 | | 20 이상 |
| 암모니아용 | 고농도 | 암모니아 가스 | 0.5 | 25.0 | 40 이상 |
| | 중농도 | | 0.1 | | 50 이상 |
| | 저농도 | | 0.05 | | 50 이상 |

* 시안화수소가스에 의한 세독능력시험 시 시아노겐(C2N2)은 시험가스에 포함될 수 있다 (C2N2+HCN)를 포함한 파과농도는 10ppm을 초과할 수 없다
* 겸용의 경우 정화통과 여과재가 장착된 상태에서 분진포집효율시험을 하였을 때 등급에 따른 기준치 이상이어야 한다.

(2) 방독마스크의 등급

| 등급 | 사용장소 |
|---|---|
| 고농도 | 가스 또는 증기의 농도가 100분의 2(암모니아에 있어서는 100분의 3) 이하의 대기 중에서 사용하는 것 |
| 중농도 | 가스 또는 증기의 농도가 100분의 1(암모니아에 있어서는 100분의 1.5) 이하의 대기 중에서 사용하는 것 |
| 저농도 및 최저농도 | 가스 또는 증기의 농도가 100분의 0.1 이하의 대기 중에서 사용하는 것으로서 긴급용이 아닌 것 |
| 비고 : 방독마스크는 <u>산소농도가 18% 이상인 장소에서 사용하여야</u> 하고, 고농도와 중농도에서 사용하는 방독마스크는 전면형(격리식, 직결식)을 사용해야 한다. | |

(3) 방독마스크의 형태 및 구조

| 형태 | | 구조 |
|---|---|---|
| 격리식 | 전면형 | 정화통, 연결관, 흡기밸브, 안면부, 배기밸브 및 머리끈으로 구성되고, 정화통에 의해 가스 또는 증기를 여과한 청정공기를 연결관을 통하여 흡입하고 배기는 배기밸브를 통하여 외기 중으로 배출하는 것으로 안면부 전체를 덮는 구조 |
| | 반면형 | 정화통, 연결관, 흡기밸브, 안면부, 배기밸브 및 머리끈으로 구성되고, 정화통에 의해 가스 또는 증기를 여과한 청정공기를 연결관을 통하여 흡입하고 배기는 배기밸브를 통하여 외기 중으로 배출하는 것으로 코 및 입부분을 덮는 구조 |
| 직결식 | 전면형 | 정화통, 흡기밸브, 안면부, 배기밸브 및 머리끈으로 구성되고, 정화통에 의해 가스 또는 증기를 여과한 청정공기를 흡기밸브를 통하여 흡입하고 배기는 배기밸브를 통하여 외기 중으로 배출하는 것으로 정화통이 직접 연결된 상태로 안면부 전체를 덮는 구조 |
| | 반면형 | 정화통, 흡기밸브, 안면부, 배기밸브 및 머리끈으로 구성되고, 정화통에 의해 가스 또는 증기를 여과한 청정공기를 흡기밸브를 통하여 흡입하고 배기는 배기밸브를 통하여 외기 중으로 배출하는 것으로 안면부와 정화통이 직접 연결된 상태로 코 및 입부분을 덮는 구조 |

(4) 방독마스크의 일반구조 조건

① 착용 시 이상한 압박감이나 고통을 주지 않을 것
② 착용자의 얼굴과 방독마스크의 내면 사이의 공간이 너무 크지 않을 것
③ 전면형은 호흡 시에 투시부가 흐려지지 않을 것
④ 격리식 및 직결식 방독마스크에 있어서는 정화통·흡기밸브·배기밸브 및 머리끈을 쉽게 교환할 수 있고, 착용자 자신이 스스로 안면과 방독마스크 안면부와의 밀착성 여부를 수시로 확인할 수 있을 것

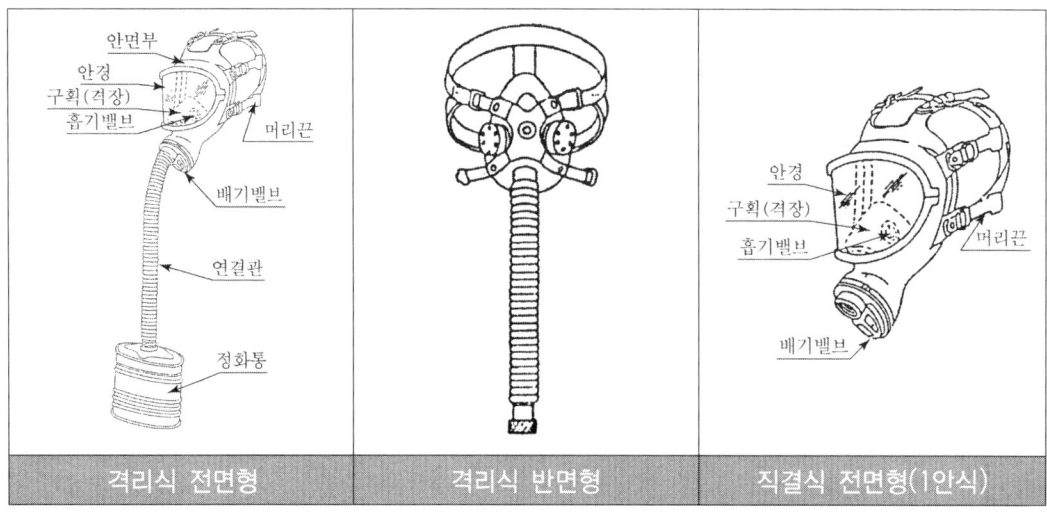

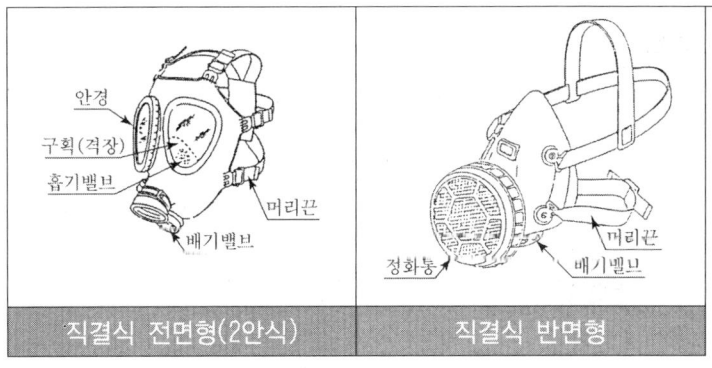

| 직결식 전면형(2안식) | 직결식 반면형 |

(5) 방독마스크의 재료조건

① 안면에 밀착하는 부분은 피부에 장해를 주지 않을 것
② 흡착제는 흡착성능이 우수하고 인체에 장해를 주지 않을 것
③ 방독마스크에 사용하는 금속부품은 부식되지 않을 것
④ 방독마스크를 사용할 때 충격을 받을 수 있는 부품은 충격 시에 마찰 스파크가 발생되어 가연성의 가스혼합물을 점화시킬 수 있는 알루미늄, 마그네슘, 티타늄 또는 이의 합금으로 만들지 말 것

(6) 방독마스크 표시사항

안전인증 방독마스크에는 다음 각목의 내용을 표시해야 한다.
① 파과곡선도
② 사용시간 기록카드
③ 정화통의 외부측면의 표시색

| 종류 | 표시 색 |
|---|---|
| 유기화합물용 정화통 | 갈색 |
| 할로겐용 정화통 | |
| 황화수소용 정화통 | 회색 |
| 시안화수소용 정화통 | |
| 아황산용 정화통 | 노란색 |
| 암모니아용(유기가스) 정화통 | 녹색 |
| 복합용 및 겸용의 정화통 | 복합용의 경우 : 해당가스 모두 표시(2층 분리)<br>겸용의 경우 : 백색과 해당가스 모두 표시(2층 분리) |

④ 사용상의 주의사항

## (7) 방독마스크 성능시험 방법

① 기밀시험

② 안면부 흡기저항시험

| 형태 및 등급 | | 유량($\ell$/min) | 차압(Pa) |
|---|---|---|---|
| 격리식 및 직결식 | 전면형 | 160 | 250 이하 |
| | | 30 | 50 이하 |
| | | 95 | 150 이하 |
| | 반면형 | 160 | 200 이하 |
| | | 30 | 50 이하 |
| | | 95 | 130 이하 |

③ 안면부 배기저항시험

| 형태 | 유량($\ell$/min) | 차압(Pa) |
|---|---|---|
| 격리식 및 직결식 | 160 | 300 이하 |

## 7) 송기마스크

### (1) 송기마스크의 종류 및 등급

| 종류 | 등급 | | 구분 |
|---|---|---|---|
| 호스 마스크 | 폐력흡인형 | | 안면부 |
| | 송풍기형 | 전 동 | 안면부, 페이스실드, 후드 |
| | | 수 동 | 안면부 |
| 에어라인마스크 | 일정유량형 | | 안면부, 페이스실드, 후드 |
| | 디맨드형 | | 안면부 |
| | 압력디맨드형 | | 안면부 |
| 복합식 에어라인마스크 | 디맨드형 | | 안면부 |
| | 압력디맨드형 | | 안면부 |

(2) 송기마스크의 종류에 따른 형상 및 사용범위

| 종류 | 등급 | 형상 및 사용범위 |
|---|---|---|
| 호스 마스크 | 폐력 흡인형 | 호스의 끝을 신선한 공기 중에 고정시키고 호스, 안면부를 통하여 착용자가 자신의 폐력으로 공기를 흡입하는 구조로서, 호스는 원칙적으로 안지름 19mm 이상, 길이 10m 이하이어야 한다. |
| | 송풍기형 | 전동 또는 수동의 송풍기를 신선한 공기 중에 고정시키고 호스, 안면부 등을 통하여 송기하는 구조로서, 송기풍량의 조절을 위한 유량조절 장치(수동 송풍기를 사용하는 경우는 공기조절 주머니도 가능) 및 송풍기에는 교환이 가능한 필터를 구비하여야 하며, 안면부를 통해 송기하는 것은 송풍기가 사고로 정지된 경우에도 착용자가 자기 폐력으로 호흡할 수 있는 것이어야 한다. |
| 에어 라인 마스크 | 일정 유량형 | 압축 공기관, 고압 공기용기 및 공기압축기 등으로부터 중압호스, 안면부 등을 통하여 압축공기를 착용자에게 송기하는 구조로서, 중간에 송기 풍량을 조절하기 위한 유량조절장치를 갖추고 압축공기 중의 분진, 기름 미스트 등을 여과하기 위한 여과장치를 구비한 것이어야 한다. |
| 에어 라인 마스크 | 디맨드형 및 압력 디맨드형 | 일정 유량형과 같은 구조로서 공급밸브를 갖추고 착용자의 호흡량에 따라 안면부 내로 송기하는 것이어야 한다. |
| 복합식 에어 라인 마스크 | 디맨드형 및 압력 디맨드형 | 보통의 상태에서는 디맨드형 또는 압력디맨드형으로 사용할 수 있으며, 급기의 중단 등 긴급 시 또는 작업상 필요시에는 보유한 고압공기용기에서 급기를 받아 공기호흡기로서 사용할 수 있는 구조로서, 고압공기용기 및 폐지밸브는 KS P 8155(공기 호흡기)의 규정에 의한 것이어야 한다. |

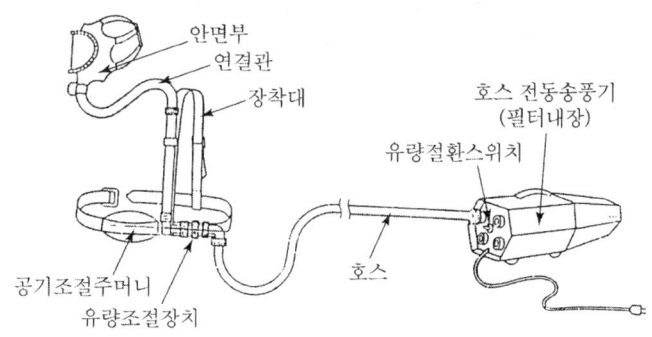

[전동 송풍기형 호스 마스크]

## 8) 전동식 호흡보호구

### (1) 전동식 호흡보호구의 분류

| 분류 | 사용구분 |
|---|---|
| 전동식 방진마스크 | 분진 등이 호흡기를 통하여 체내에 유입되는 것을 방지하기 위하여 고효율 여과재를 전동장치에 부착하여 사용하는 것 |
| 전동식 방독마스크 | 유해물질 및 분진 등이 호흡기를 통하여 체내에 유입되는 것을 방지하기 위하여 고효율 정화통 및 여과재를 전동장치에 부착하여 사용하는 것 |
| 전동식 후드 및 전동식보안면 | 유해물질 및 분진 등이 호흡기를 통하여 체내에 유입되는 것을 방지하기 위하여 고효율 정화통 및 여과재를 전동장치에 부착하여 사용함과 동시에 머리, 안면부, 목, 어깨부분까지 보호하기 위해 사용하는 것 |

### (2) 전동식 방진마스크의 형태 및 구조

| 형태 | 구조 |
|---|---|
| 전동식 전면형 | 전동기, 여과재, 호흡호스, 안면부, 흡기밸브, 배기밸브 및 머리끈으로 구성되며 허리 또는 어깨에 부착한 전동기의 구동에 의해 분진 등이 여과된 깨끗한 공기가 호흡호스를 통하여 흡기밸브로 공급하고 호흡에 의한 공기 및 여분의 공기는 배기밸브를 통하여 외기 중으로 배출하게 되는 것으로 안면부 전체를 덮는 구조 |
| 전동식 반면형 | 전동기, 여과재, 호흡호스, 안면부, 흡기밸브, 배기밸브 및 머리끈으로 구성되며 허리 또는 어깨에 부착한 전동기의 구동에 의해 분진 등이 여과된 깨끗한 공기가 호흡호스를 통하여 흡기밸브로 공급하고 호흡에 의한 공기 및 여분의 공기는 배기밸브를 통하여 외기 중으로 배출하게 되는 것으로 코 및 입 부분을 덮는 구조 |
| 사용조건 | 산소농도 18% 이상인 장소에서 사용해야 한다. |

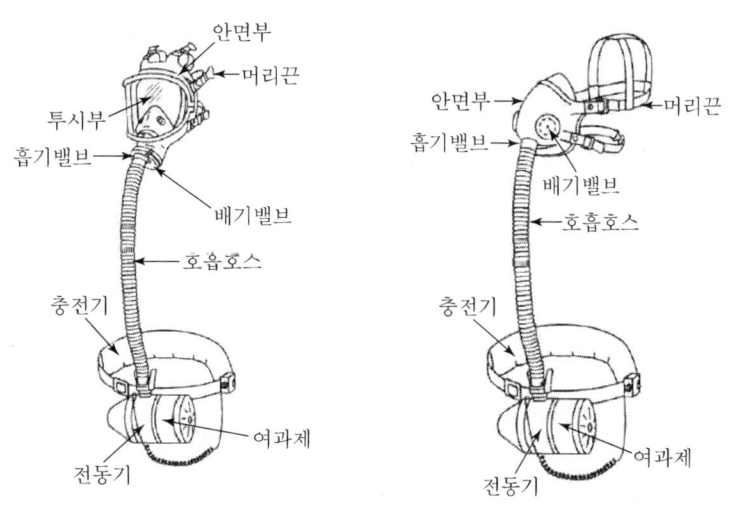

9) 보호복

   (1) 방열복의 종류 및 질량

| 종류 | 착용 부위 | 질량(kg) |
|---|---|---|
| 방열상의 | 상체 | 3.0 이하 |
| 방열하의 | 하체 | 2.0 이하 |
| 방열일체복 | 몸체(상·하체) | 4.3 이하 |
| 방열장갑 | 손 | 0.5 이하 |
| 방열두건 | 머리 | 2.0 이하 |

   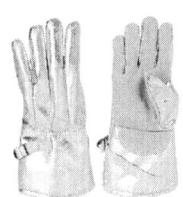 

(2) 부품별 용도 및 성능기준

| 부품별 | 용도 | 성능 기준 | 적용대상 |
|---|---|---|---|
| 내열 원단 | 겉감용 및 방열장갑의 등감용 | • 질량 : 500g/m² 이하<br>• 두께 : 0.70mm 이하 | 방열상의·방열하의·방열일 체복·방열장갑·방열두건 |
| | 안감 | • 질량 : 330g/m² 이하 | 〃 |
| 내열 펠트 | 누빔 중간층용 | • 두께 : 0.1mm 이하<br>• 질량 : 300g/m² 이하 | 〃 |
| 면포 | 안감용 | • 고급면 | 〃 |
| 안면 렌즈 | 안면 보호용 | • 재질 : 폴리카보네이트 또는 이와 동등 이상의 성능이 있는 것에 산화동이나 알루미늄 또는 이와 동등 이상의 것을 증착하거나 도금필름을 접착한 것<br>• 두께 : 3.0mm 이상 | 방열두건 |

## 10) 안전대

(1) 안전대의 종류

| 종류 | 사용구분 |
|---|---|
| 벨트식<br>안전그네식 | U자 걸이용<br>1개 걸이용<br>추락방지대<br>안전블록 |

추락방지대 및 안전블록은 안전그네식에만 적용함

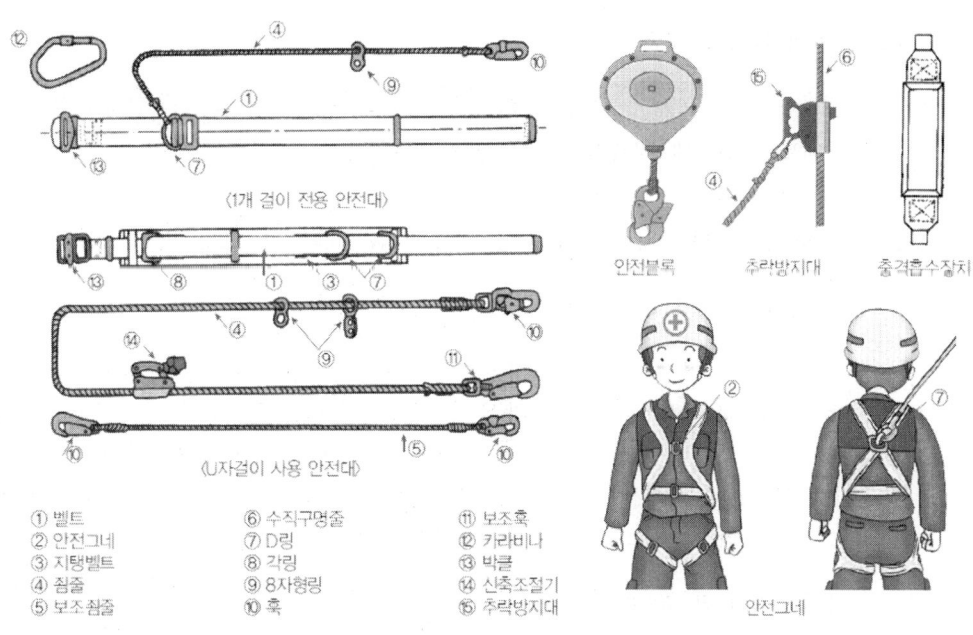

[안전대의 종류 및 부품]

### (2) 안전대의 일반구조

① 벨트 또는 지탱벨트에 D링 또는 각 링과의 부착은 벨트 또는 지탱벨트와 같은 재료를 사용하여 견고하게 봉합할 것(U자걸이 안전대에 한함)
② 벨트 또는 안전그네에 버클과의 부착은 벨트 또는 안전그네의 한쪽 끝을 꺾어 돌려 버클을 꺾어 돌린 부분을 봉합사로 견고하게 봉합할 것
③ 죔줄 또는 보조죔줄 및 수직구명줄에 D링과 훅 또는 카라비너(이하 "D링 등"이라 한다.)와의 부착은 죔줄 또는 보조죔줄 및 수직구명줄을 D링 등에 통과시켜 꺾어 돌린 후 그 끝을 3회 이상 얽어매는 방법(풀림방지장치의 일종) 또는 이와 동등 이상의 확실한 방법으로 할 것
④ 지탱벨트 및 죔줄, 수직구명줄 또는 보조죔줄에 심블(Thimble) 등의 마모방지장치가 되어 있을 것
⑤ 죔줄의 모든 금속 구성품은 내식성을 갖거나 부식방지 처리를 할 것
⑥ 벨트의 조임 및 조절 부품은 저절로 풀리거나 열리지 않을 것
⑦ 안전그네는 골반 부분과 어깨에 위치하는 띠를 가져야 하고, 사용자에게 잘 맞게 조절할 수 있을 것
⑧ 안전대에 사용하는 죔줄은 충격흡수장치가 부착될 것. 다만 U자걸이, 추락방지대 및 안전블록에는 해당하지 않는다.

(3) 안전대 부품의 재료

| 부품 | 재료 |
|---|---|
| 벨트, 안전그네, 지탱벨트 | 나일론, 폴리에스테르 및 비닐론 등의 합성섬유 |
| 죔줄, 보조죔줄, 수직구명줄 및 D링 등 부착부분의 봉합사 | 합성섬유(로프, 웨빙 등) 및 스틸(와이어로프 등) |
| 링류(D링, 각링, 8자형 링) | KS D 3503(일반구조용 압연강재)에 규정한 SS400 또는 이와 동등 이상의 재료 |
| 훅 및 카라비너 | KS D 3503(일반구조용 압연강재)에 규정한 SS400 또는 KS D 6763(알루미늄 및 알루미늄합금봉 및 선)에 규정하는 A2017BE-T4 또는 이와 동등 이상의 재료 |
| 버클, 신축조절기, 추락방지대 및 안전블록 | KS D 3512(냉간 압연강판 및 강재)에 규정하는 SCP1 또는 이와 동등 이상의 재료 |
| 신축조절기 및 추락방지대의 누름금속 | KS D 3503(일반구조용 압연강재)에 규정한 SS400 또는 KS D 6759(알루미늄 및 알루미늄합금 압출형재)에 규정하는 A2014-T6 또는 이와 동등 이상의 재료 |
| 훅, 신축조절기의 스프링 | KS D 3509에 규정한 스프링용 스테인리스강선 또는 이와 동등 이상의 재료 |

11) 차광 및 비산물 위험방지용 보안경

(1) 사용구분에 따른 차광보안경의 종류

| 종류 | 사용구분 |
|---|---|
| 자외선용 | 자외선이 발생하는 장소 |
| 적외선용 | 적외선이 발생하는 장소 |
| 복합용 | 자외선 및 적외선이 발생하는 장소 |
| 용접용 | 산소용접작업 등과 같이 자외선, 적외선 및 강렬한 가시광선이 발생하는 장소 |

(2) 보안경의 종류

① 차광안경 : 고글형, 스펙터클형, 프론트형
② 유리보호안경
③ 플라스틱 보호안경
④ 도수렌즈 보호안경

12) 용접용 보안면

(1) 용접용 보안면의 형태

| 형태 | 구조 |
|---|---|
| 헬멧형 | 안전모나 착용자의 머리에 지지대나 헤드밴드 등을 이용하여 적정위치에 고정, 사용하는 형태(자동용접필터형, 일반용접필터형) |
| 핸드실드형 | 손에 들고 이용하는 보안면으로 적절한 필터를 장착하여 눈 및 안면을 보호하는 형태 |

13) 방음용 귀마개 또는 귀덮개

(1) 방음용 귀마개 또는 귀덮개의 종류·등급

| 종류 | 등급 | 기호 | 성능 | 비고 |
|---|---|---|---|---|
| 귀마개 | 1종 | EP-1 | 저음부터 고음까지 차음하는 것 | 귀마개의 경우 재사용 여부를 제조특성으로 표기 |
| | 2종 | EP-2 | 주로 고음을 차음하고 저음(회화음영역)은 차음하지 않는 것 | |
| 귀덮개 | - | EM | | |

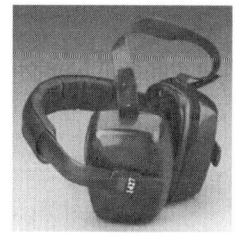

[귀덮개의 종류]

(2) 소음의 특징

① A-특성(A-Weighting) : 소음레벨

소음레벨은 $20\log_{10}$(음압의 실효치/기준음압)로 정의되는 값을 말하며 단위는 dB로 표시한다. 단, 기준음압은 정현파 1KHz에서 최소가청음

② C-특성(C-Weighting) : 음압레벨

음압레벨은 $20\log_{10}$(대상이 되는 음압/기준음압)로 정의되는 값을 말함

## 4. 안전보건표지

### 1) 안전보건표지의 설치·부착(산업안전보건법 제37조 제1항)

사업주는 유해하거나 위험한 장소·시설·물질에 대한 경고, 비상시에 대처하기 위한 지시·안내 또는 그 밖에 근로자의 안전 및 보건 의식을 고취하기 위한 사항 등을 그림, 기호 및 글자 등으로 나타낸 표지를 근로자가 쉽게 알아볼 수 있도록 설치하거나 붙여야 하며, 외국인 근로자를 사용하는 사업주는 해당 외국인근로자의 모국어로 작성해야 한다.

### 2) 안전보건표지의 종류와 형태(산업안전보건법 시행규칙 별표 7)

#### (1) 종류 및 색채

① 금지표지 : 위험한 행동을 금지하는 데 사용되며 8개 종류가 있다.(바탕은 흰색, 기본모형은 빨간색, 관련 부호 및 그림은 검은색)

② 경고표지 : 직접 위험한 것 및 장소 또는 상태에 대한 경고로서 사용되며 15개 종류가 있다.(바탕은 노란색, 기본모형, 관련 부호 및 그림은 검은색)

  ※ 다만, 인화성 물질 경고·산화성 물질 경고, 폭발성물질 경고, 급성독성 물질 경고 부식성 물질 경고 및 발암성·변이원성·생식독성·전신독성·호흡기과민성 물질 경고의 경우 바탕은 무색, 기본모형은 빨간색(검은색도 가능)

③ 지시표지 : 작업에 관한 지시 즉, 안전·보건 보호구의 착용에 사용되며 9개 종류가 있다.(바탕은 파란색, 관련 그림은 흰색)

④ 안내표지 : 구명, 구호, 피난의 방향 등을 분명히 하는 데 사용되며 7개 종류가 있다. 바탕은 흰색, 기본모형 및 관련 부호는 녹색, 바탕은 녹색, 관련 부호 및 그림은 흰색)

(2) 종류와 형태

| 5 관계자외 출입금지 | 501<br>허가대상물질<br>작업장 | 502<br>석면취급/해체 작업장 | 503<br>금지대상물질의<br>취급실험실 등 |
|---|---|---|---|
| | 관계자 외 출입금지<br>(허가물질 명칭)<br>제조/사용/보관 중<br><br>보호구/보호복 착용<br>흡연 및 음식물<br>섭취 금지 | 관계자 외 출입금지<br>석면 취급/해체 중<br><br>보호구/보호복 착용<br>흡연 및 음식물<br>섭취 금지 | 관계자 외 출입금지<br>발암물질 취급 중<br><br>보호구/보호복 착용<br>흡연 및 음식물<br>섭취 금지 |

**6 문자추가시 예시문**

▶ 자신의 건강과 복지를 위하여 안전을 늘 생각한다.
▶ 내 가정의 행복과 화목을 위하여 안전을 늘 생각한다.
▶ 자신의 실수로써 동료를 해치지 않도록 안전을 늘 생각한다.
▶ 자신이 일으킨 사고로 인한 회사의 재산과 손실을 방지하기 위하여 안전을 늘 생각한다.
▶ 자신의 방심과 불안전한 행동이 조국의 번영에 장애가 되지 않도록 하기 위하여 안전을 늘 생각한다.

(휘발류화기염금)

### 3) 설치요령

(1) 근로자가 쉽게 식별할 수 있는 장소·시설 또는 물체에 설치
(2) 흔들리거나 쉽게 파손되지 않도록 견고하게 설치 또는 부착
(3) 설치 또는 부착이 곤란할 경우에는 당해 물체에 직접 도색할 수 있음

### 4) 제작 및 재료

(1) 표시내용을 근로자가 빠르고 쉽게 알아볼 수 있는 크기로 제작
(2) 표지 속의 그림, 부호의 크기는 안전·보건표지의 크기와 비례해야 하며, 안전·보건표지 전체 규격의 30% 이상이 되어야 함
(3) 야간에 필요한 표지는 야광물질을 사용하는 등 쉽게 식별 가능하도록 제작
(4) 표지의 재료는 쉽게 파손되거나 변질되지 않는 것으로 제작

## 5. 안전·보건표지의 색채, 색도기준(산업안전보건법 시행규칙 별표 8)

### 1) 안전·보건표지의 색채, 색도기준 및 용도

| 색채 | 색도기준 | 용도 | 사용 예 |
|---|---|---|---|
| 빨간색 | 7.5R 4/14 | 금지 | 정지신호, 소화설비 및 그 장소, 유해행위의 금지 |
| | | 경고 | 화학물질 취급장소에서의 유해·위험 경고 |
| 노란색 | 5Y 8.5/12 | 경고 | 화학물질 취급장소에서의 유해·위험 경고, 그 밖의 위험 경고, 주의표지 또는 기계방호물 |
| 파란색 | 2.5PB 4/10 | 지시 | 특정 행위의 지시 및 사실의 고지 |
| 녹색 | 2.5G 4/10 | 안내 | 비상구 및 피난소, 사람 또는 차량의 통행표지 |
| 흰색 | N9.5 | | 파란색 또는 녹색에 대한 보조색 |
| 검은색 | N0.5 | | 문자 및 빨간색 또는 노란색에 대한 보조색 |

### 2) 기본모형(산업안전보건법 시행규칙 별표 9)

| 번호 | 기본모형 | 규격비율 | 표시사항 |
|---|---|---|---|
| 1 | | $d \geq 0.025L$<br>$d_1 = 0.8d$<br>$0.7d < d_2 < 0.8d$<br>$d_3 = 0.1d$ | 금지 |
| 2 | | $a \geq 0.034L$<br>$a_1 = 0.8a$<br>$0.7a < a_2 < 0.8a$ | 경고 |
| | | $a \geq 0.025L$<br>$a_1 = 0.8a$<br>$0.7a < a_2 < 0.8a$ | |

| 번호 | 기본모형 | 규격비율 | 표시사항 |
|---|---|---|---|
| 3 | (원형, $d_1$, $d$ 표시) | $d \geqq 0.025L$<br>$d_1 = 0.8d$ | 지시 |
| 4 | (사각형, $b_2$, $b$ 표시) | $b \geqq 0.0224L$<br>$b_2 = 0.8b$ | 안내 |
| 5 | (사각형, $e_2$, $h_2$, $h$, $l_2$, $l$ 표시) | $h < \ell$<br>$h_2 = 0.8h$<br>$\ell \times h \geqq 0.0005L^2$<br>$h - h_2 = \ell - \ell_2 = 2e_2$<br>$\ell / h = 1, 2, 4, 8$<br>(4종류) | 안내 |
| 6 | A<br>B<br>C<br>모형 안쪽에는 A, B, C로 3가지 구역으로 구분하여 글씨를 기재한다. | 1. 모형크기(가로 40cm, 세로 25cm 이상)<br>2. 글자크기(A : 가로 4cm, 세로 5cm 이상, B : 가로 2.5cm, 세로 3cm 이상, C : 가로 3cm, 세로 3.5cm 이상) | 관계자 외 출입금지 |
| 7 | A<br>B<br>C<br>모형 안쪽에는 A, B, C로 3가지 구역으로 구분하여 글씨를 기재한다. | 1. 모형크기(가로 70cm, 세로 50cm 이상)<br>2. 글자크기(A : 가로 8cm, 세로 10cm 이상, B, C : 가로 6cm, 세로 6cm 이상) | 관계자 외 출입금지 |

※ 1. L은 안전·보건표지를 인식할 수 있거나 인식하여야 할 거리를 말한다.(L과 $a$, $b$, $d$, $e$, $h$, $l$은 같은 단위로 계산해야 한다.)
2. 점선 안쪽에는 표시사항과 관련된 부호 또는 그림을 그린다.

# 신뢰성공학

Part 03

# 제3편 신뢰성공학

## 01 결함수분석법(FTA ; Fault Tree Analysis)

### 1. FTA의 정의 및 특징

1) <u>FTA(Fault Tree Analysis) 정의</u>

시스템의 고장을 논리게이트로 찾아가는 연역적, 정성적, 정량적 분석기법
   (1) 1962년 미국 벨 연구소의 H. A. Watson에 의해 개발된 기법으로 최초에는 미사일 발사사고를 예측하는 데 활용해오다 점차 우주선, 원자력산업, 산업안전 분야에 소개
   (2) 시스템의 고장을 발생시키는 사상(Event)과 그 원인과의 관계를 논리기호(AND 게이트, OR 게이트 등)를 활용하여 나뭇가지 모양(Tree)의 고장 계통도를 작성하고 이를 기초로 시스템의 고장확률을 구한다.

2) 특징
   (1) Top down 형식(연역적)
   (2) 정량적 해석기법(컴퓨터 처리가 가능)
   (3) 논리기호를 사용한 특정사상에 대한 해석
   (4) 서식이 간단해서 비전문가도 짧은 훈련으로 사용할 수 있다.
   (5) Human Error의 검출이 어렵다.

3) <u>FTA의 기본적인 가정</u>
   (1) 중복사상은 없어야 한다.
   (2) 기본사상들의 발생은 독립적이다.
   (3) 모든 기본사상은 정상사상과 관련되어 있다.

4) <u>FTA의 기대효과</u>
   (1) 사고원인 규명의 간편화
   (2) 사고원인 분석의 일반화
   (3) 사고원인 분석의 정량화

(4) 노력, 시간의 절감
(5) 시스템의 결함진단
(6) 안전점검 체크리스트 작성

## 2. FTA에 사용되는 논리기호 및 사상기호

| 번호 | 기호 | 명칭 | 설명 |
|---|---|---|---|
| 1 | ▭ | 결함사상(사상기호) | 개별적인 결함사상 |
| 2 | ○ | 기본사상(사상기호) | 더 이상 전개되지 않는 기본사상 |
| 3 | ◌ | 기본사상(사상기호) | 인간의 실수 |
| 4 | ◇ | 생략사상(최후사상) | 정보 부족, 해석기술 불충분으로 더 이상 전개할 수 없는 사상 |
| 5 | ⌂ | 통상사상(사상기호) | 통상발생이 예상되는 사상 |
| 6 | △(IN) | 전이기호 | FT도 상에서 부분에의 이행 또는 연결을 나타낸다. 삼각형 정상의 선은 정보의 전입을 뜻한다. |
| 7 | △(OUT) | 전이기호 | FT도 상에서 다른 부분에의 이행 또는 연결을 나타낸다. 삼각형 정상의 선은 정보의 전출을 뜻한다. |
| 8 | 출력/입력 | AND 게이트 (논리기호) | 모든 입력사상이 공존할 때 출력사상이 발생한다. |
| 9 | 출력/입력 | OR 게이트(논리기호) | 입력사상 중 어느 하나가 존재할 때 출력사상이 발생한다. |
| 10 | 입력─◇─출력 | 수정게이트 | 입력사상에 대하여 게이트로 나타내는 조건을 만족하는 경우에만 출력사상이 발생 |

| 번호 | 기호 | 명칭 | 설명 |
|---|---|---|---|
| 11 | Ai Aj Ak 순으로 | 우선적 AND 게이트 | 입력사상 중 어떤 현상이 다른 현상보다 먼저 일어날 경우에만 출력사상이 발생 |
| 12 | Ai, Aj, Ak / Ai Aj Ak | 조합 AND 게이트 | 3개 이상의 입력현상 중 2개가 일어나면 출력현상이 발생 |
| 13 | 동시발생 | 배타적 AND 게이트 | OR 게이트로 2개 이상의 입력이 동시에 존재할 때는 출력사상이 생기지 않는다. |
| 14 | 위험 지속 시간 | 위험지속 AND 게이트 | 입력현상이 생겨서 어떤 일정한 기간이 지속될 때에 출력이 생긴다. |
| 15 | 동시발생이 없음 | 배타적 OR 게이트 | OR 게이트지만 2개 또는 2 이상의 입력이 동시에 존재하는 경우에는 생기지 않는다. |
| 16 | $\overline{A}$ | 부정 게이트 (Not 게이트) | 부정 모디파이어(Not modifier)라고도 하며 입력현상의 반대현상이 출력된다. |
| 17 | out put (F) / -P / in put | 억제 게이트 (Inhibit 게이트) | 하나 또는 하나 이상의 입력(Input)이 True이면 출력(Output)이 True가 되는 게이트 |

## 3. FTA의 순서 및 작성방법

1) FTA의 실시순서

(1) 대상으로 한 시스템의 파악

(2) 정상사상의 선정

(3) FT도의 작성과 단순화

(4) 정량적 평가

① 재해발생 확률 목표치 설정
② 실패 대수 표시
③ 고장발생 확률과 인간에러 확률
④ 재해발생 확률계산
⑤ 재검토

(5) 종결(평가 및 개선권고)

2) FTA에 의한 재해사례 연구순서(D. R. Cheriton)

(1) Top 사상의 선정
(2) 사상마다의 재해원인 규명
(3) FT도의 작성
(4) 개선계획의 작성

## 4. 확률사상의 계산

1) 논리곱의 확률(독립사상)

$$A(x_1 \cdot x_2 \cdot x_3) = Ax_1 \cdot Ax_2 \cdot Ax_3$$
$$G_1 = ① \times ② = 0.2 \times 0.1 = 0.02$$

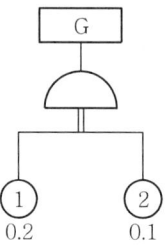

[논리곱의 예]

2) 논리합의 확률(독립사상)

$$A(x_1 + x_2 + x_3) = 1 - (1 - Ax_1)(1 - Ax_2)(1 - Ax_3)$$

3) 불 대수의 법칙

   (1) 동정법칙 : $A+A=A$, $AA=A$
   (2) 교환법칙 : $AB=BA$, $A+B=B+A$
   (3) 흡수법칙 : $A(AB)=(AA)B=AB$
   $$A+AB=A\cup(A\cap B)=(A\cup A)\cap(A\cup B)=A\cap(A\cup B)=A$$
   $$\overline{A\cdot B}=\overline{A}+\overline{B}$$
   (4) 분배법칙 : $A(B+C)=AB+AC$, $A+(BC)=(A+B)\cdot(A+C)$
   (5) 결합법칙 : $A(BC)=(AB)C$, $A+(B+C)=(A+B)+C$

4) 드 모르간의 법칙

   (1) $\overline{A+B}=\overline{A}\cdot\overline{B}$
   (2) $A+\overline{A}\cdot B=A+B$

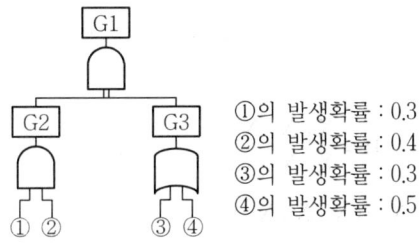

①의 발생확률 : 0.3
②의 발생확률 : 0.4
③의 발생확률 : 0.3
④의 발생확률 : 0.5

[FTA의 분석 예]

$G_1 = G_2 \times G_3$
$\quad =①\times②\times[1-(1-③)(1-④)]$
$\quad =0.3\times0.4\times[1-(1-0.3)(1-0.5)]=0.078$

5) 미니멀 컷셋과 미니멀 패스셋

   (1) 컷셋과 미니멀 컷셋 : 컷이란 그 속에 포함되어 있는 모든 기본사상이 일어났을 때 정상사상을 일으키는 기본사상의 집합을 말하며, 미니멀 컷셋은 정상사상을 일으키기 위해 필요한 최소한의 컷을 말한다. 즉 미니멀 컷셋은 컷셋 중에 타 컷셋을 포함하고 있는 것을 배제하고 남은 컷셋들을 의미한다(시스템의 위험성 또는 안전성을 말함).
   (2) 패스셋과 미니멀 패스셋 : 패스란 그 속에 포함되어 있는 기본사상이 일어나지 않을 때 처음으로 정상사상이 일어나지 않는 기본사상의 집합으로서 미니멀 패스셋은 그 필요한 최소한의 컷을 말한다(시스템의 신뢰성을 말함).

## 6) 미니멀 컷셋 산정법

(1) 정상사상에서 차례로 하단의 사상으로 치환하면서 AND 게이트는 가로로, OR 게이트는 세로로 나열한다.

(2) 중복사상이나 컷을 제거하면 미니멀 컷셋이 된다.

$$T = A_1 \cdot A_2 = (X_1 \cdot X_2) \cdot A_2 = \begin{matrix} X_1 X_2 X_3 \\ X_1 X_2 X_4 \end{matrix}$$

즉, 컷셋은 $(X_1 X_2 X_3)$ 또는 $(X_1 X_2 X_4)$ 중 1개이다.

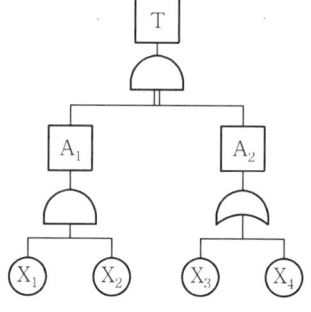

[미니멀 컷셋의 예]

$$T = A \cdot B = \begin{matrix} X_1 \\ X_2 \end{matrix} \cdot B = \begin{matrix} X_1 X_1 X_3 \\ X_1 X_2 X_3 \end{matrix}$$

즉, 컷셋은 $(X_1 X_3)(X_1 X_2 X_3)$, 미니멀 컷셋은 $(X_1 X_3)$ 또는 $(X_1 X_2 X_3)$ 중 1개이다.

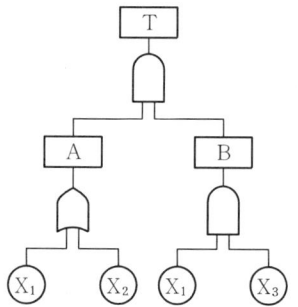

$$T = A \cdot B = \begin{matrix} X_1 \\ X_2 \end{matrix} \cdot B = \begin{matrix} X_1 X_1 X_2 \\ X_2 X_1 X_2 \end{matrix}$$

즉, 컷셋은 $(X_1 X_2)$, 미니멀 컷셋은 $(X_1 X_2)$

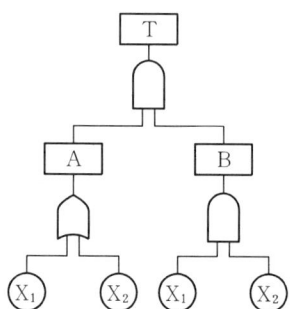

$$T = A \cdot B = \begin{matrix} X_1 \\ X_2 \end{matrix} \cdot B = \begin{matrix} X_1 \, X_3 \, X_4 \\ X_2 \, X_3 \, X_4 \end{matrix}$$

즉, 컷셋은 $(X_1 \, X_3 \, X_4)(X_2 \, X_3 \, X_4)$, 미니멀 컷셋은 $(X_1 \, X_3 \, X_4)$ 또는 $(X_2 \, X_3 \, X_4)$ 중 1개이다.

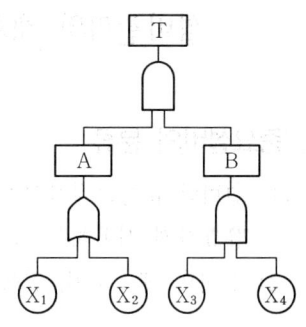

## 02 설비관리의 개요

### 1. 중요설비의 분류

1) 설비란 유형고정자산을 총칭하는 것으로 기업 전체의 효율성을 높이기 위해서는 설비를 유효하게 사용하는 것이 중요하다.
2) 설비의 예 : 토지, 건물, 기계, 공구, 비품 등

### 2. 예방보전

1) 보전

   설비 또는 제품의 고장이나 결함을 회복시키기 위한 수리, 교체 등을 통해 시스템을 사용 가능한 상태로 유지시키는 것

2) 보전의 종류

   (1) 예방보전(Preventive Maintenance)

   설비를 항상 정상, 양호한 상태로 유지하기 위해 정기적인 검사와 초기의 단계에서 성능의 저하나 고장을 제거하거나 조정 또는 수복하기 위한 설비의 보수활동을 의미
   ① 시간계획보전 : 예정된 시간계획에 의한 보전
   ② 상태감시보전 : 설비의 이상상태를 미리 검출하여 설비의 상태에 따라 보전
   ③ 수명보전(Age-based Maintenance) : 부품 등이 예정된 동작시간(수명)에 달하였을 때 행하는 보전

   (2) 사후보전(Breakdown Maintenance)

   고장이 발생한 이후에 시스템을 원래 상태로 되돌리는 것

## 03 설비의 운전 및 유지관리

### 1. 교체주기

1) 수명교체 : 부품고장 시 즉시 교체하고 고장이 발생하지 않을 경우에도 교체주기(수명)에 맞추어 교체하는 방법

2) 일괄교체 : 부품이 고장나지 않아도 관련 부품을 일괄적으로 교체하는 방법. 교체비용을 줄이기 위해 사용

### 2. 청소 및 청결

1) 청소 : 쓸데없는 것을 버리고 더러워진 것을 깨끗하게 하는 것

2) 청결 : 청소 후 깨끗한 상태를 유지하는 것

### 3. 평균고장간격(MTBF ; Mean Time Between Failure)

시스템, 부품 등 고장 간의 동작시간 평균치

1) $MTBF = \dfrac{1}{\lambda}$, $\lambda(평균고장률) = \dfrac{고장건수}{총가동시간}$

2) MTBF = MTTF + MTTR
   = 평균고장시간 + 평균수리시간

### 4. 평균고장시간(MTTF ; Mean Time To Failure)

시스템, 부품 등이 고장 나기까지 동작시간의 평균치. 평균수명이라고도 한다.

1) 직렬계의 경우

$$\text{System의 수명} = \dfrac{MTTF}{n} = \dfrac{1}{\lambda}$$

2) 병렬계의 경우

$$\text{System의 수명} = MTTF\left(1 + \dfrac{1}{2} + \dfrac{1}{3} + \cdots + \dfrac{1}{n}\right)$$

여기서, $n$ : 직렬 또는 병렬계의 요소

평균고장시간(MTTF)이 $6\times10^5$시간인 요소 3개소가 병렬계를 이루었을 때의 계(system)의 수명은?

▶ 병렬계의 경우 : System의 수명은 $= \mathrm{MTTF}\left(1+\dfrac{1}{2}+\dfrac{1}{3}+\ldots+\dfrac{1}{n}\right)$

$= 6\times10^5\left(1+\dfrac{1}{2}+\dfrac{1}{3}\right) = 11\times10^5$시간

평균고장시간이 $4\times10^8$시간인 요소 4개가 직렬체계를 이루었을 때 이 체계의 수명은 몇 시간인가?

▶ 직렬계의 수명 $= \dfrac{\mathrm{MTTF}}{n} = \dfrac{4\times10^8}{4} = 1\times10^8$시간

## 5. 평균수리시간(MTTR ; Mean Time To Repair)

총 수리시간을 그 기간의 수리횟수로 나눈 시간. 즉 사후보전에 필요한 수리시간의 평균치를 나타낸다.

## 6. 가용도(Availability, 이용률)

일정 기간에 시스템이 고장 없이 가동될 확률

(1) 가용도(A) $= \dfrac{\mathrm{MTTF}}{\mathrm{MTTF}+\mathrm{MTTR}} = \dfrac{\mathrm{MTBF}}{\mathrm{MTBF}+\mathrm{MTTR}} = \dfrac{\mathrm{MTTF}}{\mathrm{MTBF}}$

(2) 가용도(A) $= \dfrac{\mu}{\lambda+\mu}$

여기서, $\lambda$ : 평균고장률
$\mu$ : 평균수리율

A 공장의 한 설비는 평균수리율이 0.5/시간이고, 평균고장률은 0.001/시간이다. 이 설비의 가동성은 얼마인가?(단, 평균수리율과 평균고장률은 지수분포를 따른다.)

▶ 가용도(Availability, 이용률) : 일정 기간에 시스템이 고장 없이 가동될 확률

가용도(A) $= \dfrac{\mu}{\lambda+\mu} = \dfrac{0.5}{0.001+0.5} = 0.998$

여기서, $\lambda$ : 평균고장률
$\mu$ : 평균수리율

# 시스템안전공학

Part 04

# 제4편 시스템안전공학

## 01 시스템 위험분석 및 관리

### 1. 시스템이란
1) 요소의 집합에 의해 구성되고
2) System 상호 간의 관계를 유지하면서
3) 정해진 조건 아래서
4) 어떤 목적을 위하여 작용하는 집합체

### 2. 시스템의 안전성 확보방법
1) 위험상태의 존재 최소화
2) 안전장치의 채용
3) 경보 장치의 채택
4) 특수 수단 개발과 표식 등의 규격화
5) 중복(Redundancy)설계
6) 부품의 단순화와 표준화
7) 인간공학적 설계와 보전성 설계

### 3. 시스템 위험성의 분류
1) 범주(Category) Ⅰ, 파국(Catastrophic)
    인원의 사망 또는 중상, 완전한 시스템의 손상을 일으킴
2) 범주(Category) Ⅱ, 위험(Critical)
    인원의 상해 또는 주요 시스템의 생존을 위해 즉시 시정조치가 필요
3) 범주(Category) Ⅲ, 한계(Marginal)
    인원이 상해 또는 중대한 시스템의 손상 없이 배제 또는 제거 가능

4) 범주(Category) Ⅳ, 무시(Negligible)
   인원의 손상이나 시스템의 손상에 이르지 않음

## 4. 작업위험분석 및 표준화

1) 작업표준의 목적
   (1) 작업의 효율화
   (2) 위험요인의 제거
   (3) 손실요인의 제거

2) 작업표준의 작성절차
   (1) 작업의 분류정리
   (2) 작업분해
   (3) 작업분석 및 연구토의(동작순서와 급소를 정함)
   (4) 작업표준안 작성
   (5) 작업표준의 제정

3) 작업표준의 구비조건
   (1) 작업의 실정에 적합할 것
   (2) 표현은 구체적으로 나타낼 것
   (3) 이상 시의 조치기준에 대해 정해둘 것
   (4) 좋은 작업의 표준일 것
   (5) 생산성과 품질의 특성에 적합할 것
   (6) 다른 규정 등에 위배되지 않을 것

4) 작업표준 개정 시의 검토사항
   (1) 작업목적이 충분히 달성되고 있는가
   (2) 생산흐름에 애로가 없는가
   (3) 직장의 정리정돈 상태는 좋은가
   (4) 작업속도는 적당한가
   (5) 위험물 등의 취급장소는 일정한가

5) 작업개선의 4단계(표준 작업을 작성하기 위한 TWI 과정의 개선 4단계)

   (1) 제1단계 : 작업분해
   (2) 제2단계 : 요소작업의 세부내용 검토
   (3) 제3단계 : 작업분석
   (4) 제4단계 : 새로운 방법 적용

6) 작업분석(새로운 작업방법의 개발원칙) E. C. R. S

   (1) 제거(Eliminate)
   (2) 결합(Combine)
   (3) 재조정(Rearrange)
   (4) 단순화(Simplify)

## 5. 동작경제의 3원칙

1) 신체 사용에 관한 원칙

   ① 두 손의 동작은 같이 시작하고 같이 끝나도록 한다.
   ② 휴식시간을 제외하고는 양손이 동시에 쉬지 않도록 한다.
   ③ 두 팔의 동작은 동시에 서로 반대방향으로 대칭적으로 움직이도록 한다.
   ④ 손과 신체의 동작은 작업을 원만하게 처리할 수 있는 범위 내에서 가장 낮은 동작등급을 사용하도록 한다.
   ⑤ 가능한 한 관성(momentum)을 이용하여 작업을 하도록 하되 작업자가 관성을 억제하여야 하는 경우에는 발생되는 관성을 최소한으로 줄인다.
   ⑥ 손의 동작은 부드럽고 연속적인 동작이 되도록 하며 방향이 갑작스럽게 크게 바뀌는 모양의 직선동작은 피하도록 한다.
   ⑦ 탄도동작(ballistic movement)은 제한되거나 통제된 동작보다 더 신속하고 용이하며 정확하다(탄도동작의 예로 숙련된 목수가 망치로 못을 박을 때 망치 궤적이 수평선 상의 직선이 아니고 포물선을 그리면서 작업을 하는 동작을 들 수 있다.).
   ⑧ 가능하면 쉽고 자연스러운 리듬이 작업동작에 생기도록 작업을 배치한다.
   ⑨ 눈의 초점을 모아야 작업을 할 수 있는 경우는 가능하면 없애고 이것이 불가피할 경우에는 눈의 초점이 모아지는 서로 다른 두 작업지침 간의 거리를 짧게 한다.

## 2) 작업장 배치에 관한 원칙

① 모든 공구나 재료는 정해진 위치에 있도록 한다.
② 공구, 재료 및 제어장치는 사용위치에 가까이 두도록 한다(정상작업영역, 최대작업영역).
③ 중력이송원리를 이용한 부품상자(gravity feed bath)나 용기를 이용하여 부품을 부품사용장소에 가까이 보낼 수 있도록 한다.
④ 가능하다면 낙하식 운반(drop delivery)방법을 사용한다.
⑤ 공구나 재료는 작업동작이 원활하게 수행되도록 그 위치를 정해준다.
⑥ 작업자가 잘 보면서 작업을 할 수 있도록 적절한 조명을 비추어 준다.
⑦ 작업자가 작업 중 자세의 변경, 즉 앉거나 서는 것을 임의로 할 수 있도록 작업대와 의자 높이가 조정되도록 한다.
⑧ 작업자가 좋은 자세를 취할 수 있도록 높이가 조절되는 좋은 디자인의 의자를 제공한다.

## 3) 공구 및 설비 설계(디자인)에 관한 원칙

① 치구나 족답장치(foot-operated device)를 효과적으로 사용할 수 있는 작업에서는 이러한 장치를 사용하여 양손이 다른 일을 할 수 있도록 한다.
② 가능하면 공구 기능을 결합하여 사용하도록 한다.
③ 공구와 자세는 가능한 한 사용하기 쉽도록 미리 위치를 잡아준다(pre-position).
④ (타자 칠 때와 같이) 각 손가락이 서로 다른 작업을 할 때에는 작업량을 각 손가락의 능력에 맞게 분배해야 한다.
⑤ 레버(lever), 핸들 그리고 제어장치는 작업자가 몸의 자세를 크게 바꾸지 않더라도 조작하기 쉽도록 배열한다.

## 02 시스템 위험분석기법

### 1. PHA(예비위험 분석, Preliminary Hazards Analysis)

시스템 내의 위험요소가 얼마나 위험상태에 있는가를 평가하는 시스템안전프로그램의 최초단계의 분석방식(정성적)

PHA에 의한 위험등급

Class - 1 : 파국
Class - 2 : 중대
Class - 3 : 한계
Class - 4 : 무시가능

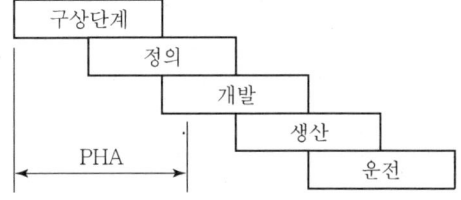

[ 시스템 수명 주기에서의 PHA ]

### 2. FHA(결함위험분석, Fault Hazards Analysis)

분업에 의해 여럿이 분담 설계한 서브시스템 간의 인터페이스를 조정하여 각각의 서브시스템 및 전체 시스템에 악영향을 미치지 않게 하기 위한 분석방법

1) FHA의 기재사항

  (1) 구성요소 명칭
  (2) 구성요소 위험방식
  (3) 시스템 작동방식
  (4) 서브시스템에서의 위험영향
  (5) 서브시스템, 대표적 시스템 위험영향
  (6) 환경적 요인
  (7) 위험영향을 받을 수 있는 2차 요인
  (8) 위험수준
  (9) 위험관리

프로그램 :                    시스템 :

| #1 구성요소 명칭 | #2 구성요소 위험방식 | #3 시스템 작동방식 | #4 서브시스템에서 위험영향 | #5 서브시스템, 대표적 시스템 위험영향 | #6 환경적 요인 | #7 위험영향을 받을 수 있는 2차 요인 | #8 위험수준 | #9 위험관리 |
|---|---|---|---|---|---|---|---|---|
| | | | | | | | | |

## 3. FMEA(고장형태와 영향분석법, Failure Mode and Effect Analysis)

시스템에 영향을 미치는 모든 요소의 고장을 형별로 분석하고 그 고장이 미치는 영향을 분석하는 방법으로 치명도 해석(CA)을 추가할 수 있음(귀납적, 정성적)

1) 특징

 (1) FTA보다 서식이 간단하고 적은 노력으로 분석이 가능
 (2) 논리성이 부족하고, 특히 각 요소 간의 영향을 분석하기 어렵기 때문에 동시에 두 가지 이상의 요소가 고장 날 경우에 분석이 곤란함
 (3) 요소가 물체로 한정되어 있기 때문에 인적 원인을 분석하는 데는 곤란함

2) 시스템에 영향을 미치는 고장형태

 (1) 폐로 또는 폐쇄된 고장
 (2) 개로 또는 개방된 고장
 (3) 기동 및 정지의 고장
 (4) 운전 계속의 고장
 (5) 오동작

3) 순서

 (1) 1단계 : 대상시스템의 분석
  ① 기본방침의 결정
  ② 시스템의 구성 및 기능의 확인
  ③ 분석레벨의 결정
  ④ 기능별 블록도와 신뢰성 블록도 작성

 (2) 2단계 : 고장형태와 그 영향의 해석
  ① 고장형태의 예측과 설정
  ② 고장형에 대한 추정원인 열거
  ③ 상위 아이템의 고장영향의 검토
  ④ 고장등급의 평가

 (3) 3단계 : 치명도 해석과 그 개선책의 검토
  ① 치명도 해석
  ② 해석결과의 정리 및 설계개선으로 제안

4) 고장등급의 결정

   (1) 고장 평점법

   $$C = (C_1 \times C_2 \times C_3 \times C_4 \times C_5)^{\frac{1}{5}}$$

   여기서, $C_1$ : 기능적 고장의 영향이 중요도, $C_2$ : 영향을 미치는 시스템의 범위
   $C_3$ : 고장발생의 빈도, $C_4$ : 고장방지의 가능성, $C_5$ : 신규 설계의 정도

   (2) 고장등급의 결정

   ① 고장등급 Ⅰ(치명고장) : 임무수행 불능, 인명손실(설계변경 필요)
   ② 고장등급 Ⅱ(중대고장) : 임무의 중대부분 미달성(설계의 재검토 필요)
   ③ 고장등급 Ⅲ(경미고장) : 임무의 일부 미달성(설계변경 불필요)
   ④ 고장등급 Ⅳ(미소고장) : 영향 없음(설계변경 불필요)

5) FMEA 서식

| 1.항목 | 2.기능 | 3.고장의 형태 | 4.고장반응 시간 | 5.사명 또는 운용단계 | 6.고장의 영향 | 7.고장의 발견방식 | 8.시정활동 | 9.위험성 분류 | 10.소견 |
|---|---|---|---|---|---|---|---|---|---|
| | | | | | | | | | |
| | | | | | | | | | |

   (1) 고장의 영향분류

   | 영향 | 발생확률 |
   |---|---|
   | 실제의 손실 | $\beta = 1.00$ |
   | 예상되는 손실 | $0.10 \leq \beta < 1.00$ |
   | 가능한 손실 | $0 < \beta < 0.10$ |
   | 영향 없음 | $\beta = 0$ |

   (2) FMEA의 위험성 분류의 표시

   ① Category 1 : 생명 또는 가옥의 상실
   ② Category 2 : 사명(작업) 수행의 실패
   ③ Category 3 : 활동의 지연
   ④ Category 4 : 영향 없음

## 4. ETA(Event Tree Analysis)

정량적, 귀납적 기법으로 DT에서 변천해 온 것으로 설비의 설계, 심사, 제작, 검사, 보전, 운전, 안전대책의 과정에서 그 대응조치가 성공인가 실패인가를 확대해 가는 과정을 검토

## 5. CA(Criticality Analysis, 위험성 분석법)

1) 고장이 직접 시스템의 손해와 인원의 사상에 연결되는 높은 위험도를 가지는 경우에 위험도를 가져오는 요소 또는 고장의 형태에 따른 분석(정량적 분석)

2) 위험성 분류의 표시
   Category 1 : 생명의 상실로 이어질 염려가 있는 고장
   Category 2 : 작업의 실패로 이어질 염려가 있는 고장
   Category 3 : 운용의 지연 또는 손실로 이어질 고장
   Category 4 : 극단적인 계획 외의 관리로 이어질 고장

위험분석기법 중 높은 고장 등급을 갖고 고장모드가 기기 전체의 고장에 어느 정도 영향을 주는가를 정량적으로 평가하는 해석기법은?
➡ CA

## 6. THERP(인간과오율 추정법, Technique of Human Error Rate Prediction)

확률론적 안전기법으로서 인간의 과오에 기인된 사고원인을 분석하기 위하여 100만 운전시간 당 과오도수를 기본 과오율로 하여 인간의 기본 과오율을 평가하는 기법.

1) 인간 실수율(HEP) 예측기법

2) 사건들을 일련의 Binary 의사결정 분기들로 모형화해서 예측

3) 나무를 통한 각 경로의 확률 계산

## 7. MORT(Management Oversight and Risk Tree)

FTA와 같은 논리기법을 이용하여 관리, 설계, 생산, 보전 등에 대해서 광범위하게 안전성을 확보하기 위한 기법(원자력산업에 이용, 미국의 W. G. Johnson에 의해 개발)

1970년 이후 미국의 W. G. Johnson에 의해 개발된 최신 시스템 안전 프로그램으로서 원자력산업의 고도 안전달성을 위해 개발된 분석기법이다. 관리, 설계, 생산, 보전 등 광범위한 안전을 도모하기 위하여 개발된 분석기법은?
▣ MORT

## 8. FTA(결함수분석법, Fault Tree Analysis)

기계, 설비 또는 Man-machine 시스템의 고장이나 재해의 발생요인을 논리적 도표에 의하여 분석하는 정량적, 연역적 기법

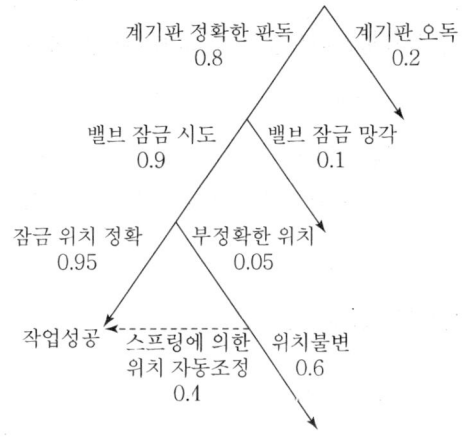

[THERP의 Tree 작성과 확률계산]

## 9. O&SHA(Operation and Support Hazard Analysis)

시스템의 모든 사용단계에서 생산, 보전, 시험, 저장, 구조 훈련 및 폐기 등에 사용되는 인원, 순서, 설비에 대한 위험을 평가하고 안전요건을 결정하기 위한 해석방법(운영 및 지원 위험 해석)

생산, 보전, 시험, 운반, 저장, 비상탈출 등에 사용되는 인원, 설비에 관하여 위험을 동정(同定)하고 제어하며, 그들의 안전요건을 결정하기 위하여 실시하는 분석기법은?
➡ 운용 및 지원 위험분석(O&SHA)

## 10. DT(Decision Tree)

요소의 신뢰도를 이용하여 시스템의 신뢰도를 나타내는 시스템 모델의 하나로 귀납적이고 정량적인 분석방법

## 11. 위험성 및 운전성 검토(Hazard and Operability Study)

### 1) 위험 및 운전성 검토(HAZOP)

각각의 장비에 대해 잠재된 위험이나 기능저하, 운전, 잘못 등과 전체로서의 시설에 결과적으로 미칠 수 있는 영향 등을 평가하기 위해서 공정이나 설계도 등에 체계적이고 비판적인 검토를 행하는 것을 말한다.

### 2) 위험 및 운전성 검토의 성패를 좌우하는 요인

(1) 팀의 기술능력과 통찰력
(2) 사용된 도면, 자료 등의 정확성
(3) 발견된 위험의 심각성을 평가할 때 팀의 균형감각 유지 능력
(4) 이상(Deviation), 원인(Cause), 결과(Consequence)들을 발견하기 위해 상상력을 동원하는 데 보조수단으로 사용할 수 있는 팀의 능력

### 3) 위험 및 운전성 검토절차

(1) 1단계 : 목적의 범위 결정
(2) 2단계 : 검토팀의 선정
(3) 3단계 : 검토 준비
(4) 4단계 : 검토 실시
(5) 5단계 : 후속조치 후 결과기록

4) 위험 및 운전성 검토목적

   (1) 기존시설(기계설비 등)의 안전도 향상
   (2) 설비 구입 여부 결정
   (3) 설계의 검사
   (4) 작업수칙의 검토
   (5) 공장 건설 여부와 건설장소의 결정

5) 위험 및 운전성 검토 시 고려해야 할 위험의 형태

   (1) 공장 및 기계설비에 대한 위험
   (2) 작업 중인 인원 및 일반대중에 대한 위험
   (3) 제품 품질에 대한 위험
   (4) 환경에 대한 위험

6) <u>위험을 억제하기 위한 일반적인 조치사항</u>

   (1) 공정의 변경(원료, 방법 등)
   (2) 공정 조건의 변경(압력, 온도 등)
   (3) 설계 외형의 변경
   (4) 작업방법의 변경
      위험 및 운전성 검토를 수행하기 가장 좋은 시점은 설계완료 단계로서 설계가 상당히 구체화된 시점이다.

7) 유인어(Guide Words)

   간단한 용어로서 창조적 사고를 유도하고 자극하여 이상을 발견하고 의도를 한정하기 위하여 사용되는 것
   (1) NO 또는 NOT : 설계의도의 완전한 부정
   (2) MORE 또는 LESS : 양(압력, 반응, 온도 등)의 증가 또는 감소
   (3) AS WELL AS : 성질상의 증가(설계의도와 운전조건이 어떤 부가적인 행위)와 함께 일어남
   (4) PART OF : 일부변경, 성질상의 감소(어떤 의도는 성취되나 어떤 의도는 성취되지 않음)
   (5) REVERSE : 설계의도의 논리적인 역
   (6) OTHER THAN : 완전한 대체(통상 운전과 다르게 되는 상태)

## 03 안전성 평가의 개요

### 1. 정의
설비나 제품의 제조, 사용 등에 있어 안전성을 사전에 평가하고 적절한 대책을 강구하기 위한 평가행위

### 2. 안전성 평가의 종류
1) 테크놀로지 어세스먼트(Technology Assessment) : 기술 개발과정에서의 효율성과 위험성을 종합적으로 분석, 판단하는 프로세스
   (1) 기술 개발 종합평가
       ① 1단계: 사회 기여도
       ② 2단계: 실현 가능성 검토
       ③ 3단계: 위험성과 안전성 검토
       ④ 4단계: 경제성 검토
       ⑤ 5단계: 종합평가

2) 세이프티 어세스먼트(Safety Assessment) : 인적, 물적 손실을 방지하기 위한 설비 전 공정에 걸친 안전성 평가

3) 리스크 평가(Risk Assessment) : 생산활동에 지장을 줄 수 있는 리스크(Risk)를 파악하고 제거하는 활동을 의미하며 리스크 확인(Risk identification), 리스크 분석(Risk analysis), 리스크 수준 판정(Risk evaluation)에 대한 전체적인 과정

   (1) 리스크 확인(Risk identification) : 리스크 근원을 찾아 인지하고 기술하는 과정, 리스크 확인은 리스크 근원, 사상, 리스크 근원과 사상의 원인 및 잠재적인 결과의 확인을 포함하고 과거 자료, 이론적 분석, 정보화된 견해 또는 전문가의 의견, 관계자의 요구를 포함
   (2) 리스크 설명(Risk description) : 리스크의 근원, 사상, 원인 및 결과를 포함하는 리스크에 대한 체계적인 서술을 의미한다.
   (3) 리스크 근원(Risk source) : 리스크를 발생시키는 단일 또는 복수의 요인, 리스크 근원은 보이거나 보이지 않을 수 있으며, 유해위험요인(Hazard)과 동일한 의미로 해석
   (4) 리스크 분석(Risk analysis) : 리스크 수준(Risk level)을 결정하고, 리스크의 특성을 이해하기 위한 과정, 리스크 평가와 리스크 처리에 대한 결정은 리스크 분석의 결과를 바탕으로 이루어짐

(5) 리스크 매트릭스(Risk matrix) : 가능성과 결과에 대한 범위를 구분하여 리스크 등급을 표시하고, 리스크 우선순위를 정하기 위한 도구
(6) 리스크 수준(Risk level) : 가능성과 결과가 조합되어 표현된 단일 또는 복수의 리스크에 대한 크기
(7) 리스크 수준 판정(Risk evaluation) : 리스크 또는 리스크 경감이 수용할만한 수준인지 결정하기 위하여 주어진 리스크 기준과 리스크 분석의 결과를 비교하는 과정, 리스크 수준 판정은 리스크 처리 결정을 위해 보조적으로 활용
(8) 리스크 태도(Risk attitude) : 특정 조직 또는 단체가 리스크를 회피 또는 수용, 보유, 추구, 평가에 대하는 태도
(9) 리스크 선호(Risk appetite) : 특정 조직 또는 단체가 리스크를 추구하거나 보유할 의지가 있는 리스크의 유형과 정도
(10) 리스크 통합(Risk aggregation) : 전체 리스크 수준을 이해하기 위해 다수의 리스크를 하나의 리스크로 통합시키는 것
(11) 리스크 허용한계(Risk tolerance) : 특정 조직 또는 관계자가 목적을 달성하기 위하여 리스크 처리(Risk treatment) 이후의 리스크를 허용할 수 있는 한계
(12) 리스크 수용(Risk acceptance) : 특정 리스크를 수용하는 것을 말하며, 리스크 수용은 리스크 처리(Risk treatment) 없이 또는 처리 과정 중에 발생할 수 있고 수용된 리스크는 모니터링(Monitoring)과 검토(Review)의 대상
(13) 리스크 처리(Risk treatment) : 리스크를 처리하기 위한 방안을 선택하고 집행하는 과정을 말한다. 리스크 처리에는 리스크 회피, 리스크 감소 및 제거, 리스크 분담, 리스크 보유 등의 방법이 있다. 리스크 처리는 새로운 리스크를 발생시킬 수 있거나 현재의 리스크를 변화시킬 수 있음
(14) 리스크 프로파일(Risk profile) : 조직 또는 단체에서 관리 대상이 되는 리스크의 우선순위 및 그에 관한 설명
(15) 리스크 기준(Risk criteria) : 리스크의 유의성(Significance)을 판단하기 위한 기준 항목

4) 휴먼 어세스먼트(Human Assessment)


### 3. 안전성 평가 6단계

1) 제1단계 : 관계자료의 정비검토

(1) 입지조건
(2) 화학설비 배치도

(3) 제조공정 개요
(4) 공정 계통도
(5) 안전설비의 종류와 설치장소

2) 제2단계 : 정성적 평가(안전확보를 위한 기본적인 자료의 검토)
   (1) 설계관계 : 공장 내 배치, 소방설비 등
   (2) 운전관계 : 원재료, 운송, 저장 등

3) 제3단계 : 정량적 평가(재해중복 또는 가능성이 높은것에 대한 위험도 평가)
   (1) 평가항목(5가지 항목)
      ① 물질 ② 온도 ③ 압력 ④ 용량 ⑤ 조작
   (2) 화학설비 정량평가 등급
      ① 위험등급 Ⅰ : 합산점수 16점 이상
      ② 위험등급 Ⅱ : 합산점수 11~15점
      ③ 위험등급 Ⅲ : 합산점수 10점 이하

4) 제4단계 : 안전대책
   (1) 설비대책 : 10종류의 안전장치 및 방재 장치에 관해서 대책을 세운다.
   (2) 관리적 대책 : 인원배치, 교육훈련 등에 관해서 대책을 세운다.

5) 제5단계 : 재해정보에 의한 재평가

6) 제6단계 : FTA에 의한 재평가
   위험등급 Ⅰ(16점 이상)에 해당하는 화학설비에 대해 FTA에 의한 재평가 실시

## 4. 안전성 평가 4가지 기법

1) 위험의 예측평가(Layout의 검토)

2) 체크리스트(Check-list)에 의한 방법

3) 고장형태와 영향분석법(FMEA법)

4) 결함수분석법(FTA법)

## 5. 기계, 설비의 레이아웃(Layout)의 원칙

1) 이동거리를 단축하고 기계배치를 집중화한다.

2) 인력활동이나 운반작업을 기계화한다.

3) 중복부분을 제거한다.

4) 인간과 기계의 흐름을 라인화한다.

## 6. 화학설비의 안전성 평가

1) 화학설비 정량평가 위험등급 I 일 때의 인원 배치

   (1) 긴급 시 동시에 다른 장소에서 작업을 행할 수 있는 충분한 인원을 배치
   (2) 법정 자격자를 복수로 배치하고 관리 밀도가 높은 인원 배치

2) 화학설비 안전성평가에서 제2단계 정성적 평가 시 입지조건에 대한 주요 진단항목

   (1) 지평은 적절한가, 지반은 연약하지 않은가, 배수는 적당한가?
   (2) 지진, 태풍 등에 대한 준비는 충분한가?
   (3) 물, 전기, 가스 등의 사용설비는 충분히 확보되어 있는가?
   (4) 철도, 공항, 시가지, 공공시설에 관한 안전을 고려하고 있는가?
   (5) 긴급 시에 소방서, 병원 등의 방제 구급기관의 지원체제는 확보되어 있는가?

## 04. 신뢰도 및 안전도 계산

### 1. 신뢰도
체계 혹은 부품이 주어진 운용조건 하에서 의도되는 사용기간 중에 의도한 목적에 만족스럽게 작동할 확률

### 2. 기계의 신뢰도

$$R = e^{-\lambda t} = e^{-t/t_0}$$

여기서, $\lambda$ : 고장률
$t$ : 가동시간
$t_0$ : 평균수명

[1시간 가동 시 고장발생확률이 0.004일 경우]
1) 평균고장간격(MTBF) $= 1/\lambda = 1/0.004 = 250(hr)$
2) 10시간 가동 시 신뢰도 : $R(t) = e^{-\lambda t} = e^{-0.004 \times 10} = e^{-0.04}$
3) 고장 발생확률 : $F(t) = 1 - R(t)$

> **Point**
> 어떤 전자기기의 수명은 지수분포를 따르며, 그 평균수명은 10,000시간이라고 한다. 이 기기를 연속적으로 사용할 경우 10,000시간 동안 고장 없이 작동할 확률은?
> ▶ $R = e^{-\lambda t} = e^{-t/t_0} = e^{-10,000/10,000} = e^{-1}$ ($\lambda$ : 고장률, $t$ : 가동시간, $t_0$ : 평균수명)

### 3. 고장률에 관한 욕조곡선 유형

1) 초기고장(감소형)

   제조가 불량하거나 생산과정에서 품질관리가 안 되어 생기는 고장으로, 초기고장을 줄이기 위해 디버깅이나 번인을 실시
   (1) 디버깅(Debugging) 기간 : 결함을 찾아내어 고장률을 안정시키는 기간
   (2) 번인(Burn-in) 기간 : 장시간 움직여보고 그동안에 고장난 것을 제거시키는 기간

2) 우발고장(일정형)

실제 사용하는 상태에서 발생하는 고장으로 예측할 수 없는 랜덤의 간격으로 생기는 고장

신뢰도 : $R(t) = e^{-\lambda t}$

(평균고장시간 $t_0$인 요소가 $t$시간 동안 고장을 일으키지 않을 확률)

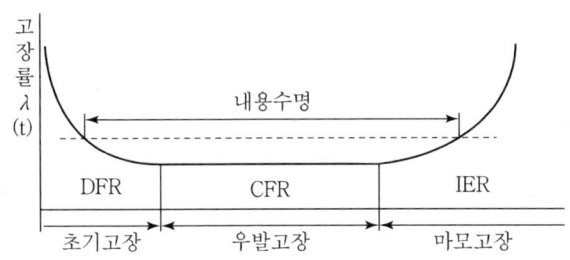

[기계의 고장률(욕조곡선, Bathtub curve)]

3) 마모고장(증가형)

설비 또는 장치가 수명을 다하여 생기는 고장(피로나 노화고장)

## 4. 인간기계 통제 시스템의 유형 4가지

1) Fail Safe
2) Lock System
3) 작업자 제어장치
4) 비상 제어장치

## 5. Lock System의 종류

1) Interlock System : 기계 설계 시 불안전한 요소에 대하여 통제를 가한다.
2) Intralock System : 인간의 불안전한 요소에 대하여 통제를 가한다.
3) Translock System : Interlock과 Intralock 사이에 두어 불안전한 요소에 대하여 통제를 가한다.

| 인 간 | | 기 계 |
|---|---|---|
| Intralock system | Translock system | Interlock system |

## 6. 백업 시스템

1) 인간이 작업하고 있을 때에 발생하는 위험 등에 대해서 경고를 발하여 지원하는 시스템을 말한다.
2) 구체적으로 경보장치, 감시장치, 감시인 등을 말한다.
3) 공동작업의 경우나 작업자가 언제나 위치를 이동하면서 작업을 하는 경우에도 백업의 필요 유무를 검토하면 된다.
4) 비정상 작업의 작업지휘자는 백업을 겸하고 있다고 생각할 수 있지만, 외부로부터 침입해 오는 위험, 기타 감지하기 어려운 위험이 존재할 우려가 있는 경우는 특히 백업시스템을 구비할 필요가 있다.
5) 백업에 의한 경고는 청각에 의한 호소가 좋으며, 필요에 따라서 점멸 램프 등 시각에 호소하는 것을 병용하면 좋다.

## 7. 시스템 안전관리업무를 수행하기 위한 내용

1) 다른 시스템 프로그램 영역과의 조정
2) 시스템 안전에 필요한 사람의 동일성 식별
3) 시스템 안전에 대한 목표를 유효하게 실현하기 위한 프로그램의 해석검토
4) 안전활동의 계획 조직 및 관리

## 8. 인간에 대한 Monitoring 방식

1) 셀프 모니터링(Self Monitoring) 방법(자기감지) : 자극, 고통, 피로, 권태, 이상감각 등의 지각에 의해서 자신의 상태를 알고 행동하는 감시방법이다. 이것은 그 결과를 동작자 자신이나 모니터링 센터(Monitoring Center)에 전달하는 두 가지 경우가 있다.
2) 생리학적 모니터링(Physiology Monitoring) 방법 : 맥박수, 체온, 호흡 속도, 혈압, 뇌파 등으로 인간 자체의 상태를 생리적으로 모니터링하는 방법이다.
3) 비주얼 모니터링(Visual Monitoring) 방법(시각적 감지) : 작업자의 태도를 보고 작업자의 상태를 파악하는 방법이다(졸리는 상태는 생리학적으로 분석하는 것보다 태도를 보고 상태를 파악하는 것이 쉽고 정확하다.).
4) 반응에 의한 모니터링(Reaction Monitoring) 방법 : 자극(청각 또는 시각에 의한 자극)을 가하여 이에 대한 반응을 보고 정상 또는 비정상을 판단하는 방법이다.
5) 환경의 모니터링(Environmental Monitoring) 방법 : 간접적인 감시방법으로서 환경조건의 개선으로 인체의 안락과 기분을 좋게 하여 장상작업을 할 수 있도록 만드는 방법이다.

## 9. 패일 세이프(Fail Safe)의 정의 및 기능

### 1) 정의
(1) 기계나 그 부품에 고장이나 기능불량이 생겨도 항상 안전을 유지하는 구조와 기능
(2) 인간 또는 기계의 과오나 오작동이 있어도 사고 및 재해가 발생하지 않도록 2중, 3중으로 안전장치를 한 시스템

### 2) Fail Safe의 종류
(1) 다경로 하중구조
(2) 하중경감구조
(3) 교대구조
(4) 중복구조

### 3) Fail Safe의 기능분류
(1) Fail passive(자동감지) : 부품이 고장나면 통상 정지하는 방향으로 이동
(2) Fail active(자동제어) : 부품이 고장 나면 기계는 경보를 울리며 짧은 시간 동안 운전이 가능
(3) Fail operational(차단 및 조정) : 부품에 고장이 있더라도 추후 보수가 있을 때까지 안전한 기능을 유지

### 4) Fail safe의 예
(1) 승강기 정전 시 마그네틱 브레이크가 작동하여 운전을 정지시키는 경우와 정격속도 이상의 주행 시 조속기가 작동하여 긴급정지시키는 것
(2) 석유난로가 일정각도 이상 기울어지면 자동적으로 불이 꺼지도록 소화기구를 내장시킨 것
(3) 한쪽 밸브 고장 시 다른 쪽 브레이크의 압축공기를 배출시켜 급정지되도록 한 것

## 10. 풀 프루프(Fool proof)

### 1) 정의
기계장치 설계단계에서 안전화를 도모하는 것으로 근로자가 기계 등의 취급을 잘못해도 사고로 연결되는 일이 없도록 하는 안전기구 즉, 인간과오(Human Error)를 방지하기 위한 것

2) Fool proof의 예

(1) 가드
(2) 록(Lock, 시건) 장치
(3) 오버런 기구

## 11. 리던던시(Redundancy)의 정의 및 종류

1) 정의

시스템 일부에 고장이 나더라도 전체가 고장이 나지 않도록 기능적인 부분을 부가해서 신뢰도를 향상시키는 <u>중복설계</u>

2) 종류

(1) 병렬 리던던시(Redundancy)
(2) 대기 리던던시
(3) M out of N 리던던시
(4) 스페어에 의한 교환
(5) Fail Safe

## 12. 이산확률분포

1) 확률변수

변수 $X$가 갖는 값을 확실히 예측할 수 없을 때 변수 $X$는 확률변수이다. 확률변수 $X$가 어떤 구간에 있는 유한개의 서로 다른 값을 가지면 이산확률변수이고, 확률변수 $X$가 어떤 구간에 있는 모든 값을 가지면 연속확률변수이다.

(1) 이산확률분포

이산확률변수 $X$가 갖는 각각의 가능한 값 $xi$에 확률 $P(X=xi)$를 관계시키는 표, 그래프 또는 규칙이다.

(2) 누적분포함수(Cumulative Distribution Function)

x를 어떤 실수값이라 할 때 $X$의 누적분포함수는 함수 $F(x) = P(X \leq x)$이며, $0 \leq F(x) \leq 1$이다.

(3) 확률변수의 기대값 또는 평균

확률분포의 중심에 대한 측도로 사용되며, 이산확률변수 $X$의 기대값 또는 평균은 기호 $E(X)$나 $\mu x$로 나타내고 $E(X) = \mu x = \sum x P(x)$이다.

$X$가 확률변수이고 $g(X)$가 $X$의 함수일 때 $Y = g(X)$의 기대값은 $E(Y) = E[g(X)] = \sum y(x) \cdot P(x)$이다.

(4) 이산확률변수의 분산

$\sigma^2 = \sum (x - \mu)^2 P(x)$이다. 표준편차는 기호 $\sigma$로 나타내며 분산의 양의 제곱근이다.

$X$의 일차함수의 기대값, 분산과 표준편차

$X$가 확률변수이고 $Y = a + bX$라 하자.($a$, $b$는 주어진 상수)

$Y$의 기대값은 $E(Y) = a + bE(X)$

$Y$의 분산은 $Var(Y) = b2\, Var(X)$

$Y$의 표준편차는 분산의 제곱근으로 $\sigma y = |b| \sigma x$이다.

2) 주요 확률분포

| 확률분포명 | 확률분포식 | 모수 | 평균 | 분산 | 비고<br>(확률계산표) |
|---|---|---|---|---|---|
| 베르누이분포 | | | $p$ | $pq$ | |
| 이항분포 | $\binom{n}{X} p^x q^{n-x}$ | $n, p$ | $np$ | $npq$ | 이항분포표 |
| 기하분포 | $pqx$ | $p$ | $q/p$ | $q/p^2$ | |
| 초기하분포 | $\dfrac{\binom{K}{X}\binom{N-K}{n-X}}{\binom{N}{n}}$ | $N, K, n$ | $np$ | $npq\left(\dfrac{N-n}{N-1}\right)$ | |
| 포아송분포 | $\dfrac{e^{-\lambda}\lambda^x}{X!}$ | $\lambda$ | $\lambda$ | $\lambda$ | 포아송분포표 |
| 정규분포 | $\dfrac{1}{\sqrt{2\pi}\,\sigma} e^{-\frac{1}{2}\left(\frac{x-\mu}{\sigma}\right)^2}$ | $\mu, \sigma$ | $\mu$ | $\sigma^2$ | |
| 표준정규분포 | $\dfrac{1}{\sqrt{2\pi}} e^{-\frac{z^2}{2}}$ | | 0 | 1 | 표준정규분포표 |
| 지수분포 | $\lambda e^{-\lambda x}$ | $\lambda$ | $\dfrac{1}{\lambda}$ | $\dfrac{1}{\lambda^2}$ | 지수분포표 |

참고 : 자유도를 표시할 때 보통 $V$, $\delta$ 혹은 $df$ 등이 많이 사용되고 있다.

### 3) 이산확률분포의 종류

베르누이분포, 이항분포, 기하분포, 초기하분포, 음이항분포, 포아송분포

#### (1) 베르누이분포

상호배반인 두 가지 가능한 기본결과 중 하나를 갖는 실험. $X$를 베르누이분포를 갖는 이산확률변수라 하자. 여기서 성공확률은 $p$이고 실패확률은 $(1-P)$이다. $X$의 표본공간 $S=0,\ 1$이고 $X$의 확률함수는 $P(X=0)=1-p,\ P(X=1)=p$이다. $X$의 평균 $\mu=E(X)=p$, 분산 $\sigma^2=Var(X)=p(1-p)=pq$, 표준편차 $\sigma=\sqrt{pq}$이다.

#### (2) 이항분포

베르누이분포의 일반화. 이항실험에서 확률변수 $X$는 독립적으로 $n$번 반복된 베르누이 시행에서 얻어지는 성공의 횟수를 나타낸다.

확률변수 $X$를 성공의 확률이 $p$인 실험을 독립적으로 $n$번 시행하여 얻어지는 성공 횟수라 하자. $q=(1-p)$이고 $x$가 확률변수 $X$의 어떤 값일 때 $n$번 시행 중 $x$번 성공할 확률은

$$P(X=x) = {}_nC_x p^x q^{n-x},\ x=0,\ 1,....n$$

일반적으로 $np \geq 5$인 이항분포의 확률을 근사시키는 데는 정규곡선 이용

#### (3) 포아송분포

포아송확률변수 $X$는 이산확률변수로 어떤 시간과 공간에서의 사건 발생수를 표시한다.

① 포아송분포를 따르는 변수의 특징
   ㉠ 사건발생은 서로 독립
   ㉡ 사건발생의 확률은 시간 또는 공간의 길이에 비례
   ㉢ 어떤 극히 작은 구간에서 두 사건 이상이 발생할 확률은 무시된다.

② 포아송분포에 대한 공식

$$P(X=x) = \frac{\lambda^x e^{-\lambda}}{x!} x=0,\ 1,\ 2,\ \cdots$$

포아송분포는 $\lambda$라는 단일 모수에 의존하고 평균과 분산은 모두 $\lambda$

③ 이항분포에 대한 포아송분포의 근사

　　포아송분포는 $n \geq 50$이고 $np \leq 5$이면 이항분포에 대한 좋은 근사치를 제공한다. 이항분포의 평균 $\mu = np$임. 따라서 이항분포를 근사시키기 위해 포아송분포를 사용할 때 포아송분포의 평균은 $\lambda = np$로 한다.

④ 기하분포(Geometric Distribution)

　　베르누이실험에서 발생. 이항실험에서는 시행 횟수 $n$을 고정시키고, $n$번 시행에서의 성공 횟수를 결정한다. 이와 달리 기하분포에서는 확률변수 $X$가 첫 번째 성공을 얻는 데 필요한 시행횟수를 나타낸다. 확률변수 $X$가 첫 성공이 나올 때까지 독립적 시행 횟수라 하고 $x$가 $X$의 특정한 값이라 하자. 확률변수 $X$에 대한 확률함수는

$$P(X=x) = q^{x-1}p$$

$$x = 1, 2, \cdots$$

　　평균 $= \dfrac{1}{p}$, 분산 $= \dfrac{q}{p^2}$, 표준편차 $= \dfrac{\sqrt{q}}{p}$

⑤ 초기하분포

　　확률변수 $X$는 $N$개의 원소를 갖는 유한모집단으로부터 복원 없이 선택된 $n$개의 확률표본에서의 성공횟수(일반적으로 표본의 비율이 5% 이하면 이항분포 사용, 5% 이상이면 초기하분포가 정확)

　　모수가 $N$(모집단의 수), $n$(표본의 수), $k$(모집단에서 성공의 수)인 초기하확률변수 $X$($n$개의 표본에서 성공의 수)의 확률함수는

$$P(X=x) = f(x) = \binom{k}{x}\binom{N-k}{n-x} \Big/ \binom{N}{n}$$

　　초기하 확률변수의 평균과 분산은 $E(X) = n \cdot (k/N) = np$

$$Var(X) = \left(\dfrac{N-n}{N-1}\right)npq$$

　　이항분포와 초기하분포의 분산은 유한모집단 수정계수를 제외하고 같다.

## 8. 연속확률분포

### 1) 밀도함수(Density Function)

연속확률변수 $X$의 확률분포를 나타내는 부드러운 곡선을 함수 $f(X)$로 나타내고 $X$의 밀도함수라 한다.

**(1) 연속확률변수의 기대치와 분산**

$$E(X) = \mu = \int_{-\infty}^{\infty} x f(x) dx$$

$$Var(X) = \sigma^2 = \int_{-\infty}^{\infty} (x-\mu)^2 f(x) dx = E(X^2) - [E(X)]^2 = \int_{-\infty}^{\infty} x^2 f(x) dx - \mu^2$$

**(2) 균등분포**

$$f(X) = \frac{1}{(b-a)} \quad a \leq X \leq b$$

$$\mu = E(X) = \frac{(a+b)}{2}$$

$$\sigma^2 = Var(X) = \frac{(b-a)^2}{12}$$

$$P(c \leq X \leq d) = \frac{(d-c)}{(b-a)}$$

### 2) 정규분포 or Gauss 분포

곡선은 종모양으로 $X = \mu$에 대해 대칭이며 $-\infty$에서 $+\infty$까지 나타난 곡선 아래의 총면적은 1이고, 평균·중앙 그리고 최빈값이 모두 $\mu$와 같다.

**(1) 표준정규분포**

확률변수가 평균=0이고 분산=1인 정규분포를 가지면 표준정규분포를 갖는다고 하고 $N(0, 1)$로 표시. 표준정규 확률변수를 $X$보다는 $Z$로 나타내는 것이 일반적이다.

**(2) 표준화 변환**

$X$가 $N(\mu, \sigma^2)$에 따라 분포되어 있다고 하자. 표준정규분포로의 변환은 $Z = \dfrac{X-\mu}{\sigma}$

**이항에 대한 정규근사**
이항확률들을 근사시키기 위해 정규곡선을 사용하는 것은 $np \geq 5$와 $nq \geq 5$이면 적절하다. 이항분포를 근사시킬 때 평균 $\mu = np$와 분산 $\sigma^2 = npq$를 가진 정규분포를 사용한다.

### 3) 지수분포

어떤 작업을 완성하는 데 걸리는 시간(포아송분포는 발생하는 사건의 횟수이므로 이산확률변수이며, 대기시간은 어떠한 값도 가질 수 있기 때문에 연속확률변수임)

$$f(x) = \lambda e^{-\lambda x},\ 0 \leq x < \infty$$

여기서, $\lambda$는 단위시간당 사건발생횟수

#### (1) 특징

① 확률변수 $X$는 0에서 $\infty$까지의 값을 가질 수 있다.
② 분포의 최빈값은 0이다. 즉 $\lambda$값에 관계없이 밀도함수의 정점은 $X=0$에서 나타나고 $X$가 증가하면 함수는 감소한다. 분포는 오른쪽으로 비대칭이므로 최빈치 〈 중앙값 〈 평균이다.
③ 연속형분포 가운데 무기억성을 가지는 분포는 지수분포가 유일(이산형 분포 가운데는 기하분포가 무기억성을 가짐)
④ 대부분 우발적인 고장을 뜻함

#### (2) 지수분포의 확률계산

$X$가 $X=0$과 $X=x$ 사이의 값을 취할 확률은 $P(X \leq x) = \int_0^x \lambda e^{-\lambda x} dx = 1 - e^{-\lambda x}$, $0 \leq x < \infty$

# 인간공학

Part 05

# 제5편 인간공학

## 01 인간공학의 정의

### 1. 정의 및 목적

1) 정의

(1) 인간의 신체적, 정신적 능력 한계를 고려해 인간에게 적절한 형태로 작업을 맞추는 것. 인간공학의 목표는 설비, 환경, 직무, 도구, 장비, 공정 그리고 훈련방법을 평가하고 디자인하여 특정한 작업자의 능력에 접합시킴으로써, 직업성 장해를 예방하고 피로, 실수, 불안전한 행동의 가능성을 감소시키는 것이다.

(2) 자스트러제보스키(Jastrzebowski)의 정의

Ergon(일 또는 작업)과 Nomos(자연의 원리 또는 법칙)로부터 인간공학(Ergonomics)의 용어를 얻었다.

(3) 미국산업안전보건청(OSHA)의 정의

① 인간공학은 사람들에게 알맞도록 작업을 맞추어 주는 과학(지식)이다.
② 인간공학은 작업 디자인과 관련된 다른 인간특징 뿐만 아니라 신체적인 능력이나 한계에 대한 학문의 체계를 포함한다.

(4) ISO(International Organization for Standardization)의 정의

인간공학은 건강, 안전, 작업성과 등의 개선을 요구하는 작업, 시스템, 제품, 환경을 인간의 신체적·정신적 능력과 한계에 부합시키는 것이다.

(5) 차파니스(A. Chapanis)의 정의

기계와 환경조건을 인간의 특성, 능력 및 한계에 잘 조화되도록 설계하기 위한 수법을 연구하는 학문

### 2) 목적

(1) 작업장의 배치, 작업방법, 기계설비, 전반적인 작업환경 등에서 작업자의 신체적인 특성이나 행동하는 데 받는 제약조건 등이 고려된 시스템을 디자인하는 것
(2) 건강, 안전, 만족 등과 같은 특정한 인생의 가치기준(Human Values)을 유지하거나 높임
(3) 인간과 기계 및 작업환경과의 조화가 잘 이루어질 수 있도록 하여 작업자의 안전, 작업능률, 편리성, 쾌적성(만족도)을 향상시키고자 함에 있다.

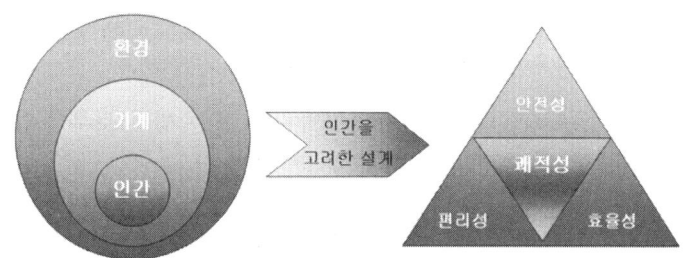

[안전성 향상과 사고방지, 작업의 능률성과 생산성 향상, 환경의 쾌적성]

## 2. 배경 및 필요성

### 1) 인간공학의 배경

**(1) 초기(1940년 이전)**

기계 위주의 설계 철학
① 길브레스(Gilbreth) : 벽돌쌓기 작업의 동작연구(Motion Study)
② 테일러(Tailor) : 시간연구

**(2) 체계수립과정(1945~1960년)**

기계에 맞는 인간선발 또는 훈련을 통해 기계에 적합하도록 유도

(3) 급성장기(1960~1980년)

우주경쟁과 더불어 군사, 산업분야에서 주요분야로 위치, 산업현장의 작업장 및 제품설계에 있어서 인간공학의 중요성 및 기여도 인식

(4) 성숙의 시기(1980년 이후)

인간요소를 고려한 기계 시스템의 중요성 부각 및 인간공학분야의 지속적 성장

2) 필요성

(1) 산업재해의 감소
(2) 생산원가의 절감
(3) 재해로 인한 손실 감소
(4) 직무만족도의 향상
(5) 기업의 이미지와 상품선호도 향상
(6) 노사 간의 신뢰구축

## 3. 사업장에서의 인간공학 적용분야

1) 작업관련성 유해·위험 작업분석
2) 제품설계에 있어 인간에 대한 안전성 평가
3) 작업공간의 설계
4) 인간-기계 인터페이스 디자인

## 02 인간-기계 체계

### 1. 인간-기계 체계의 정의 및 유형

1) 인간-기계 통합체계는 인간과 기계의 상호작용으로 인간의 역할에 중점을 두고 시스템을 설계하는 것이 바람직함

2) 인간-기계 체계의 기본기능

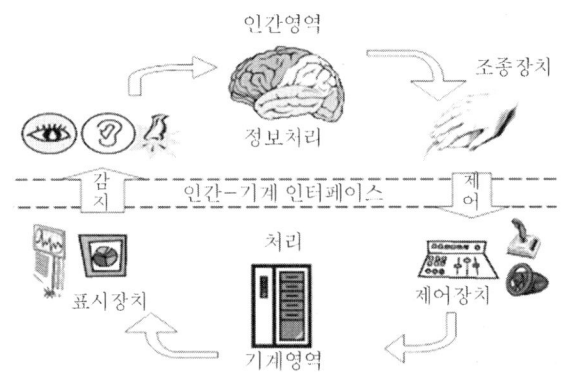

[인간-기계 체계에서 체계의 인터페이스 설계]

(1) 감지기능
  ① 인간 : 시각, 청각, 촉각 등의 감각기관
  ② 기계 : 전자, 사진, 음파탐지기 등 기계적인 감지장치

(2) 정보저장기능
  ① 인간 : 기억된 학습 내용
  ② 기계 : 펀치카드(Punch Card), 자기테이프, 형판(Template), 기록, 자료표 등 물리적 기구

(3) 정보처리 및 의사결정기능
  ① 인간 : 행동을 한다는 결심
  ② 기계 : 모든 입력된 정보에 대해서 미리 정해진 방식으로 반응하게 하는 프로그램(Program)

(4) 행동기능
  ① 물리적인 조정행위 : 조종장치 작동, 물체나 물건을 취급, 이동, 변경, 개조 등
  ② 통신행위 : 음성(사람의 경우), 신호, 기록 등

(5) 인간의 정보처리능력

인간이 신뢰성 있게 정보 전달을 할 수 있는 기억은 5가지 미만이며 감각에 따라 정보를 신뢰성 있게 전달할 수 있는 한계 개수가 5~9가지이다. 밀러(Miller)는 감각에 대한 경로용량을 조사한 결과 '신비의 수(Magical Number) 7±2(5~9)'를 발표했다. 인간의 절대적 판단에 의한 단일자극의 판별범위는 보통 5~9가지라는 것이다.

$$정보량\ H = \log_2 n = \log_2 \frac{1}{p},\ p = \frac{1}{n}$$

여기서, 정보량의 단위는 bit(binary digit)임

> **Point**
>
> 인간이 절대 식별할 수 있는 대안의 최대 범위는 대략 7이라고 한다. 이를 정보량의 단위인 bit로 표시하면 약 몇 bit가 되는가?
>
>  정보량 $H = \log_2 n = \log_2 7 ≒ 2.8$

> **Point**
>
> 인간정보처리 과정에서 실수(error)가 일어나는 것을 말하시오.
>
> 1. 입력에러 – 확인미스    2. 매개에러 – 결정미스
> 3. 동작에러 – 동작미스    4. 판단에러 – 의지결정의 미스

## 2. 인간-기계 통합체계의 특성

1) 수동체계 : 자신의 신체적인 힘을 동력원으로 사용(수공구 사용)

2) 기계화 또는 반자동체계 : 운전자의 조종장치를 사용하여 통제하며 동력은 전형적으로 기계가 제공

3) 자동체계 : 기계가 감지, 정보처리, 의사결정 등 행동을 포함한 모든 임무를 수행하고 인간은 감시, 프로그래밍, 정비유지 등의 기능을 수행하는 체계

   (1) 입력정보의 코드화(Chunking)

   (2) 암호(코드)체계 사용상의 일반적 지침

   ① 암호의 검출성 : 타 신호가 존재하더라도 검출할 수 있어야 한다.
   ② 암호의 변별성 : 다른 암호표시와 구분이 되어야 한다.

③ 암호의 표준화 : 표준화되어야 한다.
④ 부호의 양립성 : 인간의 기대와 모순되지 않아야 한다.
⑤ 부호의 의미 : 사용자가 부호의 의미를 알 수 있어야 한다.
⑥ 다차원 암호의 사용 : 2가지 이상의 암호를 조합해서 사용하면 정보전달이 촉진된다.

### 3. 인간공학적 설계의 일반적인 원칙
1) 인간의 특성을 고려한다.
2) 시스템을 인간의 예상과 양립시킨다.
3) 표시장치나 제어장치의 중요성, 사용빈도, 사용순서, 기능에 따라 배치하도록 한다.

### 4. 인간-기계시스템 설계과정 6가지 단계
1) 목표 및 성능명세 결정 : 시스템 설계 전 그 목적이나 존재 이유가 있어야 함
2) 시스템 정의 : 목적을 달성하기 위한 특정한 기본기능들이 수행되어야 함
3) 기본설계 : 시스템의 형태를 갖추기 시작하는 단계(직무분석, 작업설계, 기능할당)
4) 인터페이스 설계 : 사용자 편의와 시스템 성능에 관여
5) 촉진물 설계 : 인간의 성능을 증진시킬 보조물 설계
6) 시험 및 평가 : 시스템 개발과 관련된 평가와 인간적인 요소 평가 실시

## 03 체계설계와 인간요소

### 1. 체계설계 시 고려사항
인간 요소적인 면, 신체의 역학적 특성 및 인체측정학적 요소 고려

### 2. 인간기준(Human Criteria)의 유형
1) 인간성능(Human Performance) 척도 : 감각활동, 정신활동, 근육활동 등
2) 생리학적(Physiological) 지표 : 혈압, 뇌파, 혈액성분, 심박수, 근전도(EMG), 뇌전도(EEG), 산소소비량, 에너지소비량 등
3) 주관적 반응(Subjective Response) : 피실험자의 개인적 의견, 평가, 판단 등
4) 사고빈도(Accident Frequency) : 재해발생의 빈도

### 3. 체계기준의 구비조건(연구조사의 기준척도)
1) 실제적 요건 : 객관적이고, 정량적이며, 강요적이 아니고, 수집이 쉬우며, 특수한 자료 수집 기법이나 기기가 필요 없고, 돈이나 실험자의 수고가 적게 드는 것이어야 한다.
2) 신뢰성(반복성) : 시간이나 대표적 표본의 선정에 관계없이, 변수 측정의 일관성이나 안정성을 말한다.
3) 타당성(적절성) : 어느 것이나 공통적으로 변수가 실제로 의도하는 바를 어느 정도 측정하는가를 결정하는 것이다(시스템의 목표를 잘 반영하는가를 나타내는 척도).
4) 순수성(무오염성) : 측정하는 구조 외적인 변수의 영향은 받지 않는 것을 말한다.
5) 민감도 : 피검자 사이에서 볼 수 있는 예상 차이점에 비례하는 단위로 측정해야 함을 말한다.

### 4. 인간과 기계의 상대적 기능

1) <u>인간이 현존하는 기계를 능가하는 기능</u>

   (1) 매우 낮은 수준의 시각, 청각, 촉각, 후각, 미각적인 자극 감지
   (2) 주위의 이상하거나 예기치 못한 사건 감지
   (3) 다양한 경험을 토대로 의사결정(상황에 따라 적절한 결정을 함)
   (4) 관찰을 통해 일반적으로 귀납적(Inductive)으로 추진
   (5) 주관적으로 추산하고 평가

2) 현존하는 기계가 인간을 능가하는 기능
   (1) 인간의 정상적인 감지범위 밖에 있는 자극을 감지
   (2) 자극을 연역적(Deductive)으로 추리
   (3) 암호화(Coded)된 정보를 신속하게, 대량으로 보관
   (4) 반복적인 작업을 신뢰성 있게 추진
   (5) 과부하 시에도 효율적으로 작동

3) 인간-기계 시스템에서 유의하여야 할 사항
   (1) 인간과 기계의 비교가 항상 적용되지는 않는다. 컴퓨터는 단순반복 처리가 우수하나 일이 적은 양일 때는 사람의 암산 이용이 더 용이하다.
   (2) 과학기술의 발달로 인하여 현재 기계가 열세한 점이 극복될 수 있다.
   (3) 인간은 감성을 지닌 존재이다.
   (4) 인간이 기능적으로 기계보다 못하다고 해서 항상 기계가 선택되지는 않는다.

## 5. 고장률의 유형

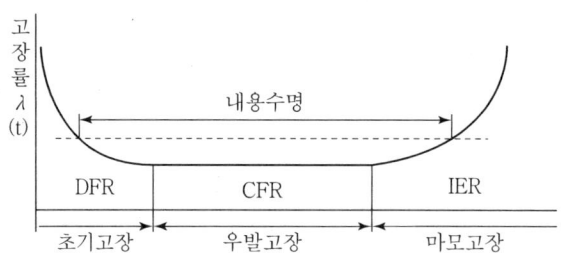

[기계의 고장률(욕조곡선, Bathtub Curve)]

1) 초기고장(감소형)

   제조가 불량하거나 생산과정에서 품질관리가 안 돼 생기는 고장
   (1) 디버깅(Debugging) 기간 : 결함을 찾아내어 고장률을 안정시키는 기간
   (2) 번인(Burn-in) 기간 : 장시간 움직여보고 그동안에 고장난 것을 제거하는 기간

## 2) 우발고장(일정형)

실제 사용하는 상태에서 발생하는 고장으로, 예측할 수 없는 랜덤의 간격으로 생기는 고장

신뢰도 : $R(t) = e^{-\lambda t}$

(평균고장시간이 $t_0$인 요소가 $t$시간 동안 고장을 일으키지 않을 확률)

## 3) 마모고장(증가형)

설비 또는 장치가 수명을 다하여 생기는 고장. 안전진단 및 적절한 보수에 의해서 방지할 수 있는 고장

# 04 시각적 표시장치

## 1. 시각과정

### 1) 눈의 구조

(1) 각막 : 빛이 통과하는 곳
(2) 홍채 : 눈으로 들어가는 빛의 양을 조절(카메라 조리개 역할)
(3) 모양체 : 수정체의 두께를 조절하는 근육
(4) 수정체 : 빛을 굴절시켜 망막에 상이 맺히는 역할(카메라 렌즈 역할)
(5) 망막 : 상이 맺히는 곳, 감광세포가 존재(상이 상하좌우 전환되어 맺힘)
(6) 시신경 : 망막으로부터 정보를 전달
(7) 맥락막 : 망막을 둘러싼 검은 막, 어둠상자 역할

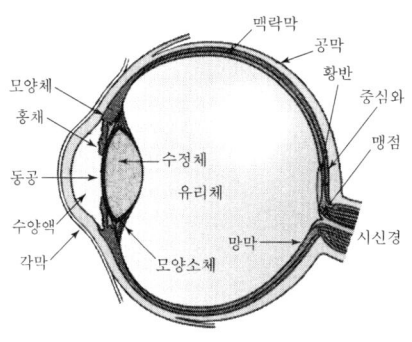

[눈의 구조]

### 2) 시력과 눈의 이상

(1) 디옵터(Diopter)

수정체의 초점조절 능력, 초점거리를 m으로 표시했을 때의 굴절률(단위 : D)

$$\text{렌즈의 굴절률 diopter(D)} = \frac{1}{\text{m 단위의 초점거리}}$$

$$\text{사람의 굴절률} = \frac{1}{0.017} = 59D$$

사람 눈은 물체를 수정체의 1.7cm(0.017m) 뒤쪽에 있는 망막에 초점을 맞히도록 함

(2) 시각과 시력

① 시각(Visual Angle) : 보는 물체에 대한 눈의 대각

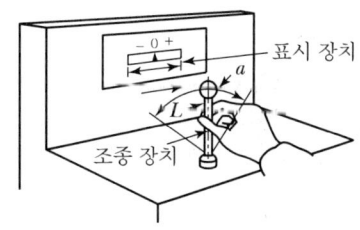

[선형표시장치를 움직이는 조종구에서의 C/R비]

$$시각[분] = 60 \times \tan^{-1}\frac{L}{D} = L \times 57.3 \times \frac{60}{D}$$

**Point**

눈과 글자의 거리가 28cm, 글자의 크기가 0.2cm, 획폭은 0.03cm일 때 시각은 얼마인가?

▶ $시각[분] = 60 \times \tan^{-1}\frac{L}{D} = L \times 57.3 \times \frac{60}{D} = 0.03 \times 57.3 \times \frac{60}{28} = 3.68$

L : 시선과 직각으로 측정한 물체의 크기(획폭), D : 물체와 눈 사이의 거리

② 시력 = $\frac{1}{시각}$

3) 눈의 이상

(1) 원시 : 가까운 물체의 상이 망막 뒤에 맺힘, 멀리 있는 물체는 잘 볼 수 있으나 가까운 물체는 보기 어려움

(2) 근시 : 먼 물체의 상이 망막 앞에 맺힘, 가까운 물체는 잘 볼 수 있으나 멀리 있는 물체는 보기 어려움

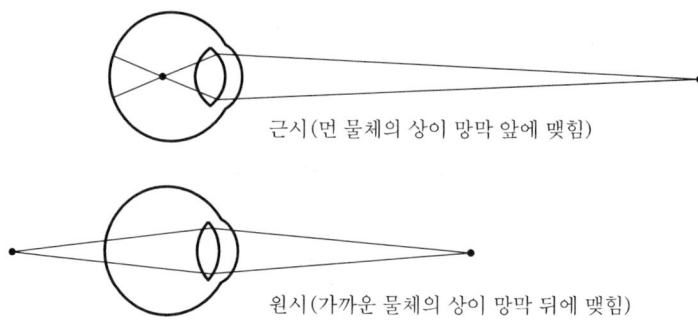

근시(먼 물체의 상이 망막 앞에 맺힘)

원시(가까운 물체의 상이 망막 뒤에 맺힘)

4) 순응(조응)

갑자기 어두운 곳에 들어가면 보이지 않거나 밝은 곳에 갑자기 노출되면 눈이 부셔 보기 힘들다. 그러나 시간이 지나면 점차 사물의 형상을 알 수 있는데, 이러한 광도 수준에 대한 적응을 순응(Adaption) 또는 조응이라고 한다.

(1) 암순응(암조응) : 우선 약 5분 정도 원추세포의 순응단계를 거쳐 약 30~35분 정도 걸리는 간상세포의 순응단계(완전 암순응)로 이어진다.
(2) 명순응(명조응) : 어두운 곳에 있는 동안 빛에 민감하게 된 시각계통을 강한 광선이 압도하기 때문에 일시적으로 안 보이게 되나 명순응에는 길게 잡아 1~2분이면 충분하다.

일반적으로 완전암조응에 걸리는 시간은?
▶ 30~35분

## 2. 시식별에 영향을 주는 조건

1) 조도 : 물체의 표면에 도달하는 빛의 밀도

(1) foot-candle(fc)

1촉광(촛불 1개)의 점광원으로부터 1foot 떨어진 구면에 비추는 빛의 밀도

(2) Lux

1촉광의 광원으로부터 1m 떨어진 구면에 비추는 빛의 밀도

$$조도 = \frac{광도}{(거리)^2}$$

2) 광도(Luminance)

단위면적당 표면에서 반사(방출)되는 빛의 양
(단위 : Lambert(L), foot-Lambert, nit(cd/m²))

3) <u>휘도</u>

빛이 어떤 물체에서 반사되어 나오는 양

4) 명도대비(Contrast)

표적의 광도와 배경의 광도 차

$$대비 = \frac{L_b - L_t}{L_b} \times 100$$

여기서, $L_t$ : 표적의 광도
$L_b$ : 배경의 광도

5) 휘광(Glare)

휘도가 높거나 휘도대비가 클 경우 생기는 눈부심

6) <u>푸르키네 현상(Purkinje Effect)</u>

(1) 조명수준이 감소하면 장파장에 대한 시감도가 감소하는 현상. 즉 밤에는 같은 밝기를 가진 장파장의 적색보다 단파장인 청색이 더 잘 보인다.
(2) 색의 식별은 암순응과 명순응으로 나누어지고 우리 눈의 망막에는 추상체와 간상체라는 두 종류의 시신경이 있는데 추상체는 주로 색상을 느끼고 간상체는 명암을 주로 느낀다.
(3) 명순응된 눈의 최대비시감도는 약 555nm이고, 암순응된 눈의 최대비시감도는 약 510nm로서 짧은 파장으로 이동한다.

## 3. 정량적 표시장치

1) 정량적 표시장치

온도나 속도 같은 동적으로 변하는 변수나 자로 재는 길이 같은 계량치에 관한 정보를 제공하는 데 사용

## 2) 정량적 동적 표시장치의 기본형

### (1) 동침형(Moving Pointer)

고정된 눈금상에서 지침이 움직이면서 값을 나타내는 방법으로 지침의 위치가 일종의 인식상의 단서로 작용하는 이점이 있다.

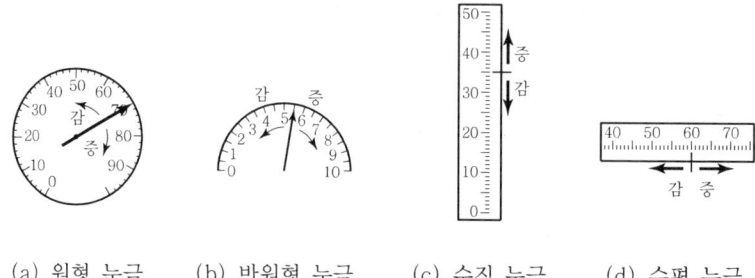

(a) 원형 눈금    (b) 반원형 눈금    (c) 수직 눈금    (d) 수평 눈금

### (2) 동목형(Moving Scale)

값의 범위가 클 경우 작은 계기판에 모두 나타낼 수 없는 동침형의 단점을 보완한 것으로 표시장치의 공간을 적게 차지하는 이점이 있다.

하지만, 동목형의 경우에는 "이동부분의 원칙(Principle of Moving Part)"과 "동작방향의 양립성(Compatibility of Orientation Operate)"을 동시에 만족시킬 수가 없으므로 공간상의 이점에도 불구하고 빠른 인식을 요구하는 작업장에서는 사용을 피하는 것이 좋다.

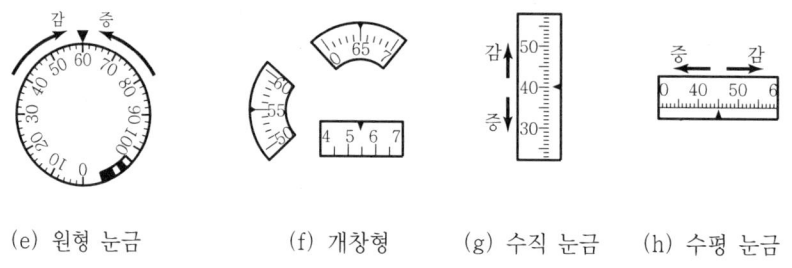

(e) 원형 눈금    (f) 개창형    (g) 수직 눈금    (h) 수평 눈금

### (3) 계수형(Digital Display)

수치를 정확히 읽어야 할 경우 인접 눈금에 대한 지침의 위치를 추정할 필요가 없기에 Analog Type(동침형, 동목형)보다 더욱 적합, 계수형의 경우 값이 빨리 변하는 경우 읽기가 곤란할 뿐만 아니라 시각 피로를 많이 유발하므로 피해야 한다.

$$\boxed{0}\boxed{0}\boxed{2}\boxed{5}\boxed{3}$$

### 4. 정성적 표시장치

1) 온도, 압력, 속도와 같은 연속적으로 변하는 변수의 대략적인 값이나 변화추세 등을 알고자 할 때 사용
2) 나타내는 값이 정상인지 여부를 판정하는 등 상태점검을 하는 데 사용

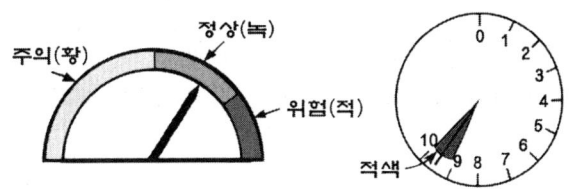

**시각 표시장치의 목적**
1. 정량적 판독 : 눈금을 사용하는 경우와 같이 정확한 정량적 값을 얻으려는 경우
2. 정성적 판독 : 기계가 작동되는 상태나 조건 등을 결정하기 위한 것으로, 보통 허용범위 이상, 이내, 미만 등과 같이 세 가지 조건에 대하여 사용
3. 이분적 판독 On-Off와 같이 작업을 확인하거나 상태를 규정하기 위해 사용

### 5. 신호 및 경보등

1) 광원의 크기, 광도 및 노출시간

　(1) 광원의 크기가 작으면 시각이 작아짐
　(2) 광원의 크기가 작을수록 광속발산도가 커야 함

2) 색광

　(1) 색에 따라 사람의 주위를 끄는 정도가 다르며 반응시간이 빠른 순서는 ① 적색 ② 녹색, ③ 황색, ④ 백색 순임
　　명도가 높은 색채는 빠르고 경쾌하게 느껴지고, 명도가 낮은 색채는 둔하고 느리게 느껴짐. 가볍고 경쾌한 색에서 느리고 둔한 색의 순서를 나타내면 백색>황색>녹색>등색>자색>청색>흑색임

(2) 신호대 배경의 명도대비(Contrast)가 낮을 경우에는 적색 신호가 효과적임
(3) 배경이 어두운 색(흑색)일 경우 명도대비가 좋거나 신호의 절대명도가 크면 신호의 색은 주위를 끄는 데 별로 중요하지 않음

경쾌하고 가벼운 느낌을 주는 색의 배열은?
➡ 자색 - 녹색 - 황색 - 백색

3) 점멸속도
   (1) 점멸 융합주파수(약 30Hz)보다 작아야 함
   (2) 주의를 끌기 위해서는 초당 3~10회의 점멸속도에 지속시간은 0.05초 이상이 적당함

4) 배경광(불빛)
   (1) 배경의 불빛이 신호등과 비슷할 경우 신호광 식별이 곤란함
   (2) 배경 잡음의 광이 점멸일 경우 점멸신호등의 기능을 상실
   (3) 신호등이 네온사인이나 크리스마스트리 등이 있는 지역에 설치되는 경우에는 식별이 쉽지 않음

인간이 신호나 경고등을 지각하는 데 영향을 끼치는 인자가 있다. 예를 들어 신호등이 네온사인이나 크리스마스트리 등이 있는 지역에 설치되어 있을 경우 식별이 어려운데 이와 같은 영향을 미치는 인자는 어느 것인가?
➡ 배경불빛

## 6. 묘사적 표시장치

1) 항공기의 이동표시

   배경이 변화하는 상황을 중첩하여 나타내는 표시장치로 효과적인 상황판단을 위해 사용한다.
   (1) 항공기 이동형(외견형) : 지평선이 고정되고 항공기가 움직이는 형태
   (2) 지평선 이동형(내견형) : 항공기가 고정되고 지평선이 이동되는 형태(대부분의 항공기의 표시장치가 이에 속함)
   (3) 빈도 분리형 : 외견형과 내견형의 혼합형

| 항공기 이동형 | 지평선 이동형 |
|---|---|
| 지평선 고정, 항공기가 움직이는 형태, outside-in(외견형), bird's eye | 항공기 고정, 지평선이 움직이는 형태, inside-out(내견형), pilot's eye, 대부분의 항공기 표시장치 |
|  | 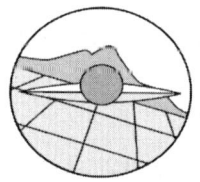 |

2) 항공기 위치 표시장치 설계 원칙

항공기 위치 표시장치 설계와 관련 로스코, 콜, 젠슨(Roscoe, Corl, Jensen)(1981)은 다음과 같이 원칙을 제시했다.

(1) 표시의 현실성(Principle of Pictorial Realism)

표시장치에 묘사되는 이미지는 기준틀에 상대적인 위치(상하, 좌우), 깊이 등이 현실 세계의 공간과 어느 정도 일치하여 표시가 나타내는 것을 쉽게 알 수 있어야 함

(2) 통합(Principle of Integration)

관련된 모든 정보를 통합하여 상호관계를 바로 인식할 수 있도록 함

(3) 양립적 이동(Principle of Compatibility Motion)

항공기의 경우, 일반적으로 이동 부분의 영상은 고정된 눈금이나 좌표계에 나타내는 것이 바람직함

(4) 추종표시(Principle of Pursuit Presentation)

원하는 목표(Target)와 실제 지표가 공통 눈금이나 좌표계에서 이동함

## 7. 문자-숫자 표시장치

문자-숫자 체계에서 인간공학적 판단기준은 가시성(Visibility), 식별성(Legibility), 판독성(Readability)이다.

1) 획폭비

문자나 숫자의 높이에 대한 획 굵기의 비율
(1) 검은 바탕에 흰 숫자의 최적 획폭비는 1 : 13.3 정도
(2) 흰 바탕에 검은 숫자의 최적 획폭비는 1 : 8 정도

※ 광삼(Irradiation) 현상

검은 바탕의 흰 글씨가 주위의 검은 배경으로 번져 보이는 현상

A B C D     검은 바탕의 흰 글씨(음각)

A B C D     흰 바탕에 검은 글씨(양각)

따라서, 검은 바탕의 흰 글씨가 더 가늘어야 한다.

### 2) 종횡비

문자나 숫자의 폭에 대한 높이의 비율
(1) 문자의 경우 최적 종횡비는 1 : 1 정도
(2) 숫자의 경우 최적 종횡비는 3 : 5 정도

숫자를 설계할 때 표준으로 권장되는 폭 대 높이의 비율은 약 얼마인가?
➡ 3 : 5

### 3) 문자-숫자의 크기

일반적인 글자의 크기는 포인트(Point, pt)로 나타내며 $\frac{1}{72}$ in(0.35mm)을 1pt로 한다.

## 8. 시각적 암호, 부호, 기호

### 1) 묘사적 부호

사물이나 행동을 단순하고 정확하게 묘사한 것(도로표지판의 보행신호, 유해물질의 해골과 뼈 등)

### 2) 추상적 부호

메시지(傳言)의 기본요소를 도식적으로 압축한 부호로 원래의 개념과는 약간의 유사성이 있음

### 3) 임의적 부호

부호가 이미 고안되어 있으므로 이를 배워야 하는 것(산업안전표지의 원형 → 금지표지, 사각형 → 안내표지 등)

산업안전표지로서 경고표지는 삼각형, 안내표지는 사각형, 지시표지는 원형 등으로 부호가 고안되어 있다. 이처럼 부호가 이미 고안되어 있으므로 이를 배워야 하는 부호는?
➡ 임의적 부호

## 9. 작업장 내부 및 외부색의 선택

작업장 색채조절은 사람에 대한 감정적 효과, 피로방지 등을 통하여 생산능률 향상에 도움을 주려는 목적과 사고방지를 위한 표식의 명확화 등을 위해 사용한다.

### 1) 내부
(1) 윗벽의 색은 기계공장의 경우 8 이상의 명도를 가진 회색 또는 엷은 녹색
(2) 천장은 75% 이상의 반사율을 가진 백색
(3) 정밀작업은 명도 7.5~8, 색상은 회색, 녹색 사용
(4) 바닥 색은 광선의 반사를 피해 명도 4~5 정도 유지

### 2) 외부
(1) 벽면은 주변 명도의 2배 이상
(2) 창틀은 명도나 채도를 벽보다 1~2배 높게

### 3) 기계에 대한 배색
전체 기계 : 녹색(10G 6/2)과 회색을 혼합해서 사용 또는 청록색(7.5BG6/15) 사용

### 4) 바닥의 추천 반사율은 20~40%

### 5) 색의 심리적 작용
(1) 크기 : 명도 높으면 크게 보임
(2) 원근감 : 명도 높으면 가깝게 보임
(3) 온도감 : 적색 hot, 청색 cold → 실제 느끼는 온도는 색에 무관
(4) 안정감 : 윗부분 명도 높고, 아랫부분 명도 낮을 경우 안정감
(5) 경중감 : 명도 높으면 가볍게 느낌
(6) 속도감 : 명도 높으면 빠르고 경쾌

(7) 맑기 : 명도 높으면 맑은 느낌
(8) 진정효과 : 녹색, 청색 → 한색계 : 침착함
　　　　　　　주황, 빨강 → 난색계 : 강한 자극
(9) 연상작용 : 적색 → 피, 청색 → 바다, 하늘

## 05 청각적 표시장치

### 1. 청각과정

1) 귀의 구조

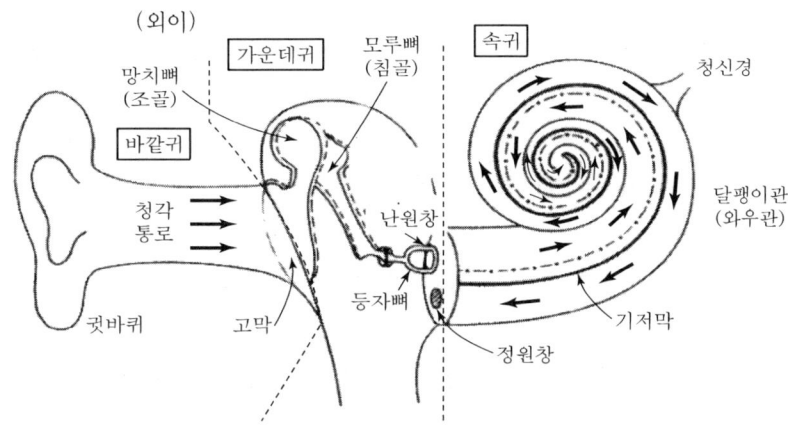

[귀의 구조와 음파의 통로]

(1) 바깥귀(외이) : 소리를 모으는 역할
(2) 가운데귀(중이) : 고막의 진동을 속귀로 전달하는 역할
(3) 속귀(내이) : 달팽이관에 청세포가 분포되어 있어 소리자극을 청신경으로 전달

2) 음의 특성 및 측정

(1) 음파의 진동수(Frequency of Sound Wave) : 인간이 감지하는 음의 높낮이

소리굽쇠를 두드리면 고유진동수로 진동하게 되는데 소리굽쇠가 진동함에 따라 공기의 입자가 전후방으로 움직이며 이에 따라 공기의 압력은 증가 또는 감소한다. 소리굽쇠와 같은 간단한 음원의 진동은 정현파(사인파)를 만들며 사인파는 계속 반복되는데 1초당 사이클 수를 음의 진동수(주파수)라 하며 Hz(herz) 또는 CPS(cycle/s)로 표시한다.

(2) 음의 강도(Sound intensity)

음의 강도는 단위면적당 동력($Watt/m^2$)으로 정의되는데 그 범위가 매우 넓기 때문에 로그(log)를 사용한다. Bell(B : 두음의 강도비의 로그값)을 기본측정 단위로 사용하고 보통은 dB(Decibel)을 사용한다.(1dB=0.1B)

음은 정상기압에서 상하로 변하는 압력파(Pressure Wave)이기 때문에 음의 진폭 또는 강도의 측정은 기압의 변화를 이용하여 직접 측정할 수 있다. 하지만 음에 대한 기압치는 그 범위가 너무 넓어 음압수준(SPL : Sound Pressure Level)을 사용하는 것이 일반적이다.

$$\mathrm{SPL(dB)} = 10\log\left(\frac{P_1^2}{P_0^2}\right)$$

$P_1$은 측정하고자 하는 음압이고 $P_0$는 기준음압($20\mu\mathrm{N/m^2}$)이다.
이 식을 정리하면

$$\mathrm{SPL(dB)} = 20\log\left(\frac{P_1}{P_0}\right) \text{이다.}$$

또한, 두 음압 $P_1$, $P_2$를 갖는 두 음의 강도차는

$$\mathrm{SPL_2} - \mathrm{SPL_1} = 20\log\left(\frac{P_2}{P_0}\right) - 20\log\left(\frac{P_1}{P_0}\right) = 20\log\left(\frac{P_2}{P_1}\right) \text{이다.}$$

거리에 따른 음의 변화는 $d_1$은 $d_1$거리에서 단위면적당 음이고 $d_2$는 $d_2$거리에서 단위면적당 음이라면, 음압은 거리에 비례하므로 식으로 나타내면

$$P_2 = \left(\frac{d_1}{d_2}\right)P_1 \text{이다.}$$

$\mathrm{SPL_2(dB)} - \mathrm{SPL_1(dB)} = 20\log\left(\frac{P_2}{P_1}\right)$에 위의 식을 대입하면

$$= 20\log\left(\frac{\frac{d_1 P_1}{P_2}}{P_1}\right) = 20\log\left(\frac{d_1}{d_2}\right) = -20\log\left(\frac{d_1}{d_2}\right)$$

따라서 $\mathrm{dB_2} = \mathrm{dB_1} - 20\log\left(\frac{d_1}{d_2}\right)$이다.

소음이 심한 기계로부터 2m 떨어진 곳의 음압수준이 100dB이라면 이 기계로부터 4.5m 떨어진 곳의 음압수준은 약 몇 dB인가?

▶ $dB_2 = dB_1 - 20\log\left(\frac{d_2}{d_1}\right) = 100 - 20\log\left(\frac{4.5}{2}\right) = 92.96\,(\mathrm{dB})$

### (3) 음력레벨(PWL ; Sound Power Level)

$$PWL = 10\log\left(\frac{P}{P_0}\right) dB$$

여기서, $P$ : 음력(Watt)
$P_0$ : 기준의 음력 $10\sim12$Watt

작업장 내의 설비 3대에서는 각각 80dB과 86dB 및 78dB의 소음을 발생시키고 있다. 이 작업장의 전체 소음은 약 몇 dB인가?

➡ $PWL(dB) = 10\log(10^{\frac{A_1}{10}} + 10^{\frac{A_2}{10}} + 10^{\frac{A_3}{10}})$
  $= 10\log(10^{\frac{80}{10}} + 10^{\frac{86}{10}} + 10^{\frac{78}{10}})$
  $\fallingdotseq 87.5$

## 3) 음량(Loudness)

### (1) Phon과 Sone

① Phon 음량수준 : 정량적 평가를 위한 음량 수준 척도, Phon으로 표시한 음량 수준은 이 음과 같은 크기로 들리는 1,000Hz 순음의 음압수준(dB)

② Sone 음량수준 : 다른 음의 상대적인 주관적 크기 비교, 40dB의 1,000Hz 순음 크기 (=40 Phon)를 1 sone으로 정의, 기준음보다 10배 크게 들리는 음이 있다면 이 음의 음량은 10 sone이다.

$$\text{sone치} = 2^{(\text{Phon치} - 40)/10}$$

소리의 크고 작은 느낌은 주로 강도의 함수이지만 진동수에 의해서도 일부 영향을 받는다. 음량을 나타내는 척도인 phon의 기준 순음주파수는?
➡ 1,000Hz

### (2) 인식소음 수준

① PNdb(Perceived Noise level)의 척도는 910~1,090Hz대의 소음 음압수준
② PLdb(Perceived Level of noise)의 척도는 3,150Hz에 중심을 둔 1/3 옥타브대 음을 기준으로 사용

### 4) 은폐(Masking) 효과

음의 한 성분이 다른 성분에 대한 귀의 감수성을 감소시키는 상황으로 피은폐된 한 음의 가청 역치가 다른 은폐된 음 때문에 높아지는 현상을 말한다. 예로 사무실의 자판소리 때문에 말소리가 묻히는 경우이다.

은폐(MASKING)효과?
▶ ① 음의 한 성분이 다른 성분에 대한 귀의 감수성을 감소시키는 상황
② 사무실의 자판 소리 때문에 말소리가 묻히는 경우에 해당
③ 피은폐된 한 음의 가청역치가 다른 은폐된 음 때문에 높아지는 현상('여러 음압 수준을 갖는 순음들과 확대역 소음에 대한 변화 감지역을 나타낸 것이다'는 아님)

## 2. 청각적 표시장치

### 1) 시각장치와 청각장치의 비교

| 시각장치 사용 | 청각장치 사용 |
|---|---|
| ① 경고나 메시지가 복잡하다. | ① 경고나 메시지가 간단하다. |
| ② 경고나 메시지가 길다. | ② 경고나 메시지가 짧다. |
| ③ 경고나 메시지가 후에 재참조된다. | ③ 경고나 메시지가 후에 재참조되지 않는다. |
| ④ 경고나 메시지가 공간적인 위치를 다룬다. | ④ 경고나 메시지가 시간적인 사상을 다룬다. |
| ⑤ 경고나 메시지가 즉각적인 행동을 요구하지 않는다. | ⑤ 경고나 메시지가 즉각적인 행동을 요구한다. |
| ⑥ 수신자의 청각 계통이 과부하 상태일 때 | ⑥ 수신자의 시각계통이 과부하 상태일 때 |
| ⑦ 수신 장소가 너무 시끄러울 때 | ⑦ 수신장소가 너무 밝거나 암조응 유지가 필요할 때 |
| ⑧ 직무상 수신자가 한곳에 머무르는 경우 | ⑧ 직무상 수신자가 자주 움직이는 경우 |

### 2) 청각적 표시장치가 시각적 표시장치보다 유리한 경우

(1) 신호음 자체가 음일 때
(2) 무선거리 신호, 항로정보 등과 같이 연속적으로 변하는 정보를 제시할 때
(3) 음성통신(전화 등) 경로가 전부 사용되고 있을 때
(4) 정보가 즉각적인 행동을 요구하는 경우
(5) 조명으로 인해 시각을 이용하기 어려운 경우

3) 경계 및 경보신호 선택 시 지침

   (1) 귀는 중음역에 가장 민감하므로 500~3,000Hz가 좋다.
   (2) 300m 이상 장거리용 신호에는 1,000Hz 이하의 진동수를 사용
   (3) 칸막이를 돌아가는 신호는 500Hz 이하의 진동수를 사용
   (4) 배경소음과 다른 진동수를 갖는 신호를 사용하고 신호는 최소 0.5~1초 지속
   (5) 주의를 끌기 위해서는 변조된 신호를 사용
   (6) 경보효과를 높이기 위해서는 개시시간이 짧은 고강도의 신호 사용

인간-기계 시스템에서 인간이 기계로부터 정보를 받을 때 청각적 장치보다 시각적 장치를 이용하는 것이 더 유리한 경우는?
➡ 정보가 즉각적인 행동을 요구하지 않는 경우

## 06 촉각 및 후각적 표시장치

### 1. 피부감각
1) 통각 : 아픔을 느끼는 감각
2) 압각 : 압박이나 충격이 피부에 주어질 때 느끼는 감각
3) 감각점의 분포량 순서 : ① 통점 → ② 압점 → ③ 냉점 → ④ 온점

### 2. 조정장치의 촉각적 암호화
1) 표면촉감을 사용하는 경우
2) 형상을 구별하는 경우
3) 크기를 구별하는 경우

### 3. 동적인 촉각적 표시장치
1) 기계적 진동(Mechanical Vibration) : 진동기를 사용하여 피부에 전달, 진동장치의 위치, 주파수, 세기, 지속시간 등 물리적 매개변수
2) 전기적 임펄스(Electrical Impulse) : 전류자극을 사용하여 피부에 전달, 전극위치, 펄스속도, 지속시간, 강도 등

### 4. 후각적 표시장치
후각은 사람의 감각기관 중 가장 예민하고 빨리 피로해지기 쉬운 기관으로 사람마다 개인차가 심하다. 코가 막히면 감도도 떨어지고 사람은 냄새에 빨리 익숙해져서 노출 후 얼마 후에는 냄새의 존재를 느끼지 못한다.

### 5. 웨버(Weber)의 법칙
특정 감각의 변화감지역($\Delta I$)은 사용되는 표준자극(I)에 비례한다.

$$웨버\ 비 = \frac{\Delta I}{I}$$

여기서, $I$ : 기준자극크기
$\Delta I$ : 변화감지역

1) 감각기관의 웨버(Weber) 비

| 감각 | 시각 | 청각 | 무게 | 후각 | 미각 |
|------|------|------|------|------|------|
| Weber 비 | 1/60 | 1/10 | 1/50 | 1/4 | 1/3 |

웨버(Weber)비가 작을수록 인간의 분별력이 좋아짐

2) 인간의 감각기관의 자극에 대한 반응속도

청각(0.17초) > 촉각(0.18초) > 시각(0.20초) > 미각(0.29초) > 통각(0.70초)

# 07 인간요소와 휴먼에러

## 1. 휴먼에러(인간실수)

### 1) 휴먼에러의 관계

$$SP = K(HE) = f(HE)$$

여기서, SP : 시스템퍼포먼스(체계성능)
HE : 인간과오(Human Error)
K : 상수, f : 관수(함수)

(1) K≒1 : 중대한 영향
(2) K<1 : 위험
(3) K≒0 : 무시

### 2) 휴먼에러의 분류

(1) 심리적(행위에 의한) 분류(Swain)

① 생략에러(Omission Error) : 작업 혹은 필요한 절차를 수행하지 않는 데서 기인하는 에러
② 실행(작위적)에러(Commission Error) : 작업 혹은 절차를 수행했으나 잘못한 실수
  - 선택착오, 순서착오, 시간착오
③ 과잉행동에러(Extraneous Error) : 불필요한 작업 혹은 절차를 수행함으로써 기인한 에러
④ 순서에러(Sequential Error) : 작업수행의 순서를 잘못한 실수
⑤ 시간에러(Timing Error) : 소정의 기간에 수행하지 못한 실수(너무 빨리 혹은 늦게)

가스밸브를 잠그는 것을 잊어 사고가 났다면 작업자는 어떤 인적오류를 범한 것인가?
➡ 생략에러(누락오류 : Omission Error)

(2) 원인 레벨(level)적 분류

① 1차 에러(Primary Error) : 작업자 자신으로부터 발생한 에러(안전교육을 통하여 제거)
② 2차 에러(Secondary Error) : 작업형태나 작업조건 중에서 다른 문제가 생겨 그 때문에 필요한 사항을 실행할 수 없는 오류나 어떤 결함으로부터 파생하여 발생하는 에러

③ 관리 에러(Command Error) : 요구되는 것을 실행하고자 하여도 필요한 정보, 에너지 등이 공급되지 않아 작업자가 움직이려 해도 움직이지 않는 에러

(3) 정보처리과정에 의한 분류
　① 인지확인 오류 : 외부의 정보를 받아들여 대뇌의 감각중추에서 인지할 때까지의 과정에서 일어나는 실수
　② 판단, 기억오류 : 상황을 판단하고 수행하기 위한 행동을 의사결정하여 운동중추로부터 명령을 내릴 때까지 대뇌과정에서 일어나는 실수
　③ 동작 및 조작오류 : 운동중추에서 명령을 내렸으나 조작을 잘못하는 실수

(4) 인간의 행동과정에 따른 분류
　① 입력 에러 : 감각 또는 지각의 착오
　② 정보처리 에러 : 정보처리 절차 착오
　③ 의사결정 에러 : 주어진 의사결정에서의 착오
　④ 출력 에러 : 신체반응의 착오
　⑤ 피드백 에러 : 인간제어의 착오

(5) 라스무센(Rasmussen)의 인간행동모델에 따른 원인기준에 의한 휴먼에러 분류방법 (James Reason의 방법)

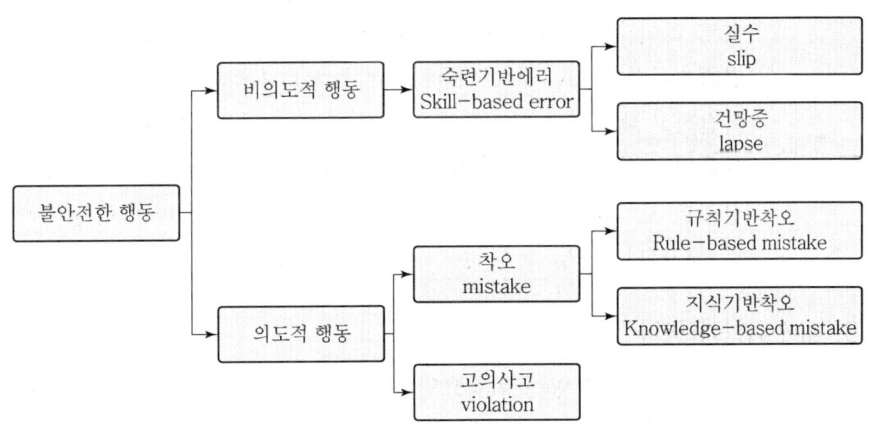

[라스무센의 SRK 모델을 재정립한 리즌의 불안전한 행동 분류(원인기준)]

인간의 불안전한 행동을 의도적인 경우와 비의도적인 경우로 나누었다. 비의도적 행동은 모두 숙련기반의 에러, 의도적 행동은 규칙기반 에러와 지식기반에러, 고의사고로 분류할 수 있다.

### (6) 인간의 오류모형

① 착오(Mistake) : 상황해석을 잘못하거나 목표를 잘못 이해하고 착각하여 행하는 경우
② 실수(Slip) : 상황이나 목표의 해석을 제대로 했으나 의도와는 다른 행동을 하는 경우
③ 건망증(Lapse) : 여러 과정이 연계적으로 일어나는 행동 중에서 일부를 잊어버리고 하지 않거나 또는 기억의 실패에 의하여 발생하는 오류
④ 위반(Violation) : 정해진 규칙을 알고 있음에도 고의로 따르지 않거나 무시하는 행위

### (7) 인간실수(휴먼에러) 확률에 대한 추정기법

인간의 잘못은 피할 수 없다. 하지만 인간오류의 가능성이나 부정적 결과는 인력선정, 훈련절차, 환경설계 등을 통해 줄일 수 있다.

① 인간실수 확률(Human Error Probability ; HEP)
특정 직무에서 하나의 착오가 발생할 확률

$$HEP = \frac{인간실수의 \ 수}{실수발생의 \ 전체 \ 기회수}$$

인간의 신뢰도(R) = (1 − HEP) = 1 − P

② THERP(Technique for Human Error Rate Prediction)
인간실수확률(HEP)에 대한 정량적 예측기법으로 분석하고자 하는 작업을 기본행위로 하여 각 행위의 성공, 실패확률을 계산하는 방법

③ 결함수분석(FTA ; Fault Tree Analysis)
복잡하고 대형화된 시스템의 신뢰성 분석에 이용되는 기법으로 시스템의 각 단위 부품의 고장을 기본 고장(primary failure or basic event)이라 하고, 시스템의 결함 상태를 시스템 고장(top event or system failure)이라 하여 이들의 관계를 정량적으로 평가하는 방법

## 3) 4M 위험성 평가

작업공정 내 잠재하고 있는 위험요인을 Man(인간), Machine(기계), Media(작업매체), Management(관리) 등 4가지 분야로 위험성을 파악하여 위험제거대책을 제시하는 방법

(1) Man(인간) : 작업자의 불안전 행동을 유발시키는 인적 위험 평가
(2) Machine(기계) : 생산설비의 불안전 상태를 유발시키는 설계·제작·안전장치 등을 포함한 기계 자체 및 기계 주변의 위험 평가
(3) Media(작업매체) : 소음, 분진, 유해물질 등 작업환경 평가
(4) Management(관리) : 안전의식 해이로 사고를 유발시키는 관리적인 사항 평가

[4M의 항목별 위험요인(예시)]

| 항목 | 위험요인 |
|---|---|
| Man<br>(인간) | • 미숙련자 등 작업자 특성에 의한 불안전 행동<br>• 작업에 대한 안전보건 정보의 부적절<br>• 작업자세, 작업동작의 결함<br>• 작업방법의 부적절 등<br>• 휴먼에러(Human error)<br>• 개인 보호구 미착용 |
| Machine<br>(기계) | • 기계·설비 구조상의 결함<br>• 위험 방호장치의 불량<br>• 위험기계의 본질안전 설계의 부족<br>• 비상시 또는 비정상 작업 시 안전연동장치 및 경고장치의 결함<br>• 사용 유틸리티(전기, 압축공기 및 물)의 결함<br>• 설비를 이용한 운반수단의 결함 등 |
| Media<br>(작업매체) | • 작업공간(작업장 상태 및 구조)의 불량, <u>작업방법의 부적절</u><br>• 가스, 증기, 분진, 흄 및 미스트 발생<br>• 산소결핍, 병원체, 방사선, 유해광선, 고온, 저온, 초음파, 소음, 진동, 이상기압 등<br>• 취급 화학물질에 대한 중독 등 |
| Management<br>(관리) | • 관리조직의 결함<br>• 규정, 매뉴얼의 미작성<br>• 안전관리계획의 미흡<br>• 교육·훈련의 부족<br>• 부하에 대한 감독·지도의 결여<br>• 안전수칙 및 각종 표지판 미게시<br>• 건강검진 및 사후관리 미흡<br>• 고혈압 예방 등 건강관리 프로그램 운영 |

### 4) 휴먼에러 대책

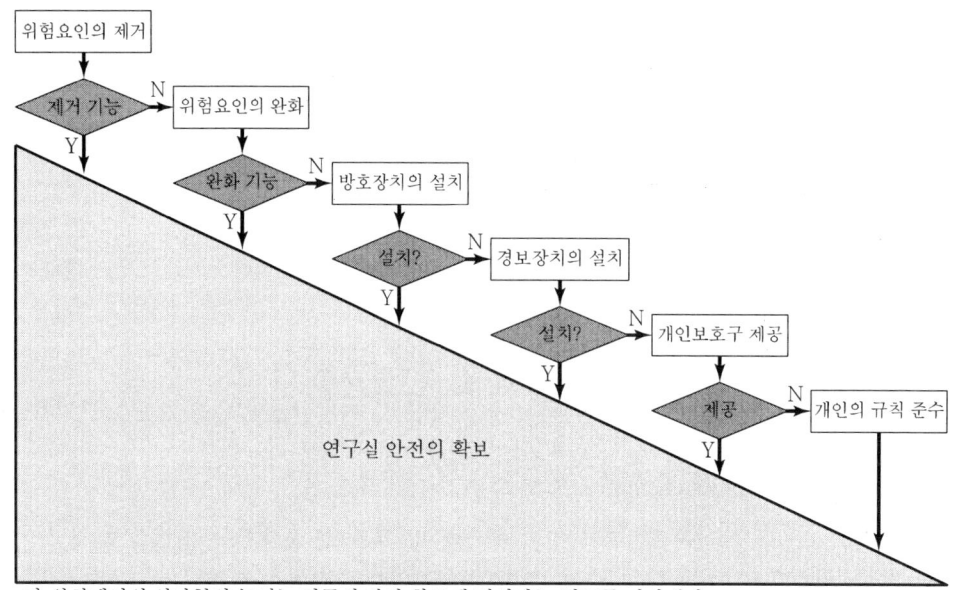

각 위치에서의 삼각형의 높이는 연구실 안전 확보에 기여하는 정도를 나타낸다.

(1) **배타설계**(Exclusion design)

설계단계에서 사용하는 재료나 기계 작동 메커니즘 등 모든 면에서 휴먼에러 요소를 근원적으로 제거하도록 하는 디자인 원칙이다. 예를 들어, 유아용 완구의 표면을 칠하는 도료는 위험한 화학물질일 수 있다. 이런 경우 도료를 먹어도 무해한 재료로 바꾸어 설계하였다면 이는 에러제거 디자인의 원칙을 지킨 것이 된다.

(2) <u>**보호설계**</u>(Preventive design)

근원적으로 에러를 100% 막는다는 것은 실제로 매우 힘들 수 있고, 경제성 때문에 그렇게 할 수 없는 경우가 많다. 이런 경우에는 가능한 에러 발생 확률을 최대한 낮추어 주는 설계를 한다. 즉, 신체적 조건이나 정신적 능력이 낮은 사용자라 하더라도 사고를 낼 확률을 낮게 설계해 주는 것을 에러 예방 디자인, 혹은 풀-푸르프(Fool proof) 디자인이라고 한다. 예를 들어, 세제나 약병의 뚜껑을 열기 위해서는 힘을 아래 방향으로 가해 돌려야 하는데 이것은 위험성을 모르는 아이들이 마실 확률을 낮추는 디자인이다.

① Fool proof

사용자가 조작 실수를 하더라도 사용자에게 피해를 주지 않도록 설계하는 개념
자동차 시동장치(D에선 시동 걸리지 않음)

### (3) 안전설계(Fail-safe design)

사용자가 휴먼에러 등을 범하더라도 그것이 부상 등 재해로 이어지지 않도록 안전장치의 장착을 통해 사고를 예방할 수 있다. 이렇듯 안전장치 등의 부착을 통한 디자인 원칙을 페일-세이프(Fail safe) 디자인이라고 한다. Fail-safe 설계를 위해서는 보통 시스템 설계 시 부품의 병렬체계설계나 대기체계설계와 같은 중복설계를 해준다. 병렬체계설계의 특성은 다음과 같다.

① 요소의 중복도가 증가할수록 계의 수명은 길어진다.
② 요소의 수가 많을수록 고장의 기회는 줄어든다.
③ 요소의 어느 하나가 정상적이면 계는 정상이다.
④ 시스템의 수명은 요소 중 수명이 가장 긴 것으로 정할 수 있다.

## 5) 바이오리듬의 종류

(1) 육체리듬(주기 23일, 청색 실선표시) : 식욕, 소화력, 활동력, 지구력 등
(2) 지성리듬(주기 33일, 녹색 일점쇄선표시) : 상상력(추리력), 사고력, 기억력, 인지, 판단력 등
(3) 감성리듬(주기 28일, 적색 점선표시) : 감정, 주의력, 창조력, 예감 및 통찰력

# 08 인체계측 및 인간의 체계제어

## 1. 인체측정

### 1) 인체계측학의 정의

인간의 신체측정에 관한 학문으로서 신체 각 부분의 크기, 활동범위, 근력 등을 측정하며, 여기서 얻어진 자료는 제품설계, 작업장, 생활가구 및 공간 등의 설계 시 기초자료로 활용된다.

### 2) 인체측정방법

(1) 구조적 인체치수

① 표준 자세에서 움직이지 않는 피측정자를 인체 측정기로 측정
② 설계의 표준이 되는 기초적인 치수를 결정
③ 마틴측정기, 실루엣 사진기

(2) 기능적 인체치수

① 움직이는 몸의 자세로부터 측정
② 사람은 일상생활 중에 항상 몸을 움직이기 때문에 어떤 설계 문제에는 기능적 치수가 더 널리 사용됨
③ 사이클그래프, 마르티스트로브, 시네필름, VTR

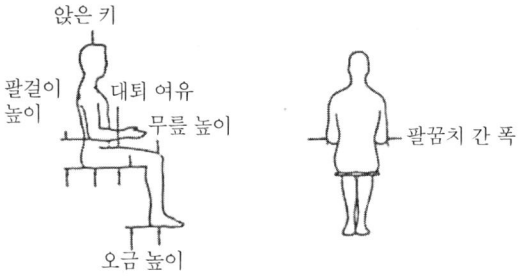

[구조적 인체치수의 예]

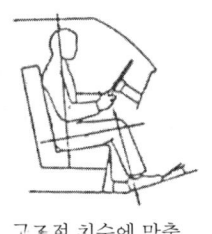
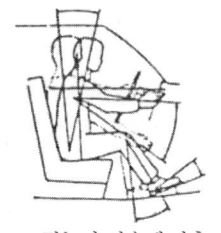

구조적 치수에 맞춤        기능적 치수에 맞춤

[자동차의 설계 시 구조적 치수와 기능적 치수의 차이]

## 2. 인체계측자료의 응용원칙

### 1) 최대치수와 최소치수

특정한 설비를 설계할 때, 거의 모든 사람을 수용할 수 있는 경우(최대치수)가 필요하다. 문, 통로, 탈출구 등을 예로 들 수 있다. 최소치수의 예로는 선반의 높이, 조종장치까지의 거리 등이 있다.

(1) 최소치수 : 하위 백분위 수(퍼센타일, Percentile) 기준 1, 5, 10%
(2) 최대치수 : 상위 백분위 수(퍼센타일, Percentile) 기준 90, 95, 99%

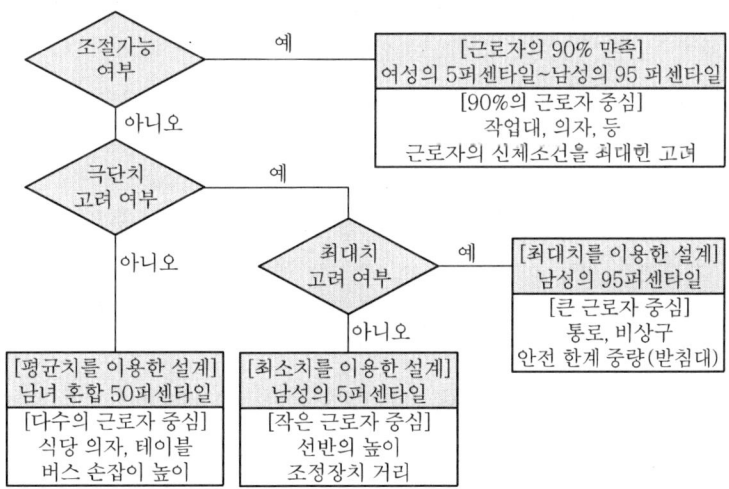

### 2) 조절범위(5~95%)

체격이 다른 여러 사람에게 맞도록 조절식으로 만드는 것이 바람직하다. 그 예로는 자동차 좌석의 전후 조절, 사무실 의자의 상하 조절 등이 있다.

3) 평균치를 기준으로 한 설계

최대치수나 최소치수를 기준으로 설계하기도 부적절하고 조절식으로 하기도 불가능할 때, 평균치를 기준으로 설계를 한다. 예를 들면, 손님의 평균 신장을 기준으로 만든 은행의 계산대 등이 있다.

## 3. 작업공간의 설계

작업공간이란 사람이 어떤 목적을 달성하기 위하여 활동하는 공간을 총칭한다.

## 4. 개별 작업공간 설계지침

1) 설계지침

    (1) 주된 시각적 임무
    (2) 주 시각임무와 상호 교환되는 주 조정장치
    (3) 조정장치와 표시장치 간의 관계
    (4) 사용순서에 따른 부품의 배치(사용순서의 원칙)
    (5) 자주 사용되는 부품을 편리한 위치에 배치(사용빈도의 원칙)
    (6) 체계 내 또는 다른 체계와의 거리를 일관성 있게 배치
    (7) 팔꿈치 높이에 따라 작업면의 높이를 결정
    (8) 과업수행에 따라 작업면의 높이를 조정
    (9) 높이 조절이 가능한 의자를 제공
    (10) 서 있는 작업자를 위해 바닥에 피로예방 매트를 사용
    (11) 정상 작업영역 안에 공구 및 재료를 배치

2) 작업공간

    (1) 작업공간 포락면(Envelope) : 한 장소에 앉아서 수행하는 작업활동에서 사람이 작업하는 데 사용하는 공간
    (2) 파악한계(Grasping Reach) : 앉은 작업자가 특정한 수작업을 편히 수행할 수 있는 공간의 외곽한계
    (3) 특수작업역 : 특정 공간에서 작업하는 구역

3) 수평작업대의 정상 작업역과 최대 작업역

   (1) 정상 작업영역 : 상완을 자연스럽게 수직으로 늘어뜨린 채, 전완만으로 편하게 뻗어 파악할 수 있는 구역(34~45cm)
   (2) 최대 작업영역 : 전완과 상완을 곧게 펴서 파악할 수 있는 구역(55~65cm)
   (3) 파악한계 : 앉은 작업자가 특정한 수작업을 편히 수행할 수 있는 공간의 외곽한계
   (4) 작업포락면 : 최대작업력으로 구성되는 3차원의 최대작업공간으로서 작업공간의 설계 시 이 작업포락면 안에 모든 부품과 도구가 배치되어야 한다.

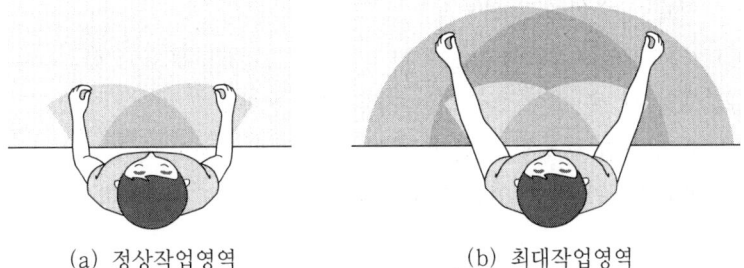

(a) 정상작업영역　　　　(b) 최대작업영역

4) 작업대 높이

   (1) **최적높이 설계지침**

   작업대의 높이는 상완을 자연스럽게 수직으로 늘어뜨리고 전완은 수평 또는 약간 아래로 편안하게 유지할 수 있는 수준

   (2) **착석식(의자식) 작업대 높이**

   ① 의자의 높이를 조절할 수 있도록 설계하는 것이 바람직
   ② 섬세한 작업은 작업대를 약간 높게, 거친 작업은 작업대를 약간 낮게 설계
   ③ 작업면 하부 여유공간이 대퇴부가 가장 큰 사람이 자유롭게 움직일 수 있을 정도로 설계

   (3) **입식 작업대 높이**

   ① 정밀작업 : 팔꿈치 높이보다 5~10cm 높게 설계
   ② 일반작업 : 팔꿈치 높이보다 5~10cm 낮게 설계
   ③ 힘든 작업(重작업) : 팔꿈치 높이보다 10~20cm 낮게 설계

   (4) 선 작업 대비 앉은 작업의 상대적 장점

   ① 작은 근력의 이용에 따른 피로축적도가 상대적으로 낮다.(선 경우는 앉은 경우에 비해 피로가 2배가량 빨리 축적된다.)

② 안정감이 높아 정밀작업에 유리하다.
③ 발로 움직이는 조종장치의 작동이 용이하다.

(5) 앉은 작업이 추천되는 경우

① 모든 작업도구 및 부품이 파악한계 내에 위치할 경우
② 작업 시 큰 힘이 요구되지 않는 경우(4kg 미만)
③ 대부분의 작업이 정밀조립과 사무작업인 경우
④ 발로 움직이는 조종장치가 자주 사용돼야 할 경우

(6) 선 작업이 추천되는 경우

① 착석 시 작업대의 구조가 다리의 여유공간을 갖지 못할 경우
② 작업 시 큰 힘이 요구되는 경우(4kg 초과)
③ 주요 작업도구 및 부품이 파악한계 밖에 위치할 경우
④ 작업내용이 많은 이동을 요하는 경우

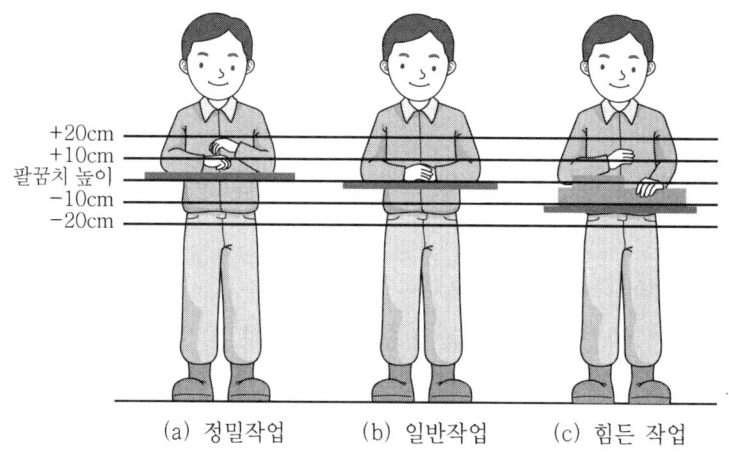

[작업특성별 팔꿈치 높이와 작업대 높이의 관계]

## 5. 전체 작업공간 설계지침

1) 작업장 배치 시 유의사항

(1) 작업의 흐름에 따라 기계를 배치한다.
(2) 비상시에 쉽게 대비할 수 있는 통로를 마련하고 사고 진압을 위한 활동통로가 반드시 마련되어야 한다.

(3) 공장 내외에는 안전한 통로를 두어야 하며, 통로는 선을 그어 작업장과 명확히 구별하도록 한다.

(4) 기계설비 주위의 재료나 반제품은 이동이 원활하면서도 최단거리에 정돈되도록 한다.

2) 작업장 절약의 원칙

(1) 직게 운동할 것
(2) 재료나 공구는 취급하는 부근에 정돈할 것
(3) 동작의 수를 줄일 것
(4) 동작의 양을 줄일 것
(5) 물건을 장시간 취급할 때는 장구를 사용할 것

## 6. 부품배치의 원칙(공간의 배치 원리)

1) 중요성의 원칙

부품의 작동성능이 목표 달성에 중요한 정도에 따라 우선순위를 결정한다.

2) 사용빈도의 원칙

부품이 사용되는 빈도에 따른 우선순위를 결정한다.

3) 기능별 배치의 원칙

기능적으로 관련된 부품을 모아서 배치한다.

4) 사용순서의 원칙

사용순서에 맞게 순차적으로 부품들을 배치한다.

5) 일관성의 원리

동일한 구성요소들은 기억이나 찾는 것을 줄이기 위하여 같은 지점에 위치해야 한다.

6) 조종장치와 표시장치의 양립성의 원리

조종장치와 관련된 표시장치들이 근접하여 위치해야 하고, 여러 개의 조종장치와 표시장치들이 사용되는 경우에는 조종장치와 표시장치의 관계를 쉽게 알아볼 수 있도록 배열 형태를 반영해야 한다.

## 7. 동작경제의 원칙

### 1) 신체 사용에 관한 원칙

(1) 두 손의 동작은 같이 시작하고 같이 끝나도록 한다.
(2) 휴식시간을 제외하고는 양손이 동시에 쉬지 않도록 한다.
(3) 두 팔의 동작은 동시에 서로 반대 방향으로 대칭적으로 움직이도록 한다.
(4) 손과 신체의 동작은 작업을 원만하게 처리할 수 있는 범위 내에서 가장 낮은 동작등급을 사용하도록 한다.
(5) 가능한 한 관성(Momentum)을 이용하여 작업을 하도록 하되 작업자가 관성을 억제하여야 하는 경우에는 발생되는 관성을 최소한으로 줄인다.
(6) 손의 동작은 부드럽고 연속적인 동작이 되도록 하며 방향이 갑작스럽게 크게 바뀌는 모양의 직선동작은 피하도록 한다.
(7) 탄도동작(Ballistic Movement)은 제한되거나 통제된 동작보다 더 신속하고 용이하며 정확하다.(탄도동작의 예로 숙련된 목수가 망치로 못을 박을 때 망치 궤적이 수평선상의 직선이 아니고 포물선을 그리면서 작업을 하는 동작을 들 수 있다.)
(8) 가능하면 쉽고 자연스러운 리듬이 작업동작에 생기도록 작업을 배치한다.
(9) 눈의 초점을 모아야 작업을 할 수 있는 경우는 가능하면 없애고 이것이 불가피할 경우에는 눈의 초점이 모아지는 서로 다른 두 작업지침 간의 거리를 짧게 한다.

### 2) 작업장 배치에 관한 원칙

(1) 모든 공구나 재료는 정해진 위치에 있도록 한다.
(2) 공구, 재료 및 제어장치는 사용위치에 가까이 두도록 한다(정상작업영역, 최대작업영역).
(3) 중력이송원리를 이용한 부품상자(Gravity Feed Bath)나 용기를 이용하여 부품을 부품사용장소에 가까이 보낼 수 있도록 한다.
(4) 가능하다면 낙하식 운반(Drop Delivery)방법을 사용한다.
(5) 공구나 재료는 작업동작이 원활하게 수행되도록 그 위치를 정해준다.
(6) 작업자가 잘 보면서 작업을 할 수 있도록 적절한 조명을 비추어 준다.
(7) 작업자가 작업 중 자세의 변경, 즉 앉거나 서는 것을 임의로 할 수 있도록 작업대와 의자높이가 조절되도록 한다.
(8) 작업자가 좋은 자세를 취할 수 있도록 높이가 조절되는 좋은 디자인의 의자를 제공한다.

### 3) 공구 및 설비 설계(디자인)에 관한 원칙

(1) 치구나 족답장치(Foot-operated Device)를 효과적으로 사용할 수 있는 작업에서는 이러한 장치를 사용하도록 하여 양손이 다른 일을 할 수 있도록 한다.
(2) 가능하면 공구 기능을 결합하여 사용하도록 한다.
(3) 공구와 지세는 가능한 한 사용하기 쉽도록 미리 위치를 잡아준다(Pre-position).
(4) (타자 칠 때와 같이) 각 손가락이 서로 다른 작업을 할 때에는 작업량을 각 손가락의 능력에 맞게 분배해야 한다.
(5) 레버(Lever), 핸들 그리고 제어장치는 작업자가 몸의 자세를 크게 바꾸지 않더라도 조작하기 쉽도록 배열한다.

## 8. 의자설계원칙

1) 체중분포 : 의자에 앉았을 때 대부분의 체중이 골반뼈에 실려야 편안하다.

2) 의자 좌판의 높이 : 좌판 앞부분 오금 높이보다 높지 않게 설계(치수는 5% 되는 사람까지 수용할 수 있게 설계)

3) 의자 좌판의 깊이와 폭 : 폭은 큰 사람에게 맞도록, 깊이는 대퇴를 압박하지 않도록 작은 사람에게 맞도록 설계

4) 몸통의 안정 : 체중이 골반뼈에 실려야 몸통 안정이 쉬워진다.

5) 요추전만이 이루어져야 한다.

[신체치수와 작업대 및 의자 높이의 관계]    [인간공학적 좌식 작업환경]

## 9. 신체반응의 측정

### 1) 작업의 종류에 따른 측정

(1) 정적 근력작업 : 에너지 대사량과 심박수의 상관관계와 시간적 경과, 근전도 등
(2) 동적 근력작업 : 에너지 대사량과 산소소비량, $CO_2$ 배출량, 호흡량, 심박수 등
(3) 신경적 작업 : 매회 평균호흡진폭, 맥박수, 전기피부반사 등을 측정
(4) 심적 작업 : 플리커 값 등을 측정

### 2) 심장활동의 측정

(1) 심장주기 : 수축기(약 0.3초), 확장기(약 0.5초)의 주기 측정
(2) 심박수 : 분당 심장 주기수 측정(분당 75회)
(3) 심전도(ECG) : 심장근 수축에 따른 전기적 변화를 피부에 부착한 전극으로 측정

### 3) 산소 소비량 측정

(1) 더글러스 백(Douglas Bag)을 사용하여 배기가스 수집
(2) 배기가스의 성분을 분석하고 부피를 측정한다.

## 10. 제어장치의 종류

### 1) 개폐에 의한 제어(On-Off 제어)

$\frac{C}{D}$ 비로 동작을 제어하는 제어장치

(1) 수동식 푸시(Push Button)
(2) 발(Foot) 푸시
(3) <u>토글 스위치(Toggle Switch)</u>
(4) 로터리 스위치(Rotary Switch)

- 똑딱 스위치(Toggle Switch), 누름단추(Push Botton)를 작동할 때에는 중심으로부터 30° 이하를 원칙으로 하며 25°쯤 되는 위치에 있을 때가 작동시간이 가장 짧다.

2) 양의 조절에 의한 통제 : 연료량, 전기량 등으로 양을 조절하는 통제장치

　(1) 노브(Knob)

　(2) 핸들(Hand Wheel)

　(3) 페달(Pedal)

　(4) 크랭크

3) 반응에 의한 통제 : 계기, 신호, 감각에 의하여 통제 또는 자동경보 시스템

## 11. 조정 – 반응 비율(통제비, C/D비, C/R비, Control Display, Ratio)

1) 통제표시비(선형조정장치)

$$\frac{X}{Y} = \frac{C}{D} = \frac{통제기기의\ 변위량}{표시계기지침의\ 변위량}$$

2) 조종구의 통제비

$$\frac{C}{D}비 = \frac{\left(\frac{a}{360}\right) \times 2\pi L}{표시계기지침의\ 이동거리}$$

여기서, $a$ : 조종장치가 움직인 각도
　　　　$L$ : 반경(지레의 길이)

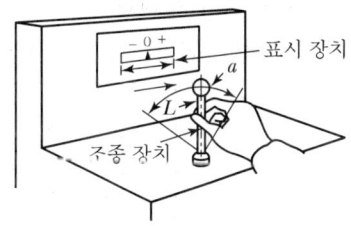

[선형표시장치를 움직이는 조정구에서의 C/D비]

3) 통제 표시비의 설계 시 고려해야 할 요소

　(1) 계기의 크기 : 조절시간이 짧게 소요되는 사이즈를 선택하되 너무 작으면 오차가 클 수 있음

　(2) 공차 : 짧은 주행시간 내에 공차의 인정범위를 초과하지 않은 계기를 마련

　(3) 목시거리 : 목시거리(눈과 계기표 시간과의 거리)가 길수록 조절의 정확도는 적어지고 시간이 걸림

　(4) 조작시간 : 조작시간이 지연되면 통제비가 크게 작용함

　(5) 방향성 : 계기의 방향성은 안전과 능률에 영향을 미침

4) 통제비의 3요소

   (1) 시각감지시간
   (2) 조절시간
   (3) 통제기기의 주행시간

5) 최적 C/D비

C/D비가 증가함에 따라 조정시간은 급격히 감소하다가 안정되며 이동시간은 이와 반대가 된다(최적통제비 : 1.18~2.42).
C/D비가 적을수록 이동시간이 짧고 조정이 어려워 조정장치가 민감하다.

## 12. 양립성(Compatibility)

안전을 근원적으로 확보하기 위한 전략으로서 외부의 자극과 인간의 기대가 서로 모순되지 않아야 하는 것. 제어장치와 표시장치 사이의 연관성이 인간의 예상과 어느 정도 일치하는가 여부

1) <u>공간적 양립성</u>

어떤 사물들, 특히 표시장치나 조정장치의 물리적 형태나 공간적인 배치의 양립성을 말한다.

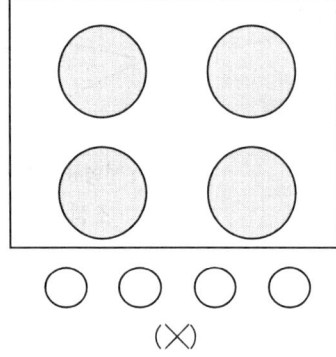
(X)

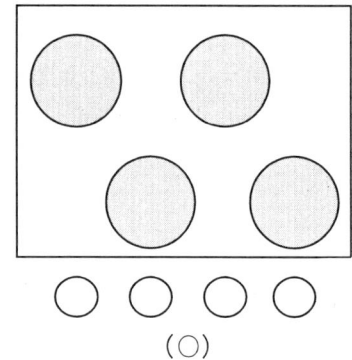
(O)

2) <u>운동적 양립성</u>

표시장치, 조정장치, 체계반응 등 운동방향의 양립성을 말하는데, 예를 들어 그림에서는 오른나사의 전진 방향에 대한 기대가 해당된다.

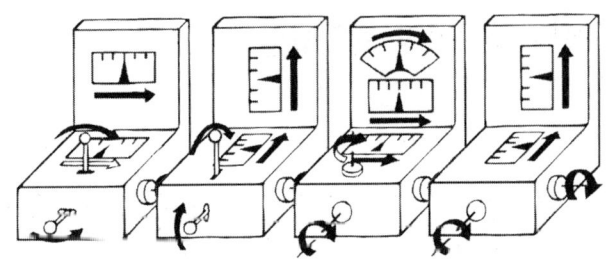

[운동적 양립성에 따른 설계 예]

### 3) 개념적 양립성

외부로부터의 자극에 대해 인간이 가지고 있는 개념적 연상의 일관성을 말하는데, 예를 들어 파란색 수도꼭지와 빨간색 수도꼭지가 있는 경우 빨간색 수도꼭지를 보고 따뜻한 물이라고 연상하는 것을 말한다.

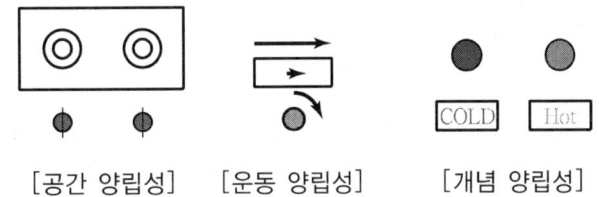

[공간 양립성]   [운동 양립성]   [개념 양립성]

공간의 양립성에서 개념 양립성에 해당하는 것은?
➡ 냉온수기에서 빨간색은 온수, 파란색은 냉수가 나온다.

## 13. 수공구와 장치 설계의 원리

1) 손목을 곧게 유지
2) 조직의 압축응력을 피함
3) 반복적인 손가락 움직임을 피함(모든 손가락 사용)
4) 안전작동을 고려하여 설계
5) 손잡이는 손바닥의 접촉면적이 크게 설계
6) 양손잡이를 모두 고려한 설계

## 09. 신체활동의 생리학적 측정방법

### 1. 신체역학

인간은 근육, 뼈, 신경, 에너지 대사 등을 바탕으로 물리적인 활동을 수행하게 되는데 이러한 활동에 대하여 생리적 조건과 역학적 특성을 고려한 접근방법

1) 신체부위의 운동

   (1) 팔, 다리
   
   ① 외전(Abduction) : 몸의 중심선으로부터 멀리 떨어지게 하는 동작(예 : 팔을 옆으로 들기)
   ② 내전(Adduction) : 몸의 중심선으로의 이동(예 : 팔을 수평으로 편 상태에서 수직위치로 내리는 것)

   (2) 팔꿈치
   
   ① 굴곡(Flexion) : 관절이 만드는 각도가 감소하는 동작(예 : 팔꿈치 굽히기)
   ② 신전(Extension) : 관절이 만드는 각도가 증가하는 동작(예 : 굽힌 팔꿈치 펴기)

   (3) 손
   
   ① 하향(Pronation) : 손바닥을 아래로 향하도록 하는 회전
   ② 상향(Supination) : 손바닥을 위로 향하도록 하는 회전

   (4) 발
   
   ① 외선(Lateral Rotation) : 몸의 중심선으로부터의 회전
   ② 내선(Medial Rotation) : 몸의 중심선으로 회전

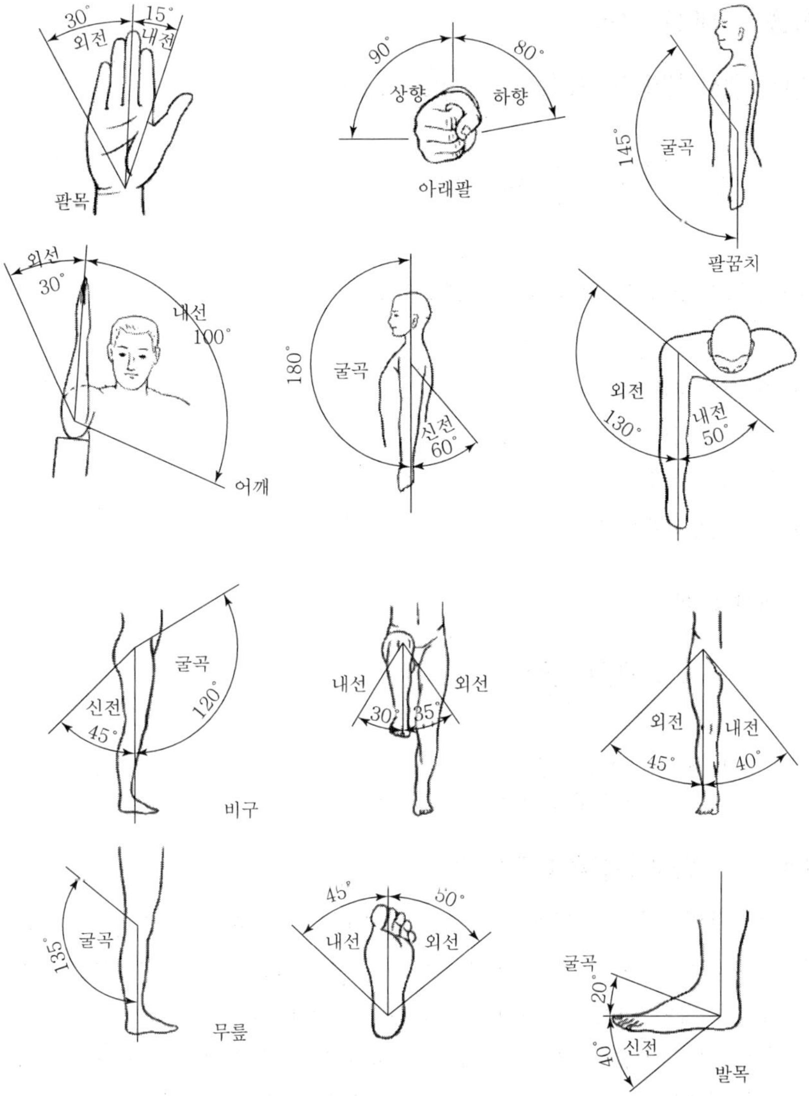

[신체부위의 운동]

## 2) 근력 및 지구력

(1) 근력 : 근육이 낼 수 있는 최대 힘으로 정적 조건에서 힘을 낼 수 있는 근육의 능력
(2) 지구력 : 근육을 사용하여 특정한 힘을 유지할 수 있는 시간

## 2. 신체활동의 에너지 소비

### 1) 에너지 대사율(RMR : Relative Metabolic Rate)

$$RMR = \frac{운동\ 대사량}{기초\ 대사량} = \frac{운동시\ 산소\ 소모량 - 안정시\ 산소\ 소모량}{기초\ 대사량(산소\ 소비량)}$$

### 2) 에너지 대사율(RMR)에 따른 작업의 분류

(1) 초경작업(初經作業) : 0~1
(2) 경작업(經作業) : 1~2
(3) 보통 작업(中作業) : 2~4
(4) 무거운 작업(重作業) : 4~7
(5) 초중작업(初重作業) : 7 이상

### 3) 휴식시간 산정

$$R(분) = \frac{60(E-5)}{E-1.5} \text{ (60분 기준)}$$

여기서, E : 작업의 평균에너지(kcal/min)
에너지 값의 상한 : 5(kcal/min)

### 4) 에너지 소비량에 영향을 미치는 인자

(1) 작업방법 : 특정 작업에서의 에너지 소비는 작업의 수행방법에 따라 달라짐
(2) 작업자세 : 손과 무릎을 바닥에 댄 자세와 쪼그려 앉는 자세가 다른 자세에 비해 에너지 소비량이 적은 등 에너지소비량은 자세에 따라 달라짐
(3) 작업속도 : 적절한 작업속도에서는 별다른 생리적 부담이 없으나 작업속도가 빠른 경우 작업부하가 증가하기 때문에 생리적 스트레스도 증가함
(4) 도구설계 : 도구가 얼마나 작업에 적절하게 설계되었느냐가 작업의 효율을 결정

## 3. 생리학적 측정방법

### 1) 근전도(EMG : Electromyogram)

근육활동의 전위차를 기록한 것으로 심장근의 근전도를 특히 심전도(ECG, Electrocardiogram)라 한다(정신활동의 부담을 측정하는 방법이 아님).

2) 피부전기반사(GSR : Galvanic Skin Relex)
작업부하의 정신적 부담도가 피로와 함께 증대하는 양상을 전기저항의 변화에서 측정하는 것

3) 플리커값(Flicker Frequency of Fusion light)
뇌의 피로값을 측정하기 위해 실시하며 빛의 성질을 이용하여 뇌의 기능을 측정. 저주파에서 차츰 주파수를 높이면 깜박거림이 없어지고 빛이 일정하게 보이는데, 이 성질을 이용하여 뇌가 피로한지 여부를 측정하는 방법. 일반적으로 피로도가 높을수록 주파수가 낮아진다.

플리커 검사(Flicker Test)란 무엇을 측정하는 검사인가?
➡ 피로의 정도를 측정하는 검사

정신활동의 부담을 측정하는 방법?
➡ 부정맥 점수, 점멸 융합 주파수(Flicker Fusion Frequency), J.N.D(Just-Noticeable Difference)

# 10 작업공간 및 작업자세

## 1. 부품배치의 원칙

### 1) 중요성의 원칙
부품의 작동성능이 목표달성에 긴요한 정도에 따라 우선순위를 결정한다.

### 2) 사용빈도의 원칙
부품이 사용되는 빈도에 따른 우선순위를 결정한다.

### 3) 기능별 배치의 원칙
기능적으로 관련된 부품을 모아서 배치한다.

### 4) 사용순서의 원칙
사용순서에 맞게 순차적으로 부품들을 배치한다.

## 2. 개별 작업공간 설계지침

### 1) 설계지침
(1) 주된 시각적 임무
(2) 주 시각임무와 상호 교환되는 주 조정장치
(3) 조정장치와 표시장치 간의 관계
(4) 사용순서에 따른 부품의 배치(사용순서의 원칙)
(5) 자주 사용되는 부품의 편리한 위치에 배치(사용빈도의 원칙)
(6) 체계 내 또는 다른 체계와의 배치를 일관성 있게 배치
(7) 팔꿈치 높이에 따라 작업면의 높이를 결정
(8) 과업수행에 따라 작업면의 높이를 조정
(9) 높이 조절이 가능한 의자를 제공
(10) 서 있는 작업자를 위해 바닥에 피로예방 매트를 사용
(11) 정상 작업영역 안에 공구 및 재료를 배치

2) 작업공간

   (1) 작업공간 포락면(Envelope) : 한 장소에 앉아서 수행하는 작업활동에서 사람이 작업하는 데 사용하는 공간
   (2) 파악한계(Grasping Reach) : 앉은 작업자가 특정한 수작업을 편히 수행할 수 있는 공간의 외곽한계
   (3) 특수작업역 : 특정 공간에서 작업하는 구역

3) <u>수평작업대의 정상 작업역과 최대 작업역</u>

   (1) 정상 작업영역 : 전완을 자연스럽게 수직으로 늘어뜨린 채, 전완만으로 편하게 뻗어 파악할 수 있는 구역(34~45cm)
   (2) 최대 작업영역 : 전완과 상완을 곧게 펴서 파악할 수 있는 구역(55~65cm)
   (3) 파악한계 : 앉은 작업자가 특정한 수작업을 편히 수행할 수 있는 공간의 외곽한계를 말한다.

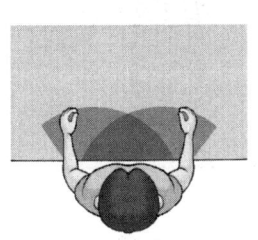 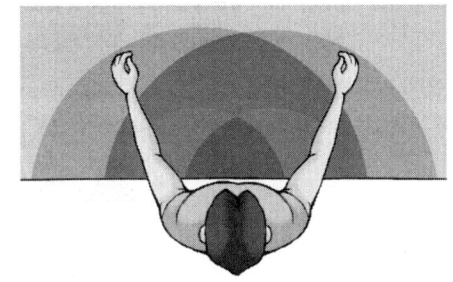

(a) 정상작업영역　　　　　　　　(b) 최대작업영역

4) 작업대 높이

   (1) **최적높이 설계지침**

   작업대의 높이는 상완을 자연스럽게 수직으로 늘어뜨리고 전완은 수평 또는 약간 아래로 편안하게 유지할 수 있는 수준

   (2) **착석식(의자식) 작업대 높이**

   ① 의자의 높이를 조절할 수 있도록 설계하는 것이 바람직
   ② 섬세한 작업은 작업대를 약간 높게, 거친 작업은 작업대를 약간 낮게 설계
   ③ 작업면 하부 여유공간이 대퇴부가 가장 큰 사람이 자유롭게 움직일 수 있을 정도로 설계

(3) 입식 작업대 높이

　① 정밀작업 : 팔꿈치 높이보다 5~10cm 높게 설계
　② 일반작업 : 팔꿈치 높이보다 5~10cm 낮게 설계
　③ 힘든작업(重작업) : 팔꿈치 높이보다 10~20cm 낮게 설계

입식작업을 할 때 중량물을 취급하는 중(重)작업의 경우 적절한 작업대의 높이는?
➡ 팔꿈치 높이보다 10~20cm 낮게 설계한다.

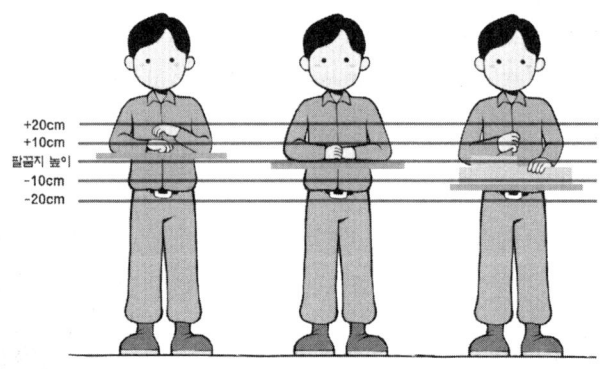

　　(a) 정밀작업　　(b) 일반작업　　(c) 힘든작업

[팔꿈치 높이와 작업대 높이의 관계]

# 11 인간의 특성과 안전

## 1. 인간성능

1) 인간성능(Human Performance) 연구에 사용되는 변수

   (1) 독립변수 : 관찰하고자 하는 현상에 대한 변수
   (2) 종속변수 : 평가척도나 기준이 되는 변수
   (3) 통제변수 : 종속변수에 영향을 미칠 수 있지만 독립변수에 포함되지 않은 변수

2) 체계 개발에 유용한 직무정보의 유형 : 신뢰도, 시간, 직무 위급도

## 2. 성능신뢰도

1) 인간의 신뢰성 요인

   (1) 주의력수준
   (2) 의식수준(경험, 지식, 기술)
   (3) 긴장수준(에너지 대사율)

   > **Point**
   > 긴장수준을 측정하는 방법
   > 1. 인체 에너지의 대사율
   > 2. 체내 수분손실량
   > 3. 흡기량의 억제도
   > 4. 뇌파계

2) 기계의 신뢰성 요인

   재질, 기능, 작동방법

3) 신뢰도

   (1) 인간과 기계의 직·병렬 작업

   ① 직렬 : $R_s = r_1 \times r_2$

   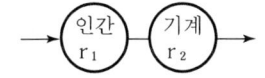

② 병렬 : $R_p = r_1 + r_2(1-r_1) = 1-(1-r_1)(1-r_2)$

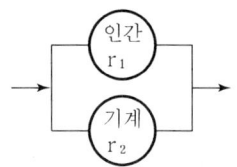

(2) 설비의 신뢰도

　① 직렬(series system)

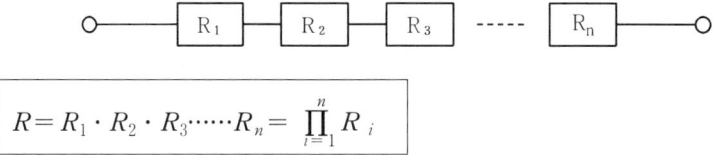

$$R = R_1 \cdot R_2 \cdot R_3 \cdots R_n = \prod_{i=1}^{n} R_i$$

　② 병렬(페일 세이프티 : fail safety)

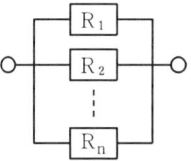

$$R = 1-(1-R_1)(1-R_2)\cdots(1-R_n) = 1-\prod_{i=1}^{n} R_i$$

　③ 요소의 병렬구조

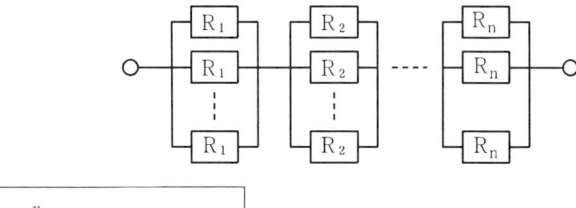

$$R = \prod_{i=1}^{n}(1-(1-R_i)^m)$$

④ 시스템의 병렬구조

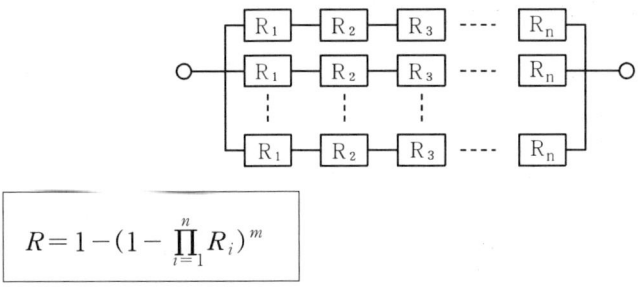

$$R = 1 - (1 - \prod_{i=1}^{n} R_i)^m$$

## 3. 산업재해와 산업인간공학

1) 산업인간공학

   인간의 능력과 관련된 특성이나 한계점을 체계적으로 응용하여 작업체계의 개선에 활용하는 연구분야

2) <u>산업인간공학의 가치</u>

   (1) 인력 이용률의 향상
   (2) 훈련비용의 절감
   (3) 사고 및 오용으로부터의 손실 감소
   (4) 생산성의 향상
   (5) 사용자의 수용도 향상
   (6) 생산 및 정비유지의 경제성 증대

## 4. 근골격계질환

1) 근골격계질환 정의(안전보건규칙 제656조 제2항)

   반복적인 동작, 부적절한 작업자세, 무리한 힘의 사용, 날카로운 면과의 신체접촉, 진동 및 온도 등의 요인에 의하여 발생하는 건강장해로서 목, 어깨, 허리, 팔·다리의 신경·근육 및 그 주변 신체조직 등에 나타나는 질환을 말한다.

2) 유해요인조사(안전보건규칙 제657조 제1항)

   사업주는 근로자가 근골격계부담작업을 하는 경우에 3년마다 다음 각 호의 사항에 대한 유해요인조사를 하여야 한다. 다만, 신설되는 사업장의 경우에는 신설일부터 1년 이내에 최초의 유해요인 조사를 하여야 한다. ① 설비·작업공정·작업량·작업속도 등 작업장 상황 ② 작업시간·작업자세·작업방법 등 작업조건 ③ 작업과 관련된 근골격계질환 징후와 증상 유무 등

(1) <u>부적절한 작업자세</u>

무릎을 굽히거나 쪼그리는 자세의 작업

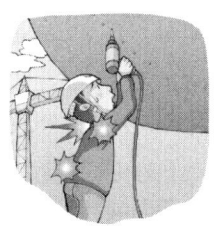

팔꿈치를 반복적으로 머리 위 또는 어깨 위로 들어올리는 작업

목, 허리, 손목 등을 과도하게 구부리거나 비트는 작업

(2) <u>과도한 힘이 필요한 작업(중량물 취급)</u>

반복적인 중량물 취급

어깨 위에서 중량물 취급

허리를 구부린 상태에서 중량물 취급

(3) 과도한 힘이 필요한 작업(수공구 취급)

강한 힘으로 공구를 작동하거나 물건을 집는 작업

(4) 접촉 스트레스 발생작업

손이나 무릎을 망치처럼 때리거나 치는 작업

(5) 진동공구 취급작업

착암기, 연삭기 등 진동이 발생하는 공구 취급작업

(6) 반복적인 작업

 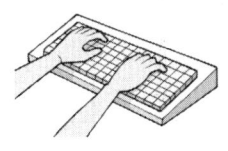

목, 어깨, 팔, 팔꿈치, 손가락 등을 반복하는 작업

3) 작업유해요인 분석평가법

(1) 작업평가 기법의 종류

    NIOSH Liftting Equation(NLE)
    Ovako Working posture Analysis System(OWAS)
    Rapid Upper Limb Assessment(RULA)
    Rapid Entire Body Assessment(REBA)

(2) <u>OWAS</u>(Ovako Working-posture Analysis System)

Karhu 등(1977)이 철강업에서 작업자들의 부적절한 작업자세를 정의하고 평가하기 위해 개발한 대표적인 작업자세 평가기법. 이 방법은 대표적인 작업을 비디오로 촬영하여, 신체부위별로 정의된 자세기준에 따라 자세를 기록해 코드화하여 분석하며 분석자가 특별한 기구 없이 관찰만으로 작업자세를 분석(관찰적 작업자세 평가기법)함. OWAS는 배우기 쉽고, 현장에 적용하기 쉬운 장점 때문에 많이 이용되고 있으나 작업자세를 너무 단순화했기 때문에 세밀한 분석에 어려움이 있으며, 분석 결과도 작업자세 특성에 대한 정성적인 분석만 가능하다.

| 신체부위 | 작업자세형태 | | | |
|---|---|---|---|---|
| 허리 | ① 똑바로 폄 | ② 20도 이상 구부림 | ③ 20도 이상 비틂 | ④ 20도 이상 비틀어 구부림 |
| 상지 | ① 양팔 어깨 아래 | ② 한팔 어깨 위 | ③ 양팔 어깨 위 | |
| 하지 | ① 앉음 ② 양발 똑바로 ③ 한발 똑바로 | ④ 양무릎 굽힘 ⑤ 한무릎 굽힘 | ⑥ 무릎 바닥 | ⑦ 걸음 |
| 무게 | ① 10kg 미만 | ② 10~20kg | ③ 20kg 이상 | |

## (2) RULA(Rapid Upper Limb Assessment)

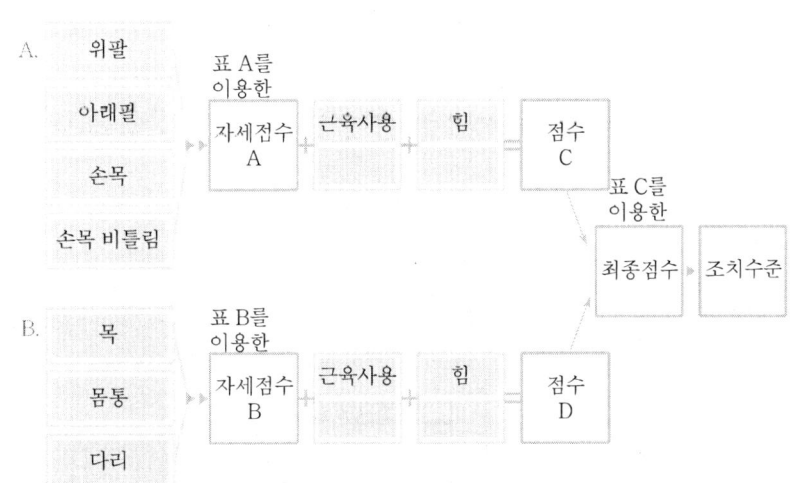

[RULA 시스템]

RULA(Rapid Upper Limb Assessment)는 어깨, 팔목, 손목, 목 등 상지에 초점을 맞추어 작업자세로 인한 작업부하를 쉽고 빠르게 평가하기 위해 개발하였다.

이 기법의 목적은 첫째, 나쁜 작업 자세로 인한 상지의 장애(Disorders)를 안고 있는 작업자의 비율이 어느 정도인지를 쉽고 빠르게 파악하는 방법을 제시하기 위해 만들어졌고, 둘째, 근육의 피로에 영향을 주는 인자들인 작업 자세나 정적인 또는 반복적인 작업 여부, 작업을 수행하는데 필요한 힘의 크기 등 작업으로 인한 근육 부하를 평가하기 위해 만들어졌다.

평가방법은 팔(상완 및 전완), 손목, 목, 몸통(허리), 다리 부위에 대해 각각의 기준에서 정한 값을 표에서 찾고 그런 다음, 근육의 사용 정도와 사용빈도를 정해진 표에서 찾아 점수를 더하여 최종적인 값을 산출하도록 되어 있다.

이 방법은 주로 작업 자세의 위험성을 정량적으로 평가하여 최종 평가점수가 1~2점은 적절한 작업, 3~4점은 추적 관찰 필요, 5~6점은 작업전환 고려, 7점은 즉시 작업전환 필요 등으로 구분하여 사후 관리기준을 제시하고 있다.

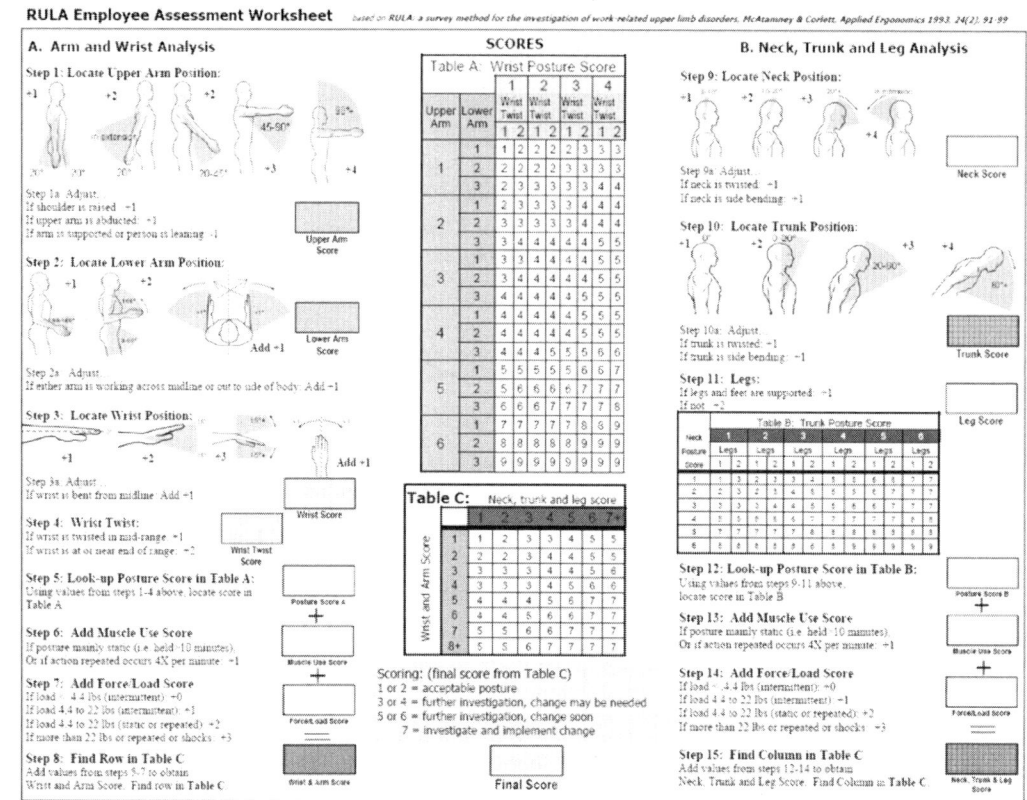

[RULA 실습 예제]

### (3) REBA(Rapid Entire Body Assessment)

근골격계질환과 관련한 위해인자에 대한 개인작업자의 노출정도를 평가하기 위한 목적으로 개발되었으며, 특히 상지작업을 중심으로 한 RULA와 비교하여 간호사 등과 같이 예측하기 힘든 다양한 자세에서 이루어지는 서비스업에서의 전체적인 신체에 대한 부담정도와 위해인자에의 노출정도를 분석하는데 적합하다.

REBA는 크게 신체부위별 작업자세를 나타내는 4개의 배점표로 구성되어 있다. 평가대상이 되는 주요 작업요소로는 반복성, 정적작업, 힘, 작업자세, 연속작업시간 등이 고려되어지게 된다. 평가방법은 크게 신체부위별로 A와 B 그룹으로 나누어지고 A, B의 각 그룹별로 작업자세, 그리고 근육과 힘에 대한 평가로 이루어진다.

평가결과는 1에서 15점 사이의 총점으로 나타내어지며 점수에 따라 5개의 조치단계(Action Level)로 분류되어 진다. 조치단계 0은 특별한 조치가 필요 없음, 조치단계 1은 조치가 필요할지도 모름, 조치단계 2는 조치가 필요함, 조치단계 3은 조치가 곧 필요함, 조치단계 4는 즉시 조치가 필요함을 의미한다.

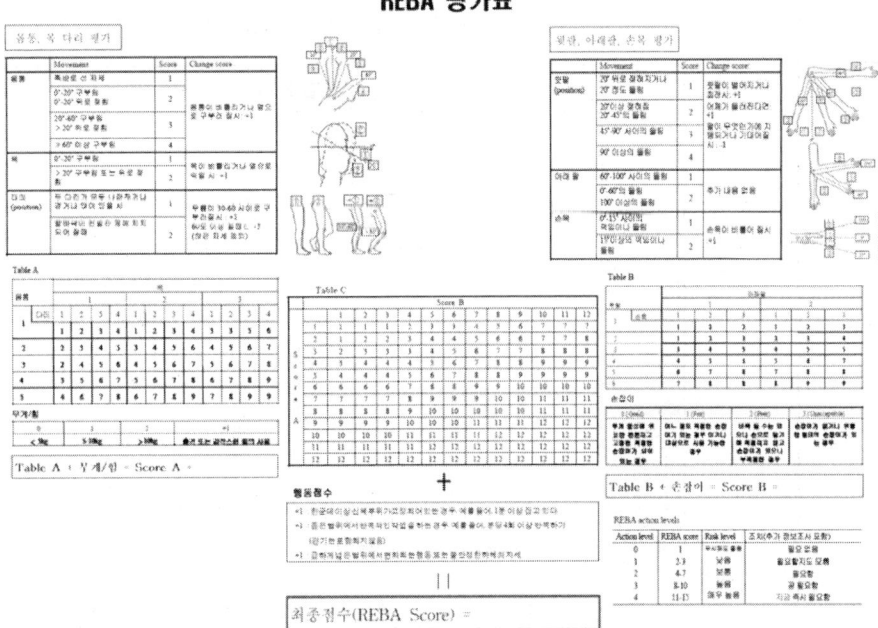

[REBA 작업분석 SHEET]

(4) OWAS(Ovako Working Posture Analysis System)

① 근력을 발휘하기에 부적절한 작업 자세를 구별해내기 위한 목적으로 개발하였다. 이 평가기법의 장점으로는 특별한 기구 없이 관찰에 의해서만 작업 자세를 평가할 수 있으며, 전반적인 작업으로 인한 위해도를 쉽고 간단하게 조사할 수 있고, 현재 가장 범용적으로 사용되고 있다. 위해도평가는 상지, 하지, 허리, 하중을 이용해 실시한다.

② 조치수준 결정은 4단계로서 AC(Action Level) 1은 문제가 없는 작업, AC 2는 시일 내에 추가적인 조사 필요, AC 3은 가능한 한 조기에 개선이 필요한 작업, AC 4는 즉시 개선이 필요한 작업을 의미한다. 따라서 여러 작업 중에서 개선을 필요로 하는 작업을 우선적으로 선정할 수 있다는 장점이 있는 반면, 작업 자세 특성이 정적인 자세에 초점이 맞추어져 있고, 중량물 취급작업 외에는 작업에 소요되는 힘과 반복성에 대한 위험성이 평가에 반영되지 않아 한계점으로 지적되고 있다.

[OWAS 작업분석 SHEET]

(5) NLE 중량물 취급기준

① NLE(NIOSH Lifting Equation)는 미국 산업안전보건연구원(NIOSH)에서 중량물을 취급하는 작업에 대한 요통예방을 목적으로 작업평가와 작업설계를 지원하기 위해서 개발되었다.

② 중량물 취급과 취급 횟수뿐만 아니라 중량물 취급 위치·이양거리·신체의 비틀기·중량물 들기 쉬움 정도 등 여러 요인을 고려하고 있으며, 보다 섬밀한 작업평가·작업설계에 이용할 수 있게 되어 있다.

③ 그러나, 이 기법은 들기작업에만 적절하게 쓰일 수 있기 때문에, 반복적인 작업자세, 밀기, 당기기 등과 같은 작업에 대한 평가에는 어려움이 있다. 들기지수(Lifting Index)가 1보다 크게 되면 요통의 발생 위험이 높은 것으로 간주하여 들기지수가 1 이하가 되도록 작업을 설계/개선할 필요가 있음을 의미한다.

④ 적용할 수 없는 경우
　㉠ 한 손으로 물건을 취급하는 경우
　㉡ 8시간 이상 물건을 취급하는 작업을 계속하는 경우
　㉢ 앉거나 무릎을 굽힌 자세로 작업을 하는 경우
　㉣ 작업공간이 제약된 경우
　㉤ 밸런스가 맞지 않는 물건을 취급하는 경우
　㉥ 운반이나 밀거나 끌거나 하는 것 같은 작업에서의 중량물 취급
　㉦ 손수레나 운반카를 사용하는 작업에 따르는 중량물 취급
　㉧ 빠른 속도로 중량물을 취급하는 경우(약 75㎝/초를 넘어가는 것)
　㉨ 바닥면이 좋지 않은 경우(지면과의 마찰계수가 0.4 미만의 경우)
　㉩ 온도/습도 환경이 나쁜 경우(온도 19~26℃, 습도 35~50%의 범위에 속하지 않는 경우)

[NLE 작업분석 SHEET]

## 12 생체리듬과 피로

### 1. 피로의 증상과 대책

1) 피로의 정의

   신체적 또는 정신적으로 지치거나 약해진 상태로서 작업능률의 저하, 신체기능의 저하 등의 증상이 나타나는 상태

2) 피로의 종류

   (1) 정신적(주관적) 피로 : 피로감을 느끼는 자각증세
   (2) 객관적 피로(육체적 피로) : 작업피로가 질적, 양적 생산성의 저하로 나타남
   (3) 생리적 피로 : 작업능력 또는 생리적 기능의 저하

3) 피로의 발생원인

   (1) 피로의 요인

   ① 작업조건 : 작업강도, 작업속도, 작업시간 등
   ② 환경조건 : 온도, 습도, 소음, 조명 등
   ③ 생활조건 : 수면, 식사, 취미활동 등
   ④ 사회적 조건 : 대인관계, 생활수준 등
   ⑤ 신체적, 정신적 조건

   (2) 기계적 요인과 인간적 요인

   ① 기계적 요인 : 기계의 종류, 조작부분의 배치, 색채, 조작부분의 감촉 등
   ② 인간적 요인 : 신체상태, 정신상태, 작업내용, 작업시간, 사회환경, 작업환경 등

4) 피로의 예방과 회복대책

   (1) 작업부하를 적게 할 것
   (2) 정적동작을 피할 것
   (3) 작업속도를 적절하게 할 것
   (4) 근로시간과 휴식을 적절하게 할 것
   (5) 목욕이나 가벼운 체조를 할 것
   (6) 수면을 충분히 취할 것

## 2. 피로의 측정방법

### 1) 생리적 측정방법

(1) 근전계(EMG) : 근육활동의 전위차를 기록하여 측정
(2) 심전계(ECG) : 심장의 근육활동의 전위차를 기록하여 측정
(3) 뇌전계(ENG) : 뇌신경 활동의 전위차를 기록하여 측정
(4) 산소소비량
(5) 점멸융합주파수(플리커법) : 사이가 벌어져 회전하는 원판으로 들어오는 광원의 빛을 단속시켜 연속광으로 보이는지 단속광으로 보이는지 경계에서의 빛의 단속주기를 플리커치라 함
(6) 에너지소비량(RMR)
(7) 피부전기반사(GSR)
(8) 안구운동측정

### 2) 심리적 측정방법

(1) 정신작업
(2) 집중유지기능(Kleapelin 가산법)
(3) 동작분석
(4) 자세의 변화

### 3) 생화학적 방법

(1) 요단백
(2) 혈액

## 3. 작업강도와 피로

### 1) 작업강도(RMR ; Relative Metabolic Rate) : 에너지 대사율

$$RMR = \frac{(\text{작업 시 소비에너지} - \text{안정 시 소비에너지})}{\text{기초대사시 소비에너지}} = \frac{\text{작업대사량}}{\text{기초대사량}}$$

① 작업 시 소비에너지 : 작업 중 소비한 산소량
② 안정 시 소비에너지 : 의자에 앉아서 호흡하는 동안 소비한 산소량
③ 기초대사량 : 체표면적 산출식과 기초대사량 표에 의해 산출

$$A = H^{0.725} \times W^{0.425} \times 72.46$$

여기서, A : 몸의 표면적($cm^2$)
H : 신장(cm)
W : 체중(kg)

2) 에너지 대사율(RMR)에 의한 작업강도

(1) 경작업(0~2 RMR) : 사무실 작업, 정신작업 등
(2) 중(中)작업(2~4 RMR) : 힘이나 동작, 속도가 작은 하체작업 등
(3) 중(重)작업(4~7 RMR) : 전신작업 등
(4) 초중(超重)작업(7 RMR 이상) : 과격한 전신작업

## 4. 생체리듬(바이오리듬, Biorhythm)의 종류

1) 생체리듬(Biorhythm, Biological Rhythm)

인간의 생리적인 주기 또는 리듬에 관한 이론

2) 생체리듬(바이오리듬)의 종류

(1) 육체적(신체적) 리듬(P, Physical Cycle) : 신체의 물리적인 상태를 나타내는 리듬, 청색 실선으로 표시하며 23일의 주기이다.
(2) 감성적 리듬(S, Sensitivity) : 기분이나 신경계통의 상태를 나타내는 리듬, 적색 점선으로 표시하며 28일의 주기이다.
(3) 지성적 리듬(I, Intellectual) : 기억력, 인지력, 판단력 등을 나타내는 리듬, 녹색 일점쇄선으로 표시하며 33일의 주기이다.

3) 위험일

3가지 생체리듬은 안정기(+)와 불안정기(-)를 반복하면서 사인(sine) 곡선을 그리며 반복되는데(+) → (-) 또는 (-) → (+)로 변하는 지점을 영(zero) 또는 위험일이라 한다. 위험일에는 평소보다 뇌졸중이 5.4배, 심장질환이 5.1배, 자살이 6.8배나 높게 나타난다고 한다.

(1) 사고발생률이 가장 높은 시간대

① 24시간 중 : 03~05시 사이
② 주간업무 중 : 오전 10~11시, 오후 15~16시

## 4) 생체리듬(바이오리듬)의 변화

(1) 야간에는 체중이 감소한다.
(2) 야간에는 말초운동 기능이 저하, 피로의 자각증상 증대
(3) 혈액의 수분, 염분량은 주간에 감소하고 야간에 증가한다.
(4) 체온, 혈압, 맥박은 주간에 상승하고 야간에 감소한다.

# 13 산업안전심리

## TOPIC 01 산업심리 개념 및 요소

### 1. 산업심리의 개요

산업심리란 산업활동에 종사하는 인간의 문제 특히, 산업현장 근로자들의 심리적 특성 그리고 이와 연관된 조직의 특성 등을 연구·고찰·해결하려는 응용심리학의 한 분야로 산업 및 조직심리학(Industrial and Organizational Psychology)이라 불리기도 한다.

산업심리의 주요한 영역으로는 선발과 배치, 인간공학, 노동과학, 안전관리학, 교육과 개발 등이 있다.

### 2. 심리검사의 종류

1) 직업적성

   (1) 기계적 적성 : 기계작업에 성공하기 쉬운 특성
      ① 손과 팔의 솜씨
      ② 공간 시각화
      ③ 기계적 이해

   (2) 사무적 적성

2) 적성검사의 종류

   (1) 계산에 의한 검사 : 계산검사, 기록검사, 수학응용검사
   (2) 시각적 판단검사 : 형태비교검사, 입체도 판단검사, 언어식별검사, 평면도판단검사, 명칭판단검사, 공구판단검사
   (3) 운동능력검사(Motor Ability Test)
      ① 추적(Tracing) : 아주 작은 통로에 선을 그리는 것
      ② 두드리기(Tapping) : 가능한 빨리 점을 찍는 것
      ③ 점찍기(Dotting) : 원 속에 점을 빨리 찍는 것
      ④ 복사(Copying) : 간단한 모양을 베끼는 것
      ⑤ 위치(Location) : 일정한 점들을 이어 크거나 작게 변형
      ⑥ 블록(Blocks) : 그림의 블록 개수 세기
      ⑦ 추적(Pursuit) : 미로 속의 선 따라가기

(4) 정밀도검사(정확성 및 기민성) : 교환검사, 회전검사, 조립검사, 분해검사
(5) 안전검사 : 건강진단, 실시시험, 학과시험, 감각기능검사, 전직조사 및 면접
(6) 창조성검사(상상력을 발동시켜 창조성 개발능력을 점검하는 검사)
(7) 직무적성도 판단검사 : 설문지법, 색채법, 설문지에 의한 컴퓨터 방식

## 3. 산업안전 심리의 요소(심리검사의 구비요건)

### 1) 표준화

검사의 관리를 위한 조건, 절차의 일관성과 통일성에 대한 심리검사의 표준화가 마련되어야 한다. 검사의 재료, 검사받는 시간, 피검자에게 주어지는 지시, 피검자의 질문에 대한 검사자의 처리, 검사 장소 및 분위기까지도 모두 통일되어 있어야 한다.

### 2) 타당도

측정하고자 하는 것을 실제로 잘 측정하는지의 여부를 판별하는 것. 특정한 시기에 모든 근로자를 검사하고, 그 검사 점수와 근로자의 직무평정 척도를 상호 연관시키는 예측 타당성을 갖추어야 한다.

(1) 구인 타당도(Construct Validity) : 검사도구가 측정하고자 하는 개념이나 이론을 제대로 측정하고 있는지에 대한 타당도이다.
(2) 내용 타당도(Content Validity) : 검사가 다루고 있는 주제를 그 검사 내용의 측면에서 상세히 분석하여 타당도를 얻는 것. 밝혀진 각 내용 영역에서 대표적인 질문들을 뽑고, 그 질문들을 검사해서 얼마나 적합한지를 살피고 측정하는 과정을 거쳐서 본 검사 내용이 어느 정도 타당한지 그 정도를 나타내는 말이다.

### 3) 신뢰도

한 집단에 대한 검사응답의 일관성을 말하는 신뢰도를 갖추어야 한다. 검사를 동일한 사람에게 실시했을 때 '검사조건이나 시기에 상관없이 얼마나 점수들이 일관성이 있는가', '비슷한 것을 측정하는 검사점수와 얼마나 일관성이 있는가' 등

### 4) 객관도 : 채점이 객관적인 것을 의미

### 5) 실용도 : 실시가 쉬운 검사

| TOPIC 02 | 인간관계와 활동 |

## 1. 인간관계

### 1) 인간관계 관리방식
(1) 종업원의 경영참여기회 제공 및 자율적인 협력체계 형성
(2) 종업원의 윤리경영의식 함양 및 동기부여

### 2) 테일러(Taylor) 방식
(1) 시간과 동작연구(Motion Time Study)를 통해 인간의 노동력을 과학적으로 분석하여 생산성 향상에 기여
(2) 부정적 측면
  ① 개인차 무시 및 인간의 기계화
  ② 단순하고 반복적인 직무에 한해서만 적정

### 3) 호손(Hawthorne)의 실험
(1) 미국 호손공장에서 실시된 실험으로 종업원의 인간성을 과학적으로 연구한 실험
(2) 물리적인 조건(조명, 휴식시간, 근로시간 단축, 임금 등)이 생산성에 영향을 주는 것이 아니라 인간관계가 절대적인 요소로 작용함을 강조

### 4) 집단에서 개인이 나타낼 수 있는 사회 행동의 형태
(1) 협력 : 협조나 조력, 분업 등을 통하여 힘을 하나로 모으는 것
(2) 대립관계에서의 공격 : 상대방을 가해하거나 압도하여 어떤 목적을 달성하려고 하는 것
(3) 대립관계에서의 경쟁 : 같은 목적에 관하여 서로 겨루어 상대방보다 빨리 도달하고자 하는 것
(4) 융합 : 상반되는 목표가 강제, 타협, 통합에 의하여 하나가 되는 것
(5) 도피와 고립 : 자기가 소속된 인간관계에서 이탈하는 것

### 5) 집단의 효과
(1) 동조효과 : 집단의 압력에 의해, 다수의 의견을 따르게 되는 현상
(2) 시너지 효과(상승효과)
(3) 청중효과(Audience Effect) : 다른 사람이 존재함으로써 개인의 과제수행이 촉진되는 것

6) 직장에서의 인간관계 유형

(1) 화합응집형 : 구성원들이 서로 긍정적 감정과 친밀감을 지니는 동시에 직장에 대한 소속감과 단결력이 높은 경우로 이런 유형의 직장에는 구성원들의 정서적 관계를 중시하는 지도력 있는 상사가 있는 경우가 대부분이다.
(2) 대립분리형 : 구성원들이 서로 적대시하는 두 개 이상의 하위집단으로 분리되어 있는 경우 하위집단 간에는 서로 반목하지만, 하위집단 내에서는 서로 친밀감을 지니며 응집력도 높다.
(3) 화합분산형 : 직장 구성원 간에는 비교적 호의적인 관계가 유지되지만, 직장에 대한 응집력이 미약한 경우
(4) 대립분산형 : 직장 구성원 간의 감정적 갈등이 심하며 직장의 인간관계에 구심점이 없는 경우

## 2. 인간관계 메커니즘

1) 동일화(Identification)

다른 사람의 행동양식이나 태도를 투입시키거나 다른 사람 가운데서 자기와 비슷한 점을 발견하는 것

2) 투사(Projection)

자기 속의 억압된 것을 다른 사람의 것으로 생각하는 것

3) 커뮤니케이션(Communication)

갖가지 행동양식이나 기호를 매개로 하여 어떤 사람으로부터 다른 사람에게 전달하는 과정
※ 커뮤니케이션 개선 방안 : 제안제도, 고충처리제도, 인사상담제도

4) 모방(Imitation)

남의 행동이나 판단을 표본으로 하여 그것과 같거나 그것에 가까운 행동 또는 판단을 취하는 것

5) 암시(Suggestion)

다른 사람으로부터의 판단이나 행동을 무비판적으로 논리적·사실적 근거 없이 받아들이는 것

### 3. 집단행동

1) 통제가 있는 집단행동(규칙이나 규율이 존재)

   (1) 관습 : 풍습(Folkways), 예의(Ritual), 금기(Taboo) 등으로 나누어짐
   (2) 제도적 행동(Institutional Behavior) : 합리적으로 성원의 행동을 통제하고 표준화함으로써 집단의 안정을 유지하려는 것
   (3) 유행(Fashion) : 공통적인 행동양식이나 태도 등을 말함

2) 통제가 없는 집단행동(성원의 감정, 정서에 의해 좌우되고 연속성이 희박)

   (1) 군중(Crowd) : 성원 사이에 지위나 역할의 분화가 없고 성원 각자는 책임감을 가지지 않으며 비판력도 가지지 않는다.
   (2) 모브(Mob) : 폭동과 같은 것을 말하며 군중보다 합의성이 없고 감정에 의해 행동하는 것
   (3) 패닉(Panic) : 모브가 공격적인 데 반해 패닉은 방어적인 특징이 있음
   (4) 심리적 전염(Mental Epidemic) : 어떤 사상이 상당 기간에 걸쳐 광범위하게 논리적 근거 없이 무비판적으로 받아들여지는 것

3) 집단 간 갈등

   집단 간 갈등의 원인으로는 집단 간 목표 차이, 집단 간 의견 차이, 한정된 자원 등이 있을 수 있다. 집단 간 갈등을 해소하기 위해서는 집단 간의 갈등 문제보다 상위의 목표를 제시함으로써 갈등을 협동관계로 바꿀 수 있다. 또한 직무순환 등의 방법은 상대 집단에서 문제를 바라보게 함으로써 집단 간 견해 차이를 줄일 수 있다. 한정된 자원의 문제는 자원을 늘리는 방법으로 갈등을 줄일 수 있다.

## TOPIC 03 | 직업적성과 인사심리

### 1. 직업적성의 분류

1) 기계적 적성

   기계작업에 성공하기 쉬운 특성
   (1) 손과 팔의 솜씨 : 신속하고 정확한 능력
   (2) 공간 시각화 : 형상, 크기의 판단능력

(3) 기계적 이해 : 공간시각능력, 지각속도, 경험, 기술적 지식 등 복합적 인자가 합쳐져 만들어진 적성

2) 사무적 적성

(1) 지능
(2) 지각속도
(3) 정확성

## 2. 적성검사의 종류

1) 시각적 판단검사
2) 정확도 및 기민성 검사(정밀성 검사)
3) 계산에 의한 검사
4) 속도에 의한 검사

## 3. 적성 발견 방법

1) 자기 이해 : 자신의 것으로 인지하고 이해하는 방법

2) 개발적 경험 : 직장경험, 교육 등을 통한 자신의 능력 발견 방법

3) 적성검사

(1) 특수 직업 적성검사 : 특수 직무에서 요구되는 능력 유무 검사
(2) 일반 직업 적성검사 : 어느 직업분야의 적성을 알기 위한 검사

## 4. 인사관리의 중요한 기능

1) 조직과 리더십(Leadership)
2) 선발(적성검사 및 시험)
3) 배치
4) 작업분석과 업무평가
5) 상담 및 노사 간의 이해

6) 직무분석 : 조직에서 특정 직무에 적합한 사람을 선발하기 위해 어떤 특성이 필요한지를 파악하기 위해 직무를 조사하는 활동
    (1) 직무분석 방법
        ① 면접법
        ② 관찰법
        ③ 설문시법
    (2) 직무분석을 통해 얻은 정보의 활용
        ① 인사선발
        ② 교육 및 훈련
        ③ 배치 및 경력개발

7) 직무평가 : 조직 내에서 각 직무마다 임금수준을 결정하기 위해 직무들의 상대적 가치를 조사하는 것

## 5. 적성배치의 효과

1) 근로의욕 고취
2) 재해의 예방
3) 근로자 자신의 자아실현
4) 생산성 및 능률 향상

## 6. 적성배치에서 고려할 기본사항

1) 적성검사를 실시하여 개인의 능력을 파악한다.
2) 직무평가를 통하여 자격수준을 정한다.
3) 객관적인 감정 요소에 따른다.
4) 인사관리의 기준원칙을 고수한다.

## TOPIC 04 인간행동 성향 및 행동과학

### 1. 인간의 일반적인 행동특성

1) 레빈(Lewin·K)의 법칙

   레빈은 인간의 행동($B$)은 그 사람이 가진 자질, 즉 개체($P$)와 심리적 환경($E$)의 상호함수관계에 있다고 하였다.

   $$B = f(P \cdot E)$$

   여기서, $B$ : Behavior(인간의 행동)
   $f$ : function(함수관계)
   $P$ : Person(개체 : 연령, 경험, 심신상태, 성격, 지능 등)
   $E$ : Environment(심리적 환경 : 인간관계, 작업환경 등)

2) 인간의 심리

   (1) 간결성의 원리 : 최소에너지로 빨리 가려고 함(생략행위)
   (2) 주의의 일점 집중현상 : 어떤 돌발사태에 직면했을 때 멍한 상태
   (3) 억측판단(Risk Taking) : 위험을 부담하고 행동으로 옮김(예 신호등이 녹색에서 적색으로 바뀌어도 차가 움직이기까지 아직 시간이 있다고 생각하여 건널목을 건넜을 경우)

3) 억측판단이 발생하는 배경

   (1) 희망적인 관측 : '그때도 그랬으니까 괜찮겠지'하는 관측
   (2) 정보나 지식의 불확실 : 위험에 대한 정보의 불확실 및 지식의 부족
   (3) 과거의 선입관 : 과거에 그 행위로 성공한 경험의 선입관
   (4) 초조한 심정 : 일을 빨리 끝내고 싶은 초조한 심정

4) 작업자가 작업 중 실수나 과오로 사고를 유발시키는 원인

   (1) 능력부족
       ① 부적당한 개성
       ② 지식의 결여
       ③ 인간관계의 결함
   (2) 주의부족
       ① 개성
       ② 감정의 불안정
       ③ 습관성

(3) 환경조건 부적합
① 각종의 표준불량
② 작업조건 부적당
③ 계획 불충분
④ 연락 및 의사소통 불충분
⑤ 불안과 동요

## 2. 사회행동의 기초

### 1) 적응의 개념

적응이란 개인의 심리적 요인과 환경적 요인이 작용하여 조화를 이룬 상태. 일반적으로 유기체가 장애를 극복하고 욕구를 충족하기 위해 변화시키는 활동뿐만 아니라 신체적·사회적 환경과 조화로운 관계를 수립하는 것

### 2) 부적응

사람들은 누구나 자기의 행동이나 욕구, 감정, 사상 등이 사회의 요구·규범·질서에 비추어 용납되지 않을 때는 긴장, 스트레스, 압박, 갈등이 일어나는데 대인관계나 사회생활에 조화를 잘 이루지 못하는 행동이나 상태를 부적응 또는 부적응 상태라 이른다.

(1) 부적응의 현상
능률저하, 사고, 불만 등

(2) 부적응의 원인
① 신체장애 : 감각기관 장애, 지체부자유, 허약, 언어 장애, 기타 신체상의 장애
② 정신적 결함 : 지적 우수, 지적 지체, 정신이상, 성격결함 등
③ 가정·사회환경의 결함 : 가정환경 결함, 사회·경제적·정치적 조건의 혼란과 불안정 등

### 3) 인간의 의식 Level별 신뢰성

| 단계 | 의식의 상태 | 신뢰성 | 의식의 작용 |
|---|---|---|---|
| Phase 0 | 무의식, 실신 | 0 | 없음 |
| Phase Ⅰ | 의식의 둔화 | 0.9 이하 | 부주의 |
| Phase Ⅱ | 이완상태 | 0.99~0.99999 | 마음이 안쪽으로 향함(Passive) |
| Phase Ⅲ | 명료한 상태 | 0.99999 이상 | 전향적(Active) |
| Phase Ⅳ | 과긴장 상태 | 0.9 이하 | 한 점에 집중, 판단 정지 |

## 3. 동기부여

동기부여란 동기를 불러일으키게 하고 일어난 행동을 유지시켜 일정한 목표로 이끌어 가는 과정을 말한다.

### 1) 매슬로(MASLOW)의 욕구단계이론

   (1) 생리적 욕구(제1단계) : 기아, 갈증, 호흡, 배설, 성욕 등
   (2) 안전의 욕구(제2단계) : 안전을 기하려는 욕구
   (3) 사회적 욕구(제3단계) : 소속 및 애정에 대한 욕구(친화 욕구)
   (4) 자기존경의 욕구(제4단계) : 자기존경의 욕구로 자존심, 명예, 성취, 지위에 대한 욕구 (승인의 욕구)
   (5) 자아실현의 욕구(성취욕구)(제5단계) : 잠재적인 능력을 실현하고자 하는 욕구(성취 욕구)

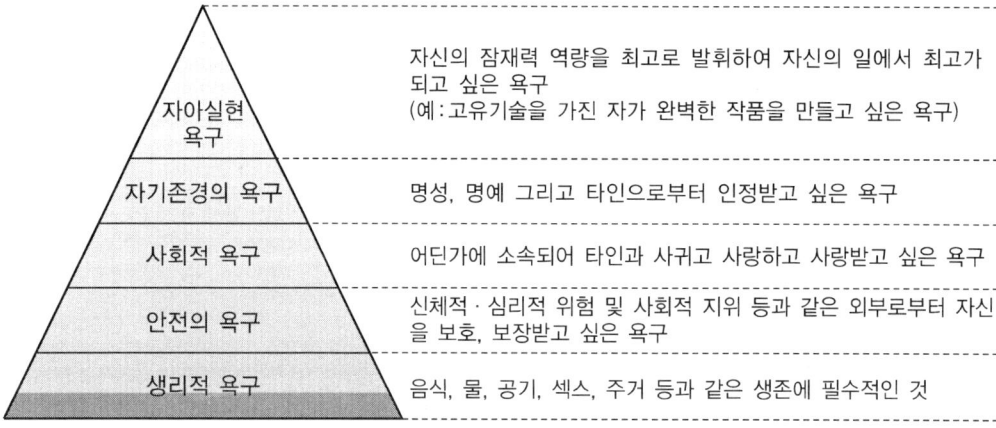

### 2) 알더퍼(Alderfer)의 ERG 이론

   (1) E(Existence) : 존재의 욕구
   생리적 욕구나 안전욕구와 같이 인간이 자신의 존재를 확보하는 데 필요한 욕구이다. 또한, 여기에는 급여, 성과급, 육체적 작업에 대한 욕구 그리고 물질적 욕구가 포함된다.

   (2) R(Relation) : 관계 욕구
   개인이 주변 사람(가족, 감독자, 동료작업자, 하위자, 친구 등)들과 상호작용을 통하여 만족을 추구하고 싶어하는 욕구로서 매슬로 욕구단계 중 사회적 욕구에 속한다.

(3) G(Growth) : 성장 욕구

매슬로의 자기 존경의 욕구와 자아실현의 욕구를 포함하는 것으로서, 개인의 잠재력 개발과 관련되는 욕구이다. ERG 이론에 따르면 경영자가 종업원의 고차원 욕구를 충족시켜야 하는 것은 동기부여를 위해서만이 아니라 발생할 수 있는 직·간접비용을 절감한다는 차원에서도 중요하다.

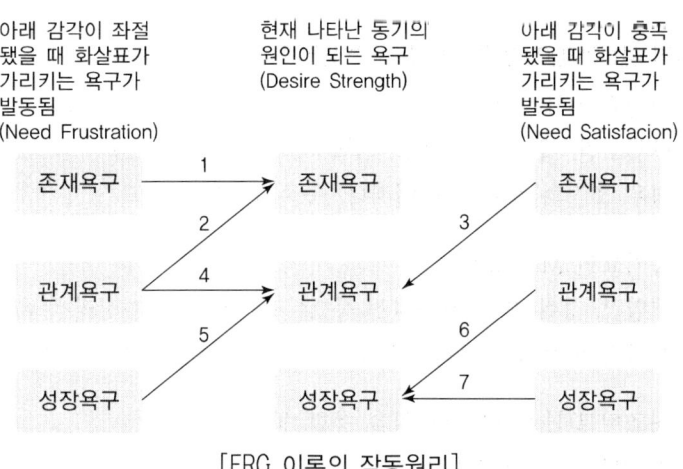

[ERG 이론의 작동원리]

3) 맥그리거(Mcgregor)의 X이론과 Y이론

(1) X이론에 대한 가정

① 원래 종업원들은 일하기 싫어하며 가능하면 일하는 것을 피하려고 한다.
② 종업원들은 일하는 것을 싫어하므로 바람직한 목표를 달성하기 위해서는 그들을 통제하고 위협하여야 한다.
③ 종업원들은 책임을 회피하고 가능하면 공식적인 지시를 바란다.
④ 인간은 명령되는 쪽을 좋아하며 무엇보다 안전을 바라고 있다는 인간관
⇒ X이론에 대한 관리 처방
  ㉠ 경제적 보상체계의 강화    ㉡ 권위주의적 리더십의 확립
  ㉢ 면밀한 감독과 엄격한 통제   ㉣ 상부책임제도의 강화
  ㉤ 통제에 의한 관리

(2) Y이론에 대한 가정

① 종업원들은 일하는 것을 놀이나 휴식과 동일한 것으로 볼 수 있다.
② 종업원들은 조직의 목표에 관여하는 경우에 자기지향과 자기통제를 행한다.
③ 보통 인간들은 책임을 수용하고 심지어는 구하는 것을 배울 수 있다.
④ 작업에서 몸과 마음을 구사하는 것은 인간의 본성이라는 인간관

⑤ 인간은 조건에 따라 자발적으로 책임을 지려고 한다는 인간관
⑥ 매슬로의 욕구체계 중 자기실현의 욕구에 해당한다.
⇒ Y이론에 대한 관리 처방
  ㉠ 민주적 리더십의 확립    ㉡ 분권화와 권한의 위임
  ㉢ 직무 확장              ㉣ 자율적인 통제

### 4) 허즈버그(Herzberg)의 2요인 이론(위생요인, 동기요인)

(1) 위생요인(Hygiene)
  작업조건, 급여, 직무환경, 감독 등 일의 조건, 보상에서 오는 욕구(충족되지 않을 경우 조직의 성과가 떨어지나, 충족되었다고 성과가 향상되지 않음)

(2) 동기요인(Motivation)
  책임감, 성취 인정, 개인발전 등 일 자체에서 오는 심리적 욕구(충족될 경우 조직의 성과가 향상되며 충족되지 않아도 성과가 떨어지지 않음)

(3) 허즈버그(Herzberg)의 일을 통한 동기부여 원칙
  ① 직무에 따라 자유와 권한 부여
  ② 개인적 책임이나 책무를 증가시킴
  ③ 더욱 새롭고 어려운 업무수행을 하도록 과업 부여
  ④ 완전하고 자연스러운 작업단위를 제공
  ⑤ 특정의 직무에 전문가가 될 수 있도록 전문화된 임무를 배당

(4) 허즈버그(Herzberg)가 제시한 직무충실(Job Enrichment)의 원리
  ① 자신의 일에 대해서 책임을 더 지도록 한다.
  ② 직무에서 자유를 제공하기 위하여 부가적 권위를 부여한다.
  ③ 전문가가 될 수 있도록 전문화된 과제들을 부과한다.
  ④ 완전하고 자연스러운 작업단위를 제공한다.
  ⑤ 여러 가지 규제를 제거하여 개인적 책임감을 증대시킨다.

[동기부여에 관한 이론들의 비교]

| 매슬로(MASLOW)의 욕구단계이론 | 알더퍼(Alderfer)의 ERG 이론 | 허즈버그(Herzberg)의 2요인 이론 | 맥그리거(Mcgreger)의 X, Y이론 |
|---|---|---|---|
| 자아실현의 욕구 (제5단계) | G(Growth) : 성장욕구 | 동기요인 (Motivation) | Y이론 |
| 자기존경의 욕구 (제4단계) | R(Relation) : 관계욕구 | 위생요인 (Hygiene) | X이론 |
| 사회적 욕구(제3단계) | | | |
| 안전의 욕구(제2단계) | E(Existence) : 존재의 욕구 | | |
| 생리적 욕구(제1단계) | | | |

5) 데이비스(K. Davis)의 동기부여 이론

   (1) 지식(Knowledge)×기능(Skill)=능력(Ability)
   (2) 상황(Situation)×태도(Attitude)=동기유발(Motivation)
   (3) 능력(Ability)×동기유발(Motivation)=인간의 성과(Human Performance)
   (4) 인간의 성과×물질적 성과=경영의 성과

6) 작업동기와 직무수행과의 관계 및 수행과정에서 느끼는 직무 만족의 내용을 중심으로 하는 이론

   (1) 콜만의 일관성 이론 : 자기존중을 높이는 사람은 더 높은 성과를 올리며 일관성을 유지하여 사회적으로 존경받는 직업을 선택
   (2) 브룸의 기대이론 : 기대(Expectancy), 도구성(Instrumentality), 유인도(Valence)의 3가지 요소의 값이 각각 최댓값이 되면 최대의 동기부여가 된다는 이론
   (3) 록크의 목표설정 이론 : 인간은 이성적이며 의식적으로 행동한다는 가정에 근거한 동기이론

   [종업원의 동기부여와 관련된 목표설정이론]
   ① 구체적인 목표를 주는 것이 좋다.
   ② 피드백이 중요하다.
   ③ 목표설정과정에서 종업원의 참여가 중요하다.

   [효과적인 목표의 특징]
   ① 목표는 측정 가능해야 한다.
   ② 목표는 구체적이어야 한다.
   ③ 목표는 그 달성에 필요한 시간의 제한을 명시해야 한다.

### 7) 아담스(Adams)의 공정성 이론

인간은 자신과 타인의 투입된 노력과 산출을 비교하여 그 비가 서로 공정해지는 방향으로 동기부여가 되고 행동한다는 것이다. 즉, 작업동기는 입력 대비 산출결과가 적을 때 나타난다.

$$\text{자신}\left(\frac{\text{산출(Output)}}{\text{입력(Input)}}\right) = \text{타인}\left(\frac{\text{산출(Output)}}{\text{입력(Input)}}\right)$$

(1) 입력(Input) : 일반적인 자격, 교육수준, 노력 등을 의미한다.
(2) 산출(Output) : 봉급, 지위, 기타 부가 급부 등을 의미한다.
(3) 공정성이나 불공정성은 자신이 일에 투자하는 투입과 그로부터 얻어내는 결과의 비율을 타인이나 타 집단의 투입에 대한 결과의 비율과 비교하면서 발생한다는 개념이다.

### 8) 안전에 대한 동기유발방법

(1) 안전의 근본이념을 인식시킨다.
(2) 상과 벌을 준다.
(3) 동기유발의 최적수준을 유지한다.
(4) 목표를 설정한다.
(5) 결과를 알려준다.
(6) 경쟁과 협동을 유발시킨다.

## 4. 주의와 부주의

### 1) 주의의 특성

(1) 선택성(소수의 특정한 것에 한한다.)

인간은 어떤 사물을 기억하는 데에 3단계의 과정을 거친다.

① 1단계 : 감각보관(Sensory Storage)으로 시각적인 잔상(殘像)과 같이 자극이 사라진 후에도 감각기관에 그 자극감각이 잠시 지속되는 것을 말한다.
② 2단계 : 단기기억(Short-Term Memory)으로 누구에게 전해야 할 메시지를 잠시 기억하는 것처럼 관련 정보를 잠시 기억하는 것인데, 감각보관으로부터 정보를 암호화하여 단기기억으로 이전하기 위해서는 인간이 그 과정에 주의를 집중해야 한다.
③ 3단계 : 장기기억(Long-Term Memory)은 단기기억 내의 정보를 의미론적으로 암호화하여 보관하는 것이다.

인간의 정보처리능력은 한계가 있으므로 모든 정보가 단기기억으로 입력될 수는 없다. 따라서 입력정보들 중 필요한 것만을 골라내는 기능을 담당하는 선택여과기(Selective Filter)가 있는 셈인데, 브로드벤트(Broadbent)는 이러한 주의의 특성을 선택적 주의 (Selective Attention)라 하였다.

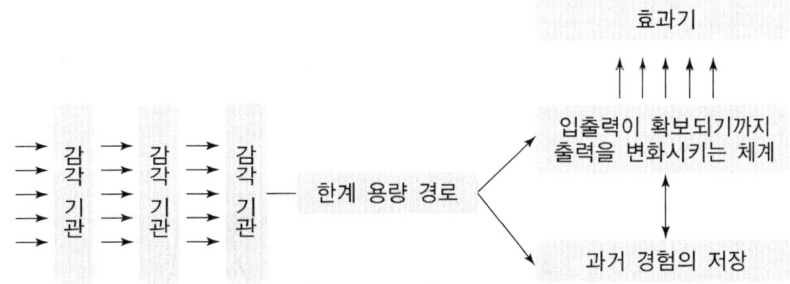

[Broadbent의 선택적 주의 모형]

(2) 방향성(시선의 초점이 맞았을 때 쉽게 인지된다.)

주의의 초점에 합치된 것은 쉽게 인식되지만, 초점으로부터 벗어난 부분은 무시되는 성질을 말하는데, 얼마나 집중하였느냐에 따라 무시되는 정도도 달라진다.

정보를 입수할 때에 중요한 정보의 발생방향을 선택하여 그곳으로부터 중점적인 정보를 입수하고 그 이외의 것을 무시하는 이러한 주의의 특성을 집중적 주의(Focused Attention)라고도 한다.

(3) 변동성(인간은 한 점에 계속하여 주의를 집중할 수는 없다.)

주의를 계속하는 사이에 언제인가 자신도 모르게 다른 일을 생각하게 된다. 이것을 다른 말로 '의식의 우회'라고 표현하기도 한다.

대체로 변화가 없는 한 가지 자극에 명료하게 의식을 집중할 수 있는 시간은 불과 수초에 지나지 않고, 주의집중 작업 혹은 각성을 요하는 작업(Vigilance Task)은 30분을 넘어서면 작업성능이 50% 이하로 현저하게 저하한다.

아래 그림에서 주의가 외향(外向) 혹은 전향(前向)이라는 것은 인간의 의식이 외부사물을 관찰하는 등 외부정보에 주의를 기울이고 있을 때이고, 내향(內向)이라는 것은 자신이 사고(思考)나 사색에 잠기는 등 내부의 정보처리에 주의집중하고 있는 상태를 말한다.

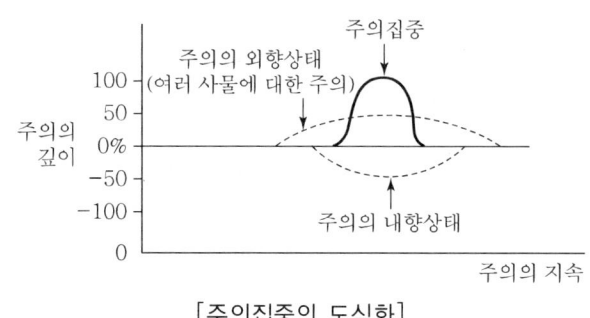

[주의집중의 도식화]

### 2) 부주의 원인

(1) 의식의 우회

의식의 흐름이 옆으로 빗나가 발생하는 것(걱정, 고민, 욕구불만 등에 의하여 정신을 빼앗기는 것)

(2) 의식수준의 저하

혼미한 정신상태에서 심신이 피로할 경우나 단조로운 반복작업 등의 경우에 일어나기 쉬움

(3) 의식의 단절

지속적인 의식의 흐름에 단절이 생기고 공백의 상태가 나타나는 것. 주로 질병의 경우에 나타남

(4) 의식의 과잉

지나친 의욕에 의해서 생기는 부주의 현상(일점 집중현상)

(5) 부주의 발생원인 및 대책

① 내적 원인 및 대책
  ㉠ 소질적 조건 : 적성배치

　　　　　ⓒ 경험 및 미경험 : 교육
　　　　　ⓒ 의식의 우회 : 상담
　　　② 외적 원인 및 대책
　　　　　㉠ 작업환경조건 불량 : 환경정비
　　　　　ⓒ 작업순서의 부적당 : 작업순서정비

3) ECR(Error Cause Removal) 제안제도

작업자 스스로가 자기의 부주의 또는 제반 오류의 원인을 생각함으로써 개선을 하도록 하는 제도

ECR 제안제도에서 실수 및 과오의 3대 원인은 다음과 같다.
① 능력부족 : 적성의 부적합, 지식의 부족, 기능의 미숙
② 주의부족 : 개성, 감정의 불안정, 습관성
③ 환경조건 : 표준 불량, 계획불충분, 작업조건 불량

# 14 리더십

## 1. 리더십의 유형

### 1) 리더십의 정의
(1) 집단목표를 위해 스스로 노력하도록 사람에게 영향력을 행사한 활동
(2) 어떤 특정한 목표달성을 지향하고 있는 상황에서 행사되는 대인 간의 영향력
(3) 공통된 목표달성을 지향하도록 사람에게 영향을 미치는 것

### 2) 리더십의 유형

(1) 선출방식에 의한 분류
  ① 헤드십(Headship) : 집단 구성원이 아닌 외부에 의해 선출(임명)된 지도자로 권한을 행사한다.
  ② 리더십(Leadership) : 집단 구성원에 의해 내부적으로 선출된 지도자로 권한을 대행한다.

(2) 업무추진방식에 의한 분류
  ① 독재형(권위형, 권력형, 맥그리거의 X이론 중심) : 지도자가 모든 권한의 행사를 독단적으로 처리(개인 중심)
  ② 민주형(맥그리거의 Y이론 중심) : 집단의 토론, 회의 등을 통해 정책을 결정(집단 중심), 리더와 부하직원 간의 협동과 의사소통
  ③ 자유방임형(개방적) : 리더는 명목상 리더의 자리만을 지킴(종업원 중심)

### 3) 리더의 중요한 기능
(1) 집단 구성원에 대한 배려 : 조직의 단결과 통일성을 위해 요구되는 기능
(2) 조직구조의 주도 : 외부환경에 대한 올바른 판단, 미래에 대한 비전 제시, 새로운 기술 등에 대한 정보 제공 등 조직 주도 업무를 수행
(3) 생산활동의 강조

### 4) 리더의 구비요건
(1) 화합성
(2) 통찰력
(3) 정서적 안정성 및 활발성
(4) 판단력

5) 경로목표이론

리더가 하위자들을 어떻게 동기유발시켜 설정된 목표를 달성하도록 할 것인가에 관한 이론. 리더는 작업 상황에서 하위자들이 목표달성을 위해 필요하다고 생각되는 요소를 제공함으로써 목표달성의 수준을 높이려고 노력한다.

(1) 지시석 리더 : 하위자들에게 과업수행을 지시하고 기대되고 있는 것이 무엇이며 그 과업이 어떻게 수행되어야 하는지에 대해 말해준다.
　① 외적 통제성향인 부하는 지시적 리더행동을 좋아한다.
　② 부하의 능력이 우수하면 지시적 리더행동은 효율적이지 못하다.
(2) 지원적 리더 : 하위자의 복지와 욕구에 유의하며 인격적으로 존중한다.
(3) 참여적 리더 : 하위자들을 의사결정과정에 참여시켜 그 제안을 의사결정에 반영한다(리더가 결정하지 않는다). 이때 내적 통제 성향인 부하는 참여적 리더행동을 좋아한다.
(4) 성취지향적 리더 : 일에 대한 도전적인 자세를 요구하며 가능한 한 최고의 수준으로 업적을 완수하도록 돕는다.

경로목표이론은 리더를 어느 한 가지 리더십에 한정시키는 것이 아니라, 리더는 자신의 행동을 상황이나 하위자의 동기유발을 위한 요구에 적응시켜야 한다고 주장한다.

6) 상황적 리더십

허시(Hersey)와 블랜차드(Blanchard)가 주장한 상황적 리더십(Situational Leadership Theory) 이론은 리더가 이끌 멤버들의 자발적 참여의지(부하의 성숙도)가 어느 정도냐에 리더십 스타일을 맞춰가야 좋은 성과를 얻는다는 이론이다.

## 2. 리더십의 기법

1) 헤어(M. Hare)의 방법론

(1) 지식의 부여

종업원에게 직장 내의 정보와 직무에 필요한 지식을 부여한다.

(2) 관대한 분위기

종업원이 안심하고 존재하도록 직무상 관대한 분위기를 유지한다.

(3) 일관된 규율

종업원에게 직장 내의 정보와 직무에 필요한 일관된 규율을 유지한다.

(4) 향상의 기회

　성장의 기회와 사회적 욕구 및 이기적 욕구의 충족을 확대할 기회를 준다.

(5) 참가의 기회

　직무의 모든 과정에서 참가를 보장한다.

(6) 호소하는 권리

　종업원에게 참다운 의미의 호소권을 부여한다.

## 2) 리더십에 있어서의 권한

(1) 조직이 지도자에게 부여한 권한
  ① 합법적 권한 : 군대, 교사, 정부기관 등 법적으로 부여된 권한
  ② 보상적 권한 : 부하에게 노력에 대한 보상을 할 수 있는 권한
  ③ 강압적 권한 : 부하에게 명령할 수 있는 권한

(2) 지도자 스스로 자신에게 부여한 권한
  ① 전문성의 권한 : 지도자가 전문지식을 가지고 있는가와 관련된 권한
  ② 위임된 권한 : 부하직원이 지도자의 생각과 목표를 얼마나 잘 따르는지와 관련된 권한

## 3) 행동변화 4단계

(1) 1단계 : 지식의 변화
(2) 2단계 : 태도의 변화
(3) 3단계 : 개인(행동)의 변화
(4) 4단계 : 집단 또는 조직의 변화

## 4) 리더십의 특성

(1) 대인적 숙련　　(2) 혁신적 능력
(3) 기술적 능력　　(4) 협상적 능력
(5) 표현 능력　　　(6) 교육훈련 능력

## 5) 리더십의 기법

(1) 독재형(권위형)
  ① 부하직원을 강압적으로 통제
  ② 의사결정권은 경영자가 가지고 있음

(2) 민주형
   ① 발생 가능한 갈등은 의사소통을 통해 조정
   ② 부하직원의 고충을 해결할 수 있도록 지원
(3) 자유방임형(개방적)
   ① 의사결정의 책임을 부하직원에게 전가
   ② 업무회피 현상

6) 카리스마적 리더십

베버는 카리스마적 리더에 대해 위기의 상황에서 사람들을 구할 수 있는 해결책을 가지고 나타나는 신비스럽고 자아도취적이며 사람들을 끌어들이는 흡입력을 지닌 사람이라고 보았다.

※ 카리스마적 리더의 주요 특성 : 비전 제시 능력, 개인적 매력, 수사학적 능력

7) 변혁적 리더십

인본주의, 평등, 평화, 정의, 자유와 같은 포괄적이고 높은 수준의 도덕적 가치와 이상에 호소하여 부하들의 의식을 더 높은 단계로 끌어올리려고 한다.

※ 변혁적 리더십의 구성요인 : 개인적 배려, 비전 제시, 카리스마

## 3. 헤드십

1) 외부로부터 임명된 헤드(Head)가 조직 체계나 직위를 이용, 권한을 행사하는 것. 지도자와 집단 구성원 사이에 공통의 감정이 생기기 어려우며 항상 일정한 거리가 있다.

2) 권한
   (1) 부하직원의 활동을 감독한다.
   (2) 상사와 부하와의 관계가 종속적이다.
   (3) 부하와의 사회적 간격이 넓다.
   (4) 지위형태가 권위적이다.

## 4. 관료주의

관료주의는 막스 베버(Max Weber)에 의해 산업혁명 초기 조직의 특징인 기업주와 종업원의 불평등, 착취 등을 시정하기 위해 고안되었다. 관료주의는 합리적·공식적 구조로서의 관리자

및 작업자의 역할을 규정하여 비개인적·법적인 경로(업무분장)를 통하여 조직이 운영되어 질서있는 체계이며 정확하고 효율적이다. 개인적인 편견의 영향을 받지 않고 종업원 개인의 능력에 따라 상위층으로의 승진이 보장된다.

1) 관료주의 조직을 움직이는 네 가지 기본원칙(막스 베버)
   (1) 노동의 분업 : 작업의 단순화 및 전문화
   (2) 권한의 위임 : 관리자를 소단위로 분산
   (3) 통제의 범위 : 각 관리자가 책임질 수 있는 작업자의 수
   (4) 구조 : 조직의 높이와 폭

2) 관료조직의 문제점
   관료조직은 조직 자체가 아무리 훌륭하여도 인간이 언제나 공식적인 조직에 순종하지 않는 등 다음과 같은 문제점을 가지고 있다.
   (1) 인간의 가치와 욕구를 무시하고 인간을 조직도 내의 한 구성요소로만 취급한다.
   (2) 개인의 성장이나 자아실현의 기회가 주어지지 않는다.
   (3) 개인은 상실되고 독자성이 없어질 뿐 아니라 직무 자체나 조직의 구조, 방법 등에 작업자가 아무런 관여도 할 수가 없다.
   (4) 사회적 여건이나 기술의 변화에 신속히 대응하기가 어렵다.

## 5. 사기와 집단역학

1) 집단의 적응

   (1) 집단의 기능
      ① 행동규범 : 집단을 유지, 통제하고 목표를 달성하기 위한 것
      ② 응집성 : 집단 구성원들이 그 집단에 남아 있기를 원하는 정도
      ③ 집단의 목표 : 집단의 역할을 위해 목표가 있어야 함

   (2) 슈퍼(Super)의 역할이론
      ① 역할 갈등(Role Conflict) : 작업 중에 상반된 역할이 기대되는 경우가 있으며, 그럴 때 갈등이 생긴다.

      [역할 갈등의 원인]
         ㉠ 역할 모호성 : 집단 내에서 개인이 수행해야 할 임무와 책임 등이 명확하지 않을 때 역할 갈등이 발생한다.

ⓒ 역할 부적합 : 집단 내 개인에게 부여된 역할에 대해서 개인의 능력이나 성격 등이 적합하지 않을 때 역할 갈등이 발생한다.
　　ⓒ 역할 마찰 : 역할 간 마찰, 역할 내 마찰
② 역할 기대(Role Expectation) : 자기의 역할을 기대하고 감수하는 수단이다.
③ 역할 조성(Role Shaping) : 개인에게 여러 개의 역할 기대가 있을 경우 그중의 어떤 역할 기대는 불응, 거부할 수도 있으며 혹은 다른 역할을 해내기 위해 다른 일을 구할 때도 있다.
④ 역할 연기(Role Playing) : 관찰 및 피드백에 의한 학습 원칙을 가지며 자아탐색인 동시에 자아실현의 수단이다.

[역할 연기의 장점]
　ⓐ 흥미를 갖고, 문제에 적극적으로 참가한다.
　ⓑ 문제의 배경에 대하여 통찰하는 능력을 높임으로써 감수성이 향상된다.
　ⓒ 자기 태도의 반성과 창조성이 생기고, 발표력이 향상된다.

(3) 슈퍼(D. E. Super)에 의한 직업생활의 단계
　① 탐색(Exploration)　　② 확립(Establishment)
　③ 유지(Maintenance)　　④ 하강(Decline)

(4) 집단에서의 인간관계
　① 경쟁 : 상대보다 목표에 빨리 도달하려고 하는 것
　② 도피, 고립 : 열등감으로 소속된 집단에서 이탈하는 것
　③ 공격 : 상대방을 압도하여 목표를 달성하려고 하는 것

(5) 개인 목표 갈등
집단 내에서 두 개 이상의 양립할 수 없는 목표가 개인에게 주어지면 어느 것을 선택해야 할지 몰라 갈등을 겪을 수 있다.
　① 접근-접근형 : 두 개 이상의 동등한 가치를 지닌 대안 중 선택해야 하는 경우에 겪는 갈등
　② 접근-회피형 : 두 개 이상의 부정적 결과를 초래하는 일 중 어느 하나를 선택해야 할 경우에 겪는 갈등
　③ 회피-회피형 : 주어진 목표가 긍정적인 속성과 부정적인 속성을 모두 지니고 있는 경우 발생하는 갈등

## 2) 소시오메트리

소시오메트리(Sociometry)는 구성원 상호 간의 선호도를 기초로 집단 내부의 동태적 상호관계를 분석하는 기법이다. 소시오메트리는 구성원 간의 좋고 싫은 감정을 관찰, 검사, 면접 등을 통하여 분석한다.

소시오메트리 연구조사에서 수집된 자료들은 소시오그램(Sociogram)과 소시오매트릭스(Sociomatrix) 등으로 분석하여 집단 구성원 간의 상호관계 유형과 집결 유형, 선호 인물 등을 도출할 수 있다.

소시오그램은 집단 구성원들 간의 선호, 무관심, 거부 관계를 나타낸 도표로서, 집단 구성원 간의 전체적인 관계유형은 물론 집단 내의 하위 집단들과 내부의 세력 집단과 비세력 집단을 구분할 수 있으며 정규신분, 주변신분, 독립신분 등 구성원들 간의 사회적 서열관계도 이끌어 낼 수 있다. 또한, 집단 구성원 간의 선호신분 또는 자생적 리더도 찾아볼 수 있다.

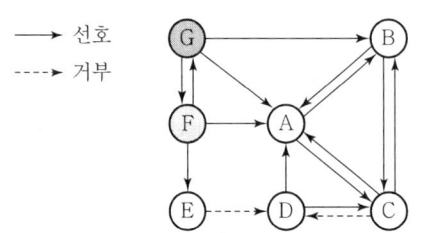

[소시오그램 예시]

위 [그림]을 보면 A, B, C와 D, E의 두 하위 집단이 존재하는 것을 알 수 있으며, A, B, C는 정규신분 위치를 점하고 있고, F와 G는 주변 신분, D와 E는 고립 신분임을 알 수 있다. 또한 A는 자생적 리더임을 알 수 있다.

소시오매트릭스는 소시오그램에서 나타나는 집단 구성원 간의 관계를 수치에 의하여 계량적으로 분석할 수 있다.

| 구성원 \ 선호거부 | A | B | C | D | E | F | G |
|---|---|---|---|---|---|---|---|
| A | × | ① | ① | | | | |
| B | ① | × | ① | | | | |
| C | ① | ① | × | −1 | | | |
| D | 1 | | 1 | × | −1 | | |
| E | 1 | | −1 | | × | | |
| F | 1 | | | −1 | | × | ① |
| G | 1 | 1 | | | | ① | × |
| 선호 총계 | 6 | 3 | 3 | −2 | −2 | 1 | 1 |
| 선호신분지수 | 1.00 | 0.50 | 0.50 | −0.33 | −0.33 | 0.17 | 0.17 |

① : 상호선호1 : 선호 −1 : 거부

위의 [표]는 소시오매트릭스의 예로서 구성원 각자의 다른 구성원에 대한 선호(1), 무관심(0), 거부(−1) 관계를 모두 종합하여 집단 내의 자생적 서열구조와 선호인물을 계산해 낼 수 있다. 선호신분지수(Choice Status Index)는 구성원들의 선호도를 나타내며 가장 높은 점수를 얻은 구성원은 집단의 자생적 리더라고 할 수 있다.

선호신분지수 = 선호 총계/(구성원 수−1)

위의 [표]와 [그림]은 소시오그램을 소시오매트릭스 형태로 나타낸 것으로, 집단 내의 신분서열은 소시오그램의 결과와 같이 선호신분지수에 의하여 A(1.00), B(0.50), C(0.50)는 정규신분, F(0.17), G(0.17)은 주변신분, D(−0.33), E(−0.33)는 고립신분으로 나타나고 있으며, A가 가장 높은 선호신분지수 값을 얻어 집단의 리더로 이해된다.

3) 집단 응집성

집단 응집성은 구성원들이 서로에게 매력적으로 끌리어 그 집단목표를 공유하는 정도라고 할 수 있다. 집단 응집성의 정도는 집단의 사기, 팀 정신, 구성원에게 주는 집단매력의 강도, 집단과업에 대한 성원의 관심도를 나타내 주는 것이다.

응집성이 강한 집단은 소속된 구성원이 많은 매력을 갖고 있는 집단이며 구성원들이 서로 오랫동안 같이 있고 싶어하는 집단이다.

집단 응집성의 정도는 구성원들 간의 상호작용의 수와 관계가 있기 때문에 상호작용의 횟수에 따라 집단의 사기를 나타내는 응집성 지수(Cohesiveness Index)라는 것을 계산할 수 있다.

$$\text{응집성 지수} = \frac{\text{실제 상호선호관계의 수}}{\text{가능한 상호선호관계의 총수}(= {}_nC_2)}$$

집단 응집성은 상대적인 것이며 응집성이 높은 집단일수록 결근율과 이직률이 낮고 구성원들이 함께 일하기를 원하며 구성원 상호 간에 친밀감과 일체감을 갖고 집단목적을 달성하기 위해 적극적이고 협조적인 태도를 보인다.

앞의 [표] 소시오매트릭스에 나타난 7명의 구성원 간의 실제 선호관계 수는 4개이며, 가능한 선호관계수는 21(=7C2)로 4/21=0.190이 된다. 응집성 지수는 0~1까지의 값을 가질 수 있으며, 앞의 [표]에서 구한 집단 응집성 지수는 비교적 낮은 것으로 평가할 수 있다.

집단 응집성을 결정하는 요인은 다음과 같다.

(1) 함께 보내는 시간

사람들은 함께 보내는 시간을 많이 가질수록 더욱 친하게 되고, 상호 간의 이해와 매력이 증진된다.

(2) 집단 가입의 어려움

집단에 가입하기 어려운 집단일수록 그 집단의 응집성은 커진다.

(3) 집단의 크기

구성원 수가 많을수록 한 구성원이 모든 구성원과 상호작용을 하기가 더욱 어렵기 때문에 집단의 구성원 수가 많을수록 응집력이 적어진다.

(4) 외부의 위협

집단의 구성원들은 외부세력으로부터 위협을 받는 경우에 자신들을 보호하고 집단의 안전을 위하여 협동목적을 찾고 서로 단결함으로써 집단의 응집성을 강화하는 경향이 있다.

(5) 외부의 위협

외부의 위협이 너무 강할 때에는 집단의 기존 응집성 여하에 따라서 구성원들 간의 단합이 분열될 수 있고 더욱 강화될 수도 있다.

(6) 과거의 경험

집단은 과거의 성공 또는 실패의 경험이 응집성에 영향을 미친다.

응집력이 강한 집단에서는 일반적으로 규범적인 동조행위가 강하고 구성원들의 욕구충족도 높지만, 이것이 반드시 조직의 목표달성에 기여한다고 볼 수 없다. 응집성이 높다 하더라도 집단과 조직의 목적이 일치하지 않으면 생산성이 오히려 저하되고 응집성이 낮다 하더라도 목표가 일치하면 생산성은 증가한다. 목표가 일치하지 않으면 의미 있는 영향을 미치지 못하며 집단의 목표가 조직의 목적과 일치될 때 집단 응집성과 집단성의 사이에 긍정적인 관계가 성립된다.

4) 욕구저지

　(1) 욕구저지의 상황적 요인

　　① 외적 결여 : 욕구만족의 대상이 존재하지 않음
　　② 외적 상실 : 욕구를 만족해오던 대상이 사라짐
　　③ 외적 갈등 : 외부조건으로 인해 심리적 갈등 발생
　　④ 내적 결여 : 개체에 욕구만족의 능력과 자질 부족
　　⑤ 내적 상실 : 개체의 능력 상실
　　⑥ 내적 갈등 : 개체 내 압력으로 인해 심리적 갈등 발생

5) 모랄 서베이(Morale Survey)

근로의욕조사라고도 하는데, 근로자의 감정과 기분을 과학적으로 고려하고 이에 따른 경영의 관리활동을 개선하려는 데 목적이 있다.

　(1) 실시방법

　　① 통계에 의한 방법 : 사고 상해율, 생산성, 지각, 조퇴, 이직 등을 분석하여 파악하는 방법
　　② 사례연구(Case Study)법 : 관리상의 여러 가지 제도에 나타나는 사례에 대해 연구함으로써 현상을 파악하는 방법
　　③ 관찰법 : 종업원의 근무 실태를 계속 관찰함으로써 문제점을 찾아내는 방법
　　④ 실험연구법 : 실험그룹과 통제그룹으로 나누고 정황, 자극을 주어 태도 변화를 조사하는 방법
　　⑤ 태도조사 : 질문지법, 면접법, 집단토의법, 투사법 등에 의해 의견을 조사하는 방법

　(2) 모랄 서베이의 효용

　　① 근로자의 심리 요구를 파악하여 불만을 해소하고 노동 의욕을 높인다.
　　② 경영관리를 개선하는 데 필요한 자료를 얻는다.
　　③ 종업원의 정화작용을 촉진시킨다.

㉠ 소셜 스킬(Social Skills) : 모랄을 향상시키는 능력
㉡ 테크니컬 스킬 : 사물을 인간에 유익하도록 처리하는 능력

6) 관리 그리드(Managerial Grid)

(1) 무관심형(1,1)

생산과 인간에 대한 관심이 모두 낮은 무관심한 유형으로서, 리더 자신의 직분을 유지하는 데 필요한 최소의 노력만을 투입하는 리더 유형

(2) 인기형(1,9)

인간에 대한 관심은 매우 높고 생산에 대한 관심은 매우 낮아서 부서원들과의 만족스러운 관계와 친밀한 분위기를 조성하는 데 역점을 기울이는 리더 유형

(3) 과업형(9,1)

생산에 대한 관심은 매우 높지만, 인간에 대한 관심은 매우 낮아서, 인간적인 요소보다도 과업수행에 대한 능력을 중요시하는 리더 유형

(4) 타협형(5,5)

중간형으로 과업의 생산성과 인간적 요소를 절충하여 적당한 수준의 성과를 지향하는 리더 유형

(5) 이상형(9,9)

팀형으로 인간에 대한 관심과 생산에 대한 관심이 모두 높으며, 구성원들에게 공동목표 및 상호의존관계를 강조하고, 상호신뢰적이고 상호존중관계 속에서 구성원들의 몰입을 통하여 과업을 달성하는 리더 유형

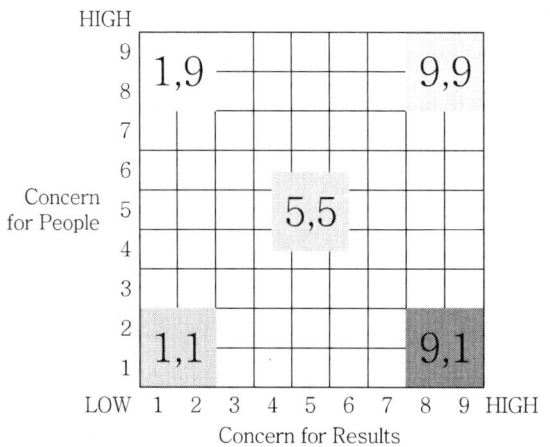

[관리 그리드]

### 7) 상황적합성 이론(Contingency Theory)

피들러(F. Fiedler)에 의해 개발된 상황적합성 이론(Contingency Theory)에 의하면 리더십의 효과는 리더십의 유형과 상호작용에 의하여 결정된다고 한다.

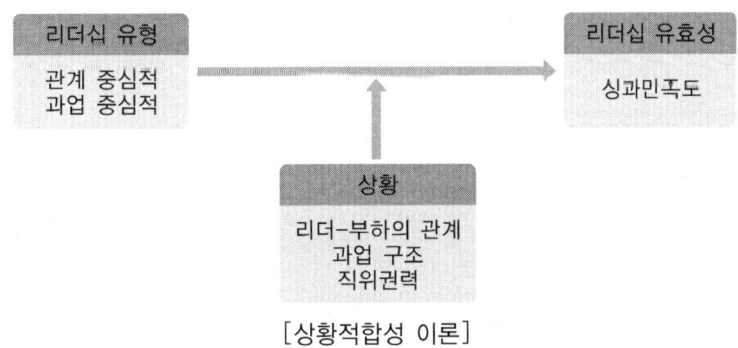

[상황적합성 이론]

### 8) 경로-목표(Path-Goal Theory)

하우스(R. House)에 의하여 개발된 경로-목표 이론은 피들러의 상황적합성 이론과 마찬가지로 여러 다른 상황에서 리더십 효과를 예측하려고 하였다. 이 이론을 경로-목표이론이라고 부르는 이유는 리더의 역할을 부하들에게 목표에 이르도록 경로를 가르치며 도와주는 것으로 보았기 때문이다.

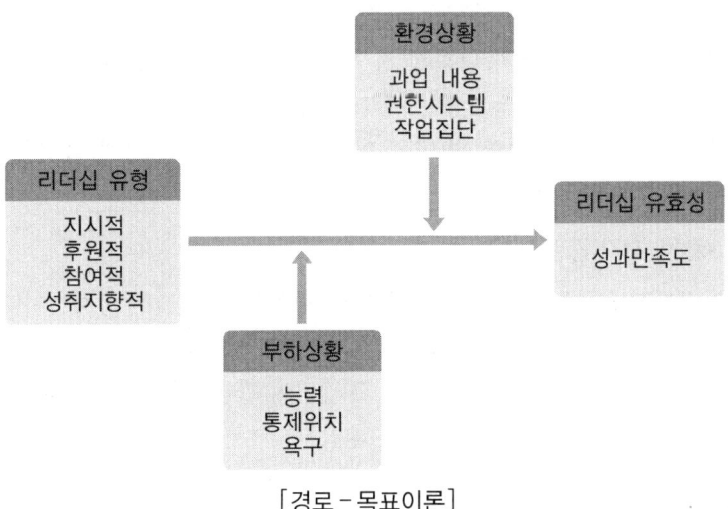

[경로-목표이론]

## 6. 지각과 정서

### 1) 지각(Perception)

지각이란 개인이 접하는 환경에 어떠한 의미를 부여하는 과정이다. 즉, 환경에 대한 영상을 형성하는 데 있어서 외부로부터 들어오는 감각적 자극을 선택·조직·해석하는 과정이다.

#### (1) 지각항상성

주위에 있는 어떤 대상의 특성에 대하여 일단 익숙해지고 나면 그 대상이 어떤 조건하에 놓이더라도 우리가 알고 있는 동일한 것으로 지각하는 경향을 항상성이라고 한다. 즉, 감각기관에 들어오는 물리적 자극이 변화함에도 불구하고 대상물체는 변하지 않고 그 물체의 특성이 그대로 지속된다.

① 색채 항상성 : 어떤 물체가 주변의 조명 조건에 관계없이 동일한 색깔을 가지고 있다고 보는 경향
② 크기 항상성 : 거리에 상관없이 지각된 크기를 동일하게 보는 현상
③ 형태 항상성 : 관찰자의 시각 방향에 상관없이 같은 모양을 가진 것으로 지각하는 경향이다.
④ 위치 항상성 : 관찰자가 움직이면 망막에 맺히는 상의 위치도 바뀌지만, 그 물체가 늘 같은 위치에 정지된 것으로 지각하는 것이다.

#### (2) 착시(Illusion)

대상을 물리적 실체와 다르게 지각하는 현상을 말하며 대상의 물리적 조건이 같다면 언제나 누구에게나 경험되는 지각현상이다. 착시는 항상성의 반대개념으로 객관적인 깊이, 거리, 길이, 넓이, 방향과 이에 상응하는 지각 간의 불일치 현상에서 그 예를 찾아볼 수 있다.

#### (3) 3차원 지각(공간지각)

우리가 지각하는 대부분의 자극은 3차원의 형태를 가진 물체들이다. 공간지각을 시각에서 보면 단안단서와 양안단서로 나누어 생각해 볼 수 있다.

① 단안단서(單眼端緒) : 한 눈으로 깊이에 관한 정보를 얻게 하는 단서를 단안단서라고 하며 다음과 같은 것들이 있다.
　㉠ 결(표면결의 밀도) : 멀어질수록 결이 조밀해진다.
　㉡ 직선적 조망 : 두 물체 사이의 간격이 클수록 두 물체는 가깝게 보인다(철도레일).
　㉢ 선명도 : 선명할수록 가깝게 보인다.
　㉣ 크기(상대적 크기) : 보다 큰 물체가 가까운 것으로 지각된다.

ⓜ 겹침(중첩) : 한 물체가 다른 물체를 가릴 때 가려진 물체가 멀리 있는 것으로 지각된다.

ⓗ 사물의 이동방향 : 우리가 움직이고 있을 때 같은 방향으로 이동하는 것은 멀게 지각되고 반대방향으로 움직이는 것은 가깝게 지각된다.

ⓢ 빛과 그림자 : 밝게 보이는 물체가 가깝게 보인다.

ⓞ 수평선으로부터의 거리 : 수평선의 위나 아래쪽으로 멀리 떨어져 있을수록 가깝게 보인다.

② 양안단서

㉠ 수렴현상 : 물체까지의 거리가 가까울수록 정중선에 가깝게 두 눈이 모이는 현상을 수렴이라 한다. 눈 근육의 긴장감으로 생기는 자극이 뇌에 전달되어 거리지각의 단서가 된다.

㉡ 망막불일치(양안부동) : 두 눈이 떨어져 있으므로 망막에 맺히는 상은 서로 달라지는데 이와 같이 두 눈의 망막에 맺히는 상의 불일치 정도가 깊이지각의 단서로 작용한다.

### (4) 운동지각

망막에서 상의 위치변화가 운동지각을 일으킨다. 운동지각은 실제 움직이는 물체에 대한 지각과 정지된 자극에서 얻는 지각 두 가지로 나누어 생각해 볼 수 있다. 가현운동에서는 파이현상, 유인운동, 자동운동 등이 있다.

① 실제 운동지각

물체의 운동에 대한 지각은 관찰자 자신에게서 오는 정보와 대상물체와 배경 간의 관계정보 등이 종합되어 복잡한 판단과정을 거쳐 이루어진다.

② 가현운동

객관적으로는 움직이지 않는데도 움직이는 것처럼 느껴지는 심리적 현상, 즉 움직이는 물체의 자극 없이 지각되는 운동현상을 의미한다.

㉠ 자동운동 : 어두운 밤에 멀리 있는 불빛을 보고 있으면 그 불빛이 옆으로 또는 앞으로 움직이는 것 같은 착각을 하게 되는데 이러한 현상을 자동운동이라 한다. 이 현상은 불빛의 위치에 관한 단서, 즉 맥락이 없거나 모호하기 때문에 나타나는 것이다.

㉡ 유인운동 : 구름 사이의 달을 볼 때 달이 움직이는 것처럼 보이는데, 이러한 현상을 유인운동이라 한다. 유인운동 현상은 움직이는 배경과 고정된 전경의 반전형상 때문에 생긴다.

ⓒ 파이(Phi) 현상 : 일렬로 연결된 전등에 차례로 불을 켜면 마치 불빛이 점선을 따라 움직이는 것처럼 지각하는데 이 현상을 파이 현상이라 한다. 이 현상은 지각상의 지속성(잔상) 때문에 나타나는데 이 원리를 이용한 것이 영화와 TV화면이다.
ⓔ 베타운동($\beta$-Movement) : 2개의 광점이 적당한 시간 간격으로 점멸하면 하나의 광점이 그 사이를 움직이는 것처럼 보이는 현상이다.
ⓜ 운동잔상(運動殘像) : 한 방향을 향한 운동을 계속해서 관찰한 후 정지한 것을 보면 반대방향의 운동으로 느끼게 되는 현상이다.

### 2) 정서

정서란 생리적 각성, 사고나 신념, 주관적 평가 그리고 신체적 표현 등으로 인한 흥분상태를 말한다. 대부분의 정서이론은 정서유발사상, 생리적 흥분, 주관적 정서경험들 간의 관계성을 제시하고자 하는 것이다. 정서에 관한 이론들은 생리적 요소, 행동적 요소 그리고 인지적 요소들에 대한 강조 정도에 따라 구분해 볼 수 있다.

#### (1) 정서이론의 유형

① 제임스-랑게(James-Lange) 이론
　미국의 제임스(James)와 덴마크의 랑게(Lange)가 주장한 이론으로 신체변화 후 그것에 대한 느낌이 정서라는 것이다. 어떤 자극에 처해 있을 때 먼저 신체변화가 일어나고 그 신체변화에 대한 정보가 대뇌에 전달되어 감정체험이 있게 된다는 것이다.

② 캐논-바드(Cannon-Bard) 이론
　㉠ 캐논(Cannon)은 자율신경계에 대한 연구를 바탕으로 여러 가지 측면에서 제임스(James)의 이론을 비판하였다. 캐논은 어떤 정서 경험들은 생리적 변화가 발생하기 이전에 발생하므로 내장기관의 변화를 즉각적 정서경험의 기제라고 생각하기 힘들고 내장기관의 활동을 사람들이 정확하게 지각하기가 매우 어렵다고 주장하였다.
　㉡ 캐논은 정서에서 중심적인 역할을 시상에 두었다. 외부의 정서자극은 시상을 통해 대뇌피질과 다른 신체부위에 전해지며 정서의 느낌이란 것은 피질과 교감신경계의 합동적 흥분의 결과라고 주장하였다.
　㉢ 캐논의 주장은 바드(Bard)에 의해서 확장되었기 때문에 캐논-바드 이론이라고 알려졌는데 이론에 따르면 신체변화와 정서경험은 동시에 일어난다. 이후 연구들에 의하면 캐논-바드의 주장과는 달리 정서경험에 중요한 뇌 부위는 시상이라기보다는 시상하부와 변연계인 것으로 밝혀졌다.

③ 샤흐터(Schachter)의 2요인설(정서인지이론)

제임스-랑게 이론을 확장하여 주장한 것으로 정서는 인지적 요인과 생리적 흥분상태 간의 상호작용의 함수라는 것이다. 샤흐터의 정서이론에 의하면 정서경험에 있어서 인지적 측면이 강조된다.

### (2) 정서의 손상

① 히로토와 셀리그먼의 학습된 무기력에 대한 연구

학습된 무기력이란 자신의 의도적인 행동으로 변경시킬 수 없는 중요한 사태에 계속 직면할 때 나타나는 동기적·정서적·인지적 손상 등을 말하는 것이다. 히로토(Hiroto)와 셀리그먼(Seligman)은 연구에서 인간의 통제불능의 경험이 학습된 무기력을 유발한다는 것을 밝혔다.

② 학습된 무기력의 결정요인

처음에 셀리그먼은 학습된 무력감의 주요한 성분은 능력이라고 했는데 최근에 자신의 이론을 수정하여 무기력의 핵심은 결과에 대한 당사자의 인지적 해석이라고 주장하여 개인이 처한 상황과 자신의 수행에 대한 인지적 평가가 학습된 무기력의 주요 결정요인임을 시사했다.

③ 학습된 무기력의 현상

학습된 무기력은 보통 의욕상실(동기적 손상), 우울증(정서적 손상), 성공에 대한 기대가 낮거나 과제를 풀 때 가설을 체계적으로 세워 해결하는 방식을 취하지 않음(인지적 손상) 등으로 나타난다.

## 7. 좌절·갈등

### 1) 갈등의 원인

갈등은 양립할 수 없는 두 가지 이상의 요구가 동시에 발생할 때 생긴다. 어느 쪽을 선택하건 다른 쪽의 욕구가 해결될 수 없기 때문에 부분적인 좌절감이 생긴다.

### 2) 갈등의 유형

① 접근-접근 갈등 : 긍정적인 욕구가 동시에 나타나서 어떻게 행동해야 좋을지 모르는 상태에서 나타나는 갈등이다.

② 회피-회피 갈등 : 두 가지 목표가 동시에 매력을 주기보다는 혐오감을 느끼거나 회피하고 싶은 갈등이다.

③ 접근-회피 갈등 : 미국의 심리학자 레윈(Lewin)이 제시한 방식으로 긍정적인 동기나

목표를 선택함에 있어서 부정적인 동기나 목표가 수반되어 장애가 될 때 경험하게 되는 심리적 상태이다.

### 3) 적응의 방법

#### (1) 직접적 대처

불편하고 긴장된 상황을 변화시키기 위해 의식적으로 합리적으로 반응하는 행동을 말하는데 다음의 세 가지 중 어느 하나를 선택하게 된다.

① 공격적 행동과 표현 : 외부적인 대상이나 조건을 변경시키기 위해 공격적으로 반응하거나 저항한다.

② 태도 및 포부 수준의 조정 : 최초의 욕구나 목표를 다소 축소하여 현실적으로 가능한 방법을 찾는다. 타협적인 반응으로서 갈등과 좌절에 직접적으로 대처하는 수단으로 가장 흔히 사용한다.

③ 철수 또는 회피 : 자신이 어쩔 수 없는 상황에서 철수가 현실적인 해결책이긴 하나 문제의 핵심은 해결되지 않고 남게 되어 이 방법이 반복되면 개인의 발전에 도움이 되지 않는다.

#### (2) 방어적 대처(방어기제)

방어기제는 자존심을 유지하면서 불안을 회피하기 위해 자신의 실제 욕망과 목표행동을 속이면서 좌절 및 갈등에 반응하는 양식이다. 방어기제는 스트레스 및 불안의 위협으로부터 자기를 보호하는 수단이 되며, 의도적이 아닌 무의식적인 과정이다.

① 도피형 방어기제

　㉠ 부정 : 고통스러운 환경이나 위협적인 정보를 지각하거나 직면하기를 거부하는 것으로 위협적인 정보를 의식적으로 거부하거나 현실화된 그 정보가 타당하지 않고 잘못된 내용이라고 간주하는 것이다.

　㉡ 퇴행 : 생의 초기에 성공적인 경험에 의지함으로써 특정 욕구불만 상태에 빠질 때 유아기의 행동이나 사고로 되돌아가서 문제를 해결하려는 현상으로 퇴행은 긴장해소와 장애 극복을 위한 도피행동이다.

　㉢ 동일시 : 외부 대행자의 성취를 통해 만족에 접근하는 과정이다. 즉, 어떤 개인이 다른 사람 또는 집단과의 동일성을 느끼거나 정서적 유대감을 가짐으로써 자기만족을 찾는 방어기제이다. 다른 사람의 업적과 자신을 동일한 위치에 놓음으로써 억압된 욕구를 충족시켜 자아를 보호하는 것으로 동일시는 단순한 모방이 아니고 마음속에 심어진 행동가치의식의 성격을 띤다. 동일시는 도덕적 가치의식이 형성되는 근원이 되기도 한다. 프로이드(Frued)는 어린이들이 부모와 동일시하는 하나의 이유를 자기방어라고 믿었다.

② 대체형 방어기제

어떤 문제 또는 장애가 있어서 불안이나 긴장이 생길 경우 자기의 목표를 변경하여 불안을 해소하는 방법으로 기만형 기제보다 큰 적응적 가치를 가진다.

㉠ 승화 : 사회적으로 용납되지 않는 충동 및 욕구를 사회적으로 용납될 수 없는 바람직한 형태로 변형하는 것이다. 프로이드(Frued)에 의하면 승화는 성적·공격적 충동이 사회적으로 용납되는 형태로 바뀌는 것으로써 성격발달의 기초가 된다. 예술작품과 과학연구는 성적 에너지의 승화된 결과로 설명된다.

㉡ 반동형성 : 자기가 느끼고 바라는 것과 정반대로 감정을 표현하고 행동하는 것으로서 부정의 행동적 형태라고 볼 수 있다. 반동형성은 자기의 욕구나 감정이 너무나 받아들일 수 없고 무거운 죄의식이 쌓일 때 나타나는 반응양식이다.

㉢ 치환(전위) : 만족되지 않는 충동에너지를 다른 대상으로 돌림으로써 긴장을 완화시키는 방어기제로 유사한 것으로 책임전가, 희생양이 있다.

③ 기만형의 기제

자신에 대한 위협을 느끼지 않도록 자기감정과 태도를 바꾸어 불안이나 긴장에 대한 자신의 인식을 반영시키는 것으로서 위험 자체를 제거해 주는 것이 아니라 기만적인 방법으로 불안을 일시적으로 제거해 주는 방어기제이다.

㉠ 투사 : 자신의 동기나 불편한 감정을 다른 사람에게 돌림으로써 불안 및 죄의식에서 벗어나고자 하는 방어기제이다. 자아가 타아나 초자아로부터 가해지는 압력 때문에 불안을 느낄 때 그 원인을 외부세계로 돌림으로써 불안을 제거하려는 것이다.

㉡ 억압 : 고통스러운 감정과 경험 등을 의식수준 이하로 끌어내리는 무의식적인 과정이다. 정신건강에 나쁜 영향을 미치는 기제로 억압된 욕구는 완전히 망각되거나 없어지지 않고 무의식에 남아있게 된다.

㉢ 합리화 : 사회적으로 용납되지 않는 감정 및 행동에 용납되는 이유를 붙여 자신의 행동을 정당화함으로써 사회적 비판이나 죄의식을 피하려는 방어기제이다. 합리화는 주로 어떤 실패나 불만의 원인이 자기의 무능이나 결함 때문이었지만 구실을 만들어 스스로를 기만하고 타인을 기만하는 행동으로 나타난다. 합리화는 대체로 위장된 논리가 그 대부분이어서 현실과는 부적절한 사고나 행동으로 나타나게 되는 경우가 많다.

㉣ 주지화 : 도피형 방어기제인 '부정'의 교묘한 형태로서 위협적인 감정에서 자기를 떼놓기 위해 문제 장면이나 위협조건에 관한 지적인 토론 및 분석을 하는 것이다. 지능이 높거나 교육수준이 높은 사람에게 발견된다.

## 8. 지각과 평가

### 1) 시각법칙

두 개의 도형을 보면 (A)에 비해서 (B) 도형이 긴장감이 강하게 느껴진다. 즉, 오른쪽 시야보다는 왼쪽이 우위이며 위쪽보다는 아래쪽의 시야가 우위이다. (B) 도형은 상하좌우가 모두 우위가 아니어서 강한 긴장감을 일으킨다. 이를 지각의 시각법칙이라 한다.

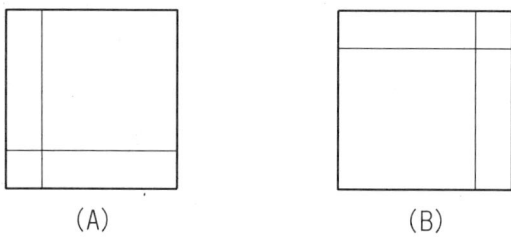

### 2) 상황

그림 (A)의 경우 원의 둘레에 얼마 정도의 큰 원들이 있느냐에 따라서 왼쪽보다는 오른쪽 중심원의 크기가 더 크게 지각된다. 그림 (B)의 경우 양쪽에 있는 정사각형의 크기에 따라서 그 사이를 잇는 선의 거리가 다르게 보인다. 이와 같이 어떠한 경험을 해왔느냐 또는 어떠한 상황에 있었느냐에 따라서 같은 사실이라도 다르게 느껴질 수 있다.

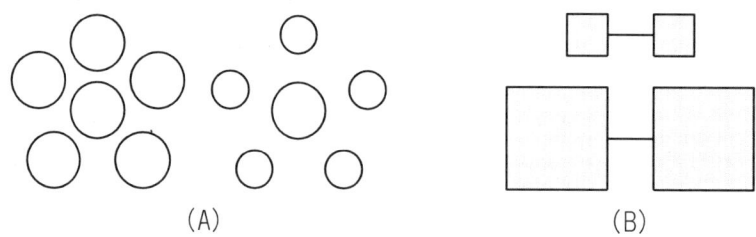

### 3) 도형과 배경법칙(Figure – Ground)

도형과 배경 법칙이란 지각을 함에 있어 어떤 것은 주체인 도형으로, 어떤 것은 배경으로 나뉘어서 지각되는 것을 말한다. 아래 그림 (A)는 이마가 맞닿도록 두 얼굴을 기울여 놓았다. 여기에 약간의 변형을 하면 그림 (B)와 같이 두 얼굴이나 촛불로 보여질 수 있다.

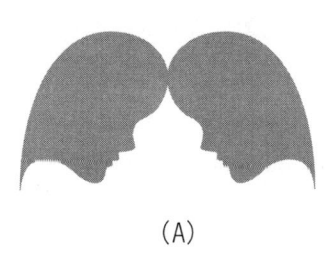

(A)　　　　　　　　　　　　(B)

4) 게스탈트 법칙(Gestalt Laws)

게스탈트 법칙이란 게스탈트 심리학자들이 제안한 대표적인 지각집단화의 원리들이다. 한 물체에 속한 정보들을 낱개로 보는 것이 아니라 하나의 덩어리로 묶어서 지각한다는 것이다. 아래 그림을 보면 (A)는 근접(Proximity)으로서 가까이 있는 요소들이 하나의 집단으로 묶인다는 원리이다. (B)는 유사성(Similarity)으로 형태나 색 등이 유사한 요소들이 하나의 집단으로 묶인다는 원리이다. (C)는 연속성(Continuity)으로서 각각 점으로 된 것들이 두 개의 선의 형태로 지각된다. 이는 점과 점 사이가 실제로는 개방되어 있지만 닫혀있다고 보는 것이다.

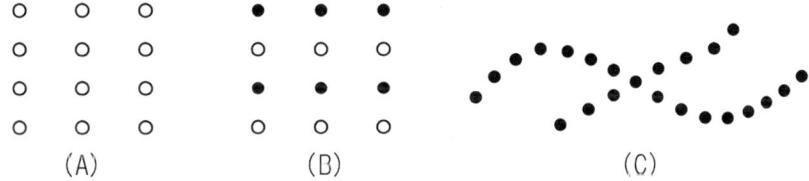

(A)　　　　　　　(B)　　　　　　　　(C)

5) 기대

사람은 두드러진 자극에 주의를 집중할 뿐만 아니라 기대, 욕구, 관심에 걸맞는 자극에 주의를 집중하게 된다. 과거의 경험은 인간의 머릿속에 어떤 상황이 일어날 것으로 기대하고 예측하게 만드는데 이러한 기대가 지각에 영향을 주게 된다. 직장을 구하는 사람에게는 구직광고가 눈에 잘 띄게 되고 배고픈 사람에게는 음식점 간판이 잘 보이게 된다.

# Part 06 산업재해 조사 및 원인 분석 등

# 제6편 산업재해 조사 및 원인 분석 등

## 01 재해조사

### 1. 재해조사의 목적

1) 목적

   (1) 동종재해의 재발방지
   (2) 유사재해의 재발방지
   (3) 재해원인의 규명 및 예방자료 수집

2) 재해조사에서 방지대책까지의 순서(재해사례연구)

   (1) 1단계

   사실의 확인(① 사람 ② 물건 ③ 관리 ④ 재해발생까지의 경과)

   (2) 2단계

   직접원인과 문제점의 확인

   (3) 3단계

   근본 문제점의 결정

   (4) 4단계

   대책의 수립
   ① 동종재해의 재발방지
   ② 유사재해의 재발방지
   ③ 재해원인의 규명 및 예방자료 수집

3) 사례연구 시 파악하여야 할 상해의 종류

   (1) 상해의 부위
   (2) 상해의 종류
   (3) 상해의 성질

## 2. 재해조사 시 유의사항

1) 사실을 수집한다.
2) 객관적인 입장에서 공정하게 조사하며 조사는 2인 이상이 한다.
3) 책임추궁보다는 재발방지를 우선으로 한다.
4) 조사는 신속하게 행하고 긴급 조치하여 2차 재해의 방지를 도모한다.
5) 피해자에 대한 구급조치를 우선한다.
6) 사람, 기계 설비 등의 재해요인을 모두 도출한다.
7) 피해자에 대한 조사자의 기본적 태도는 동정적이고 피해자의 입장을 이해해야 한다.
8) 목격자 등이 증언하는 사실 이외의 추측의 말은 참고로만 한다.
9) 재해조사는 재해발생 직후 현장을 보존하며 신속하게 수행한다.


## 3. 재해발생 시 조치사항

1) 긴급처리

   (1) 피재기계의 정지 및 피해확산 방지
   (2) 피재자의 구조 및 응급조치(가장 먼저 해야 할 일)
   (3) 관계자에게 통보
   (4) 2차 재해방지
   (5) 현장보존

2) 재해조사

   누가, 언제, 어디서, 어떤 작업을 하고 있을 때, 어떤 환경에서, 불안전 행동이나 상태는 없었는지 등에 대한 조사 실시

3) 원인강구

   인간(Man), 기계(Machine), 작업매체(Media), 관리(Management) 측면에서의 원인분석

4) 대책수립

   유사한 재해를 예방하기 위한 3E 대책수립
   - 3E : 기술적(Engineering), 교육적(Education), 관리적(Enforcement)

5) 대책실시계획

6) 실시

7) 평가

## 4. 산업재해 용어(KOSHA GUIDE : 산업재해 기록 분류에 관한 지침)

| | |
|---|---|
| 추락(떨어짐) | 사람이 인력(중력)에 의하여 건축물, 구조물, 가설물, 수목, 사다리 등의 높은 장소에서 떨어지는 것 |
| 전도(넘어짐)·전복 | 사람이 거의 평면 또는 경사면, 층계 등에서 구르거나 넘어짐 또는 미끄러진 경우와 물체가 전도·전복된 경우 |
| 붕괴·도괴 | 토사, 적재물, 구조물, 건축물, 가설물 등이 전체적으로 허물어져 내리거나 또는 주요 부분이 꺾어져 무너지는 경우 |
| 충돌(부딪힘)·접촉 | 재해자 자신의 움직임·동작으로 인하여 기인물에 접촉 또는 부딪히거나, 물체가 고정부에서 이탈하지 않은 상태로 움직임(규칙, 불규칙) 등에 의하여 접촉·충돌한 경우 |
| 낙하(떨어짐)·비래 | 구조물, 기계 등에 고정되어 있던 물체가 중력, 원심력, 관성력 등에 의하여 고정부에서 이탈하거나 또는 설비 등으로부터 물질이 분출되어 사람을 가해하는 경우 |
| 협착(끼임)·감김 | 두 물체 사이의 움직임에 의하여 일어난 것으로 직선 운동하는 물체 사이의 협착, 회전부와 고정체 사이의 끼임, 롤러 등 회전체 사이에 물리거나 회전체·돌기부 등에 감긴 경우 |
| 압박·진동 | 재해자가 물체의 취급과정에서 신체 특정 부위에 과도한 힘이 편중·집중·눌려진 경우나 마찰접촉 또는 진동 등으로 신체에 부담을 주는 경우 |
| 신체 반작용 | 물체의 취급과 관련 없이 일시적이고 급격한 행위·동작, 균형 상실에 따른 반사적 행위 또는 놀람, 정신적 충격, 스트레스 등 |
| 부자연스러운 자세 | 물체의 취급과 관련 없이 작업환경 또는 설비의 부적절한 설계 또는 배치로 작업자가 특정한 자세·동작을 장시간 취하여 신체의 일부에 부담을 주는 경우 |
| 과도한 힘·동작 | 물체의 취급과 관련하여 근육의 힘을 많이 사용하는 경우로서 밀기, 당기기, 지탱하기, 들어 올리기, 돌리기, 잡기, 운반하기 등과 같은 행위·동작 |
| 반복적 동작 | 물체의 취급과 관련하여 근육의 힘을 많이 사용하지 않는 경우로서 지속적 또는 반복적인 업무수행으로 신체 일부에 부담을 주는 행위·동작 |
| 이상온도 노출·접촉 | 고·저온 환경 또는 물체에 노출·접촉된 경우 |
| 이상기압 노출 | 고·저기압 등의 환경에 노출된 경우 |

| | |
|---|---|
| 소음 노출 | 폭발음을 제외한 일시적·장기적인 소음에 노출된 경우 |
| 기인물 | 직접적으로 재해를 유발하거나 영향을 끼친 에너지원(운동, 위치, 열, 전기 등)을 지닌 기계·장치, 구조물, 물체·물질, 사람 또는 환경 등 |
| 2차 기인물 | 복합적 요인으로 발생된 재해에 있어서 기인물을 유발(가속화)시켰거나 재해 또는 특정물질에 노출을 유도한 것 즉, 간접적 영향을 끼친 물체, 사람, 에너지원, 환경요인 |
| 가해물 | 근로자(사람)에게 직접적으로 상해를 입힌 기계, 장치, 구조물, 물체·물질, 사람 또는 환경 등 |

## 4. 재해발생의 원인분석 및 조사기법

### 1) 사고발생의 연쇄성(하인리히의 도미노 이론)

사고의 원인이 어떻게 연쇄반응(Accident Sequence)을 일으키는가를 설명하기 위해 흔히 도미노(Domino)를 세워놓고 어느 한쪽 끝을 쓰러뜨리면 연쇄적, 순차적으로 쓰러지는 현상을 비유. 도미노 골패가 연쇄적으로 넘어지려고 할 때 불안전행동이나 상태를 제거하는 것이 연쇄성을 끊어 사고를 예방하게 된다. 하인리히는 사고의 발생과정을 다음과 같이 5단계로 정의했다.

(1) 사회적 환경 및 유전적 요소(기초원인)
(2) 개인의 결함 : 간접원인
(3) 불안전한 행동 및 불안전한 상태(직접원인) ⇒ 제거(효과적임)
(4) 사고
(5) 재해

### 2) 최신 도미노 이론(버드의 관리모델)

프랭크 버드 주니어(Frank Bird Jr.)는 하인리히와 같이 연쇄반응의 개별요인이라 할 수 있는 5개의 골패로 상징되는 손실요인이 연쇄적으로 반응되어 손실을 일으키는 것으로 보았는데 이를 다음과 같이 정리했다.

(1) 통제의 부족(관리) : 관리의 소홀, 전문기능 결함
(2) 기본원인(기원) : 개인적 또는 과업과 관련된 요인
(3) 직접원인(징후) : 불안전한 행동 및 불안전한 상태
(4) 사고(접촉)
(5) 상해(손해, 손실)

### 3) 에드워드 애덤스의 사고연쇄반응 이론

세인트루이스 석유회사의 손실방지 담당 중역인 에드워드 애덤스(Edward Adams)는 사고의 직접원인을 불안전한 행동의 특성에 달려있는 것으로 보고 전술적 에러(tactical error)와 작전적 에러로 구분하여 설명하였다.

(1) 관리구조
(2) 작전적 에러 : 관리자의 의사결정이 그릇되거나 행동하지 않음
(3) 전술적 에러 : 불안전 행동, 불안전 동작
(4) 사고 : 상해의 발생, 아차 사고(Near Miss), 비상해사고
(5) 상해, 손해 : 대인, 대물

### 4) 재해예방의 4원칙

(1) 손실우연의 원칙 : 재해손실은 사고발생 시 사고대상의 조건에 따라 달라지므로 한 사고의 결과로서 생긴 재해손실은 우연성에 의해서 결정
(2) 원인계기의 원칙 : 재해발생은 반드시 원인이 있음
(3) 예방가능의 원칙 : 재해는 원칙적으로 원인만 제거하면 예방이 가능
(4) 대책선정의 원칙 : 재해예방을 위한 가능한 안전대책은 반드시 존재

## 5. 재해구성비율

### 1) 하인리히의 법칙

1 : 29 : 300

「330회의 사고 가운데 중상 또는 사망 1회, 경상 29회, 무상해사고 300회의 비율로 사고가 발생」

### 2) 버드의 법칙

1 : 10 : 30 : 600

(1) 1 : 중상 또는 폐질
(2) 10 : 경상(인적, 물적 상해)
(3) 30 : 무상해사고(물적 손실 발생)
(4) 600 : 무상해, 무사고 고장(위험순간)

## 6. 산업재해 발생과정

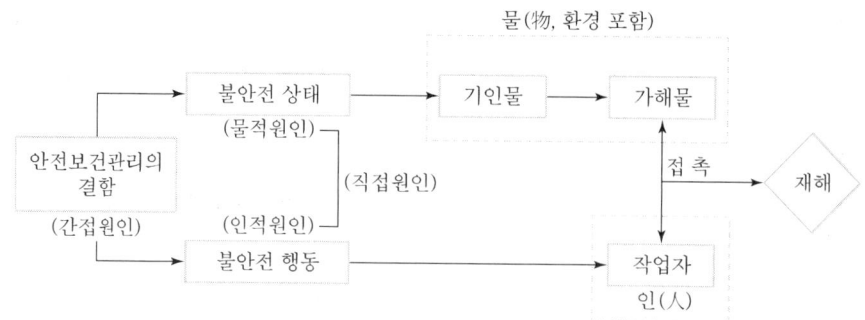

[재해발생의 메커니즘(모델, 구조)]

## 7. 산업재해 용어(KOSHA CODE)

| | |
|---|---|
| 추락 | 사람이 인력(중력)에 의하여 건축물, 구조물, 가설물, 수목, 사다리 등의 높은 장소에서 떨어지는 것 |
| 전도(넘어짐)·전복 | 사람이 거의 평면 또는 경사면, 층계 등에서 구르거나 넘어짐 또는 미끄러진 경우와 물체가 전도·전복된 경우 |
| 붕괴·도괴 | 토사, 적재물, 구조물, 건축물, 가설물 등이 전체적으로 허물어져 내리거나 또는 주요 부분이 꺾어져 무너지는 경우 |
| 충돌(부딪힘)·접촉 | 재해자 자신의 움직임·동작으로 인하여 기인물에 접촉 또는 부딪히거나, 물체가 고정부에서 이탈하지 않은 상태로 움직임(규칙, 불규칙) 등에 의하여 접촉·충돌한 경우 |
| 낙하(떨어짐)·비래 | 구조물, 기계 등에 고정되어 있던 물체가 중력, 원심력, 관성력 등에 의하여 고정부에서 이탈하거나 또는 설비 등으로부터 물질이 분출되어 사람을 가해하는 경우 |
| 협착(끼임)·감김 | 두 물체 사이의 움직임에 의하여 일어난 것으로 직선 운동하는 물체 사이의 협착, 회전부와 고정체 사이의 끼임, 롤러 등 회전체 사이에 물리거나 또는 회전체·돌기부 등에 감긴 경우 |
| 압박·진동 | 재해자가 물체의 취급과정에서 신체 특정부위에 과도한 힘이 편중·집중·눌려진 경우나 마찰접촉 또는 진동 등으로 신체에 부담을 주는 경우 |
| 신체 반작용 | 물체의 취급과 관련 없이 일시적이고 급격한 행위·동작, 균형 상실에 따른 반사적 행위 또는 놀람, 정신적 충격, 스트레스 등 |

| | |
|---|---|
| 부자연스런 자세 | 물체의 취급과 관련 없이 작업환경 또는 설비의 부적절한 설계 또는 배치로 작업자가 특정한 자세·동작을 장시간 취하여 신체의 일부에 부담을 주는 경우 |
| 과도한 힘·동작 | 물체의 취급과 관련하여 근육의 힘을 많이 사용하는 경우로서 밀기, 당기기, 지탱하기, 들어올리기, 돌리기, 잡기, 운반하기 등과 같은 행위·동작 |
| 반복적 동작 | 물체의 취급과 관련하여 근육의 힘을 많이 사용하지 않는 경우로서 지속적 또는 반복적인 업무 수행으로 신체의 일부에 부담을 주는 행위·동작 |
| 이상온도 노출·접촉 | 고·저온 환경 또는 물체에 노출·접촉된 경우 |
| 이상기압 노출 | 고·저기압 등의 환경에 노출된 경우 |
| 소음 노출 | 폭발음을 제외한 일시적·장기적인 소음에 노출된 경우 |
| 유해·위험물질 노출·접촉 | 유해·위험물질에 노출·접촉 또는 흡입하였거나 독성 동물에 쏘이거나 물린 경우 |
| 유해광선 노출 | 전리 또는 비전리 방사선에 노출된 경우 |
| 산소결핍·질식 | 유해물질과 관련 없이 산소가 부족한 상태·환경에 노출되었거나 이물질 등에 의하여 기도가 막혀 호흡기능이 불충분한 경우 |
| 화재 | 가연물에 점화원이 가해져 의도적으로 불이 일어난 경우(방화 포함) |
| 폭발 | 건축물, 용기 내 또는 대기 중에서 물질의 화학적, 물리적 변화가 급격히 진행되어 열, 폭음, 폭발압이 동반하여 발생하는 경우 |
| 전류 접촉 | 전기 설비의 충전부 등에 신체의 일부가 직접 접촉하거나 유도 전류의 통전으로 근육의 수축, 호흡곤란, 심실세동 등이 발생한 경우 또는 특별고압 등에 접근함에 따라 발생한 섬락 접촉, 합선·혼촉 등으로 인하여 발생한 아크에 접촉된 경우 |
| 폭력 행위 | 의도적인 또는 의도가 불분명한 위험행위(마약, 정신질환 등)로 자신 또는 타인에게 상해를 입힌 폭력·폭행을 말하며, 협박·언어·성폭력 및 동물에 의한 상해 등도 포함 |

## 02 산재분류 및 통계분석

### 1. 재해율의 종류 및 계산

1) 연천인율(年千人率)

① 연천인율 = $\dfrac{재해자수}{상시\ 근로자수} \times 1,000$

【근로자 1,000인당 1년간 발생하는 재해발생자 수】

② 연천인율 = 도수율(빈도율) × 2.4

**Point**

연천인율 45인 사업장의 빈도율은 얼마인가?

▶ 빈도율(도수율) = $\dfrac{연천인율}{2.4} = \dfrac{45}{2.4} = 18.75$

2) 도수율(빈도율)(F.R : Frequency Rate of Injury)

도수율 = $\dfrac{재해발생건수}{연근로시간수} \times 1,000,000$

【근로자 100만 명이 1시간 작업시 발생하는 재해건수】
【근로자 1명이 100만 시간 작업시 발생하는 재해건수】

연근로시간수 = 실근로자수 × 근로자 1인당 연간 근로시간수
(1년 : 300일, 2,400시간, 1월 : 25일, 200시간, 1일 : 8시간)

**Point**

1000명이 일하고 있는 사업장에서 1주 48시간씩 52주를 일하고, 1년간에 80건의 재해가 발생했다고 한다. 질병 등 다른 이유로 인하여 근로자는 총 노동시간의 3%를 결근했다면 이때의 재해 도수율은?

▶ 도수율 = $\dfrac{재해건수}{연근로시간수} \times 10^6 = \dfrac{80}{1,000 \times 48 \times 52 \times 0.97} \times 10^6 = 33.04$

3) 강도율(S.R : Severity Rate of Injury)

$$강도율 = \frac{근로손실일수}{연근로시간수} \times 1,000$$

【연근로시간 1,000시간당 재해로 인해서 잃어버린 근로손실일수】

◉ 근로손실일수

(1) 사망 및 영구 전노동 불능(장애등급 1~3급) : 7,500일

(2) 영구 일부노동 불능(4~14등급)

| 등급 | 4 | 5 | 6 | 7 | 8 | 9 | 10 | 11 | 12 | 13 | 14 |
|---|---|---|---|---|---|---|---|---|---|---|---|
| 일수 | 5500 | 4000 | 3000 | 2200 | 1500 | 1000 | 600 | 400 | 200 | 100 | 50 |

(3) 일시 전노동 불능(의사의 진단에 따라 일정기간 노동에 종사할 수 없는 상해)

$$휴직일수 \times \frac{300}{365}$$

> **Point**
>
> A현장의 '98년도 재해건수는 24건, 의사진단에 의한 휴업 총일수는 3,650일이었다. 도수율과 강도율을 각각 구하면?(단, 1인당 1일 8시간, 300일 근무하며 평균근로자 수는 500명이었음)
>
> ▶ 도수율 = $\frac{재해건수}{연근로시간 수} \times 10^6 = \frac{24}{500 \times 8 \times 300} \times 10^6 = 20$
>
> 강도율 = $\frac{근로손실일수}{연근로시간 수} \times 1,000 = \frac{3,650 \times 300/365}{500 \times 8 \times 300} \times 1,000 = 2.5$

4) 평균강도율

$$평균강도율 = \frac{강도율}{도수율} \times 1,000$$

【재해1건당 평균 근로손실일수】

5) 환산강도율

근로자가 입사하여 퇴직할 때까지 잃을 수 있는 근로손실일수를 말함
환산강도율 = 강도율 × 100

## 6) 환산도수율

근로자가 입사하여 퇴직할 때까지(40년=10만 시간) 당할 수 있는 재해건수를 말함

$$환산도수율 = \frac{도수율}{10}$$

**Point**

도수율이 24.5이고 강도율이 2.15의 사업장이 있다. 한 사람의 근로자가 입사하여 퇴직할 때까지는 며칠 간의 근로손실일수를 가져올 수 있는가?
➡ 환산강도율=강도율×100=2.15×100=215일

재해율을 산출하고자 할 때 근로자 1인의 평생근로 가능시간을 얼마로 계산하는가?(단, 일일 8시간, 1개월 25일 근무, 평생근로연수를 40년으로 보고, 평생잔업시간을 4,000시간으로 본다.)
➡ 연간근로시간=12개월×25일/개월×8시간/일=2,400시간/년
  평생근로시간=(연근로시간×40년)+평생잔업시간=(2,400×40년)+4,000=100,000

## 7) 종합재해지수(F.S.I : Frequency Severity Indicator)

$$종합재해지수(FSI) = \sqrt{도수율(FR) \times 강도율(SR)}$$

【재해 빈도의 다수와 상해 정도의 강약을 종합】

## 8) 세이프티스코어(Safe T. Score)

### (1) 의미

과거와 현재의 안전성적을 비교, 평가하는 방법으로 단위가 없으며 계산결과가 (+)이면 나쁜 기록이, (-)이면 과거에 비해 좋은 기록으로 봄

### (2) 공식

$$\text{Safe T. Score} = \frac{도수율(현재) - 도수율(과거)}{\sqrt{\frac{도수율(과거)}{총 근로시간수} \times 1,000,000}}$$

### (3) 평가방법

① +2.0 이상인 경우 : 과거보다 심각하게 나쁘다.
② +2.0~-2.0인 경우 : 심각한 차이가 없다.
③ -2.0 이하 : 과거보다 좋다.

## 2. 재해손실비의 종류 및 계산

업무상 재해로서 인적재해를 수반하는 재해에 의해 생기는 비용으로 재해가 발생하지 않았다면 발생하지 않아도 되는 직·간접 비용

1) 하인리히 방식

『총 재해코스트=직접비+간접비』

(1) 직접비

법령으로 정한 피해자에게 지급되는 산재보험비
① 휴업보상비
② 장해보상비
③ 요양보상비
④ 유족보상비
⑤ 장의비, 간병비

(2) 간접비

재산손실, 생산중단 등으로 기업이 입은 손실
① 인적손실 : 본인 및 제3자에 관한 것을 포함한 시간손실
② 물적손실 : 기계, 공구, 재료, 시설의 복구에 소비된 시간손실 및 재산손실
③ 생산손실 : 생산감소, 생산중단, 판매감소 등에 의한 손실
④ 특수손실
⑤ 기타손실

(3) 직접비 : 간접비=1 : 4

※ 우리나라의 재해손실비용은 「경제적 손실 추정액」이라 칭하며 하인리히 방식으로 산정한다.

2) 시몬즈 방식

『총 재해비용=산재보험비용+비보험비용』

여기서, 비보험비용=휴업상해건수×A+통원상해건수×B+응급조치건수×C+무상해사고건수×D
A, B, C, D는 장해정도별에 의한 비보험비용의 평균치

3) 버드 방식

총 재해비용＝보험비(1)＋비보험비(5~50)＋비보험 기타 비용(1~3)
(1) 보험비 : 의료, 보상금
(2) 비보험 재산비용 : 건물손실, 기구 및 장비손실, 조업중단 및 지연
(3) 비보험 기타비용 : 조사시간, 교육 등

4) 콤패스 방식

총 재해비용＝공동비용비＋개별비용비
(1) 공동비용 : 보험료, 안전보건팀 유지비용
(2) 개별비용 : 작업손실비용, 수리비, 치료비 등

## 3. 재해통계 분류방법

1) 상해정도별 구분

(1) 사망
(2) 영구 전노동 불능 상해(신체장애 등급 1~3등급)
(3) 영구 일부노동 불능 상해(신체장애 등급 4~14등급)
(4) 일시 전노동 불능 상해 : 장해가 남지 않는 휴업상해
(5) 일시 일부노동 불능 상해 : 일시 근무 중에 업무를 떠나 치료를 받는 정도의 상해
(6) 구급처치상해 : 응급처치 후 정상작업을 할 수 있는 정도의 상해

2) 통계적 분류

(1) 사망 : 노동손실일수 7,500일
(2) 중상해 : 부상으로 8일 이상 노동손실을 가져온 상해
(3) 경상해 : 부상으로 1일 이상 7일 미만의 노동손실을 가져온 상해
(4) 경미상해 : 8시간 이하의 휴무 또는 작업에 종사하면서 치료를 받는 상해(통원치료)

3) 상해의 종류

(1) 골절 : 뼈에 금이 가거나 부러진 상해
(2) 동상 : 저온물 접촉으로 생긴 동상상해
(3) 부종 : 국부의 혈액순환 이상으로 몸이 퉁퉁 부어오르는 상해
(4) 중독, 질식 : 음식 약물, 가스 등에 의해 중독이나 질식된 상태
(5) 찰과상 : 스치거나 문질러서 벗겨진 상태

(6) 창상 : 창, 칼 등에 베인 상처
(7) 청력장해 : 청력이 감퇴 또는 난청이 된 상태
(8) 시력장해 : 시력이 감퇴 또는 실명이 된 상태
(9) 화상 : 화재 또는 고온물 접촉으로 인한 상해

### 4. 재해사례 분석절차

1) 재해통계 목적 및 역할

(1) 재해원인을 분석하고 위험한 작업 및 여건을 도출
(2) 합리적이고 경제적인 재해예방 정책방향 설정
(3) 재해실태를 파악하여 예방활동에 필요한 기초자료 및 지표 제공
(4) 재해예방사업 추진실적을 평가하는 측정수단

2) 재해의 통계적 원인분석방법

(1) 파레토도 : 분류 항목을 큰 순서대로 도표화한 분석법
(2) 특성요인도 : 특성과 요인관계를 도표로 하여 어골상으로 세분화한 분석법(원인과 결과를 연계하여 상호관계를 파악)
(3) 클로즈(Close)분석도 : 데이터(Data)를 집계하고 표로 표시하여 요인별 결과 내역을 교차한 클로즈 그림을 작성하여 분석하는 방법
(4) 관리도 : 재해발생 건수 등의 추이를 파악하여 목표관리를 행하는 데 필요한 월별 재해발생수를 그래프화하여 관리선을 설정 관리하는 방법

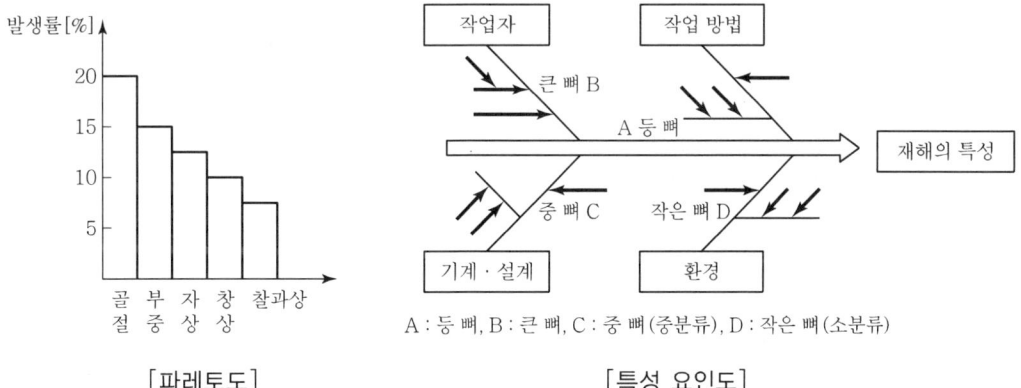

[파레토도]     [특성 요인도]

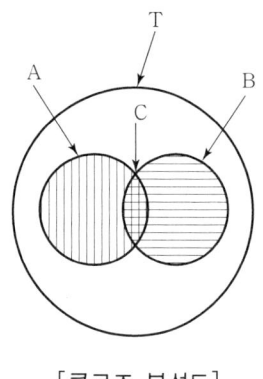

[클로즈 분석도]

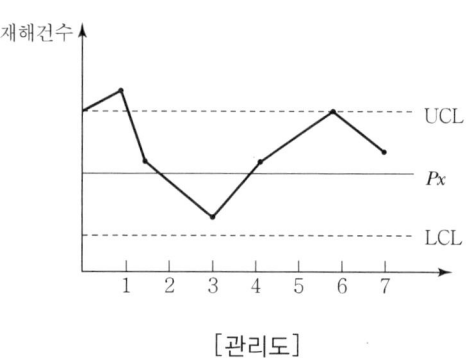

[관리도]

### 3) 재해통계 작성 시 유의할 점

(1) 활용목적을 수행할 수 있도록 충분한 내용이 포함되어야 한다.
(2) 재해통계는 구체적으로 표시되고 그 내용은 용이하게 이해되며 이용할 수 있을 것
(3) 재해통계는 항목 내용 등 재해요소가 정확히 파악될 수 있도록 예방대책이 수립될 것
(4) 재해통계는 정량적으로 정확하게 수치적으로 표시되어야 한다.

### 4) 재해발생 원인의 구분

(1) 기술적 원인

① 건물, 기계장치의 설계 불량
② 구조, 재료의 부적합
③ 생산방법의 부적합
④ 점검, 정비, 보존 불량

(2) 교육적 원인

① 안전지식의 부족
② 안전수칙의 오해
③ 경험, 훈련의 미숙
④ 작업방법의 교육 불충분
⑤ 유해·위험작업의 교육 불충분

(3) 관리적 원인

① 안전관리조직의 결함
② 안전수칙 미제정
③ 작업준비 불충분

④ 인원배치 부적당
⑤ 작업지시 부적당

(4) 정신적 원인

① 안전의식의 부족
② 주의력의 부족
③ 방심 및 공상
④ 개성적 결함 요소 : 도전적인 마음, 과도한 집착, 다혈질 및 인내심 부족
⑤ 판단력 부족 또는 그릇된 판단

(5) 신체적 원인

① 피로
② 시력 및 청각기능의 이상
③ 근육운동의 부적합
④ 육체적 능력 초과

## 5. 산업재해

1) 산업재해의 정의(산업안전보건법 제2조)

노무를 제공하는 사람이 업무에 관계되는 건설물·설비·원재료·가스·증기·분진 등에 의하거나 작업 또는 그 밖의 업무로 인하여 사망 또는 부상하거나 질병에 걸리는 것

2) 산업재해 발생 보고 등(산업안전보건법 시행규칙 제73조 제1호, 2호)

(1) 사업주는 산업재해로 사망자가 발생하거나 3일 이상의 휴업이 필요한 부상을 입거나 질병에 걸린 사람이 발생한 경우에는 법 제57조제3항에 따라 해당 산업재해가 발생한 날부터 1개월 이내에 별지 제30호서식의 산업재해조사표를 작성하여 관할 지방고용노동관서의 장에게 제출(전자문서로 제출 포함)해야 한다.

(2) 제1항에도 불구하고 다음 각 호의 모두에 해당하지 않는 사업주가 법률 제11882호 산업안전보건법 일부개정법률 제10조제2항의 개정규정의 시행일인 2014년 7월 1일 이후 해당 사업장에서 처음 발생한 산업재해에 대하여 지방고용노동관서의 장으로부터 산업재해조사표를 작성하여 제출하도록 명령을 받은 경우 그 명령을 받은 날부터 15일 이내에 이를 이행한 때에는 제1항에 따른 보고를 한 것으로 본다. 제1항에 따른 보고기한이 지난 후에 자진하여 산업재해조사표를 작성·제출한 경우에도 또한 같다.
① 안전관리자 또는 보건관리자를 두어야 하는 사업주
② 법 제62조제1항에 따라 안전보건총괄책임자를 지정해야 하는 도급인

③ 법 제73조제1항에 따라 건설재해예방전문지도기관의 지도를 받아야 하는 사업주
④ 산업재해 발생사실을 은폐하려고 한 사업주

### 3) 산업재해 기록 등(산업안전보건법 시행규칙 제72조)

(1) 사업주는 산업재해가 발생한 때에는 고용노동부령이 정하는 바에 따라 재해발생원인 등을 기록하여야 한다

(2) 기록·보존해야 할 사항
  ① 사업장의 개요 및 근로자의 인적사항
  ② 재해발생 일시 및 장소
  ③ 재해발생 원인 및 과정
  ④ 재해 재발방지 계획

## 6. 중대재해(산업안전보건법 시행규칙 제3조)

### 1) 중대재해의 범위

(1) 사망자가 1명 이상 발생한 재해
(2) 3개월 이상의 요양이 필요한 부상자가 동시에 2명 이상 발생한 재해
(3) 부상자 또는 직업성 질병자가 동시에 10명 이상 발생한 재해

### 2) 발생 시 보고사항(산업안전보건법 제54조 및 시행규칙 제67조)

사업주는 중대재해가 발생한 사실을 알게 된 경우에는 지체 없이 다음 사항을 관할 지방고용노동관서의 장에게 전화·팩스 또는 그 밖의 적절한 방법으로 보고하여야 함(다만, 천재지변 등 부득이한 사유가 발생한 경우에는 그 사유가 소멸된 때부터 지체 없이 보고)

(1) 발생개요 및 피해상황
(2) 조치 및 전망
(3) 그 밖에 중요한 사항

### 3) 중대재해 원인조사(산업안전보건법 제56조 및 시행규칙 제71조)

(1) 고용노동부장관은 중대재해가 발생하였을 때에는 그 원인 규명 또는 산업재해 예방대책 수립을 위하여 그 발생원인을 조사할 수 있다.
(2) 고용노동부장관은 중대재해가 발생한 사업장의 사업주에게 안전보건개선계획의 수립·시행, 그 밖에 필요한 조치를 명할 수 있다.

(3) 누구든지 중대재해 발생 현장을 훼손하거나 제1항에 따른 고용노동부장관의 원인조사를 방해해서는 아니 된다.

(4) 중대재해가 발생한 사업장에 대한 원인조사의 내용 및 절차, 그 밖에 필요한 사항은 고용노동부령으로 정한다.

(5) 중대재해 원인조사를 하는 때에는 현장을 방문하여 조사해야 하며 재해조사에 필요한 안전보건 관련 서류 및 목격자의 진술 등을 확보하도록 노력해야 한다. 이 경우 중대재해 발생의 원인이 사업주의 법 위반에 기인한 것인지 등을 조사해야 한다.

## 7. 산업재해의 직접원인

1) 불안전한 행동(인적 원인, 전체 재해발생원인의 88% 정도)

사고를 가져오게 한 작업자 자신의 행동에 대한 불안전한 요소

(1) 불안전한 행동의 예

① 위험장소 접근
② 안전장치의 기능 제거
③ 복장·보호구의 잘못된 사용
④ 기계·기구의 잘못된 사용
⑤ 운전 중인 기계장치의 점검
⑥ 불안전한 속도 조작
⑦ 위험물 취급 부주의
⑧ 불안전한 상태 방치
⑨ 불안전한 자세나 동작
⑩ 감독 및 연락 불충분

2) 불안전한 상태(물적 원인, 전체 재해발생원인의 10% 정도)

직접 상해를 가져오게 한 사고에 직접관계가 있는 위험한 물리적 조건 또는 환경

(1) 불안전한 상태의 예
① 물(物) 자체 결함
② 안전방호장치의 결함
③ 복장·보호구의 결함
④ 물의 배치 및 작업장소 결함
⑤ 작업환경의 결함
⑥ 생산공정의 결함
⑦ 경계표시·설비의 결함

(2) 불안전한 행동을 일으키는 내적요인과 외적요인의 발생형태 및 대책
① 내적요인
㉠ 소질적 조건 : 적성배치
㉡ 의식의 우회 : 상담
㉢ 경험 및 미경험 : 교육
② 외적요인
㉠ 작업 및 환경조건 불량 : 환경정비
㉡ 작업순서의 부적당 : 작업순서정비
③ 적성 배치에 있어서 고려되어야 할 기본사항
㉠ 적성검사를 실시하여 개인의 능력을 파악한다.
㉡ 직무평가를 통하여 자격수준을 정한다.
㉢ 인사관리의 기준원칙을 고수한다.

## 8. 사고예방대책의 기본원리 5단계(사고예방원리 : 하인리히)

1) 1단계 : 조직(안전관리조직)
① 경영층의 안전목표 설정
② 안전관리 조직(안전관리자 선임 등)
③ 안전활동 및 계획수립

2) 2단계 : 사실의 발견(현상파악)
   ① 사고 및 안전활동의 기록 검토
   ② 작업분석
   ③ 안전점검, 안전진단
   ④ 사고조사
   ⑤ 안전평가
   ⑥ 각종 안전회의 및 토의
   ⑦ 근로자의 건의 및 애로 조사

3) 3단계 : 분석·평가(원인규명)
   ① 사고조사 결과의 분석
   ② 불안전상태, 불안전행동 분석
   ③ 작업공정, 작업형태 분석
   ④ 교육 및 훈련의 분석
   ⑤ 안전수칙 및 안전기준 분석

4) 4단계 : 시정책의 선정
   ① 기술의 개선
   ② 인사조정
   ③ 교육 및 훈련 개선
   ④ 안전규정 및 수칙의 개선
   ⑤ 이행의 감독과 제재강화

5) 5단계 : 시정책의 적용
   ① 목표 설정
   ② 3E(기술적, 교육적, 관리적) 대책의 적용

## 9. 사고의 본질적 특성

1) 사고의 시간성
2) 우연성 중의 법칙성
3) 필연성 중의 우연성
4) 사고의 재현 불가능성

## 10. 재해(사고) 발생 시의 유형(모델)

### 1) 단순자극형(집중형)

상호자극에 의하여 순간적으로 재해가 발생하는 유형으로 재해가 일어난 장소나 그 시점에 일시적으로 요인이 집중

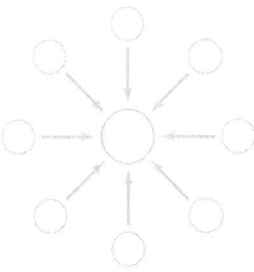

### 2) 연쇄형(사슬형)

하나의 사고요인이 또 다른 요인을 발생시키면서 재해를 발생시키는 유형이다. 단순연쇄형과 복합연쇄형이 있다.

### 3) 복합형

단순자극형과 연쇄형의 복합적인 발생유형이다. 일반적으로 대부분의 산업재해는 재해원인이 복잡하게 결합되어 있는 복합형이다. 연쇄형의 경우에는 원인 중에 하나를 제거하면 재해가 일어나지 않는다. 그러나 단순자극형이나 복합형은 하나를 제거하더라도 재해가 일어나지 않는다는 보장이 없으므로, 도미노이론은 적용되지 않는다. 이런 요인들은 부속적인 요인들에 불과하다. 따라서 재해조사에 있어서는 가능한 한 모든 요인들을 파악하도록 해야 한다.

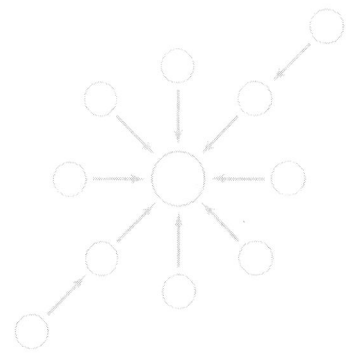

# 03 안전점검 · 인증 및 진단

## 1. 안전점검의 정의, 목적, 종류

### 1) 정의

안전점검은 설비의 불안전상태나 인간의 불안전 행동으로부터 일어나는 결함을 발견하여 안전대책을 세우기 위한 활동을 말한다.

### 2) 안전점검의 목적

(1) 기기 및 설비의 결함이나 불안전한 상태의 제거로 사전에 안전성을 확보하기 위함이다.
(2) 기기 및 설비의 안전상태 유지 및 본래의 성능을 유지하기 위함이다.
(3) 재해방지를 위하여 그 재해요인의 대책과 실시를 계획적으로 하기 위함이다.

### 3) 종류

(1) 일상점검(수시점검) : 작업 전·중·후 수시로 점검하는 점검
(2) 정기점검 : 정해진 기간에 정기적으로 실시하는 점검
(3) 특별점검 : 기계 기구의 신설 및 변경 시 고장, 수리 등에 의해 부정기적으로 실시하는 점검으로 안전강조기간 등에 실시하는 점검
(4) 임시점검 : 이상 발견 시 또는 재해발생 시 임시로 실시하는 점검

## 2. 안전점검표(체크리스트)의 작성

### 1) 안전점검표(체크리스트)에 포함되어야 할 사항

(1) 점검대상
(2) 점검부분(점검개소)
(3) 점검항목(점검내용 : 마모, 균열, 부식, 파손, 변형 등)
(4) 점검주기 또는 기간(점검시기)
(5) 점검방법(육안점검, 기능점검, 기기점검, 정밀점검)
(6) 판정기준(법령에 의한 기준 등)
(7) 조치사항(점검결과에 따른 결과의 시정)

2) 안전점검표(체크리스트) 작성 시 유의사항

  (1) 위험성이 높은 순이나 긴급을 요하는 순으로 작성할 것
  (2) 정기적으로 검토하여 재해예방에 실효성이 있는 내용일 것
  (3) 내용은 이해하기 쉽고 표현이 구체적일 것

### 3. 안전검사 및 안전인증

1) 의무 안전인증대상 기계 · 기구

  (1) 의무안전인증대상기계 · 기구(산업안전보건법 시행령 제74조)
    ① 프레스
    ② 전단기(剪斷機) 및 절곡기(折曲機)
    ③ 크레인
    ④ 리프트
    ⑤ 압력용기
    ⑥ 롤러기
    ⑦ 사출성형기(射出成形機)
    ⑧ 고소(高所) 작업대
    ⑨ 곤돌라

  (2) 의무안전인증대상 방호장치
    ① 프레스 및 전단기 방호장치
    ② 양중기용(揚重機用) 과부하방지장치
    ③ 보일러 압력방출용 안전밸브
    ④ 압력용기 압력방출용 안전밸브
    ⑤ 압력용기 압력방출용 파열판
    ⑥ 절연용 방호구 및 활선작업용(活線作業用) 기구
    ⑦ 방폭구조(防爆構造) 전기기계 · 기구 및 부품
    ⑧ 추락 · 낙하 및 붕괴 등의 위험 방지 및 보호에 필요한 가설기자재로서 고용노동부장관이 정하여 고시하는 것
    ⑨ 충돌 · 협착 등의 위험 방지에 필요한 산업용 로봇 방호장치로서 고용노동부장관이 정하여 고시하는 것

2) 자율안전확인대상 기계 등

   (1) 자율안전확인대상 기계 · 설비(산업안전보건법 시행령 제77조)
       ① 연삭기(研削機) 또는 연마기(휴대형은 제외한다.)
       ② 산업용 로봇
       ③ 혼합기
       ④ 파쇄기 또는 분쇄기
       ⑤ 식품가공용기계(파쇄 · 절단 · 혼합 · 제면기만 해당한다.)
       ⑥ 컨베이어
       ⑦ 자동차정비용 리프트
       ⑧ 공작기계(선반, 드릴기, 평삭 · 형삭기, 밀링만 해당한다.)
       ⑨ 고정형 목재가공용기계(둥근톱, 대패, 루타기, 띠톱, 모떼기 기계만 해당한다.)
       ⑩ 인쇄기

   (2) 자율안전확인대상 방호장치
       ① 아세틸렌 용접장치용 또는 가스집합 용접장치용 안전기
       ② 교류 아크용접기용 자동전격방지기
       ③ 롤러기 급정지장치
       ④ 연삭기 덮개
       ⑤ 목재 가공용 둥근톱 반발 예방장치와 날 접촉 예방장치
       ⑥ 동력식 수동대패용 칼날 접촉 방지장치
       ⑦ 추락 · 낙하 및 붕괴 등의 위험 방지 및 보호에 필요한 가설기자재(제74조제1항제2호아목의 가설기자재는 제외한다)로서 고용노동부장관이 정하여 고시하는 것

3) 안전검사 대상 유해 · 위험기계 등(산업안전보건법 시행령 제78조)
   (1) 프레스
   (2) 전단기
   (3) 크레인(정격 하중이 2톤 미만인 것은 제외한다)
   (4) 리프트
   (5) 압력용기
   (6) 곤돌라
   (7) 국소 배기장치(이동식은 제외한다.)
   (8) 원심기(산업용만 해당한다.)
   (9) 롤러기(밀폐형 구조는 제외한다)

(10) 사출성형기[형 체결력(型 締結力) 294킬로뉴턴(KN) 미만은 제외한다]
(11) 고소작업대(「자동차관리법」 제3조제3호 또는 제4호에 따른 화물자동차 또는 특수자동차에 탑재한 고소작업대로 한정한다)
(12) 컨베이어
(13) 산업용 로봇

## 4. 대여자 등이 안전조치 등을 해야 하는 기계·기구·설비 및 건축물 등(산업안전보건법 시행령 제71조)

> 1. 사무실 및 공장용 건축물, 2. 이동식 크레인, 3. 타워크레인, 4. 불도저, 5. 모터 그레이더, 6. 로더, 7. 스크레이퍼, 8. 스크레이퍼 도저, 9. 파워 셔블, 10. , 래그라인, 11.. 클램셸, 12. 버킷굴착기, 13. 트렌치, 14. 항타기, 15. 항발기, 16. 어스드릴, 17. 천공기, 18. 어스오거, 19. 페이퍼드레인머신, 20. 리프트, 21. 지게차, 22. 롤러기, 23. 콘크리트 펌프, 24. 고소작업대, 25. 그 밖에 산업재해보상보험및예방심의위원회 심의를 거쳐 고용노동부장관이 정하여 고시하는 기계, 기구, 설비 및 건축물 등

## 5. 안전·보건진단(산업안전보건법 제47조)

1) 고용노동부장관은 추락·붕괴, 화재·폭발, 유해하거나 위험한 물질의 누출 등 산업재해 발생의 위험이 현저히 높은 사업장의 사업주에게 제48조에 따라 안전보건진단기관이 실시하는 안전·보건진단을 받을 것을 명할 수 있다.

2) 안전·보건진단의 종류

   (1) 안전진단
   (2) 보건진단
   (3) 종합진단(안전진단과 보건진단을 동시에 진행하는 것)

[안전보건진단의 종류 및 내용(산업안전보건법 시행령 별표 14)]

| 종류 | 진단내용 |
|---|---|
| 종합진단 | 1. 경영·관리적 사항에 대한 평가<br>　가. 산업재해 예방계획의 적정성<br>　나. 안전·보건 관리조직과 그 직무의 적성성<br>　다. 산업안전보건위원회 설치·운영, 명예산업안전감독관의 역할 등 근로자의 참여 정도<br>　라. 안전보건관리규정 내용의 적정성<br>2. 산업재해 또는 사고의 발생 원인(산업재해 또는 사고가 발생한 경우만 해당한다)<br>3. 작업조건 및 작업방법에 대한 평가<br>4. 유해·위험요인에 대한 측정 및 분석<br>　가. 기계·기구 또는 그 밖의 설비에 의한 위험성<br>　나. 폭발성·물반응성·자기반응성·자기발열성 물질, 자연발화성 액체·고체 및 인화성 액체 등에 의한 위험성<br>　다. 전기·열 또는 그 밖의 에너지에 의한 위험성<br>　라. 추락, 붕괴, 낙하, 비래(飛來) 등으로 인한 위험성<br>　마. 그 밖에 기계·기구·설비·장치·구축물·시설물·원재료 및 공정 등에 의한 위험성<br>　바. 법 제118조제1항에 따른 허가대상물질, 고용노동부령으로 정하는 관리대상 유해물질 및 온도·습도·환기·소음·진동·분진, 유해광선 등의 유해성 또는 위험성<br>5. 보호구, 안전·보건장비 및 작업환경 개선시설의 적정성<br>6. 유해물질의 사용·보관·저장, 물질안전보건자료의 작성, 근로자 교육 및 경고표시 부착의 적정성<br>7. 그 밖에 작업환경 및 근로자 건강 유지·증진 등 보건관리의 개선을 위하여 필요한 사항 |
| 안전진단 | 종합진단 내용 중 제2호·제3호, 제4호 가목부터 마목까지 및 제5호 중 안전 관련 사항 |
| 보건진단 | 종합진단 내용 중 제2호·제3호, 제4호 바목, 제5호 중 보건 관련 사항, 제6호 및 제7호 |

### 3) 대상사업장

(1) 안전보건진단을 받아 안전보건개선계획을 수립할 대상 사업장(산업안전보건법 시행령 제49조)
   ① 산업재해율이 같은 업종 평균 산업재해율의 2배 이상인 사업장
   ② 사업주가 필요한 안전조치 또는 보건조치를 이행하지 아니하여 중대재해가 발생한 사업장 (산안법 제49조제1항제2호)에 해당하는 사업장
   ③ 직업성 질병자가 연간 2명 이상(상시근로자 1천명 이상 사업장의 경우 3명 이상) 발생한 사업장
   ④ 그 밖에 작업환경 불량, 화재·폭발 또는 누출 사고 등으로 사업장 주변까지 피해가 확산된 사업장으로서 고용노동부령으로 정하는 사업장

(2) 고용노동부장관이 명한 추락·붕괴, 화재·폭발, 유해하거나 위험한 물질의 누출 등 산업재해 발생의 위험이 현저히 높은 사업장(산업안전보건법 제47조제1항)

# 예상문제 및 해설

Part 07

# 산업안전교육론

1. 학생이 자기 학습속도에 따른 학습이 허용되어 있는 상태에서 학습자가 프로그램 자료를 가지고 단독으로 학습하도록 하는 교육방법은?
    ① 토의법
    ② 모의법
    ③ 실연법
    ④ 프로그램 학습법
    ⑤ 강의법

    **해설** 교육훈련기법
    - 토의법 : 10~20인 정도가 모여서 토의하는 방법(안전지식을 가진 사람에게 효과적)
    - 모의법 : 실제 상황을 만들어 두고 학습하는 방법
    - 실연법 : 학습자가 이미 설명을 듣거나 시범을 보고 알게 된 지식이나 기능을 강사의 감독 아래 직접적으로 연습해 적용해 보게 하는 교육방법

2. 안전교육의 단계별 과정 중 태도교육의 내용이 아닌 것은?
    ① 작업동작 및 표준작업 방법의 습관화
    ② 공구·보호구 등의 관리 및 취급태도의 확립
    ③ 작업 전후 점검 및 검사요령의 정확화 및 습관화
    ④ 작업지시·전달 등의 언어·태도의 정확화 및 습관화
    ⑤ 작업에 필요한 안전규정 숙지

    **해설** 태도교육의 내용
    1. 표준작업방법의 습관화
    2. 공구, 보호구 취급과 관리자세의 확립
    3. 작업 전후의 점검, 검사요령의 정확한 습관화
    4. 안전작업 지시 전달확인 등 언어태도의 습관화 및 정확화

1. ④  2. ⑤

3. 다음 중 사업 내 안전보건교육의 대상자에 대한 설명으로 틀린 것은?
   ① 신규 채용자 중 계절 작업자는 교육대상에서 제외한다.
   ② 작업내용 변경자는 필히 교육대상이 된다.
   ③ 신규 채용자 중 감시작업자는 교육대상이다.
   ④ 위험작업 종사자는 교육대상이다.
   ⑤ 관리감독자의 지위에 있는 사람은 교육대상이다.

   ➡해설 신규채용자 중 계절작업자는 안전교육대상에 해당된다.

4. 다음의 교육내용과 관련 있는 교육은?
   • 작업동작 및 표준작업방법의 습관화
   • 공구・보호구 등의 관리 및 취급태도의 확립
   • 작업 전후의 점검, 검사요령의 정확화 및 습관화

   ① 지식교육                    ② 기능교육
   ③ 태도교육                    ④ 문제해결교육
   ⑤ 강의교육

   ➡해설 안전교육의 종류
      1. 지식교육(1단계) : 지식의 전달과 이해
      2. 기능교육(2단계) : 실습, 시범을 통한 이해
      3. 태도교육(3단계) : 안전의 습관화(가치관 형성)
         ① 청취(들어본다.) → ② 이해, 납득(이해시킨다.) → ③ 모범(시범을 보인다.) → ④ 권장(평가한다.)

5. 학습지도원리에 해당하지 않는 것은?
   ① 자발성의 원리                ② 개별화의 원리
   ③ 사회화의 원리                ④ 도미노이론의 원리
   ⑤ 직관의 원리

   ➡해설 학습지도 이론
      1. 자발성의 원리 : 학습자 스스로 학습에 참여해야 한다는 원리
      2. 개별화의 원리 : 학습자가 가지고 있는 각각의 요구 및 능력에 맞게 지도해야 한다는 원리
      3. 사회화의 원리 : 공동학습을 통해 협력과 사회화를 도와준다는 원리
      4. 통합의 원리 : 학습을 종합적으로 지도하는 것으로 학습자의 능력을 조화있게 발달시키는 원리
      5. 직관의 원리 : 구체적인 사물을 제시하거나 경험 등을 통해 학습효과를 거둘 수 있다는 원리

➡정답 3. ①  4. ③  5. ④

6. 안전교육방법의 4단계 중 1단계에 해당되는 것은?
   ① 실제로 시켜본다.
   ② 작업의 내용을 설명한다.
   ③ 작업의 중요점을 강조한다.
   ④ 작업에 대한 흥미를 갖게 한다.
   ⑤ 교육내용을 이해했는지 테스트해본다.

   ▶해설 교육훈련의 4단계
   1. 도입(1단계) : 학습할 준비를 시킨다.(배우고자 하는 마음가짐을 일으키는 단계)
   2. 제시(2단계) : 작업을 설명한다.(내용을 확실하게 이해시키고 납득시키는 단계)
   3. 적용(3단계) : 작업을 지휘한다.(이해시킨 내용을 활용시키거나 응용시키는 단계)
   4. 확인(4단계) : 가르친 뒤 살펴본다.(교육내용을 정확하게 이해하였는가를 테스트하는 단계)

7. 교육훈련방법 중 O.J.T(On the Job Training)의 특징이 아닌 것은?
   ① 다수의 근로자들에게 조직적 훈련이 가능하다.
   ② 개개인에게 적절한 지도훈련이 가능하다.
   ③ 훈련 효과에 의해 상호 신뢰이해도가 높아진다.
   ④ 직장의 실정에 맞게 실제적 훈련이 가능하다.
   ⑤ 효과가 곧 업무에 나타나며 훈련의 좋고 나쁨에 따라 개선이 쉽다.

   ▶해설 O.J.T(직장내 교육훈련)
   직속상사가 직장 내에서 작업표준을 가지고 업무상의 개별교육이나 지도훈련을 하는 것(개별교육에 적합)
   1) 개인 개인에게 적절한 지도훈련이 가능
   2) 직장의 실정에 맞게 실제적 훈련이 가능

8. 바람직한 안전교육을 진행시키기 위한 단계 가운데 피교육자로 하여금 작업습관의 확립과 토론을 통한 공감을 가지도록 하는 단계는?
   ① 도입                ② 제시
   ③ 적용                ④ 확인
   ⑤ 학습준비

   ▶해설 적용(3단계)
   작업을 지휘한다.(이해시킨 내용을 활용시키거나 응용시키는 단계)

9. 교육방법 중 실제의 장면이나 상태와 극히 유사한 상황을 인위적으로 만들어 그 속에서 학습하도록 하는 교육방법을 무엇이라 하는가?
   ① 실연법
   ② 프로그램 학습법
   ③ 시범
   ④ 모의법
   ⑤ 강의법

   **해설** 교육훈련기법
   ① 실연법 : 학습자가 이미 설명을 듣거나 시범을 보고 알게 된 지식이나 기능을 강사의 감독 아래 직접적으로 연습해 적용해 보게 하는 교육방법
   ② 프로그램 학습법 : 학습자가 프로그램을 통해 단독으로 학습하는 방법, 개발된 프로그램은 변경이 어렵다.
   ③ 시범 : 필요한 내용을 직접 제시하는 방법

10. 산업안전보건법령상 안전보건교육에서 다음 작업의 특별교육 교육내용이 아닌 것은? (단, 그 밖에 안전·보건관리에 필요한 사항은 고려하지 않는다.)

    작업명 : 동력에 의하여 작동되는 프레스 기계를 5대 이상 보유한 사업장에서 해당 기계로 하는 작업

    ① 프레스의 특성과 위험성에 관한 사항
    ② 방호장치 종류와 취급에 관한 사항
    ③ 안전작업방법에 관한 사항
    ④ 국소배기장치 및 안전설비에 관한 사항
    ⑤ 프레스안전기준에 관한 사항

    **해설** 특별안전·보건교육 대상 작업별 교육내용(제1호부터 제40호까지)
    11. 동력에 의하여 작동되는 프레스기계를 5대 이상 보유한 사업장에서 해당 기계로 하는 작업

    | 교육내용 |
    | --- |
    | • 프레스의 특성과 위험성에 관한 사항 |
    | • 방호장치 종류와 취급에 관한 사항 |
    | • 안전작업방법에 관한 사항 |
    | • 프레스 안전기준에 관한 사항 |
    | • 그 밖에 안전·보건관리에 필요한 사항 |

11. 산업안전보건법에서 정한 사업 내 안전·보건교육 중 채용 및 작업내용 변경시 교육내용이 아닌 것은?
   ① 기계·기구의 위험성과 작업의 순서 및 동선에 관한 사항
   ② 산업보건 및 직업병 예방에 관한 사항
   ③ 물질안전보건자료에 관한 사항
   ④ 정리정돈 및 청소에 관한 사항
   ⑤ 표준안전작업방법에 관한 사항

   ▶해설 채용 시의 교육 및 작업내용 변경 시의 교육

   | 교육내용 |
   | --- |
   | • 산업안전 및 사고 예방에 관한 사항<br>• 산업보건 및 직업병 예방에 관한 사항<br>• 산언안전보건법령 및 산업재해보상보험 제도에 관한 사항<br>• 직무스트레스 예방 및 관리에 관한 사항<br>• 직장 내 괴롭힘, 고객의 폭언 등으로 인한 건강장해 예방 및 관리에 관한 사항<br>• 기계·기구의 위험성과 작업의 순서 및 동선에 관한 사항<br>• 작업 개시 전 점검에 관한 사항<br>• 정리정돈 및 청소에 관한 사항<br>• 사고 발생 시 긴급조치에 관한 사항<br>• 물질안전보건자료에 관한 사항 |

12. 학습지도의 원리로 옳은 것을 모두 고른 것은?

   | ㄱ. 개별화의 원리 | ㄴ. 직관의 원리 |
   | --- | --- |
   | ㄷ. 구체화의 원리 | ㄹ. 통합의 원리 |
   | ㅁ. 주관화의 원리 | |

   ① ㄱ, ㄴ, ㄹ
   ② ㄱ, ㄷ, ㅁ
   ③ ㄱ, ㄹ, ㅁ
   ④ ㄴ, ㄷ, ㄹ
   ⑤ ㄴ, ㄹ, ㅁ

   ▶해설 학습지도 이론
   1. 자발성의 원리 : 학습자 스스로 학습에 참여해야 한다는 원리
   2. 개별화의 원리 : 학습자가 가지고 있는 각각의 요구 및 능력에 맞게 지도해야 한다는 원리
   3. 사회화의 원리 : 공동학습을 통해 협력과 사회화를 도와준다는 원리
   4. 통합의 원리 : 학습을 종합적으로 지도하는 것으로 학습자의 능력을 조화있게 발달시키는 원리
   5. 직관의 원리 : 구체적인 사물을 제시하거나 경험 등을 통해 학습효과를 거둘 수 있다는 원리

정답  11. ⑤  12. ①

13. 다음 중 OJT(On the Job Training)의 특징에 대한 설명으로 옳은 것은?
    ① 직장의 실정에 맞는 구체적이고 실제적인 지도 교육이 가능하다.
    ② 타 직장의 근로자와 지식이나 경험을 교류할 수 있다.
    ③ 외부의 전문가를 위촉하여 전문교육을 실시할 수 있다.
    ④ 다수의 근로자에게 조직적 훈련이 가능하다.
    ⑤ 개인 개인에게 적절한 지도훈련이 가능하지 않다.

    ➡해설 O.J.T(직장 내 교육훈련)
    직속상사가 직장 내에서 작업표준을 가지고 업무상의 개별교육이나 지도훈련을 하는 것(개별교육에 적합)
    1. 개개인에게 적절한 지도훈련이 가능
    2. 직장의 실정에 맞게 실제적 훈련이 가능
    3. 효과가 곧 업무에 나타나며 훈련의 좋고 나쁨에 따라 개선이 쉬움

14. 학습평가 기본기준 4가지에 해당하지 않는 것은?
    ① 타당성                    ② 신뢰성
    ③ 객관성                    ④ 실용성
    ⑤ 주관성

    ➡해설 학습평가의 기본적인 기준
    1. 타당성    2. 신뢰성
    3. 객관성    4. 실용성

15. 다음 중 강의식 교육지도에서 가장 많은 시간을 소비하는 부분은?
    ① 도입                      ② 제시
    ③ 적용                      ④ 확인
    ⑤ 모두 동일하다.

    ➡해설 교육단계별 교육시간

    | 교육법의 4단계 | 강의식 | 토의식 |
    | --- | --- | --- |
    | 제1단계 – 도입(준비) | 5분 | 5분 |
    | 제2단계 – 제시(설명) | 40분 | 10분 |
    | 제3단계 – 적용(응용) | 10분 | 40분 |
    | 제4단계 – 확인(총괄) | 5분 | 5분 |

16. 적응기제(適應機制)의 형태 중 방어적 기제에 해당하지 않는 것은?
① 고립
② 보상
③ 승화
④ 합리화
⑤ 동일시

➡해설 적응기제(適應機制 ; Adjustment Mechanism)
1. 방어적 기제 : 보상, 합리화, 동일시, 승화 등
2. 도피적 기제 : 고립, 퇴행, 억압, 백일몽 등

17. 교육훈련기법 중 Off.J.T(Off the Job Training)의 장점으로 볼 수 없는 것은?
① 외부의 전문가를 활용할 수 있다.
② 다수의 대상자에게 조직적 훈련이 가능하다.
③ 특별교재, 교구, 시설을 유효하게 사용할 수 있다.
④ 훈련에 필요한 업무의 계속성이 끊어지지 않는다.
⑤ 훈련에만 전념할 수 있다.

➡해설 Off J.T(직장 외 교육훈련) : 계층별 직능별로 공통된 교육대상자를 현장 이외의 한 장소에 모아 집합교육을 실시하는 교육형태로 집단교육에 적합하다.(훈련으로 인해 업무의 연속성이 끊어진다.)

18. 안전보건교육의 단계별 교육과정 중 근로자가 지켜야 할 규정의 숙지를 위한 교육에 해당하는 것은?
① 지식교육
② 태도교육
③ 문제해결교육
④ 기능교육
⑤ 강의교육

➡해설 지식교육(1단계)
지식의 전달과 이해

**19.** 다음 중 교육훈련의 4단계를 올바르게 나열한 것은?
① 도입 - 적용 - 제시 - 확인
② 도입 - 확인 - 제시 - 적용
③ 적용 - 제시 - 도입 - 확인
④ 도입 - 제시 - 적용 - 확인
⑤ 도입 - 확인 - 적용 - 제시

➡️해설 교육훈련의 4단계
도입(1단계) → 제시(2단계) → 적용(3단계) → 확인(4단계)

**20.** 다음 중 억압당한 욕구가 사회적·문화적으로 가치 있게 목적으로 향하여 노력함으로써 욕구를 충족하는 적응기제(Adjustment Mechanism)를 무엇이라 하는가?
① 보상
② 합리화
③ 투사
④ 승화
⑤ 동일시

➡️해설 방어적 기제(defense mechanism)
1. 보상 : 계획한 일이 성공하는 데서 오는 자존감
2. 합리화(변명) : 너무 고통스럽기 때문에 인정할 수 없는 실제상의 이유 대신에 자기 행동에 그럴듯한 이유를 붙이는 방법
3. 승화 : 억압당한 욕구가 사회적·문화적으로 가치있게 목적으로 향하여 노력함으로써 욕구를 충족하는 방법
4. 동일시 : 자기가 되고자 하는 인물을 찾아내어 동일시하여 만족을 얻은 행동

**21.** 다음 중 몇 사람의 전문가에 의하여 과제에 관한 견해를 발표한 뒤에 참가자로 하여금 의견이나 질문을 하게 하여 토의하는 방법은?
① 패널 디스커션(panel discussion)
② 케이스 스터디(case study)
③ 심포지엄(symposium)
④ 포럼(forum)
⑤ 롤 플레잉(Role Playing)

➡️해설 대집단 토의
1. 패널토의(The panel discussion) : 사회자의 진행에 의해 특정 주제에 대해 구성원 3~6명이 대립된 견해를 가지고 청중 앞에서 논쟁을 벌이는 것
2. 포럼(The forum) : 1~2명의 전문가가 10~20분 동안 공개 연설을 한 다음 사회자의 진행하에 질의응답의 과정을 통해 토론하는 형식
3. 심포지엄(The symposium) : 몇 사람의 전문가에 의하여 과제에 관한 견해를 발표한 뒤에 참가자로 하여금 의견이나 질문을 하게 하여 토의하는 방법

22. 다음 중 안전교육의 단계에 있어 교육 대상자가 스스로 행함으로써 습득하게 하는 교육은?
   ① 의식교육
   ② 기능교육
   ③ 지식교육
   ④ 태도교육
   ⑤ 프로그램교육

   ➡해설  안전교육의 종류
   1. 지식교육(1단계) : 지식의 전달과 이해
   2. 기능교육(2단계) : 실습, 시범을 통한 이해
   3. 태도교육(3단계) : 안전의 습관화(가치관 형성)
      ① 청취(들어본다.) → ② 이해, 납득(이해시킨다.) → ③ 모범(시범을 보인다.) → ④ 권장(평가한다.)

23. 다음 중 관리감독자를 대상으로 교육하는 TWI의 교육내용이 아닌 것은?
   ① 문제해결훈련
   ② 작업지도훈련
   ③ 인간관계훈련
   ④ 작업방법훈련
   ⑤ 작업개선훈련

   ➡해설  관리감독자 훈련의 종류(TWI)
   1. 작업지도기법(JI)
   2. 작업개선기법(JM)
   3. 인간관계관리기법(JR)
   4. 작업안전기법(JS)

24. OJT(on the job training)와 비교하여 Off JT(off the job training)의 장점으로 옳은 것을 모두 고른 것은?

   ㄱ. 다수의 근로자에게 조직적 훈련이 가능하다.
   ㄴ. 개개인에 적합한 지도훈련이 가능하다.
   ㄷ. 훈련에만 전념할 수 있다.
   ㄹ. 전문가를 강사로 초청할 수 있다.

   ① ㄱ, ㄴ
   ② ㄴ, ㄷ
   ③ ㄱ, ㄷ, ㄹ
   ④ ㄴ, ㄷ, ㄹ
   ⑤ ㄱ, ㄴ, ㄷ, ㄹ

22. ②  23. ①  24. ③

➡해설 O. J. T(직장 내 교육훈련)
직속상사가 직장 내에서 작업표준을 가지고 업무상의 개별교육이나 지도훈련을 하는 것(개별교육에 적합)
1. 개인 개인에게 적절한 지도훈련이 가능
2. 직장의 실정에 맞게 실제적 훈련이 가능
3. 효과가 곧 업무에 나타나며 훈련의 좋고 나쁨에 따라 개선이 쉬움

OFF J. T(직장 외 교육훈련)
계층별 직능별로 공통된 교육대상자를 현장 이외의 한 장소에 모아 집합교육을 실시하는 교육형태(집단교육에 적합)
1. 다수의 근로자에게 조직적 훈련을 행하는 것이 가능
2. 훈련에만 전념
3. 각각 전문가를 강사로 초청하는 것이 가능

25. 안전교육방법 중 학습자가 이미 설명을 듣거나 시범을 보고 알게 된 지식이나 기능을 강사의 감독 아래 직접적으로 연습하여 적용할 수 있도록 하는 교육방법은?
① 모의법
② 토의법
③ 실연법
④ 프로그램 학습법
⑤ 강의법

➡해설 모의법 : 실제 상황을 만들어 두고 학습하는 방법
토의법 : 10~20인 정도가 모여서 토의하는 방법(안전지식을 가진 사람에게 효과적)
프로그램 학습법 : 학습자가 프로그램을 통해 단독으로 학습하는 방법, 개발된 프로그램은 변경이 어렵다.

26. 교육훈련 기법에서 토의법의 종류가 아닌 것은?
① 강의법(Lecture Method)
② 문제법(Problem Method)
③ 포럼(Forum)
④ 심포지움(Symposium)
⑤ 사례연구(Case Study)

➡해설 토의법
1. 일제문답식 토의
   교수가 학습자 전원을 대상으로 문답을 통하여 전개해 나가는 방식
2. 공개식 토의
   1~2명의 발표자가 규정된 시간(5~10분) 내에 발표하고 발표내용을 중심으로 질의, 응답으로 진행

3. 원탁식 토의
   10명 내외 인원이 원탁에 둘러앉아 자유롭게 토론하는 방식
4. 워크숍(Workshop)
   학습자를 몇 개의 그룹으로 나눠 자주적으로 토론하는 전개방식
5. 버즈법(Buzz Session Discussion)
   1) 참가자가 다수인 경우에 전원을 토의에 참가시키기 위한 방법으로 소집단을 구성하여 회의를 신행시키며 일명 6-6회의라고도 힌다.
   2) 진행방법
      ① 먼저 사회자와 기록계를 선출한다.
      ② 나머지 사람은 6명씩 소집단을 구성한다.
      ③ 소집단별로 각각 사회자를 선발하여 각각 6분씩 자유토의를 행하여 의견을 종합한다.

## 27. 적응기제(Adjustment Mechanism) 중 자신의 난처한 입장이나 실패의 결정을 이유나 변명으로 일관하는 것을 무엇이라 하는가?
① 투사(projection)
② 동일화(identification)
③ 승화(sublimation)
④ 합리화(rationalization)
⑤ 모방(Imitation)

▶해설 합리화(변명)
너무 고통스럽기 때문에 인정할 수 없는 실제 상의 이유 대신에 자기 행동에 그럴듯한 이유를 붙이는 방법

## 28. 새로운 자료나 교재를 제시하고, 문제점을 피교육자로 하여금 제기하도록 하거나 의견을 여러 가지 방법으로 발표하게 하여 청중과 토론자 간 활발한 의견 개진과 합의를 도출해가는 토의방법은?
① 포럼(Forum)
② 패널 디스커션(Panel Discussion)
③ 심포지엄(Symposium)
④ 자유토의(Free Discussion)
⑤ 브레인스토밍(Brainstorming)

▶해설 토의법(대집단 토의)
1. 패널토의(Panel Discussion) : 사회자의 진행에 의해 특정 주제에 대해 구성원 3~6명이 대립된 견해를 가지고 청중 앞에서 논쟁을 벌이는 것
2. 포럼(The Forum) : 1~2명의 전문가가 10~20분 동안 공개 연설을 한 다음 사회자의 진행하에 질의응답의 과정을 통해 토론하는 형식
3. 심포지엄(The Symposium) : 몇 사람의 전문가에 의하여 과제에 관한 견해를 발표한 뒤에 참가자로 하여금 의견이나 질문을 하게 하여 토의하는 방법

27. ④  28. ①

## 제2과목 산업안전일반

**29.** 다음 중 적응기제(適應機制)에 있어 도피적 기제의 위험에 해당되지 않는 것은?
① 합리화
② 고립
③ 퇴행
④ 억압
⑤ 백일몽

➡해설 도피적 기제(escape mechanism)
욕구불만이나 압박으로부터 벗어나기 위해 현실을 벗어나 마음의 안정을 찾으려는 것(고립, 퇴행, 억압, 백일몽)

**30.** 안전·보건교육계획을 수립할 때 계획에 포함하여야 할 사항과 가장 거리가 먼 것은?
① 교육장소와 방법
② 교육의 과목 및 교육내용
③ 교육담당자 및 강사
④ 교육기자재 및 평가
⑤ 교육대상자 범위 결정

➡해설 교육준비계획에 포함되어야 할 사항
가. 교육목표 설정
나. 교육대상자 범위 결정
다. 교육과정의 결정
라. 교육방법의 결정
마. 강사, 조교 편성
바. 교육 보조자료의 선정

**31.** 다음 중 강의식 교육방법의 장점으로 볼 수 없는 것은?
① 집단으로서의 결속력, 팀워크의 기반이 생긴다.
② 타 교육에 비하여 교육시간의 조절이 용이하다.
③ 다수의 인원을 대상으로 단시간 동안 교육이 가능하다.
④ 새로운 것을 체계적으로 교육할 수 있다.
⑤ 전체적인 교육내용을 제시하는 데 유리하다.

➡해설 강의식 교육방법
안전지식을 강의식으로 전달하는 방법(초보적인 단계에서 효과적)

32. 피교육자의 능력에 따라 교육하고 급소를 강조하며, 주안점을 두어 논리적·체계적으로 반복교육을 실시하는 교육진행 단계는?
   ① 도입단계
   ② 확인단계
   ③ 적용단계
   ④ 응용단계
   ⑤ 제시단계

   ▶해설 교육법의 4단계
   1. 도입(1단계) : 학습할 준비를 시킨다. (배우고자 하는 마음가짐을 일으키는 단계)
   2. 제시(2단계) : 작업을 설명한다. (내용을 확실하게 이해시키고 납득시키는 단계)
   3. 적용(3단계) : 작업을 지휘한다. (이해시킨 내용을 활용시키거나 응용시키는 단계)
   4. 확인(4단계) : 가르친 뒤 살펴본다. (교육내용을 정확하게 이해하였는가를 테스트하는 단계)

33. 다음 중 Off Job Training에 관한 설명으로 옳은 것은?
   ① 개개인에게 적절한 지도훈련이 가능하다.
   ② 훈련에 필요한 업무의 계속성이 끊어지지 않는다.
   ③ 각 직장의 근로자가 지식이나 경험을 교류할 수 있다.
   ④ 직장의 실정에 맞게 실제적 훈련이 가능하다.
   ⑤ 효과가 곧 업무에 나타나며 훈련의 좋고 나쁨에 따라 개선이 쉽다.

   ▶해설 Off J.T(직장 외 교육훈련)
   계층별 직능별로 공통된 교육대상자를 현장 이외의 한 장소에 모아 집합교육을 실시하는 교육형태 (집단교육에 적합)

34. 다음 중 안전교육훈련 지도방법의 단계를 올바르게 나열한 것은?
   ① 도입 → 제시 → 적용 → 확인
   ② 도입 → 적용 → 제시 → 확인
   ③ 제시 → 도입 → 확인 → 적용
   ④ 제시 → 적용 → 확인 → 도입
   ⑤ 도입 → 확인 → 제시 → 적용

   ▶해설 안전교육의 진행 4단계
   1단계 : 도입(준비)     2단계 : 제시(설명)
   3단계 : 적용(응용)     4단계 : 평가(확인)

32. ⑤  33. ③  34. ①

35. 산업안전보건법령상 근로자 정기교육의 내용에 해당하지 않는 것은?
   ① 건강증진 및 질병 예방에 관한 사항
   ② 산업재해보상보험 제도에 관한 사항
   ③ 기계·장비의 주요장치에 관한 사항
   ④ 유해·위험 작업환경 관리에 관한 사항
   ⑤ 직무스트레스예방 및 관리에 관한 사항

   ➡해설 근로자 정기안전·보건교육(산업안전보건법 시행규칙 별표 5)

   | 교육내용 |
   | --- |
   | • 산업안전 및 사고 예방에 관한 사항<br>• 산업보건 및 직업병 예방에 관한 사항<br>• 건강증진 및 질병 예방에 관한 사항<br>• 유해·위험 작업환경 관리에 관한 사항<br>• 산업안전보건법령 및 산업재해보상보험법 제도에 관한 사항<br>• 직무스트레스 예방 및 관리에 관한 사항<br>• 직장 내 괴롭힘, 고객의 폭언 등으로 인한 건강장해 예방 및 관리에 관한 사항 |

36. 토의식 교육방법 중 새로운 교재를 제시하고 거기에서의 문제점을 피교육자로 하여금 제시하게 하거나 의견을 여러 가지 방법으로 발표하게 하고, 다시 깊이 파고들어서 토의하는 방법은?
   ① 포럼(Forum)
   ② 심포지엄(Symposium)
   ③ 패널 디스커션(Panel discussion)
   ④ 버즈 세션(Buzz session)
   ⑤ 롤 플레잉(Role Playing)

   ➡해설 포럼(The Forum)
   1~2명의 전문가가 10~20분 동안 공개 연설을 한 다음 사회자의 진행하에 질의응답의 과정을 통해 토론하는 형식

37. 안전교육 중 제2단계로 시행되며 같은 것을 반복해서 개인의 시행착오에 의해서만 점차 그 사람에게 형성되는 교육은?
   ① 안전기술교육
   ② 안전지식교육
   ③ 안전기능교육
   ④ 안전훈련교육
   ⑤ 문제해결교육

정답 35. ③  36. ①  37. ③

➡해설 안전교육의 3단계
1. 지식교육(1단계) : 지식의 전달과 이해
2. 기능교육(2단계) : 실습, 시범을 통한 이해
3. 태도교육(3단계) : 안전의 습관화(가치관 형성)

38. 산업안전보건법상 사업 내 안전·보건교육 중 근로자 정기안전·보건교육의 내용이 아닌 것은?
① 산업안전 및 사고예방에 관한 사항
② 산업보건 및 직업병예방에 관한 사항
③ 유해·위험 작업환경 관리에 관한 사항
④ 작업공정의 유해·위험과 재해예방대책에 관한 사항
⑤ 건강증진 및 질병예방에 관한 사항

➡해설 근로자 정기안전·보건교육

| 교육내용 |
| --- |
| • 산업안전 및 사고 예방에 관한 사항<br>• 산업보건 및 직업병 예방에 관한 사항<br>• 건강증진 및 질병 예방에 관한 사항<br>• 유해·위험 작업환경 관리에 관한 사항<br>• 산업안전보건법령 및 산업재해보상보험법 제도에 관한 사항<br>• 직무스트레스 예방 및 관리에 관한 사항<br>• 직장 내 괴롭힘, 고객의 폭언 등으로 인한 건강장해 예방 및 관리에 관한 사항 |

39. 참가자가 다수인 경우에 전원을 토의에 참가시키기 위한 방법으로 소집단을 구성하여 회의를 진행시키는 데 일명 6-6 회의라고도 하는 것은?
① Symposium
② Buzz session
③ Forum
④ Panel discussion
⑤ Role Playing

➡해설 Buzz session(버즈 세션)
1. 6-6회의라고도 한다.
2. 진행방법
 1) 먼저 사회자와 기록계를 선출한다.
 2) 나머지 사람을 6명씩 소집단으로 구분한다.
 3) 소집단별로 각각 사회자를 선발하여 6분간씩 자유토의를 행하여 의견을 종합한다.

38. ④  39. ②

40. 주로 관리감독자를 교육대상자로 하며 직무에 관한 지식, 작업을 가르치는 능력, 작업방법을 개선하는 기능 등을 교육내용으로 하는 기업 내 정형교육의 종류는?
    ① TWI(Training Within Industry)
    ② MTP(Management Training Program)
    ③ ATT(American Telephone Telegram)
    ④ ATP(Administration Training Program)
    ⑤ CCS(Civil Communication Section)

    ➡해설 관리감독자 훈련의 종류(TWI)
    1. 작업지도기법(JI)
    2. 작업개선기법(JM)
    3. 인간관계관리기법(JR)
    4. 작업안전기법(JS)

41. 파블로프(Pavlov)의 조건반사설에 의한 학습이론의 원리가 아닌 것은?
    ① 준비성의 원리  ② 일관성의 원리
    ③ 계속성의 원리  ④ 강도의 원리
    ⑤ 시간의 원리

    ➡해설 파블로프(Pavlov)의 조건반사설
    훈련을 통해 반응이나 새로운 행동에 적응할 수 있다.(종소리를 통해 개의 소화작용에 대한 실험을 실시)
    1. 계속성의 원리(The Continuity Principle) : 자극과 반응의 관계는 횟수가 거듭될수록 강화가 잘됨
    2. 일관성의 원리(The Consistency Principle) : 일관된 자극을 사용하여야 함
    3. 강도의 원리(The Intensity Principle) : 먼저 준 자극보다 같거나 강한 자극을 주어야 강화가 잘됨
    4. 시간의 원리(The Time Principle) : 조건자극이 무조건자극보다 조금 앞서거나 동시에 주어야 강화가 잘됨

42. Thorndike의 시행착오설에 의한 학습의 법칙이 아닌 것은?
    ① 연습의 법칙  ② 효과의 법칙
    ③ 통일성의 법칙  ④ 준비성의 법칙
    ⑤ 정답없음

    ➡해설 Thorndike의 시행착오설
    연습의 법칙, 효과의 법칙, 준비성의 법칙

# 안전관리 및 손실방지론

1. 하인리히의 사고방지 기본원리 5단계 중 시정방법의 선정 단계에 있어서 필요한 조치가 아닌 것은?
   ① 기술교육 및 훈련의 개선
   ② 안전행정의 개선
   ③ 안전점검 및 사고조사
   ④ 인사조정 및 감독체제의 강화
   ⑤ 안전규정 및 수칙의 개선

   ➡해설 시정방법(시정책)의 선정
   1. 기술의 개선
   2. 인사조정
   3. 교육 및 훈련 개선
   4. 안전규정 및 수칙의 개선

2. 위험예지훈련 4라운드를 순서대로 바르게 나열한 것은?

   ㄱ. 이것이 위험요점이다.
   ㄴ. 우리는 이렇게 한다.
   ㄷ. 당신이라면 어떻게 할 것인가?
   ㄹ. 어떤 위험이 잠재하고 있는가?

   ① ㄱ-ㄹ-ㄷ-ㄴ
   ② ㄷ-ㄹ-ㄱ-ㄴ
   ③ ㄹ-ㄱ-ㄷ-ㄴ
   ④ ㄹ-ㄷ-ㄱ-ㄴ
   ⑤ ㄹ-ㄷ-ㄴ-ㄱ

   ➡해설 위험예지훈련의 추진을 위한 문제해결 4단계(4라운드)
   1. 1라운드 : 현상파악(사실의 파악) - 어떤 위험이 잠재하고 있는가?
   2. 2라운드 : 본질추구(원인조사) - 이것이 위험의 포인트다.
   3. 3라운드 : 대책수립(대책을 세운다.) - 당신이라면 어떻게 하겠는가?
   4. 4라운드 : 목표설정(행동계획 작성) - 우리들은 이렇게 하자!

3. 하인리히의 재해 손실비용 산정에 있어서 1 : 4의 비율은 각각 무엇을 의미하는가?
   ① 치료비와 보상비의 비율
   ② 직접손실비와 간접손실비의 비율
   ③ 보험지급비와 비보험손실비의 비율
   ④ 급료와 손해보상의 비율
   ⑤ 인적손실비와 물적손실비의 비율

   ➡해설 하인리히의 재해 cost
   총재해 cost = 직접비 + 간접비
   직접비 : 간접비 = 1 : 4

4. 다음 중 재해예방의 4원칙에 대한 설명으로 잘못된 것은?
   ① 사고의 발생과 그 원인과의 관계는 필연적이다.
   ② 손실과 사고와의 관계는 필연적이다.
   ③ 재해를 예방하기 위한 대책은 반드시 존재한다.
   ④ 모든 인재는 예방이 가능하다.
   ⑤ 재해는 원칙적으로 원인만 제거하면 예방이 가능하다.

   ➡해설 손실과 사고와의 관계는 우연적이다. - 손실우연의 원칙

5. 화학물질 및 물리적 인자의 노출 기준에서 제시된 소음의 노출 기준(충격소음 제외)에 관한 일부 내용이다. (    )에 들어갈 내용으로 옳은 것은?

   | 1일 노출시간(hr) | 소음강도 dB(A) |
   | --- | --- |
   | 8 | ( ㄱ ) |
   | 4 | ( ㄴ ) |

   ① ㄱ : 90, ㄴ : 95
   ② ㄱ : 90, ㄴ : 100
   ③ ㄱ : 95, ㄴ : 100
   ④ ㄱ : 95, ㄴ : 105
   ⑤ ㄱ : 100, ㄴ : 100

   ➡해설 〈별표 2-1〉 소음의 노출기준(충격소음제외)

| 1일 노출시간(hr) | 소음강도 dB(A) |
|---|---|
| 8 | 90 |
| 4 | 95 |
| 2 | 100 |
| 1 | 105 |
| 1/2 | 110 |
| 1/4 | 115 |

주 : 115dB(A)를 초과하는 소음 수준에 노출되어서는 안됨

6. 다음 중 재해원인의 4M에 대한 내용이 틀린 것은?
   ① Machine : 기계설비의 고장, 결함
   ② Media : 작업정보, 작업환경
   ③ Man : 동료나 상사, 본인 이외의 사람
   ④ Management : 안전조직 미비, 교육·훈련 부족
   ⑤ Management : 작업방법, 인간관계

   ▶해설  4M 분석기법
   1. 인간(Man) : 잘못 사용, 오조작, 착오, 실수, 불안심리
   2. 기계(Machine) : 설계·제작 착오, 재료 피로·열화, 고장, 배치·공사 착오
   3. 작업매체(Media) : 작업정보 부족·부적절, 협조 미흡, 작업환경 불량
   4. 관리(Management) : 안전조직 미비, 교육·훈련 부족, 오판단, 계획 불량, 잘못된 지시

7. 산업안전보건법령상 고용노동부장관이 사업주에게 안전보건진단을 받아 안전보건개선계획을 수립하여 시행할 것을 명할 수 있는 사업장으로 옳지 않은 것은?
   ① 산업재해율이 같은 업종 평균 산업재해율의 1.5배인 사업장
   ② 사업주가 필요한 안전조치를 이행하지 아니하여 중대재해가 발생한 사업장
   ③ 직업성 질병자가 연간 2명 발생한 상시근로자 900명인 사업장
   ④ 직업성 질병자가 연간 3명 발생한 상시근로자 1,500명인 사업장
   ⑤ 작업환경 불량, 화재·폭발 또는 누출 사고 등으로 사업장 주변까지 피해가 확산된 사업장으로서 고용노동부령으로 정하는 사업장

> ➡해설 **대상사업장**
> 1. 안전보건진단을 받아 안전보건개선계획을 수립할 대상 사업장(산업안전보건법 시행령 제49조)
>    1) 산업재해율이 같은 업종 평균 산업재해율의 2배 이상인 사업장
>    2) 사업주가 필요한 안전조치 또는 보건조치를 이행하지 아니하여 중대재해가 발생한 사업장 (산안법 제49조 제1항 제2호)에 해당하는 사업장
>    3) 직업성 질병자가 연간 2명 이상(상시근로자 1천명 이상 사업장의 경우 3명 이상) 발생한 사업장
>    4) 그 밖에 작업환경 불량, 화재·폭발 또는 누출 사고 등으로 사업장 주변까지 피해가 확산된 사업장으로서 고용노동부령으로 정하는 사업장
> 2. 안전보건진단(산업안전보건법 제47조 제1항)
>    고용노동부장관이 명한 추락·붕괴, 화재·폭발, 유해하거나 위험한 물질의 누출 등 산업재해 발생의 위험이 현저히 높은 사업장

8. 버드(Bird)의 재해발생에 관한 이론 중 기본원인은 몇 단계에 해당하는가?
   ① 제1단계     ② 제2단계
   ③ 제3단계     ④ 제4단계
   ⑤ 제5단계

> ➡해설 **버드(Frank Bird)의 신 도미노이론**
> 1단계 : 통제의 부족(관리소홀) → 2단계 : 기본원인(기원) → 3단계 : 직접원인(징후) → 4단계 : 사고(접촉) → 5단계 : 상해(손해)

9. 다음 중 안전관리의 계획부터 실시·평가까지 모든 것이 생산라인을 통하여 행하는 특징을 갖는 조직은?
   ① 참모식 조직     ② 직계식 조직
   ③ 직계·참모식 조직     ④ 스태프 조직
   ⑤ 라인-스태프 조직

> ➡해설 **라인형(직계형) 조직**
> 소규모기업에 적합한 조직으로서 안전관리에 관한 계획에서부터 실시에 이르기까지 모든 안전업무가 생산라인을 통하여 직선적으로 이루어지도록 편성된 조직

10. 산업안전보건법령상 중대재해 발생 시 업무절차 및 원인조사에 관한 설명으로 옳은 것은?
   ① 사업주는 중대재해가 발생한 사실을 알게 된 경우에는 대통령령으로 정하는 바에 따라 지체 없이 한국산업안전보건공단에 보고하여야 한다.
   ② 고용노동부장관은 중대재해 발생 시 사업주가 자율적으로 안전보건개선계획 수립·시행 후 결과를 제출하면 중대재해 원인조사를 생략한다.
   ③ 누구든지 중대재해 발생 현장을 훼손하거나 고용노동부장관의 원인조사를 방해해서는 아니 된다.
   ④ 중대재해가 발생한 사업장에 대한 원인조사의 내용 및 절차, 그 밖에 필요한 사항은 대통령령으로 정한다.
   ⑤ 한국산업안전보건공단 이사장은 중대재해 발생 시 그 원인 규명 또는 산업재해 예방대책 수립을 위하여 그 발생 원인을 조사할 수 있다.

   ▶해설  산업안전보건법 제54조(중대재해 발생 시 사업주의 조치), 제56조(중대재해 원인조사 등)
   ① 사업주는 중대재해가 발생하였을 때에는 즉시 해당 작업을 중지시키고 근로자를 작업장소에서 대피시키는 등 안전 및 보건에 관하여 필요한 조치를 하여야 한다.
   ② 사업주는 중대재해가 발생한 사실을 알게 된 경우에는 고용노동부령으로 정하는 바에 따라 지체 없이 고용노동부장관에게 보고하여야 한다. 다만, 천재지변 등 부득이한 사유가 발생한 경우에는 그 사유가 소멸되면 지체 없이 보고하여야 한다.
   ② 고용노동부장관은 중대재해가 발생한 사업장의 사업주에게 안전보건개선계획의 수립·시행, 그 밖에 필요한 조치를 명할 수 있다.
   ③ 누구든지 중대재해 발생 현장을 훼손하거나 제1항에 따른 고용노동부장관의 원인조사를 방해해서는 아니 된다.
   ④ 중대재해가 발생한 사업장에 대한 원인조사의 내용 및 절차, 그 밖에 필요한 사항은 고용노동부령으로 정한다.
   ⑤ 고용노동부장관은 중대재해가 발생하였을 때에는 그 원인 규명 또는 산업재해 예방대책 수립을 위하여 그 발생 원인을 조사할 수 있다.

11. 산업안전보건법에서 규정한 안전관리자의 개임사유에 해당하지 않는 것은?
   ① 중대재해가 연간 3건 이상 발생할 때
   ② 발생한 사고로 인해 1억원 이상 경제적 손실이 있을 때
   ③ 관리자가 질병 기타 사유로 3월 이상 직무를 수행할 수 없게 될 때
   ④ 당해 사업장의 연간 재해율이 동종업종 평균재해율의 2배 이상일 때
   ⑤ 중대재해가 연간 5건 발생할 때

   ▶해설  안전관리자 등의 증원·개임명령(시행규칙 제12조 제1항)
   1. 해당 사업장의 연간재해율이 같은 업종의 평균재해율의 2배 이상인 경우
   2. 중대재해가 연간 2건 이상 발생한 경우. 다만, 해당 사업장의 전년도 사망만인율이 같은 업종의 평균 사망만인율 이하인 경우는 제외한다

3. 관리자가 질병이나 그 밖의 사유로 3개월 이상 직무를 수행할 수 없게 된 경우
4. 별표 22 제1호에 따른 화학적 인자로 인한 직업성 질병자가 연간 3명 이상 발생한 경우. 이 경우 직업성 질병자의 발생일은 「산업재해보상보험법 시행규칙」 제21조 제1항에 따른 요양급여의 결정일로 한다.

## 12. 다음 (   )에 들어갈 것으로 옳은 것은?

(   )는 330건의 사고가 발생하는 가운데 중상 또는 사망 1건, 경상 29건 무상해 사고 300건의 비율로 재해가 발생한다는 법칙을 주장하였다.

① 버드(F. Bird)
② 아담스(E. Adams)
③ 시몬즈(R. Simonds)
④ 하인리히(H. Heinrich)
⑤ 콤페스(P. Compes)

➡해설 1. 하인리히의 법칙(1 : 29 : 300)
    330회의 사고 가운데 중상 또는 사망 1회, 경상 29회, 무상해사고 300회의 비율로 사고가 발생
2. 버드의 법칙(1 : 10 : 30 : 600)
    (1) 1 : 중상 또는 폐질
    (2) 10 : 경상(인적, 물적 상해)
    (3) 30 : 무상해사고(물적 손실 발생)
    (4) 600 : 무상해, 무사고 고장(위험순간)

## 13. 다음 중 하인리히의 사고예방대책 5단계에서 각 단계별 과정이 틀린 것은?

① 1단계 : 조직
② 2단계 : 사실의 발견
③ 3단계 : 관리
④ 4단계 : 시정책의 선정
⑤ 5단계 : 시정책의 적용

➡해설 하인리히의 사고방지 원리 5단계
    (1단계) 조직 → (2단계) 사실의 발견 → (3단계) 분석 → (4단계) 시정책의 선정 → (5단계) 시정책의 적용

14. 비행기로부터 30m 떨어진 곳에서의 음압이 140dB이라면, 300m 떨어진 곳에서의 음압은 몇 dB인가? (단, 조건은 동일하다.)
   ① 90
   ② 100
   ③ 110
   ④ 120
   ⑤ 130

   ➡️해설 $dB_2 = dB_1 - 20\log\left(\dfrac{d_2}{d_1}\right) = 140 - 20\log\left(\dfrac{300}{30}\right) = 120\,(\text{dB})$

15. 다음 중 버드(Frank Bird)의 도미노이론에서 재해발생의 근원적 원인에 해당하는 것은?
   ① 상해발생
   ② 징후발생
   ③ 접촉발생
   ④ 관리소홀
   ⑤ 손해발생

   ➡️해설 버드(Frank Bird)의 신 도미노이론
   1단계 : 통제의 부족(관리소홀), 관리의 전문기능 결함
   2단계 : 기본원인(기원), 개인적 또는 과업과 관련된 요인
   3단계 : 직접원인(징후), 불안전한 행동 및 불안전한 상태
   4단계 : 사고(접촉)
   5단계 : 상해(손해)

16. 안전관리 조직에 관한 내용으로 옳지 않은 것은?
   ① 라인스태프형은 명령계통과 조언·권고적 참여가 혼돈되기 쉬운 단점이 있다.
   ② 라인형은 1,000명 이상의 대규모사업장에 주로 활용된다.
   ③ 라인형은 안전에 대한 지시 및 전달이 비교적 신속하다.
   ④ 스태프형은 권한 다툼이나 조정 때문에 라인형보다 통제수속이 복잡하며 시간 과노력이 더 소모된다.
   ⑤ 안전관리 조직 형태는 라인형(Line type), 스태프형(Staff type), 라인스태프형(Line-Stafftype)으로 구분할 수 있다.

   ➡️해설 1. 라인형 조직
      규모 : 소규모(100명) 이하
   2. 스태프(STAFF)형 조직
      규모 : 중규모(100~500명 이하)
   3. 라인·스태프 형 조직(직계참모조직)
      규모 : 대규모(1,000명) 이상

14. ④  15. ④  16. ②

17. 산업안전보건법상 안전관리자의 직무에 해당하는 것은?
① 작업성 질환 발생의 원인조사 및 대책수립
② 당해 사업장 안전교육계획의 수립 및 실시
③ 근로자의 건강장해의 원인조사와 재발방지를 위한 의학적 조치
④ 당해 작업에서 발생한 산업재해에 관한 보고 및 이에 대한 응급조치
⑤ 작업환경의 측정 등 작업환경의 점검 및 개선

➡해설 안전관리자의 직무 등(산업안전보건법 시행령 제18조 제1항)
① 산업안전보건위원회 또는 안전·보건에 관한 노사협의체에서 심의·의결한 직무와 해당 사업장의 안전보건관리규정 및 취업규칙에서 정한 직무
② 위험성평가에 관한 보좌 및 지도·조언
③ 안전인증대상기계등과 자율안전확인대상기계등 구입 시 적격품의 선정에 관한 보좌 및 지도·조언
④ 해당 사업장 안전교육계획의 수립 및 안전교육 실시에 관한 보좌 및 지도·조언
⑤ 사업장 순회점검, 지도 및 조치 건의
⑥ 산업재해발생의 원인조사·분석 및 재발 방지를 위한 기술적 지도·조언
⑦ 산업재해에 관한 통계의 유지·관리·분석을 위한 지도·조언
⑧ 법 또는 법에 따른 명령이나 정한 안전에 관한 사항의 이행에 관한 보좌 및 지도·조언
⑨ 업무수행 내용의 기록·유지
⑩ 그 밖에 안전에 관한 사항으로서 고용노동부장관이 정하는 사항

18. 어느 사업장에서 당해연도에 총 660명의 재해자가 발생하였다. 하인리히(Heinrich)의 재해구성비율에 의하면 경상의 재해자는 몇 명으로 추정되겠는가?
① 58명
② 64명
③ 600명
④ 631명
⑤ 660명

➡해설 1. 하인리히의 재해구성비율
사망 및 중상 : 경상 : 무상해사고 = 1 : 29 : 300
2. 경상 $= 29 \times \dfrac{660}{330} = 58$명

19. 예방보전에 해당하지 않는 것은?
① 기회보전
② 고장보전
③ 수명기반보전
④ 시간기반보전
⑤ 상태기반보전

▶해설 보전의 종류
1. 예방보전(Preventive Maintenance)
설비를 항상 정상, 양호한 상태로 유지하기 위해 정기적인 검사와 초기의 단계에서 성능의 저하나 고장을 제거하거나 조정 또는 수복하기 위한 설비의 보수활동을 의미
1) 시간계획보전 : 예정된 시간계획에 의한 보전
2) 상태감시보전 : 설비의 이상상태를 미리 검출하여 설비의 상태에 따라 보전
3) 수명보전(Age-based Maintenance) : 부품 등이 예정된 동작시간(수명)에 달하였을 때 행하는 보전
2. 사후보전(Breakdown Maintenance)
고장이 발생한 이후에 시스템을 원래 상태로 되돌리는 것

20. 다음 중 리스크(Risk)에 대하여 바르게 나타낸 식은?
① 피해의 크기×발생확률
② 노동손실일수×총 노동시간
③ 발생확률×총 노동시간
④ 피해의 크기×재해발생건수
⑤ 피해의 크기×노동시간

▶해설 위험률(Risk) = 피해의 크기×발생확률 = 사고의 크기×사고의 빈도

21. 버드(Bird)의 재해발생에 관한 연쇄이론 중 직접적인 원인은 제 몇 단계에 해당하는가?
① 1단계
② 2단계
③ 3단계
④ 4단계
⑤ 5단계

▶해설 버드(Frank Bird)의 신 도미노이론
1단계 : 통제의 부족(관리소홀) → 2단계 : 기본원인(기원) → 3단계 : 직접원인(징후) → 4단계 : 사고(접촉) → 5단계 : 상해(손해)

## 제2과목 산업안전일반

**22.** 산업재해의 기본원인 4M 중 "작업정보"가 해당되는 것은?
① Man
② Media
③ Machine
④ Management
⑤ Mechanic

➡해설 작업매체(Media)
작업정보 부족·부적절, 협조 미흡

**23.** 산업재해 연구에 관한 내용으로 옳은 것을 모두 고른 것은?

ㄱ. 시몬즈(Simonds)는 평균치법을 적용해 재해손실비용을 산출하였다.
ㄴ. 하인리히(Heinrich)는 재해손실비용의 직접비와 간접비 비율을 약 1:4로 제시하였다.
ㄷ. 버드(Bird)는 1건의 중상이 발생할 때 10건의 경상, 300건의 아차 사고가 발생한다고 하였다.

① ㄱ
② ㄷ
③ ㄱ, ㄴ
④ ㄴ, ㄷ
⑤ ㄱ, ㄴ, ㄷ

➡해설
1. 하인리히 방식
   총 재해코스트=직접비+간접비
2. 시몬즈 방식
   총 재해비용=산재보험비용+비보험비용
   여기서, 비보험비용=휴업상해건수×A+통원상해건수×B+응급조치건수×C+무상해사고건수×D
   A, B, C, D는 장해정도별에 의한 비보험비용의 평균치
3. 버드 방식
   총 재해비용=보험비(1)+비보험비(5~50)+비보험 기타 비용(1~3)
   (1) 보험비 : 의료, 보상금
   (2) 비보험 재산비용 : 건물손실, 기구 및 장비손실, 조업중단 및 지연
   (3) 비보험 기타비용 : 조사시간, 교육 등

24. 하인리히(Heinrich)의 재해구성비율에서 58건의 경상이 발생했을 때 무상해사고는 몇 건이 발생하겠는가?
   ① 58건　　　　　　　　　② 116건
   ③ 600건　　　　　　　　　④ 900건
   ⑤ 1200건

   ▶해설　하인리히의 재해구성비율
   　　　　사망 및 중상 : 경상 : 무상해사고 = 1 : 29 : 300
   　　　　29 : 58 = 300 : X　　X = 600

25. 다음 중 "Near Accident"에 대한 내용으로 가장 적절한 것은?
   ① 사고가 일어난 인접지역
   ② 사망사고가 발생한 중대재해
   ③ 사고가 일어난 지점에 계속 사고가 발생하는 지역
   ④ 사고가 일어나더라도 손실을 전혀 수반하지 않는 재해
   ⑤ 사망사고가 일어난 인접지역

   ▶해설　아차사고(Near miss, Near accident)
   　　　　무인명상해(인적 피해)·무재산손실(물적 피해) 사고

26. 버드(Bird)의 재해구성비율에 따를 경우 40명의 경상재해자가 발생하였을 경우 중상의 재해자는 몇 명 정도가 발생하겠는가?
   ① 1명　　　　　　　　　② 2명
   ③ 4명　　　　　　　　　④ 10명
   ⑤ 11명

   ▶해설　버드의 재해 구성비율
   　　　　중상 또는 폐질 1, 경상(물적 또는 인적상해) 10, 무상해사고(물적 손실) 30, 무상해무사고 고장(위험순간) 600의 비율로 사고가 발생한다.

27. 다음 중 재해의 원인을 설명한 4M의 내용이 잘못 연결된 것은?
　① Man : 동료, 상사
　② Machine : 설비의 고장, 결함
　③ Media : 작업정보, 작업환경
　④ Management : 작업방법, 인간관계
　⑤ 정답 없음

➡해설 **4M 분석기법**
　1. 인간(Man) : 잘못 사용, 오조작, 착오, 실수, 불안심리
　2. 기계(Machine) : 설계·제작 착오, 재료 피로·열화, 고장, 배치·공사 착오
　3. 작업매체(Media) : 작업정보 부족·부적절, 협조 미흡, 작업환경 불량, 불안전한 접촉
　4. 관리(Management) : 안전조직 미비, 교육·훈련 부족, 오판단, 계획 불량, 잘못된 지시

28. 공기 중 연소(폭발)범위가 가장 넓은 것은?
　① 수소　　　　　　　　　② 암모니아
　③ 프로판　　　　　　　　④ 에탄
　⑤ 메탄

➡해설 1. 연소범위
　　가연성 가스나 인화성 액체의 증기에 대한 연소범위는 밀폐식 측정장치에서 가스나 증기와 공기의 혼합기체를 실험장치에 주입하여 점화시키면서 폭발압력을 측정하는데, 가스나 증기의 농도를 변화시키면서 연소범위를 결정한다.
　2. 주요 가스 연소범위

| 가스 | 하한계 | 상한계 | 위험도 | 가스 | 하한계 | 상한계 | 위험도 |
|---|---|---|---|---|---|---|---|
| 이황화탄소 | 1.2 | 44.0 | 35.67 | 프로필렌 | 2.4 | 11.0 | 3.58 |
| 아세틸렌 | 2.5 | 81.0 | 31.40 | 프로판 | 2.1 | 9.5 | 3.52 |
| 수소 | 4.0 | 75.0 | 17.75 | 에틸알코올 | 4.3 | 19.0 | 3.42 |
| 에틸렌 | 2.7 | 36.0 | 12.33 | 아세톤 | 3.0 | 13.0 | 3.33 |
| 황화수소 | 4.3 | 45.0 | 9.47 | 에탄 | 3.0 | 12.4 | 3.13 |
| 일산화탄소 | 12.5 | 74.0 | 4.92 | 메탄 | 5.0 | 15.0 | 2.00 |
| 메틸알코올 | 7.3 | 36.0 | 3.93 | 암모니아 | 15.0 | 28.0 | 0.87 |
| 부탄 | 1.8 | 8.4 | 3.67 | | | | |

29. 다음 중 산업안전보건법상 중대재해(Major Accident)에 해당되지 않는 것은?
① 3개월 이상의 요양을 요하는 부상자가 동시에 2명 이상 발생한 재해
② 직업성 질병자가 동시에 5명 이상 발생한 재해
③ 부상자가 동시에 10명 이상 발생한 재해
④ 사망자가 1명 이상 발생한 재해
⑤ 3개월 이상의 요양을 요하는 부상자가 동시에 5명 이상 발생한 재해

**해설** 중대재해
(1) 사망자가 1명 이상 발생한 재해
(2) 3개월 이상의 요양을 요하는 부상자가 동시에 2명 이상 발생한 재해
(3) 부상자 또는 직업성 질병자가 동시에 10명 이상 발생한 재해


30. 안전보건조정자의 업무로 옳은 것을 모두 고른 것은?

ㄱ. 같은 장소에서 이루어지는 각각의 공사 간에 혼재된 작업의 파악
ㄴ. 혼재된 작업으로 인한 산업재해 발생의 위험성 파악
ㄷ. 혼재된 작업의 능률 개선을 위한 작업의 시기·내용 조정
ㄹ. 각각의 공사 도급인의 안전관리자 간 교육내용 공유 확인

① ㄱ, ㄴ  ② ㄱ, ㄷ
③ ㄴ, ㄷ  ④ ㄴ, ㄹ
⑤ ㄷ, ㄹ

**해설** 산업안전보건법 제68조(안전보건조정자) ① 2개 이상의 건설공사를 도급한 건설공사발주자는 그 2개 이상의 건설공사가 같은 장소에서 행해지는 경우에 작업의 혼재로 인하여 발생할 수 있는 산업재해를 예방하기 위하여 건설공사 현장에 안전보건조정자를 두어야 한다.

**산업안전보건법 시행규칙 제57조**(안전보건조정자의 업무) ① 안건보건조정자의 업무는 다음 각 호와 같다.
 1. 법 제68조 제1항에 따라 같은 장소에서 이루어지는 각각의 공사 간에 혼재된 작업의 파악
 2. 제1호에 따른 혼재된 작업으로 인한 산업재해 발생의 위험성 파악
 3. 제1호에 따른 혼재된 작업으로 인한 산업재해를 예방하기 위한 작업의 시기·내용 및 안전보건 조치 등의 조정
 4. 각각의 공사 도급인의 안전보건관리책임자 간 작업 내용에 관한 정보 공유 여부의 확인
② 안전보건조정자는 제1항의 업무를 수행하기 위하여 필요한 경우 해당 공사의 도급인과 관계수급인에게 자료의 제출을 요구할 수 있다.

31. 하인리히의 사고예방대책 기본원리 5단계에서 제1단계에서 실시하는 내용과 가장 거리가 먼 것은?
    ① 안전관리규정의 작성
    ② 문제점의 발견
    ③ 책임과 권한의 부여
    ④ 안전관리조직의 편성
    ⑤ 경영층의 안전목표 설정

    ➡ 해설 사고예방원리(하인리히) 1단계 : 조직
    ① 경영층의 안전목표 설정
    ② 안전관리 조직(안전관리자 선임 등)
    ③ 안전활동 및 계획수립

32. 리스크 관리의 용어 정의에 관한 지침에서 "가능성과 결과에 대한 범위를 구분하여 리스크 등급을 표시하고, 리스크 우선순위를 정하기 위한 도구"로 정의되는 용어는?
    ① 리스크 통합(Risk aggregation)
    ② 리스크 프로파일(Risk profile)
    ③ 리스크 수준 판정(Risk evaluation)
    ④ 리스크 기준(Risk criteria)
    ⑤ 리스크 매트릭스(Risk matrix)

    ➡ 해설 ① 리스크 통합(Risk aggregation) : 전체 리스크 수준을 이해하기 위해 다수의 리스크를 하나의 리스크로 통합시키는 것
    ② 리스크 프로파일(Risk profile) : 조직 또는 단체에서 관리 대상이 되는 리스크의 우선순위 및 그에 관한 설명
    ③ 리스크 수준 판정(Risk evaluation) : 리스크 또는 리스크 경감이 수용할만한 수준인지 결정하기 위하여 주어진 리스크 기준과 리스크 분석의 결과를 비교하는 과정, 리스크 수준 판정은 리스크 처리 결정을 위해 보조적으로 활용
    ④ 리스크 기준(Risk criteria) : 리스크의 유의성(Significance)을 판단하기 위한 기준 항목

33. 다음 중 안전관리조직의 종류와 설명이 올바르게 연결된 것은?
    ① Line형 : 명령과 보고관계가 간단, 명료하다.
    ② Line형 : 경영자의 조언과 자문역할을 하는 부서가 있다.
    ③ Staff형 : 명령계통과 조언 권고적 참여가 혼동되기 쉽다.
    ④ Line & Staff형 : 생산부분은 안전에 대한 책임과 권한이 없다.
    ⑤ Staff형 : 안전대책의 실시가 신속하다.

> **해설** 라인(LINE)형 조직
> 소규모 기업에 적합한 조직으로서 안전관리에 관한 계획에서부터 실시에 이르기까지 모든 안전업무를 생산라인을 통하여 직선적으로 이루어지도록 편성된 조직(소규모, 100명 이하)

34. 보호구 안전인증 고시에서 정하고 있는 추락 및 감전 위험방지용 안전모의 성능기준에 관한 내용 중 안전모의 시험성능기준 항목이 아닌 것은?
   ① 내관통성
   ② 충격흡수성
   ③ 내약품성
   ④ 턱끈풀림
   ⑤ 내수성

> **해설** 성능시험방법
> ① 내관통성시험  ② 충격흡수성시험
> ③ 내전압성시험  ④ 내수성시험
> ⑤ 난연성시험    ⑥ 턱끈풀림

35. 작업자가 보행 중 바닥에 미끄러지면서 상자에 머리를 부딪쳐 머리에 상해를 입었다면 이때 기인물에 해당하는 것은?
   ① 넘어짐
   ② 상자
   ③ 전도
   ④ 머리
   ⑤ 바닥

> **해설** 바닥에서 미끄러져 넘어졌으므로 기인물은 바닥이 되고 가해물은 상자가 된다.

36. 재해조사방법에 관한 설명으로 옳지 않은 것은?
   ① 피해자에 대한 조사자의 기본적 태도는 동정적이고 피해자의 입장을 이해해야 한다.
   ② 목격자 등이 증언하는 사실 이외의 추측성 말은 참고로만 한다.
   ③ 사고의 재발방지보다 책임소재파악을 우선하는 기본적 태도를 갖는다.
   ④ 재해조사는 재해발생 직후 현장을 보존하며 신속하게 수행한다.
   ⑤ 피해자에 대한 구급조치를 우선한다.

➡ 해설  **재해조사방법**
1. 사실을 수집한다.
2. 객관적인 입장에서 공정하게 조사하며 조사는 2인 이상이 한다.
3. 책임추궁보다는 재발방지를 우선으로 한다.
4. 조사는 신속하게 행하고 긴급 조치하여 2차 재해의 방지를 도모한다.
5. 피해자에 대한 구급조치를 우선한다.
6. 사람, 기계·설비 등의 재해요인을 모두 도출한다.

37. 다음 중 재해사례연구의 순서를 올바르게 나열한 것은?
① 재해상황 파악 → 문제점 발견 → 사실 확인 → 근본 문제점 결정 → 대책 수립
② 문제점 발견 → 재해상황 파악 → 사실 확인 → 근본 문제점 결정 → 대책 수립
③ 재해상황 파악 → 사실 확인 → 문제점 발견 → 근본 문제점 결정 → 대책 수립
④ 문제점 발견 → 재해상황 파악 → 대책 수립 → 근본 문제점 결정 → 사실 확인
⑤ 재해상황 파악 → 문제점 발견 → 대책 수립 → 근본 문제점 결정 → 사실 확인

➡ 해설  **재해사례연구 단계**
재해상황의 파악 → 사실확인(1단계) → 문제점 발견(2단계) → 근본문제점 결정(3단계)
→ 대책수립(4단계)

38. 다음 FT도에서 시스템에 고장이 발생할 확률은 약 얼마인가? (단, $X_1$과 $X_2$의 발생확률은 각각 0.05, 0.03이다.)

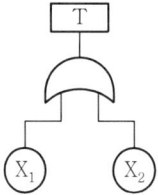

① 0.0015
② 0.0785
③ 0.9215
④ 0.9530
⑤ 0.9985

➡ 해설  고장발생 확률 $= 1 - (1-X_1)(1-X_2) = 1 - (1-0.05)(1-0.03) = 0.0785$

39. 다음 [그림]과 같은 안전관리 조직의 특징으로 잘못된 것은?

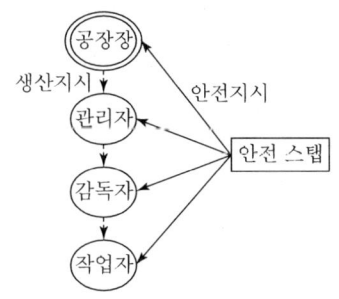

① 1,000명 이상의 대규모사업장에 적합하다.
② 생산부분은 안전에 대한 책임과 권한이 없다.
③ 사업장의 특수성에 적합한 기술연구를 전문적으로 할 수 있다.
④ 권한다툼이나 조정 때문에 통제수속이 복잡해지며 시간과 노력이 소모된다.
⑤ 경영자에게 조언과 자문역할을 할 수 있다.

**해설** 스텝조직
중소규모사업장에 적합한 조직으로서 안전업무를 관장하는 참모(STAFF)를 두고 안전관리에 관한 계획 조정·조사·검토·보고 등의 업무와 현장에 대한 기술지원을 담당하도록 편성된 조직

40. 하인리히의 재해발생 이론은 다음과 같이 표현할 수 있다. 이때 α가 의미하는 것으로 가장 적절한 것은?

> 재해의 발생 = 물적불안전상태 + 인전불안전행동 + α
> = 설비적결함 + 관리적결함 + α

① 노출된 위험의 상태　　　② 재해의 직접원인
③ 재해의 간접원인　　　　④ 잠재된 위험의 상태
⑤ 유전적 요인

**해설** 하인리히의 도미노 이론에 의하면 α는 잠재된 위험의 상태를 의미하는 것이라 볼 수 있다.

41. 다음 중 Line형 안전관리 조직의 특징으로 옳은 것은?
    ① 경영자의 자문역할을 한다.
    ② 안전에 관한 기술의 축적이 용이하다.
    ③ 안전에 관한 지시나 조치가 신속하고, 철저하다.
    ④ 안전에 관한 응급조치, 통제수단이 복잡하다.
    ⑤ 명령계통과 조언의 권고적 참여가 혼동되기 쉽다.

    ➡해설 line(직계)형 조직은 안전에 관한 지시나 조치가 신속하고, 철저하며 100명 미만의 소규모 기업에 적합하다.

42. 작업현장에서 그때 그 장소의 상황에 즉시 즉응하여 실시하는 위험예지활동을 무엇이라고 하는가?
    ① 시나리오 역할연기훈련          ② 자문자답 위험예지훈련
    ③ TBM 위험예지훈련              ④ 1인 위험예지훈련
    ⑤ 브레인스토밍

    ➡해설 TBM(Tool Box Meeting)
    개업개시 전, 종료 후 같은 작업원 5~6명이 리더를 중심으로 둘러앉아(또는 서서) 3~5분에 걸쳐 작업 중 발생할 수 있는 위험을 예측하고 사전에 점검하여 대책을 수립하는 등 단시간 내에 의논하는 문제해결 기법

43. 다음 중 재해예방 4원칙에 관한 설명으로 틀린 것은?
    ① 재해의 발생에는 반드시 원인이 존재한다.
    ② 재해의 발생과 손실의 발생은 우연적이다.
    ③ 재해예방을 위한 가능한 안전대책은 반드시 존재한다.
    ④ 재해는 원칙적으로 원인만 제거하면 예방이 가능하다.
    ⑤ 재해는 원인 제거가 불가능하므로 예방만이 최우선이다.

    ➡해설 예방가능의 원칙
    재해는 원칙적으로 원인만 제거하면 예방이 가능

44. 하인리히(Heinrich)의 도미노(Domino)이론에서 사고의 직접원인이 아닌 것은?
   ① 불안전한 자세 및 위치
   ② 권한 없이 행한 조작
   ③ 당황, 놀람, 잡담, 장난
   ④ 부적절한 태도
   ⑤ 불량한 정리정돈

   ▶해설 불안전한 태도는 불안전한 행동 및 불안전한 상태에 해당하지 않는다.
   버드(Frank Bird)의 신 도미노이론
   1단계 : 통제의 부족(관리소홀), 재해발생의 근원적 요인
   2단계 : 기본원인(기원), 개인적 또는 과업과 관련된 요인
   3단계 : 직접원인(징후), 불안전한 행동 및 불안전한 상태
   4단계 : 사고(접촉)
   5단계 : 상해(손해)

45. 다음 중 하인리히의 재해손실비 계산에 있어 간접손실비 항목에 속하지 않는 것은?
   ① 부상자의 시간 손실
   ② 기계, 공구, 재료 그 밖의 재산 손실
   ③ 근로자의 제3자에게 신체적 상해를 입혔을 때의 손실
   ④ 관리감독자가 재해의 원인조사를 하는 데 따른 시간 손실
   ⑤ 생산감소, 생산중단, 판매감소 등에 의한 손실

   ▶해설 근로자의 제3자에게 신체적 상해를 입혔을 때의 손실은 직접손실비이다.

46. A 사업장에서 58건의 경상해가 발생하였다면 하인리히의 재해구성비율을 적용할 때 이 사업장의 재해구성비율을 올바르게 나열한 것은?
   ① 2 : 58 : 600
   ② 3 : 58 : 660
   ③ 6 : 58 : 330
   ④ 10 : 58 : 600
   ⑤ 1 : 58 : 600

   ▶해설 하인리히의 재해구성비율
   사망 및 중상 : 경상 : 무상해사고=1 : 29 : 300이므로 2배씩 곱하면 2 : 58 : 600이 된다.

## 제2과목 산업안전일반

**47.** 안전 조직 중 직계-참모(Line & Staff)형 조직에 관한 설명으로 옳은 것은?
① 안전스텝은 안전에 관한 기획·입안·조사·검토 및 연구를 행한다.
② 500인 미만의 중규모 사업장에 적합하다.
③ 명령과 보고가 상하관계뿐이므로 간단명료하다.
④ 생산부문은 안전에 대한 책임과 권한이 없다.
⑤ 권한다툼이나 조정 때문에 시간과 노력이 소모된다.

➡ 해설  라인·스태프(LINE-STAFF)형 조직(직계참모조직)
대규모사업장에 적합한 조직으로서 라인형과 스태프형의 장점만을 채택한 형태이며 안전업무를 전담하는 스태프를 두고 생산라인의 각 계층에서도 각 부서장으로 하여금 안전업무를 수행케 하여 스태프에서 안전에 관한 사항이 결정되면 라인을 통하여 실천하도록 편성된 조직

**48.** 산업안전보건법에 따라 안전관리자를 정수 이상으로 출원하거나 교체하여 임명할 것을 명할 수 있는 경우가 아닌 것은?
① 중대재해가 연간 5건 발생할 경우
② 안전관리자가 질병으로 인하여 3개월 동안 직무를 수행할 수 없게 된 경우
③ 안전관리자가 질병 외의 사유로 인하여 6개월 동안 직무를 수행할 수 없게 된 경우
④ 해당 사업장의 연간재해율이 전체 평균재해율 이상인 경우
⑤ 중대재해가 연간 3건 이상 발생한 경우

➡ 해설  안전관리자 등의 증원·개임명령(시행규칙 제12조 제1항)
1. 해당 사업장의 연간재해율이 같은 업종의 평균재해율의 2배 이상인 경우
2. 중대재해가 연간 2건 이상 발생한 경우. 다만, 해당 사업장의 전년도 사망만인율이 같은 업종의 평균 사망만인율 이하인 경우는 제외한다
3. 관리자가 질병이나 그 밖의 사유로 3개월 이상 직무를 수행할 수 없게 된 경우
4. 별표 22 제1호에 따른 화학적 인자로 인한 직업성 질병자가 연간 3명 이상 발생한 경우. 이 경우 직업성 질병자의 발생일은 「산업재해보상보험법 시행규칙」 제21조제1항에 따른 요양급여의 결정일로 한다

49. 다음 중 산업안전보건법상 "중대재해"에 속하지 않는 것은?
① 1명의 사망자가 발생한 재해
② 1개월의 요양을 요하는 부상자가 5명 발생한 재해
③ 3개월의 요양을 요하는 부상자가 동시에 3명 발생한 재해
④ 10명의 직업성 질병자가 동시에 발생한 재해
⑤ 10명의 부상자가 동시에 발생한 재해

▶해설 중대재해
(1) 사망자가 1명 이상 발생한 재해
(2) 3개월 이상의 요양을 요하는 부상자가 동시에 2명 이상 발생한 재해
(3) 부상자 또는 직업성 질병자가 동시에 10명 이상 발생한 재해


50. 브레인스토밍 기법에 관한 내용으로 옳은 것을 모두 고른 것은?

ㄱ. 타인의 아이디어를 비판하지 않을 것
ㄴ. 자유로운 분위기를 조성할 것
ㄷ. 타인의 아이디어에 내 아이디어를 덧붙여 아이디어를 제시하는 것은 금지할 것
ㄹ. 다수의 아이디어를 낼 수 있도록 할 것

① ㄱ, ㄴ
② ㄴ, ㄷ
③ ㄱ, ㄴ, ㄹ
④ ㄱ, ㄷ, ㄹ
⑤ ㄱ, ㄴ, ㄷ, ㄹ

▶해설 브레인스토밍(Brain Storming)
소집단 활동의 하나로서 수명의 멤버가 마음을 터놓고 편안한 분위기 속에서 공상, 연상의 연쇄반응을 일으키면서 자유분방하게 아이디어를 대량으로 발언하여 나가는 발상법(오스본에 의해 창안)
1. 비판금지 : "좋다, 나쁘다" 등의 비평을 하지 않는다.
2. 자유분방 : 자유로운 분위기에서 발표한다.
3. 대량발언 : 무엇이든지 좋으니 많이 발언한다.
4. 수정발언 : 자유자재로 변하는 아이디어를 개발한다.(타인 의견의 수정발언)

**51.** 다음 중 재해발생에 관련된 하인리히의 도미노 이론을 올바르게 나열한 것은?
① 개인적 결함→사회적 환경 및 유전적 요소→불안전한 행동 및 불안전한 상태→사고→재해
② 개인적 결함→불안전한 행동 및 불안전한 생태→사회적 환경 및 유전적 요소→사고→재해
③ 사회적 환경 및 유전적 요소→불안전한 행동 및 불안전한 생태→개인적 결함→재해→사고
④ 개인적 결함→사회적 환경 및 유전적 요소→불안전한 행동 및 불안전한 상태→재해→사고
⑤ 사회적 환경 및 유전적 요소→개인적 결함→불안전한 행동 및 불안전한 생태→사고→재해

>해설 하인리히(H. W. Heinrich)의 도미노 이론(사고발생의 연쇄성)
1단계 : 사회적 환경 및 유전적 요소(기초원인)
2단계 : 개인의 결함(간접원인)
3단계 : 불안전한 행동 및 불안전한 상태(직접원인) ⇒ 제거(효과적임)
4단계 : 사고
5단계 : 재해

**52.** 그림은 산업안전표시의 기본 모형을 나타낸 것이다. 어느 표지에 사용하는 것인가? (단, L은 안전, 보건표지를 인식할 수 있거나 인식하여야 할 안전거리를 말한다.)

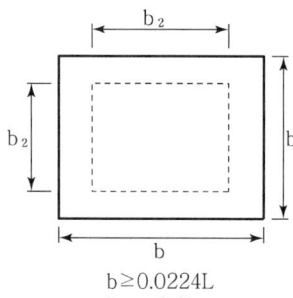

$b \geq 0.0224L$
$b_2 = 0.8b$

① 지시
② 금지
③ 경고
④ 안내
⑤ 주의

>해설

| | 기본모형 | 규격비율 | 표시사항 |
|---|---|---|---|
| 4-1 | | $b \geq 0.0224L$<br>$b_2 = 0.8b$ | 안내 |
| 4-2 | | $h < \ell$<br>$h_2 = 0.8h$<br>$\ell \times h \geq 0.0005L^2$<br>$h - h_2 = \ell - \ell_2 = 2e_2$<br>$\ell/h = 1, 4, 2, 4, 8$<br>(4종류) | |

정답 51. ⑤  52. ④

53. 산업안전보건법령상 안전보건표지의 색도기준 및 용도에 관한 내용으로 옳지 않은 것은? (단, 색도기준은 한국산업규격(KS)에 따른 색의 3속성에 의한 표시방법(KSA 0062 기술표준원 고시 제2008-0759)에 따른다.)

① 7.5R 4/14 : 정지신호, 소화설비 및 그 장소, 유해행위의 금지
② N9.5 : 화학물질 취급장소에서의 유해·위험 경고
③ 5Y 8.5/12 : 화학물질 취급장소에서의 유해·위험경고 이외의 위험경고, 주의표지 또는 기계방호물
④ 2.5PB 4/10 : 특정 행위의 지시 및 사실의 고지
⑤ 2.5G 4/10 : 비상구 및 피난소, 사람 또는 차량의 통행표지

**해설** 안전·보건표지의 색채, 색도기준 및 용도(산업안전보건법 시행규칙 별표 8)

| 색채 | 색도기준 | 용도 | 사용 예 |
|---|---|---|---|
| 빨간색 | 7.5R 4/14 | 금지 | 정지신호, 소화설비 및 그 장소, 유해행위의 금지 |
| | | 경고 | 화학물질 취급장소에서의 유해·위험 경고 |
| 노란색 | 5Y 8.5/12 | 경고 | 화학물질 취급장소에서의 유해·위험 경고, 그 밖의 위험 경고, 주의표지 또는 기계방호물 |
| 파란색 | 2.5PB 4/10 | 지시 | 특정 행위의 지시 및 사실의 고지 |
| 녹색 | 2.5G 4/10 | 안내 | 비상구 및 피난소, 사람 또는 차량의 통행표지 |
| 흰색 | N9.5 | | 파란색 또는 녹색에 대한 보조색 |
| 검은색 | N0.5 | | 문자 및 빨간색 또는 노란색에 대한 보조색 |

54. 보호구검정규정에서 정하는 전면형 방진마스크의 항목별 성능기준에서 유효시야는 몇 % 이상이어야 하는가?

① 60   ② 65
③ 70   ④ 75
⑤ 80

**해설** 방진마스크의 시야

| 종류 | 부품 | 기준(%) | |
|---|---|---|---|
| | | 유효시야 | 겹침시야 |
| 전면형 | 1안식 | 70 이상 | 80 이상 |
| | 2안식 | 70 이상 | 20 이상 |

53. ②    54. ③

## 55. 다음 중 안전모의 성능기준항목이 아닌 것은?
① 내관통성
② 충격흡수성
③ 내열성
④ 내수성
⑤ 내전압성

➡해설 안전모의 성능시험 항목
① 내관통성시험  ② 충격흡수성시험
③ 내전압성시험  ④ 내수성시험
⑤ 난연성시험    ⑥ 턱끈풀림

## 56. 산업안전보건법령상 산업안전보건위원회를 구성할 수 있는 사용자 위원 중 상시근로자 50명 이상 100명 미만을 사용하는 사업장에서는 제외할 수 있는 사람은?
① 해당 사업의 대표자(같은 사업으로서 다른 지역에 사업장이 있는 경우에는 그 사업장의 안전보건관리책임자를 말한다. 이하 같다)
② 안전관리자(제16조 제1항에 따라 안전관리자를 두어야 하는 사업장으로 한정하되, 안전관리자의 업무를 안전관리전문기관에 위탁한 사업장의 경우에는 그 안전관리전문기관의 해당사업장담당자를 말한다) 1명
③ 보건관리자(제20조 제1항에 따라 보건관리자를 두어야 하는 사업장으로 한정하되, 보건관리자의 업무를 보건관리전문기관에 위탁한 사업장의 경우에는 그 보건관리 전문기관의 해당 사업장 담당자를 말한다) 1명
④ 산업보건의(해당 사업장에 선임되어 있는 경우로 한정한다)
⑤ 해당 사업의 대표자가 지명하는 9명 이내의 해당 사업장 부서의 장

➡해설 산업안전보건위원회 구성(사용자 위원)
1. 해당 사업의 대표자
2. 안전관리자
3. 보건관리자
4. 산업보건의
5. 해당 사업의 대표자가 지명하는 9명 이내의 해당 사업장 부서의 장
   (다만, 상시근로자 50명 이상 100명 미만을 사용하는 사업장에서는 해당 사업의 대표자가 지명하는 9명 이내의 해당 사업장 부서의 장을 제외하고 구성할 수 있다.)

## 57. 다음 중 헤드십(head ship)의 특성으로 볼 수 없는 것은?
① 권한 근거는 공식적이다.
② 상사와 부하와의 관계는 지배적 관계이다.
③ 부하와의 사회적 간격은 좁다.
④ 지휘 형태는 권위주의적이다.
⑤ 부하직원의 활동을 감독한다.

➡해설 헤드십의 특성은 부하와의 사회적 간격이 넓다.
헤드십(head ship) : 집단구성원이 아닌 외부에 의해 선출(임명)된 지도자로 명목상의 리더십을 말한다.

## 58. 다음 중 리더십의 유형 분류로 볼 수 없는 것은?
① 권위형
② 민주형
③ 자유방임형
④ 갈등해소형
⑤ 권력형

➡해설 리더십의 유형 분류 : 독재형, 민주형, 자유방임형(개방적)

## 59. 다음 중 보호구가 갖추어야 할 구비요건과 거리가 먼 것은?
① 착용이 간편한 것
② 작업에 방해가 되지 않을 것
③ 금속재료는 내식성이 아닐 것
④ 유해·위험요소에 대한 방호가 완전할 것
⑤ 구조 및 표면가공이 우수할 것

➡해설 보호구가 갖추어야 할 구비요건
1. 착용이 간편할 것
2. 작업에 방해를 주지 않을 것
3. 유해·위험요소에 대한 방호가 확실할 것
4. 재료의 품질이 우수할 것
5. 외관상 보기 좋을 것
6. 구조 및 표면가공이 우수할 것

## 제2과목 산업안전일반

**60.** 안전·보건표지 중 안내표지 사용 사례로 옳은 것은?
① 특정행위의 지시
② 비상구의 표시
③ 유해행위의 금지
④ 기계 방호물의 표시
⑤ 저온경고

➡해설 안내표지의 종류
비상구, 응급구호표지, 비상용기구 등

**61.** 다음 중 브레인스토밍(Brain storming)의 4원칙과 거리가 먼 것은?
① 필수적 사전학습
② 자유분방한 발언
③ 대량적인 발언
④ 타인 의견의 수정 발언
⑤ 비판금지

➡해설 브레인스토밍
1. 비판금지 : "좋다, 나쁘다" 등의 비평을 하지 않는다.
2. 자유분방 : 자유로운 분위기에서 발표한다.
3. 대량발언 : 무엇이든지 좋으니 많이 발언한다.
4. 수정발언 : 자유자재로 변하는 아이디어를 개발한다.(타인 의견의 수정발언)

**62.** 다음 중 방진마스크의 선정기준에 해당하지 않는 것은?
① 배기저항이 낮을 것
② 흡기저항이 낮은 것
③ 사용적이 클 것
④ 시야가 넓을 것
⑤ 사용적이 적을 것

➡해설 방진마스크 선정기준(구비조건)
① 분진포집효율(여과효율)이 좋을 것
② 흡기, 배기저항이 낮을 것
③ 사용면적이 적을 것
④ 중량이 가벼울 것
⑤ 시야가 넓을 것
⑥ 안면 밀착성이 좋을 것

63. 브레인스토밍(Brain-storming) 기법에 관한 설명으로 틀린 것은?
① 무엇이든지 좋으니 많이 발언한다.
② 타인의 의견을 수정하여 발언한다.
③ 다른 사람 의견에 대하여 반대한다.
④ "좋다, 나쁘다" 등의 비평을 하지 않는다.
⑤ 자유로운 분위기에서 발표한다.

➡해설 브레인스토밍
1. 비판금지 : "좋다, 나쁘다" 등의 비평을 하지 않는다.
2. 자유분방 : 자유로운 분위기에서 발표한다.
3. 대량발언 : 무엇이든지 좋으니 많이 발언한다.
4. 수정발언 : 자유자재로 변하는 아이디어를 개발한다.(타인 의견의 수정발언)

64. 안전·보건표지의 종류 중 바탕은 파란색, 관련 그림은 흰색을 사용하는 표지는?
① 금지표지  ② 경고표지
③ 지시표지  ④ 안내표지
⑤ 정답없음

➡해설 지시표지
작업에 관한 지시 즉, 안전보건 보호구의 착용에 사용된다.(바탕은 파란색, 관련그림은 흰색)

65. 인간의 실수를 없애기 위하여 눈, 손, 입 그리고 귀를 이용하여 작업시작 전에 뇌를 자극시켜 안전을 확보하기 위한 기법은?
① 브레인스토밍  ② 터치 앤드 콜
③ 롤 플레잉  ④ 지적 확인
⑤ 프로그램학습법

➡해설 지적 확인
작업의 정확성이나 안전을 확인하기 위해 눈, 손, 입 그리고 귀를 이용하여 작업시작 전에 뇌를 자극시켜 안전을 확보하기 위한 기법으로 작업을 안전하게 오조작 없이 작업공정의 소요소에서 자신의 행동을 「…,좋아!」하고 대상을 지적하여 큰소리로 확인하는 것

## 제2과목 산업안전일반

**66.** 다음 중 고음만을 차음하는 방음보호구의 기호는?
① NRR
② EM
③ EP-1
④ EP-2
⑤ EM, EP-1

➠해설 방음용 귀마개 또는 귀덮개의 종류·등급

| 종류 | 등급 | 기호 | 성능 | 비고 |
|---|---|---|---|---|
| 귀마개 | 1종 | EP-1 | 저음부터 고음까지 차음하는 것 | 귀마개의 경우 재사용 여부를 제조특성으로 표기 |
| | 2종 | EP-2 | 주로 고음을 차음하고 저음(회화음영역)은 차음하지 않는 것 | |
| 귀덮개 | - | EM | | |

**67.** 다음 중 무재해운동의 이념에서 "선취의 원칙"을 가장 적절하게 설명한 것은?
① 사고의 잠재요인을 사후에 파악하는 것
② 근로자 전원이 일체감을 조성하여 참여하는 것
③ 위험요소를 사전에 발견, 파악하여 재해를 예방하거나 방지하는 것
④ 관리감독자 또는 경영층에서의 자발적 참여로 안전활동을 촉진하는 것
⑤ 잠재적인 위험요인을 발견·해결하기 위하여 전원이 협력하여 문제해결 운동을 실천한다.

➠해설 안전제일의 원칙(선취의 원칙)
직장의 위험요인을 행동하기 전에 발견·파악·해결하여 재해를 예방한다.

**68.** 산업안전보건법에 따른 안전·보건표지의 제작에 있어 안전·보건표지 속의 그림 또는 부호의 크기는 안전·보건표지의 크기와 비례하여야 하며, 안전·보건표지 전체 규격의 몇 % 이상이 되어야 하는가?
① 20%
② 30%
③ 40%
④ 50%
⑤ 60%

➠해설 안전보건표지 속의 그림 또는 부호의 크기(시행규칙 제9조 제3항)
안전보건표지의 크기와 비례하여야 하며, 안전보건표지 전체규격의 30% 이상이 되어야 한다.

69. 다음 중 위험예지훈련 4R(라운드) 기법의 진행방법에서 3R(라운드)에 해당하는 것은?
① 목표설정   ② 대책수립
③ 본질추구   ④ 현상파악
⑤ 대책실행

**해설** 위험예지훈련의 추진을 위한 문제해결 4 라운드
1 라운드 : 현상파악
2 라운드 : 본질추구
3 라운드 : 대책수립
4 라운드 : 목표설정

70. 안전모의 종류 중 의무안전인증 대상이 아닌 것은?
① A형   ② AB형
③ AE형   ④ ABE형
⑤ 정답없음

**해설** 안전모의 종류 및 사용구분

| 종류(기호) | 사용구분 | 비고 |
|---|---|---|
| AB | 물체의 낙하 또는 비래 및 추락에 의한 위험을 방지 또는 경감시키기 위한 것 | |
| AE | 물체의 낙하 또는 비래에 의한 위험을 방지 또는 경감하고, 머리부위 감전에 의한 위험을 방지하기 위한 것 | 내전압성 (주1) |
| ABE | 물체의 낙하 또는 비래 및 추락에 의한 위험을 방지 또는 경감하고, 머리부위 감전에 의한 위험을 방지하기 위한 것 | 내전압성 |

71. 다음 중 위험예지훈련 4라운드의 진행순서로 옳은 것은?
① 목표설정 → 현상파악 → 대책수립 → 본질추구
② 목표설정 → 현상파악 → 본질추구 → 대책수립
③ 현상파악 → 본질추구 → 대책수립 → 목표설정
④ 현상파악 → 본질추구 → 목표설정 → 대책수립
⑤ 현상파악 → 목표설정 → 본질추구 → 대책수립

69. ②   70. ①   71. ③

> 해설  위험예지훈련의 추진을 위한 문제해결 4단계(4라운드)
> 　1 라운드 : 현상파악(사실의 파악)
> 　2 라운드 : 본질추구(원인조사)
> 　3 라운드 : 대책수립(대책을 세운다.)
> 　4 라운드 : 목표설정(행동계획 작성)

72. 브레인스토밍(Brain-storming) 기법의 4원칙에 대한 설명으로 옳은 것은?
　① 주제와 관련이 없는 내용은 발표할 수 없다.
　② 동료의 의견에 대하여 좋고 나쁨을 평가한다.
　③ 발표순서를 정하고, 동일한 발표기회를 부여하였다.
　④ 타인의 의견에 대하여는 수정하여 발표할 수 있다.
　⑤ 통제된 분위기에서 발표한다.

> 해설  브레인스토밍
> 　1. 비판금지 : "좋다, 나쁘다" 등의 비평을 하지 않는다.
> 　2. 자유분방 : 자유로운 분위기에서 발표한다.
> 　3. 대량발언 : 무엇이든지 좋으니 많이 발언한다.
> 　4. 수정발언 : 자유자재로 변하는 아이디어를 개발한다.(타인 의견의 수정발언)

73. 방음용 귀마개 또는 귀덮개에서 사용하는 음압수준은 데시벨(dB)로 나타내는데, 이는 소음계의 어떠한 특성을 기준으로 하는가?
　① A 특성　　　　　　　　　② B 특성
　③ C 특성　　　　　　　　　④ D 특성
　⑤ E 특성

> 해설  방음용 귀마개 또는 귀덮개에서 사용하는 음압수준은 데시벨(dB)로 나타내는데 소음계의 C 특성을 기준으로 한다.

74. 안전보건경영시스템(KOSHA 18001)에 관한 설명으로 옳지 않은 것은?
   ① "안전보건경영"이란 사업주가 자율적으로 해당 사업장의 산업재해를 예방하기 위하여 안전보건관리체제를 구축하고 정기적으로 위험성평가를 실시하여 잠재 유해·위험 요인을 지속적으로 개선하는 등 산업재해예방을 위한 조치사항을 체계적으로 관리하는 제반 활동을 말한다.
   ② "인증심사"란 인증서를 받은 사업장에서 인증기준을 지속적으로 유지·개선 또는 보완하여 운영하고 있는지를 판단하기 위하여 인증 후 매년 1회 정기적으로 실시하는 심사를 말한다.
   ③ "심사원 양성교육"이란 심사원을 양성하기 위하여 인증운영·인증기준·심사절차 및 심사요령 등에 관하여 실시하는 총 교육시간이 34시간 이상을 실시하는 안전보건경영시스템 교육을 말한다.
   ④ "연장심사"란 인증 유효기간을 연장하고자 하는 사업장에 대하여 인증 유효기간이 만료되기 전까지 인증의 연장 여부를 결정하기 위하여 실시하는 심사를 말한다.
   ⑤ "실태심사"란 인증 신청 사업장에 대하여 인증심사를 실시하기 전에 안전보건경영 관련 서류와 사업장의 준비상태 및 안전보건경영활동 운영현황 등을 확인하는 심사를 말한다.

➡해설 인증심사
   인증 신청 사업장에 대한 인증의 적합 여부를 판단하기 위하여 인증기준과 관련된 안전보건경영 절차의 이행상태 등을 현장 확인을 통해 실시하는 심사를 말한다.

75. 공기 중 산소농도가 부족하고, 공기 중에 미립자상 물질이 부유하는 장소에서 사용하기에 가장 적절한 보호구는?
   ① 면마스크  ② 방독마스크
   ③ 송기마스크  ④ 방진마스크
   ⑤ 보안면

➡해설 공기 중 산소농도가 부족한 장소에서 사용하기 적합한 것은 송기마스크이다.

76. ABE 중 안전모에 대하여 내수성 시험을 할 때 물에 담그기 전의 질량이 400g이고, 물에 담근 후의 질량이 410g이었다면 질량증가율과 합격 여부로 옳은 것은?
   ① 질량증가율 : 2.5%, 합격 여부 : 불합격
   ② 질량증가율 : 2.5%, 합격 여부 : 합격
   ③ 질량증가율 : 102.5%, 합격 여부 : 불합격
   ④ 질량증가율 : 102.5%, 합격 여부 : 합격
   ⑤ 질량증가율 : 120.0%, 합격 여부 : 합격

**해설** AE, ABE종 안전모는 질량증가율이 1% 미만이어야 한다. $\frac{410-400}{400} \times 100 = 2.5\%$ 이므로 불합격이다.

77. 공기 중 사염화탄소의 농도가 0.2%인 작업장에서 근로자가 착용할 방독마스크의 정화통의 유효시간은 얼마인가? (단, 정화통의 유효시간은 0.5%에 대하여 100분이다.)
   ① 200분
   ② 250분
   ③ 300분
   ④ 350분
   ⑤ 400분

**해설** 사염화탄소 0.5%에 대하여 유효시간이 100분이면 0.2%에 대하여는 250분이다.
0.2 : 100 = 0.5 : x, x = 250

78. 안전보건진단에 관한 산업안전보건법 제47조 규정의 일부이다. ( )에 들어갈 내용을 순서대로 나열한 것은?

> 고용노동부장관은 ( ㄱ )·붕괴, 화재·폭발, 유해하거나 위험한 물질의 누출 등 ( ㄴ ) 발생의 위험이 현저히 높은 사업장의 ( ㄷ )에게 산업안전보건법 제48조에 따라 지정받은 기관(이하 "안전보건진단기관"이라 한다)이 실시하는 안전보건진단을 받을 것을 명할 수 있다.

① ㄱ : 감전, ㄴ : 사망사고, ㄷ : 사업주
② ㄱ : 감전, ㄴ : 산업재해, ㄷ : 관리감독자
③ ㄱ : 추락, ㄴ : 산업재해, ㄷ : 안전관리자
④ ㄱ : 추락, ㄴ : 산업재해, ㄷ : 사업주
⑤ ㄱ : 전도, ㄴ : 사망사고, ㄷ : 관리감독자

**해설** 산업안전보건법 제47조(안전보건진단) ① 고용노동부장관은 추락·붕괴, 화재·폭발, 유해하거나 위험한 물질의 누출 등 산업재해 발생의 위험이 현저히 높은 사업장의 사업주에게 제48조에 따라 지정받은 기관(이하 "안전보건진단기관"이라 한다)이 실시하는 안전보건진단을 받을 것을 명할 수 있다.

79. 다음 중 위험예지훈련의 문제해결 4라운드에 속하지 않는 것은?
① 현상파악② 본질추구
③ 대책수립④ 원인결정
⑤ 대책실행

➡해설 위험예지훈련의 추진을 위한 문제해결 4라운드
1라운드 : 현상파악 → 2라운드 : 본질추구 → 3라운드 : 대책수립 → 4라운드 : 목표설정

80. 다음 중 산업안전보건법상 '화학물질 취급장소에서의 유해·위험 경고'에 사용되는 안전·보건표지의 색도 기준으로 옳은 것은?
① 5Y 8.5/12② 2.5Y 8/12
③ 2.5PB 4/10④ 2.55G 4/10
⑤ N9.5

➡해설 안전보건표지의 색도기준 및 용도

| 색채 | 색도기준 | 용도 | 사용례 |
| --- | --- | --- | --- |
| 빨간색 | 7.5R 4/14 | 금지 | 정지신호, 소화설비 및 그 장소, 유해행위의 금지 |
| | | 경고 | 화학물질 취급장소에서의 유해·위험 경고 |
| 노란색 | 5Y 8.5/12 | 경고 | 화학물질 취급장소에서의 유해·위험 경고, 그 밖의 위험 경고, 주의표지 또는 기계방호물 |
| 파란색 | 2.5PB 4/10 | 지시 | 특정 행위의 지시 및 사실의 고지 |
| 녹색 | 2.5G 4/10 | 안내 | 비상구 및 피난소, 사람 또는 차량의 통행표지 |
| 흰색 | N9.5 | | 파란색 또는 녹색에 대한 보조색 |
| 검은색 | N0.5 | | 문자 및 빨간색 또는 노란색에 대한 보조색 |

81. 방진마스크의 사용 조건 중 산소농도의 최소기준으로 옳은 것은?
① 16%② 18%
③ 21%④ 23.5%
⑤ 24%

➡해설 방진마스크를 사용할 수 있는 최소 산소농도는 18%이다.

82. 재해조사의 1단계(사실의 확인)에서 수행하지 않는 것은?
   ① 재해의 직접원인 및 문제점 파악
   ② 사고 또는 재해발생 시 조치
   ③ 불안전행동 유무에 관한 관계자 사실 청취
   ④ 작업 중 지도·지휘의 조사
   ⑤ 작업 환경·조건의 조사

   ➡해설 재해조사의 단계
   1단계 : 사실의 확인(① 사람 ② 물건 ③ 관리 ④ 재해발생까지의 경과)
   2단계 : 직접원인과 문제점의 확인
   3단계 : 근본 문제점의 결정
   4단계 : 대책의 수립(① 동종재해의 재발방지, ② 유사재해의 재발방지, ③ 재해원인의 규명 및 예방자료 수집)

83. 다음 중 브레인스토밍(Brain-storming) 기법에 관한 설명으로 틀린 것은?
   ① 무엇이든지 좋으니 많이 발언한다.
   ② 타인의 의견을 수정하여 발언한다.
   ③ 누구든 자유롭게 발언하도록 한다.
   ④ 제시된 의견에 대하여 문제점을 제시한다.
   ⑤ '좋다, 나쁘다'고 비평하지 않는다.

   ➡해설 브레인스토밍(Brain-storming)의 4원칙
   1. 비평금지 : '좋다, 나쁘다'고 비평하지 않는다.(개발한 아이디어에 대해서는 절대로 비판을 하지 않는다.)
   2. 자유분방 : 마음대로 편안히 발언한다.(자유자재로 변하는 아이디어를 개발한다.)
   3. 대량발언 : 무엇이든 좋으니 많이 발언하다.(하찮은 것일지라도 아이디어는 많을수록 좋다.)
   4. 수정발언 : 타인의 아이디어에 수정하거나 덧붙여 말해도 좋다.

84. 산업안전보건법상 안전·보건표지에 있어 경고표지의 종류 중 기본모형이 다른 것은?
   ① 매달린물체경고
   ② 폭발성물질경고
   ③ 고압전기경고
   ④ 방사성물질경고
   ⑤ 위험장소경고

   ➡해설 폭발성물질경고 : 마름모형태

85. 사용장소에 따른 방진마스크의 등급을 구분할 때 석면 취급장소에 가장 적합한 등급은?
① 특급
② 1급
③ 2급
④ 3급
⑤ 4급

**해설** 방진마스크의 등급 : 특급(석면 취급장소 등)

86. AE형 또는 ABE형 안전모에 있어 내전압성이란 얼마 이하의 전압에 견디는 것을 말하는가?
① 750V
② 1,000V
③ 3,000V
④ 7,000V
⑤ 9,000V

**해설** 내전압성이란 7,000V 이하의 전압에 견디는 것을 말한다.

87. 다음 중 산업안전보건법상 안전·보건표지의 색채와 색도기준이 잘못 연결된 것은? (단, 색도기준은 KS에 따른 색의 3속성에 의한 표시방법에 따른다.)
① 빨간색 - 7.5R 4/14
② 노란색 - 5Y 8.5/12
③ 파란색 - 2.5PB 4/10
④ 흰색 - N0.5
⑤ 녹색 - 2.5G 4/10

**해설** 안전보건표지의 색도기준 및 용도

| 색채 | 색도기준 | 용도 | 사용예 |
| --- | --- | --- | --- |
| 빨간색 | 7.5R 4/14 | 금지 | 정지신호, 소화설비 및 그 장소, 유해행위의 금지 |
|  |  | 경고 | 화학물질 취급장소에서의 유해·위험 경고 |
| 노란색 | 5Y 8.5/12 | 경고 | 화학물질 취급장소에서의 유해·위험 경고, 그 밖의 위험경고, 주의표지 또는 기계방호물 |
| 파란색 | 2.5PB 4/10 | 지시 | 특정 행위의 지시 및 사실의 고지 |
| 녹색 | 2.5G 4/10 | 안내 | 비상구 및 피난소, 사람 또는 차량의 통행표지 |
| 흰색 | N9.5 |  | 파란색 또는 녹색에 대한 보조색 |
| 검은색 | N0.5 |  | 문자 및 빨간색 또는 노란색에 대한 보조색 |

85. ① 86. ④ 87. ④

# 신뢰성공학

1. 다음의 직·병렬 시스템에 있어서의 장치의 신뢰도는?(단, 각 구성요소의 신뢰도는 R이다.)

   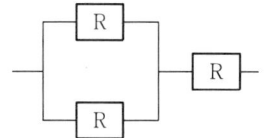

   ① $R^3$
   ② $R^2+R-1$
   ③ $2R^2-R^3$
   ④ $R^2(1-R)$
   ⑤ $2R^2-R$

   ➡해설 장치의 신뢰도 $=[1-(1-R)(1-R)]\times R$
   $=[1-(1-R-R-R^2)]\times R$
   $=2R^2-R^3$

2. FTA 도표에서 사용하는 논리기호 중 다른 부분에 관한 이행 또는 연결을 나타내는 기호로 사용하는 것은?

   ①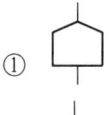
   ②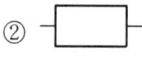
   ③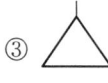
   ④
   ⑤ ○

   ➡해설

   | 번호 | 기호 | 명칭 | 설명 |
   |---|---|---|---|
   | 6 | △(IN) | 전이기호 | FT도 상에서 부분에의 이행 또는 연결을 나타낸다. 삼각형 정상의 선은 정보의 전입을 뜻한다. |
   | 7 | △(OUT) | 전이기호 | FT도 상에서 다른 부분의 이행 또는 연결을 나타낸다. 삼각형 정상의 선은 정보의 전출을 뜻한다. |

3. 평균고장시간이 $4 \times 10^8$ 시간인 요소 4개가 직렬체계를 이루었을 때 이 체계의 수명은 몇 시간인가?
   ① $1 \times 10^8$
   ② $4 \times 10^8$
   ③ $8 \times 10^8$
   ④ $16 \times 10^8$
   ⑤ $32 \times 10^8$

   ➡해설 직렬계의 수명 $= \dfrac{\text{MTTF}}{n} = \dfrac{4 \times 10^8}{4} = 1 \times 10^8$시간

4. 설비를 수리하면서 사용하는 체계에서 고장과 고장 사이 시간의 평균치를 무엇이라 하는가?
   ① MTBF
   ② MTLFF
   ③ MTTF
   ④ MTBHE
   ⑤ MTTR

   ➡해설 평균고장간격(MTBF ; Mean Time Between Failure)
   시스템, 부품 등의 고장 간의 동작시간 평균치
   1) $\text{MTBF} = \dfrac{1}{\lambda}$, $\lambda(\text{평균고장률}) = \dfrac{\text{고장건수}}{\text{총가동시간}}$
   2) MTBF = MTTF + MTTR

5. 다음의 FT도에서 각 요소의 발생확률이 요소 ①은 0.15, 요소 ②는 0.2, 요소 ③은 0.25, 요소 ④는 0.3일 때 A사상의 발생확률은 얼마인가? (단, 소수점 셋째 자리까지 구하시오.)

   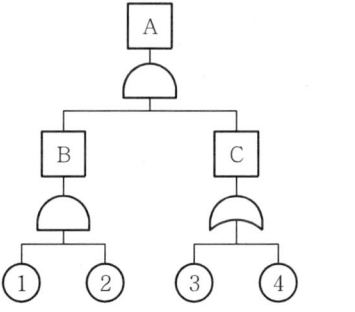

   ① 0.007
   ② 0.014
   ③ 0.071
   ④ 0.143
   ⑤ 0.153

   ➡해설 A = B×C = ①×②[1−(1−③)(1−④)] = 0.15×0.2×[1−(1−0.25)(1−0.3)] = 0.014

6. 그림과 같은 FT도에서 각 기본사상의 발생확률이 다음과 같을 때 $G_1$의 발생확률은 얼마인가?

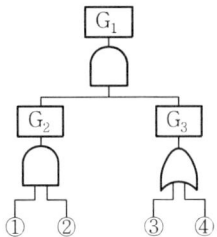

① 0.078
② 0.128
③ 0.651
④ 0.782
⑤ 0.795

해설 ①의 발생확률은 0.3, ②의 발생확률은 0.4, ③의 발생확률은 0.3, ④의 발생확률은 0.5
$G_1 = G_2 \times G_3 = ① \times ② \times [1-(1-③)(1-④)] = 0.3 \times 0.4 \times [1-(1-0.3)(1-0.5)] = 0.078$

7. 다음의 불대수(Boolean Algebra) 식에서 틀린 것은?
① $A \cdot (\overline{A}+B) = \overline{A}+B$
② $A(B+C) = AB+AC$
③ $A+A = A$
④ $A \cdot (B \cdot C) = (A \cdot B) \cdot C$
⑤ $\overline{A \cdot B} = \overline{A}+\overline{B}$

해설 $A \cdot (\overline{A}+B)$는 분배법칙으로 $(A \cdot \overline{A})+A \cdot B = A \cdot B$이다.

8. FTA에서 사용되는 사상기호 중 결함사상을 나타낸 것은?

①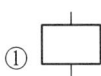
② 

③ 
④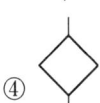

⑤ 

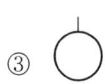

해설

| 번호 | 기호 | 명칭 | 설명 |
|---|---|---|---|
| 1 |  | 결함사상(사상기호) | 개별적인 결함사상 |

9. 다음의 FT도에서 정상사상의 발생확률은 얼마인가? (단, ①과 ②의 발생확률은 각각 0.1, 0.2이다.)

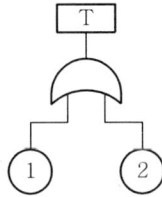

① 0.02
② 0.28
③ 0.30
④ 0.72
⑤ 0.85

➡해설 T = 1 − (1 − ①)(1 − ②) = 1 − (1 − 0.1)(1 − 0.2) = 0.28


10. 자동차는 타이어가 4개인 하나의 시스템으로 볼 수 있다. 타이어 1개가 파열될 확률이 0.01이라면, 이 자동차의 신뢰도는 약 얼마인가?

① 0.92
② 0.94
③ 0.96
④ 0.97
⑤ 0.98

➡해설 1. 타이어 1개의 신뢰도 = 1 − 0.01 = 0.99
2. 자동차 타이어는 4개가 직렬로 연결되어 있으므로, 자동차 신뢰도 R은 다음과 같이 구한다.
R = 0.99×0.99×0.99×0.99 = 0.96


11. 다음 중 결함수분석법(FTA)의 특징이 아닌 것은?
① Bottom Up 형식
② Top down 형식
③ 특정사상에 대한 해석
④ 논리기호를 사용한 해석
⑤ 정량적 분석기법

➡해설 결함수분석법(FTA)의 특징
1 Top down 형식(연역적)
2. 정량적 해석기법(컴퓨터 처리가 가능)
3. 논리기호를 사용한 특정사상에 대한 해석
4. 비전문가도 짧은 훈련으로 사용할 수 있다.

**12.** 다음 FTA에서 사용하는 논리기호 중 주어진 시스템의 기본사상을 나타내는 것은?

해설 ① : 결함사상
③ : 생략사상
④ : 통상사상

**13.** 각각 $1.2 \times 10^4$ 시간의 수명을 가진 요소 4개가 병렬계를 이룰 때 이 계의 수명은 얼마인가?
① $3 \times 10^3$
② $1.2 \times 10^4$
③ $2.5 \times 10^4$
④ $4.8 \times 10^4$
⑤ $5 \times 10^4$

해설 평균고장시간(MTTF ; Mean Time To Failure)
시스템, 부품 등이 고장 나기까지 동작시간의 평균치. 평균수명이라고도 한다.

병렬계의 경우 : System의 수명은 $= \text{MTTF}\left(1 + \frac{1}{2} + \frac{1}{3} + \dots + \frac{1}{n}\right)$
$= 1.2 \times 10^4 \times \left(1 + \frac{1}{2} + \frac{1}{3} + \frac{1}{4}\right) = 2.5 \times 10^4$ 시간

여기서, $n$ : 직렬 또는 병렬계의 요소

**14.** [그림]과 같은 시스템에서 부품 A, B, C, D의 신뢰도가 모두 r로 동일할 때 이 시스템의 신뢰도는?

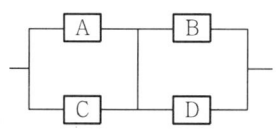

① $r^2(2-r)^2$
② $r^2(2-r^2)$
③ $r^2(2-r)$
④ $r(2-r^2)$
⑤ $(2-r^2)$

해설 시스템의 신뢰도 $= [1-(1-r)(1-r)] \times [1-(1-r)(1-r)]$
$= (1-1+2r-r^2)^2 = r^2(2-r)^2$

15. 다음 불대수 관계식 중 틀린 것은?
   ① $A + \overline{A} \cdot B = A + B$
   ② $\overline{A \cdot B} = \overline{A} + \overline{B}$
   ③ $A + B = \overline{A} \cdot \overline{B}$
   ④ $A(A + B) = A$
   ⑤ $A(AB) = AB$

   ➡해설 $\overline{A + B} = \overline{A} \cdot \overline{B}$

16. FTA 도표에 사용되는 기호 중 "통상사상"을 나타내는 기호는?

   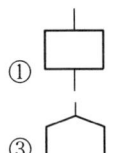
   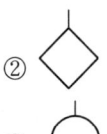

   ➡해설 ①항 : 결함사상, ②항 : 생략사상, ③항 : 통상사상, ④항 : 기본사상

17. FTA에서 시스템의 기능을 살리는 데 필요한 최소 요인의 집합을 무엇이라 하는가?
   ① critical set
   ② minimal gate
   ③ minimal path
   ④ Boolean indicated cut set
   ⑤ minimal cut

   ➡해설 미니멀 컷 세트와 미니멀 패스 세트
   1. 미니멀 컷 세트 : 컷이란 그 속에 포함되어 있는 모든 기본사상이 일어났을 때 정상사상을 일으키는 기본사상의 집합을 말하며 미니멀 컷 세트는 정상사상을 일으키기 위해 최소한의 필요한 컷을 말한다.(시스템의 위험성 또는 안전성을 말함)
   2. 미니멀 패스 세트 : 패스란 그 속에 포함되어 있는 기본사상이 일어나지 않을 때 처음으로 정상사상이 일어나지 않는 기본사상의 집합으로서 미니멀 패스 세트는 그 필요한 최소한의 컷을 말한다.(시스템의 신뢰성을 말함)

18. 어느 부품 10,000개를 10,000시간 동안 가동 중에 5개의 불량품이 발생하였을 때 평균동작시간(MTTF)은?
    ① $1 \times 10^7$시간
    ② $2 \times 10^7$시간
    ③ $1 \times 10$시간
    ④ $2 \times 10$시간
    ⑤ $1 \times 10^5$시간

    ➡해설 직렬계의 경우 $MTTF = \dfrac{1}{\lambda}$ ($\lambda$(평균고장률) = $\dfrac{\text{고장건수}}{\text{총가동시간}}$)
    ∴ $MTTF = \dfrac{\text{총가동시간}}{\text{고장건수}} = \dfrac{10,000 \times 10,000}{5} = 2 \times 10^7$

19. 다음 중 FTA에서 사용되는 minimal cut set에 대한 설명으로 틀린 것은?
    ① 사고에 대한 시스템의 약점을 표현한다.
    ② 정상사상(Top 사상)을 일으키는 최소한의 집합이다.
    ③ 시스템이 고장 나지 않도록 하는 사상의 집합이다.
    ④ 일반적으로 Fussell Algorithm을 이용한다.
    ⑤ 컷셋 중에 타 컷셋을 포함하고 있는 것을 배제하고 남은 컷셋들을 의미한다.

    ➡해설 FTA에 사용되는 Minimal cut set은 시스템이 고장 나는 사상의 집합입니다.

20. 다음 [보기]의 각 단계를 결함수분석법(FTA)에 의한 재해 사례의 연구 순서대로 올바르게 나열한 것은?

    [보기]
    ① 정상사상의 선정            ② FT도 작성 및 분석
    ③ 개선 계획의 작성          ④ 각 사상의 재해원인 규명

    ① ① → ② → ③ → ④          ② ① → ④ → ② → ③
    ③ ① → ③ → ② → ④          ④ ① → ④ → ③ → ②
    ⑤ ① → ③ → ④ → ②

    ➡해설 FTA에 의한 재해사례 연구순서(D.R.Cheriton)
    1. Top 사상의 선정
    2. 사상마다의 재해원인 규명
    3. FT도의 작성
    4. 개선계획의 작성

21. FTA에서 사용되는 논리게이트 중 입력현상의 반대현상이 출력되는 것은?
    ① 우선적 AND 게이트
    ② 부정 게이트
    ③ 억제 게이트
    ④ 배타적 OR 게이트
    ⑤ 수정게이트

    ➡해설 부정 게이트 설명

    | 기호 | 명칭 | 설명 |
    |---|---|---|
    | A | 부정 게이트 (Not 게이트) | 부정 모디파이어(Not Modifier)라고도 하며 입력현상의 반대현상이 출력된다. |

22. A 공장의 한 설비는 평균수리율이 0.5/시간이고, 평균고장률은 0.001/시간이다. 이 설비의 가동성은 얼마인가? (단, 평균수리율과 평균고장률은 지수분포를 따른다.)
    ① 0.698
    ② 0.798
    ③ 0.898
    ④ 0.915
    ⑤ 0.998

    ➡해설 가용도(Availability, 이용률)
    일정 기간에 시스템이 고장 없이 가동될 확률
    $$가용도(A) = \frac{\mu}{\lambda + \mu} = \frac{0.5}{0.001 + 0.5} = 0.998$$
    여기서, $\lambda$ : 평균고장률
    　　　　$\mu$ : 평균수리율

23. [그림]과 같은 시스템의 신뢰도는 약 얼마인가? (단, 원 안의 수치는 각 요소의 신뢰도이다.)

    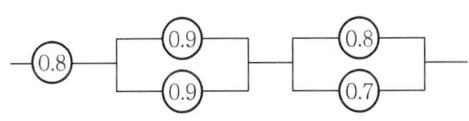

    ① 0.54
    ② 0.61
    ③ 0.74
    ④ 0.86
    ⑤ 0.91

    ➡해설 $R = 0.8 \times [1-(1-0.9)(1-0.9)] \times [1-(1-0.8)(1-0.7)] = 0.74$

## 24. FTA 도표에 사용되는 다음의 논리기호 명칭은?

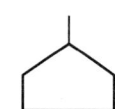

① 이하생략 사상
② 통상사상
③ 결함사상
④ 기본사상
⑤ 생략사상

➡ 해설

| 기호 | 명칭 | 설명 |
|---|---|---|
| ⌂ | 통상사상(사상기호) | 통상발생이 예상되는 사상 |

## 25. FT도에 사용되는 다음 게이트의 명칭은?

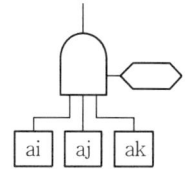

① 억제 게이트
② 부정 게이트
③ 배타적 OR 게이트
④ 우선적 AND 게이트
⑤ 수정게이트

➡ 해설 게이트 설명

| 기호 | 명칭 | 설명 |
|---|---|---|
|  | 우선적 AND 게이트 | 입력사상 중 어떤 현상이 다른 현상보다 먼저 일어날 경우에만 출력사상이 발생 |

## 26. 다음 FT도에서 각 요소의 발생확률이 요소 ①과 요소 ②는 0.2, 요소 ③은 0.25, 요소 ④는 0.3일 때 A 사상의 발생확률은 얼마인가?

① 0.007
② 0.014
③ 0.019
④ 0.024
⑤ 0.031

> **해설** A = B×C
> = (①×②)×(1−(1−③)(1−④))
> = (0.2×0.2)×(1−(1−0.25)(1−0.3))
> = 0.019

27. 부분집합 A, B, C가 "A+(B · C)"의 관계를 갖는다고 할 때 이와 동일한 것은?
   ① (A+B) · (A+C)
   ② A · B+A · C
   ③ A · (B · C)
   ④ A+(B−C)
   ⑤ A · (B−C)

> **해설** 분배법칙
> A(B+C) = AB+AC, A+(BC) = (A+B) · (A+C)

28. FTA에 의한 재해사례 연구순서 중 제1단계는?
   ① FT도의 작성
   ② 개선 계획의 작성
   ③ 톱(TOP) 사상의 선정
   ④ 사상의 재해 원인의 규명
   ⑤ 재검토

> **해설** FTA에 의한 재해사례 연구순서(D.R. Cheriton)
> 1. Top 사상의 선정
> 2. 사상마다의 재해원인 규명
> 3. FT도의 작성
> 4. 개선 계획의 작성

29. 평균고장시간(MTTF)이 $6×10^5$시간인 요소 3개소가 병렬계를 이루었을 때의 계(system)의 수명은?
   ① $2×10^5$
   ② $6×10^5$
   ③ $11×10^5$
   ④ $18×10^5$
   ⑤ $20×10^5$

27. ① 28. ③ 29. ③

➡해설 병렬계의 경우 : System의 수명은 $= MTTF\left(1 + \frac{1}{2} + \frac{1}{3} + \ldots + \frac{1}{n}\right)$

여기서, $n$ : 직렬 또는 병렬계의 요소

따라서 $6 \times 10^5 \times \left(1 + \frac{1}{2} + \frac{1}{3}\right) = 11 \times 10^5$

**30.** 불대수식 $(A + B) \cdot (\overline{A} + B)$를 가장 간단하게 표현한 것은?

① $A \cdot B$
② $\overline{A} \cdot B + A \cdot \overline{B}$
③ $A$
④ $A + B$
⑤ $B$

➡해설 $(A + B) \cdot (\overline{A} + B) = (A \cdot \overline{A}) + (B \cdot B) = B$

**31.** FT도에 사용되는 다음 기호의 명칭으로 옳은 것은?

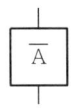

① 부정게이트
② 위험지속기호
③ 수정기호
④ 배타적 OR 게이트
⑤ 억제 게이트

➡해설 부정 게이트에서는 입력현상이 반대로 출력된다.

| 기호 | 명칭 | 설명 |
| --- | --- | --- |
| $\boxed{\overline{A}}$ | 부정 게이트 (Not 게이트) | 부정 모디파이어(Not Modifier)라고도 하며 입력현상의 반대현상이 출력된다. |

32. 다음 FT도에서 시스템의 신뢰도는 약 얼마인가? (단, 모든 부품의 발생확률은 0.15이다.)

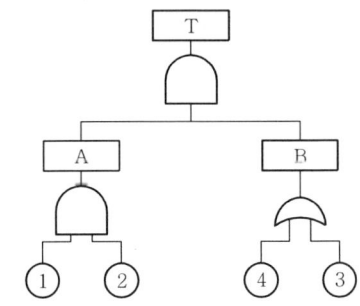

① 0.0033
② 0.0062
③ 0.9938
④ 0.9966
⑤ 0.9997

➡해설 T=A×B=(①×②)×(1-(1-④)(1-③))=(0.15×0.15)×(1-(1-0.15)(1-0.15))=0.00624

33. 다음 중 path set에 관한 설명으로 옳은 것은?
① 시스템의 약점을 표현한 것이다.
② TOP 사상을 발생시키는 조합이다.
③ 시스템이 고장 나지 않도록 하는 사상의 조합이다.
④ 일반적으로 Fussell Algorithm을 이용한다.
⑤ 모든 기본사상이 일어났을 때 정상사상을 일으키는 기본사상의 집합이다.

➡해설 패스세트(Path Set)
포함되어 있는 모든 기본사상이 일어나지 않을 때 처음으로 정상사상이 일어나지 않는 기본사상의 집합

34. 다음 중 불(Bool)대수의 정리를 나타낸 관계식으로 틀린 것은?
① A + 1 = A
② A + $\overline{A}$ = 1
③ A + AB = A
④ A + A = 1
⑤ A + A = A

➡해설 A+1=1이 되어야 한다.

## 제2과목 산업안전일반

**35.** n개의 요소를 가진 병렬 시스템에 있어 요소의 수명(MTTF)이 지수분포를 따를 경우 이 시스템의 수명을 구하는 식으로 옳은 것은?

① MTTF×$n$

② MTTF×$\dfrac{1}{n}$

③ MTTF$\left(1 + \dfrac{1}{2} + \ldots + \dfrac{1}{n}\right)$

④ MTTF$\left(1 \times \dfrac{1}{2} \times \ldots \times \dfrac{1}{n}\right)$

⑤ MTTF$\left(1 + \dfrac{1}{2} + \ldots + \dfrac{1}{n}\right)^2$

**해설** 평균고장시간(MTTF : Mean Time To Failure) : 시스템, 부품 등이 고장 나기까지 동작시간의 평균치로 평균수명이라고도 한다.

병렬계의 경우 : System의 수명은 = MTTF$\left(1 + \dfrac{1}{2} + \dfrac{1}{3} + \ldots + \dfrac{1}{n}\right)$

여기서, $n$ : 직렬 또는 병렬계의 요소

**36.** 결함수분석법에서 특정 조합의 기본사상들이 모두 결함으로 발생하였을 때 시스템의 고장사상을 일으키는 기본사상의 집합을 무엇이라 하는가?

① Cut sets  ② Path sets
③ Minimal cut sets  ④ Minimal path sets
⑤ Minimal cut path

**해설** 컷 세트 및 패스 세트

1) 컷 세트(Cut Set) : 정상사상을 발생시키는 기본사상의 집합으로 그 안에 포함되는 모든 기본사상이 발생할 때 정상사상을 발생시키는 기본사상의 집합
2) 패스 세트(Path Set) : 포함되어 있는 모든 기본사상이 일어나지 않을 때 처음으로 정상사상이 일어나지 않는 기본사상의 집합

**정답** 35. ③  36. ①

37. 각 부품의 신뢰도가 다음과 같을 때 시스템의 전체 신뢰도는 약 얼마인가?

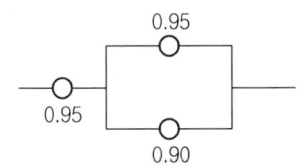

① 0.8123
② 0.9453
③ 0.9553
④ 0.9953
⑤ 0.9983

➡해설  신뢰도 $R = 0.95 \times [1 - (1 - 0.95)(1 - 0.90)] = 0.9453$

38. 다음 중 FTA(Fault Tree Analysis)에 관한 설명으로 가장 적절한 것은?
① 복잡하고 대형화된 시스템의 신뢰성 분석에는 적절하지 않다.
② 시스템 각 구성요소의 기능을 정상인가 또는 고장인가로 점진적으로 구분 짓는다.
③ '그것이 발생하기 위해서는 무엇이 필요한가?'라는 것은 연역적이다.
④ 사건들을 일련의 이분(binary)의사 결정 분기들로 모형화한다.
⑤ Bottom up 형식이다.

➡해설  **FTA(결함수분석법)**
기계, 설비 또는 Man-machine 시스템의 고장이나 재해의 발생요인을 논리적 도표에 의하여 분석하는 정량적, 연역적 기법

39. 다음 중 고장률이 $\lambda$인 n개의 구성부품이 병렬로 연결된 시스템의 평균수명(MTBFs)을 구하는 식으로 옳은 것은?(단, 각 부품의 고장밀도함수는 지수분포를 따른다.)
① $MTBFs = \lambda^n$
② $MTBFs = n\lambda$
③ $MTBFs = \frac{1}{\lambda} + \frac{1}{2\lambda} + \cdots + \frac{1}{n\lambda}$
④ $MTBFs = \frac{1}{\lambda} \times \frac{1}{2\lambda} \times \cdots \times \frac{1}{n\lambda}$
⑤ $MTBFs = \lambda$

➡해설  평균고장간격(MTBF : Mean Time Between Failure) : 시스템, 부품 등의 고장 간의 동작시간 평균치
$MTBF = \frac{1}{\lambda}$, $\lambda$(평균고장률) = $\frac{\text{고장건수}}{\text{총가동시간}}$    $MTBFs = \frac{1}{\lambda} + \frac{1}{2\lambda} + \cdots + \frac{1}{n\lambda}$

40. 다음과 같은 FT도에 있어 A의 사상(事象)이 발생할 수 있는 확률은? (단, 사상 ①, ②, ③의 발생 확률은 각각 0.1, 0.2, 0.15이다.)

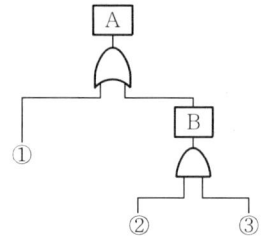

① $1.27 \times 10^{-1}$
② $3.5 \times 10^{-1}$
③ $3.25 \times 10^{-2}$
④ $7.3 \times 10^{-2}$
⑤ $7.3 \times 10^{-3}$

해설 $A = 1-(1-①)(1-B) = 1-(1-①)(1-②\times③) = 1-(1-0.1)(1-0.2\times0.15) = 1.27\times10^{-1}$

41. FT도에 사용되는 다음 게이트의 명칭은?

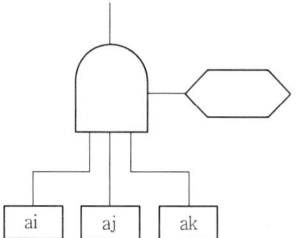

① 억제 게이트
② 부정 게이트
③ 배타적 OR게이트
④ 우선적 AND 게이트
⑤ 수정게이트

해설 수정 게이트 설명

| 기호 | 명칭 | 설명 |
| --- | --- | --- |
| Ai Aj Ak 순으로 | 우선적 AND 게이트 | 입력사상 중 어떤 현상이 다른 현상보다 먼저 일어날 경우에만 출력사상이 발생 |

42. 한 화학공장에는 24개의 공정제어회로가 있으며, 4,000시간의 공정 가동 중 이 회로에는 14번의 고장이 발생하였고 고장의 발생하였을 때마다 회로는 즉시 교체되었다. 이 회로의 평균고장시간(MTTF)은 약 얼마인가?
① 6,857시간
② 7,571시간
③ 8,240시간
④ 8,750시간
⑤ 9,800시간

➡해설 평균고장시간(MTTF ; Mean Time To Failure)
시스템, 부품 등이 고장 나기까지 동작시간의 평균치로 평균수명이라고도 한다.
MTTF = $\dfrac{24 \times 4,000}{14}$ = 6,857시간

43. 다음 중 FTA에서 시스템의 기능을 살리는 데 필요한 최소요인의 집합을 무엇이라 하는가?
① Critical Set
② Minimal Gate
③ Minimal Path
④ Boolean Indicated Cut Set
⑤ Minimal Cut

➡해설 미니멀 패스란 그 속에 포함되어 있는 기본사상이 일어나지 않을 때 처음으로 정상사상이 일어나지 않는 최소한의 기본사상을 말한다.

44. 다음 중 FTA에서 사용되는 Minimal Cut Set에 대한 설명으로 틀린 것은?
① 사고에 대한 시스템의 약점을 표현한다.
② 정상사상(Top 사상)을 일으키는 최소한의 집합이다.
③ 시스템에 고장이 발생하지 않도록 하는 사상의 집합이다.
④ 일반적으로 Fussell Algorithm을 이용한다.
⑤ 시스템에 고장이 발생하는 사상의 집합이다.

➡해설 미니멀 컷 세트는 정상사상을 일으키기 위해 필요한 최소한의 컷을 말한다.(시스템의 위험성 또는 안전성을 말함)

45. 다음 중 결함수 분석(FTA) 절차에서 가장 먼저 수행해야 하는 것은?
① FT(Fault Tree)도를 작성한다.
② cut set을 구한다.
③ minimal cut set을 구한다.
④ Top 사상을 정의한다.
⑤ 재검토를 실시한다.

➡해설 FTA에 의한 재해사례연구순서
1. Top 사상의 선정
2. 사상마다의 재해원인 규명
3. FT도의 작성
4. 개선계획의 작성

46. 다음 중 설비의 열화를 방지하고 그 진행을 지연시켜 수명을 연장하기 위한 설비의 점검, 청소, 주유 및 교체 등을 활동을 뜻하는 보전은?
① 예방보전
② 일상보전
③ 개량보전
④ 사후보전
⑤ 상태감시보전

➡해설 보전이란 설비 또는 제품의 고장이나 결함을 회복시키기 위한 수리, 교체 등을 통해 시스템을 사용 가능한 상태로 유지시키는 것을 말하며 설비의 열화를 방지하고 그 진행을 지연시켜 수명을 연장하기 위한 설비의 점검, 청소, 주유 및 교체 등은 일상적인 보전이다.

47. FT도에서 ①~⑤ 사상의 발생확률이 모두 0.05일 경우 T 사상의 확률은 약 얼마인가?

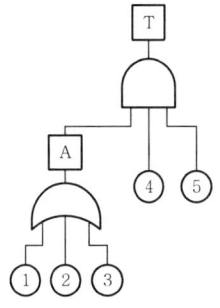

① 0.00036
② 0.142625
③ 0.2262
④ 0.25
⑤ 0.287

➡해설 T=A×④×④=(1-(1-①)(1-②)(1-③))×④×④
= (1-(1-0.05)(1-0.05)(1-0.05))×0.05×0.05 ≒ 0.00036

48. [그림]과 같이 FTA로 분석된 시스템에서 현재 모든 기본 사상에 대한 부품이 고장난 상태이다. 부품 $X_1$부터 부품 $X_5$까지 순서대로 복구한다면 어느 부품을 수리 완료하는 순간부터 시스템은 정상가동이 되겠는가?

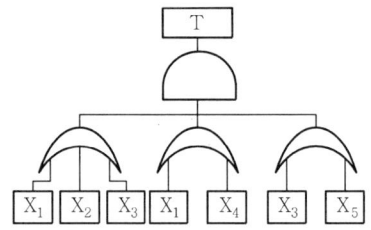

① 부품 $X_1$
② 부품 $X_2$
③ 부품 $X_3$
④ 부품 $X_4$
⑤ 부품 $X_5$

> **해설** 정상사상 T가 발생하려면 최소한 $X_1$, $X_3$가 고장이 나야 고장이 발생한다. 역으로 생각하면 $X_1$부터 $X_3$까지 순서대로 복구할 때 $X_3$가 수리가 완료되는 순간부터 시스템은 정상 가동된다.

49. 그림과 같은 시스템의 전체 신뢰도는 약 얼마인가? (단, 원 안의 수치는 각 구성요소의 신뢰도이다.)

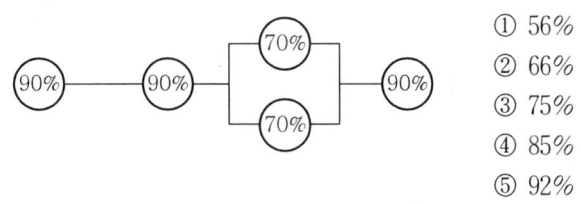

① 56%
② 66%
③ 75%
④ 85%
⑤ 92%

> **해설** $R = 0.9 \times 0.9 \times [1-(1-0.7)(1-0.7)] \times 0.9 = 0.66 = 66\%$

50. 시스템의 고장을 분석하는 데에는 고장밀도함수 $f(t)$보다 고장률함수 $\lambda(t)$가 더 중요한 의미를 갖는다. 고장률함수 $\lambda(t)$를 바르게 표시한 것은?(단, $R(t)$는 신뢰도함수, $F(t)$는 불신뢰도함수를 의미한다.)

① $\lambda(t) = f(t)/R(t)$
② $\lambda(t) = dR(t)/dt$
③ $\lambda(t) = f(t)/F(t)$
④ $\lambda(t) = dF(t)/dt$
⑤ $\lambda(t) = f(t)/dt$

> **해설** $\lambda(t) = f(t)/R(t)$
> 여기서, $\lambda(t)$ : 고장률함수, $f(t)$ : 불신뢰도함수, $R(t)$ : 신뢰도함수

51. 다음 그림과 같이 7개의 기기로 구성된 시스템이 있다. 각 신뢰도가 보기와 같은 경우 이 시스템의 신뢰도는?

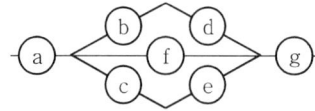

ⓐ=ⓖ : 0.75, ⓑ=ⓒ=ⓓ=ⓔ : 0.8, ⓕ : 0.9

① 0.5552
② 0.6234
③ 0.7427
④ 0.9740
⑤ 0.9983

➡해설 $R = ⓐ × [1-(1-ⓑⓓ)(1-ⓕ)(1-ⓒⓔ)] × ⓖ$
$= 0.75 × [1-(1-0.8×0.8)(1-0.9)(1-0.8×0.8)] × 0.75$
$= 0.75 × [1-(1-0.8^2)^2(1-0.9)] × 0.75 = 0.5552$

# 시스템안전공학

**Actual Test**

1. 리스크 관리에서 리스크를 통제하는 4가지 방법에 해당하지 않는 것은?
   ① 회피(avoidance)
   ② 감축(reduction)
   ③ 보류(retention)
   ④ 분배(distribution)
   ⑤ 전가(Transfer)

   ➡해설 리스크(Risk) 통제방법(조정기술)
   1. 회피(Avoidance)
   2. 경감, 감축(Reduction)
   3. 보류(Retention)
   4. 전가(Transfer)

2. 사업장 위험성평가에 관한 지침에서 사업주는 위험성평가를 효과적으로 실시하기 위하여 위험성평가 실시규정을 작성하고 관리하여야 한다. 이때 실시규정에 포함되어야 할 사항이 아닌 것은?
   ① 평가의 목적 및 방법
   ② 인정심사위원회의 구성·운영
   ③ 평가 담당자 및 책임자의 역할
   ④ 평가 시기 및 절차
   ⑤ 주지방법 및 유의사항

   ➡해설 사업장 위험성평가에 관한 지침 제9조(사전준비)
   ① 사업주는 최초 위험성평가시 다음 각 호의 사항이 포함된 위험성평가 실시규정을 작성하고, 지속적으로 관리하여야 한다.
       1. 평가의 목적 및 방법
       2. 평가담당자 및 책임자의 역할
       3. 평가시기 및 절차
       4. 주지방법 및 유의사항
       5. 결과의 기록·보존

1. ④  2. ②  ➡정답

 제2과목 산업안전일반

3. 다음은 화학설비의 안전성 평가단계이다. 순서를 바르게 나타낸 것은?

   ① 관계자료의 작성준비   ② 정량적 평가
   ③ 정성적 평가         ④ 안전대책

   ① ①-②-③-④
   ② ①-③-④-②
   ③ ①-②-④-③
   ④ ①-④-②-③
   ⑤ ①-③-②-④

   ➡해설 안전성 평가 6단계
   1. 제1단계 : 관계자료의 정비검토    2. 제2단계 : 정성적 평가
   3. 제3단계 : 정량적 평가           4. 제4단계 : 안전대책
   5. 제5단계 : 재해정보에 의한 재평가  6. 제6단계 : FTA에 의한 재평가

4. 산업안전보건법령상 사업주가 위험성평가 실시내용 및 결과를 기록·보존 할 때 포함되어야 할 사항을 모두 고른 것은?

   ㄱ. 산업안전보건관리비의 산출내역과 변경관리
   ㄴ. 위험성 결정의 내용
   ㄷ. 위험성평가 제외 대상 공종의 작업계획 및 회의내용
   ㄹ. 위험성평가 대상의 유해·위험요인
   ㅁ. 위험성평가의 실시내용을 확인하기 위하여 필요한 사항으로서 고용 노동부장관이 정하여 고시하는 사항

   ① ㄱ, ㄴ, ㄷ
   ② ㄱ, ㄷ, ㄹ
   ③ ㄴ, ㄷ, ㄹ
   ④ ㄴ, ㄹ, ㅁ
   ⑤ ㄷ, ㄹ, ㅁ

   ➡해설 사업장 위험성평가에 관한 지침(고용노동부고시) 제14조(기록 및 보존)
   ① 규칙 제37조제1항제4호에 따른 "그 밖에 위험성평가의 실시내용을 확인하기 위하여 필요한 사항으로서 고용노동부장관이 정하여 고시하는 사항"이란 다음 각 호에 관한 사항을 말한다.
      1. 위험성평가를 위해 사전조사 한 안전보건정보
      2. 그 밖에 사업장에서 필요하다고 정한 사항
   ② 시행규칙 제37조제2항의 기록의 최소 보존기한은 제15조에 따른 실시 시기별 위험성평가를 완료한 날부터 기산한다.

5. 어떤 설비의 시간당 고장률이 일정하다고 하면 이 설비의 고장간격은 다음 중 어떠한 확률분포를 따르는가?
   ① 1분포
   ② Erlang 분포
   ③ 와이블분포
   ④ 지수분포
   ⑤ 균등분포

   >해설> 설비의 고장간격
   어떤 설비의 시간당 고장률이 일정한 때는 이 설비의 고장간격은 지수분포의 확률분포를 따른다.

6. 다음에 적용된 본질적 안전설계의 개념으로 옳은 것은?

   ㄱ. 극성이 정해져 있는 전원 커넥터를 극성이 다르게 삽입되지 않도록 설계
   ㄴ. 전기히터가 넘어지면 저절로 꺼지도록 설계

   ① ㄱ : Fool Proof, ㄴ : Fail Safe
   ② ㄱ : Fool Proof, ㄴ : Fool Proof
   ③ ㄱ : Fail Safe, ㄴ : Fool Proof
   ④ ㄱ : Fail Safe, ㄴ : Fail Safe
   ⑤ ㄱ : Fail Proof, ㄴ : Fail Safe

   >해설> Fail Safe : 기계나 그 부품에 고장이나 기능불량이 생겨도 항상 안전을 유지하는 구조와 기능
   Fool proof : 기계장치 설계단계에서 안전화를 도모하는 것으로 근로자가 기계 등의 취급을 잘못해도 사고로 연결되는 일이 없도록 하는 안전기구 즉, 인간과오(Human Error)를 방지하기 위한 것

7. 위험분석기법 중 높은 고장 등급을 갖고 고장모드가 기기 전체의 고장에 어느 정도 영향을 주는가를 정량적으로 평가하는 해석 기법은?
   ① FTA
   ② CA
   ③ ETA
   ④ FHA
   ⑤ MORT

   >해설> CA
   고장이 직접 시스템의 손해와 인원의 사상에 연결되는 높은 위험도를 가지는 경우에 위험도를 가져오는 요소 또는 고장의 형태에 따른 분석(정량석 분석)

8. 사업장 위험성평가에 관한 지침에서 위험성평가의 실시에 관한 내용으로 옳지 않은 것은?
   ① 위험성평가는 최초평가 및 수시평가, 정기평가로 구분하여 실시하여야 한다.
   ② 최초평가 및 정기평가는 전체작업을 대상으로 한다.
   ③ 중대산업사고 또는 산업재해(휴업 이상의 요양을 요하는 경우에 한정한다) 발생 시에는 재해발생 작업을 대상으로 작업을 재개하기 전에 수시평가를 실시하여야 한다.
   ④ 사업장 건설물의 설치·이전·변경 또는 해체 계획이 있는 경우에는 해당 계획의 실행을 착수하기 전에 수시평가를 실시하여야 한다.
   ⑤ 정기평가는 최초평가 후 2년에 1회 실시하여야 한다.

   ➡해설 사업장 위험성평가에 관한 지침(고용노동부고시)
   ① 위험성평가는 최초평가 및 수시평가, 정기평가로 구분하여 실시하여야 한다.(최초평가 및 정기평가는 전체 작업을 대상)
   ② 수시평가는 다음 각 호의 어느 하나에 해당하는 계획이 있는 경우에는 해당 계획의 실행을 착수하기 전에 실시하여야 한다.
     1. 사업장 건설물의 설치·이전·변경 또는 해체
     2. 기계·기구, 설비, 원재료 등의 신규 도입 또는 변경
     3. 건물, 기계·기구, 설비 등의 정비 또는 보수
     4. 작업방법 또는 작업절차의 신규 도입 또는 변경
     5. 중대산업사고 또는 산업재해(휴업 이상의 요양을 요하는 경우에 한정한다) 발생
        – 이 경우, 재해발생 작업을 대상으로 작업을 재개하기 전에 실시
     6. 그 밖에 사업주가 필요하다고 판단한 경우
   ③ 정기평가는 최초평가 후 매년 정기적으로 실시한다.

9. 다음 중 보전(Maintenance)을 행하기 위한 주요 작업과 가장 거리가 먼 것은?
   ① 점검 및 검사
   ② 병목작업의 개선
   ③ 청소, 급유 등의 서비스
   ④ 조정, 수리 교환 등의 시정조치
   ⑤ 결함을 회복시키기 위한 수리, 교체

   ➡해설 보전
   설비 또는 제품의 고장이나 결함을 회복시키기 위한 수리, 교체 등을 통해 시스템을 사용가능한 상태로 유지시키는 것을 말함

10. 다음 중 위험 및 운전성 검토(HAZOP)에서 "성질상의 감소"를 나타내는 가이드 워드는?
   ① MORE LESS
   ② OTHER THAN
   ③ AS WELL AS
   ④ PART OF
   ⑤ REVERSE

   > **해설** 유인어(Guide Words)
   > 간단한 용어로서 창조적 사고를 유도하고 자극하여 이상을 발견하고 의도를 한정하기 위하여 사용되는 것
   > 1. NO 또는 NOT : 설계의도의 완전한 부정
   > 2. MORE 또는 LESS : 양(압력, 반응, 온도 등)의 증가 또는 감소
   > 3. AS WELL AS : 성질상의 증가(설계의도와 운전조건이 어떤 부가적인 행위)와 함께 일어남
   > 4. PART OF : 일부변경, 성질상의 감소(어떤 의도는 성취되나 어떤 의도는 성취되지 않음)
   > 5. REVERSE : 설계의도의 논리적인 역
   > 6. OTHER THAN : 완전한 대체(통상 운전과 다르게 되는 상태)

11. 어떤 전자기기의 수명은 지수분포를 따르며, 그 평균 수명은 10,000시간이라고 한다. 이 기기를 연속적으로 사용할 경우 10,000시간 동안 고장 없이 작동할 확률은?
   ① $1-e^{-1}$
   ② $e^{-1}$
   ③ $\dfrac{1}{2}$
   ④ $1$
   ⑤ $e^{-2}$

   > **해설** $R = e^{-\lambda t} = e^{-t/t_0} = e^{-10,000/10,000} = e^{-1}$
   > 여기서, $\lambda$ : 고장률
   >   $t$ : 가동시간
   >   $t_0$ : 평균수명

12. 복잡한 시스템을 설계, 가동하기 전의 구상단계에서 시스템의 근본적인 위험성을 평가하는 가장 기초적인 위험도 분석기법은 무엇인가?
   ① 결함수분석법(FTA)
   ② 예비위험분석(PHA)
   ③ 고장의 형과 영향분석(FMEA)
   ④ 운용 안전성 분석(OSA)
   ⑤ ETA

   > **해설** PHA(예비사고분석)
   > 시스템 내의 위험요소가 얼마나 위험상태에 있는가를 평가하는 시스템안전프로그램의 최초단계의 분석 방식(정성적)

13. 신뢰도 이론의 욕조곡선(bathtub curve)을 나타낸 것으로 옳은 것은? (단, t: 시간, h(t): 고장률, f(t): 확률밀도함수, F(t): 불신뢰도이다.)

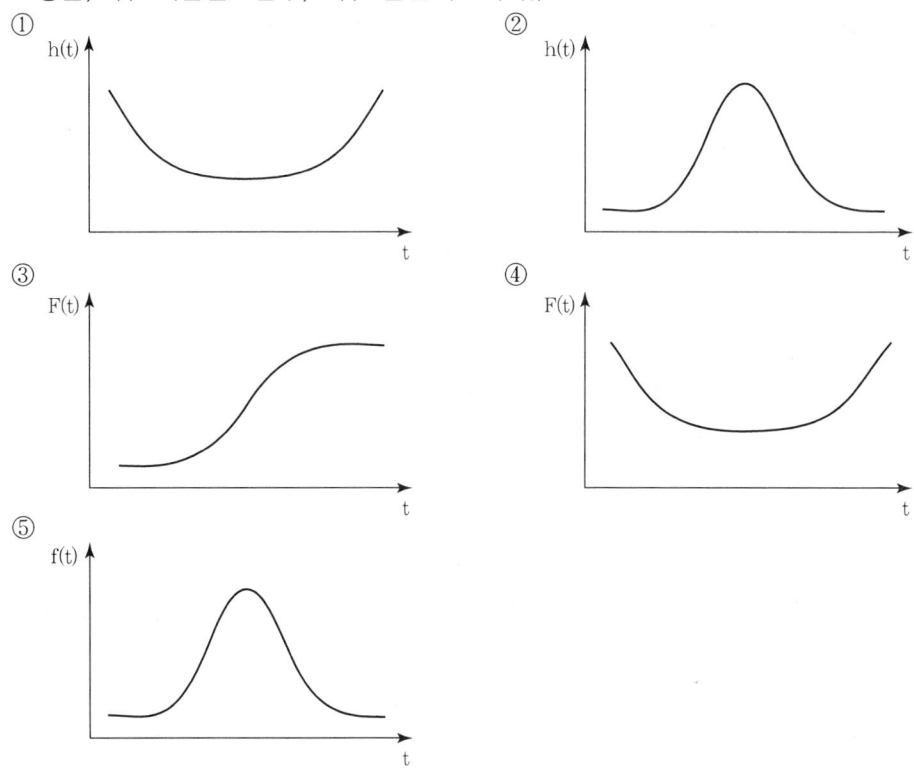

❖ 해설

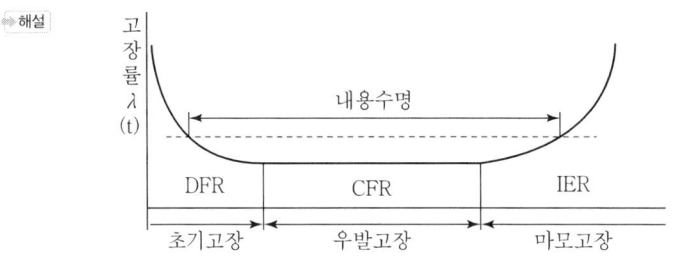

[기계의 고장률(욕조곡선, Bathtub curve)]

14. 시스템 안전분석법 중 예비위험분석의 식별된 4가지 사고 카테고리에 해당되지 않는 것은?
    ① 선별적 상태　　　　　　　　② 중대상태
    ③ 무시가능상태　　　　　　　　④ 파국적 상태
    ⑤ 파국

    ➡해설　PHA에 의한 위험등급
    　　　　Class-1 : 파국
    　　　　Class-2 : 중대
    　　　　Class-3 : 한계적
    　　　　Class-4 : 무시가능

15. 예비위험분석(PHA)의 목적으로 알맞은 것은?
    ① 시스템의 구상단계에서 시스템 고유의 위험상태를 식별하여 예상되는 위험수준을 결정하기 위한 것이다.
    ② 시스템에서 사고위험성이 정해진 수준 이하에 있는 것을 확인하기 위한 것이다.
    ③ 시스템 내의 사고 발생을 허용레벨까지 줄이고 어떠한 안전상에 필요사항을 결정하기 위한 것이다.
    ④ 시스템의 모든 사용단계에서 모든 작업에 사용되는 인원 및 설비 등에 관한 위험을 분석하기 위한 것이다.
    ⑤ 미국의 W. G. Johnson에 의해 개발되어 논리기법을 이용하여 관리, 설계, 생산, 보전 등에 대해서 광범위하게 안전성을 확보하기 위한 기법이다.

    ➡해설　PHA(예비사고 분석)
    　　　　시스템 내의 위험요소가 얼마나 위험상태에 있는가를 평가하는 시스템안전프로그램의 최초단계의 분석방식(정성적)

16. 다음 중 시스템안전위험분석(SSHA)을 수행하기 위한 최초의 작업으로서 구상단계나 설계 및 발주의 극히 초기에 실시되는 것은?
    ① 예비위험분석(PHA)　　　　② 결함위험분석(FHA)
    ③ 디시전트리(DT)　　　　　　④ 결함수분석(FTA)
    ⑤ 인간과오율 추정법(THERP)

    ➡해설　PHA(예비위험 분석)
    　　　　시스템 내의 위험요소가 얼마나 위험상태에 있는가를 평가하는 시스템안전프로그램의 최초단계의 분석방식(정성적)

## 제2과목 산업안전일반

**17.** CA(Criticality Analysis) 기법에서 "작업의 실패로 이어질 염려가 있는 고장"의 카테고리는?
① Category - Ⅰ
② Category - Ⅱ
③ Category - Ⅲ
④ Category - Ⅳ
⑤ Category - Ⅴ

▶해설 CA(Criticality Analysis, 위험성 분석법)
1. 고장이 직접 시스템의 손해와 인원의 사상에 연결되는 높은 위험도를 가지는 경우에 위험도를 가져오는 요소 또는 고장의 형태에 따른 분석(정량적 분석)
2. 위험성 분류의 표시
 (1) Category 1 : 생명의 상실로 이어질 염려가 있는 고장
 (2) Category 2 : 작업의 실패로 이어질 염려가 있는 고장
 (3) Category 3 : 운용의 지연 또는 손실로 이어질 고장
 (4) Category 4 : 극단적인 계획 외의 관리로 이어질 고장

**18.** 시스템 안전해석방법 중 "HAZOP"에서 "완전 대체"를 의미하는 유인어는?
① NOT
② REVERSE
③ PART OF
④ OTHER THAN
⑤ AS WELL AS

▶해설 유인어(Guide Words)
간단한 용어로서 창조적 사고를 유도하고 자극하여 이상을 발견하고 의도를 한정하기 위하여 사용되는 것
1. NO 또는 NOT : 설계의도의 완전한 부정
2. MORE 또는 LESS : 양(압력, 반응, 온도 등)의 증가 또는 감소
3. AS WELL AS : 성질상의 증가(설계의도와 운전조건이 어떤 부가적인 행위)와 함께 일어남
4. PART OF : 일부변경, 성질상의 감소(어떤 의도는 성취되나 어떤 의도는 성취되지 않음)
5. REVERSE : 설계의도의 논리적인 역
6. OTHER THAN : 완전한 대체(통상 운전과 다르게 되는 상태)

19. 다음 [그림]에서 시스템 위험분석기법 중 PHA가 실행되는 사이클의 영역으로 옳은 것은?

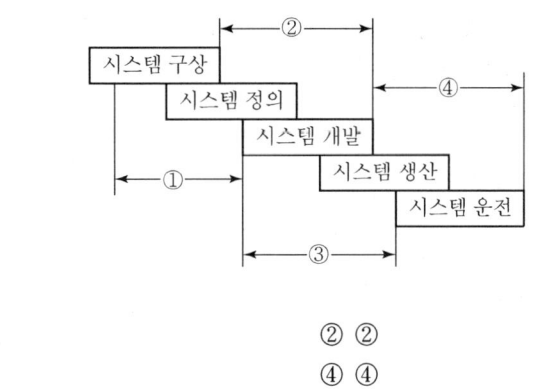

① ①  ② ②
③ ③  ④ ④
⑤ ①, ②, ③, ④ 모두 해당됨

→해설 PHA(예비사고 분석)
시스템 내의 위험요소가 얼마나 위험상태에 있는가를 평가하는 시스템안전프로그램의 최초단계의 분석방식(정성적)

20. 설계단계의 위험 및 운용성 검토에서 일반적으로 위험을 억제하기 위한 직접적 조치와 거리가 먼 것은?
① 공정의 변경(방법, 원료 등)  ② 생산목표이 변경
③ 공정조건의 변경(압력, 온도 등)  ④ 작업방법의 변경
⑤ 설계 외형의 변경

→해설 위험 및 운전성 검토에서 위험을 억제하기 위한 일반적인 조치사항
1. 공정의 변경(원료, 방법 등)
2. 공정조건의 변경(압력, 온도 등)
3. 설계외형의 변경
4. 작업방법의 변경

21. 안전성평가 종류 중 기술개발의 종합평가(technology assessment)에서 단계별 내용으로 옳지 않은 것은?
    ① 1단계 : 생산성 및 보전성 검토
    ② 2단계 : 실현 가능성 검토
    ③ 3단계 : 안전성 및 위험성 검토
    ④ 4단계 : 경제성 검토
    ⑤ 5단계 : 종합평가

    ▶해설 기술 개발 종합평가
    1. 1단계 : 사회 기여도
    2. 2단계 : 실현 가능성 검토
    3. 3단계 : 위험성과 안전성 검토
    4. 4단계 : 경제성 검토
    5. 5단계 : 종합평가

22. 안전성 평가는 6단계 과정을 거쳐 실시되는데 이에 해당되지 않는 것은?
    ① 작업조건의 측정
    ② 정성적 평가
    ③ 안전대책
    ④ 관계자료의 정비검토
    ⑤ 재해정보의 재평가

    ▶해설 안전성 평가 6단계
    1. 제1단계 : 관계자료의 정비검토
    2. 제2단계 : 정성적 평가
    3. 제3단계 : 정량적 평가
    4. 제4단계 : 안전대책
    5. 제5단계 : 재해정보에 의한 재평가
    6. 제6단계 : FTA에 의한 재평가

23. 위험성평가 실시 주체에 관한 설명으로 옳은 것은?
    ① 사업주는 위험성평가 시 해당 작업장의 근로자를 참여시켜야 한다.
    ② 안전보건관리책임자는 유해·위험요인을 파악하고 그 결과에 따라 개선조치를 시행한다.
    ③ 관리감독자는 위험성평가 실시에 대하여 안전보건관리책임자를 보좌하고 지도·조언한다.
    ④ 안전보건관리책임자는 주체가 되어 도급사업주와 함께 각자의 역할을 분담하여 위험성평가를 실시한다.
    ⑤ 안전·보건관리자는 위험성평가 실시를 총괄한다.

    ▶해설 사업장 위험성평가에 관한 지침(고용노동부고시) 제6조(근로자 참여)
    사업주는 위험성평가를 실시할 때, 다음 각 호의 어느 하나에 해당하는 경우 법 제36조제2항에 따라 해당 작업에 종사하는 근로자를 참여시켜야 한다.
    1. 관리감독자가 해당 작업의 유해·위험요인을 파악하는 경우

2. 사업주가 위험성 감소대책을 수립하는 경우
3. 위험성평가 결과 위험성 감소대책 이행여부를 확인하는 경우

24. FTA에서 시스템의 안정성을 정량적으로 평가할 때, 이 평가에 포함되는 5개 항목에 대한 위험점수가 합산해서 몇 점 이상이면 FTA를 다시 하게 되는가?
① 10점 이상
② 14점 이상
③ 16점 이상
④ 20점 이상
④ 24점 이상

▶해설 화학설비 정량평가 등급
1. 위험등급 Ⅰ : 합산점수 16점 이상
2. 위험등급 Ⅱ : 합산점수 11~15점
3. 위험등급 Ⅲ : 합산점수 10점 이하
※ 위험등급 Ⅰ(16점 이상)에 해당하는 화학설비에 대해 FTA에 의한 재평가 실시

25. 설비고장 형태 중 사용조건상의 결함에 의해 발생하는 것은?
① 마모고장
② 우발고장
③ 초기고장
④ 피로고장
⑤ 증가형 고장

▶해설 우발고장은 예측할 수 없을 때 생기는 고장으로 시운전이나 점검작업으로는 방지할 수 없는 사용조건상의 결함이다.

26. 화학설비의 안정성 평가에서 정량적 평가의 항목에 해당되지 않는 것은?
① 압력
② 온도
③ 공정
④ 설비용량
⑤ 조작

▶해설 정량적 평가항목(5가지 항목)
1. 물질    2. 온도
3. 압력    4. 용량
5. 조작

27. 다음은 위험성평가 기법인 MORT에 관한 설명이다. (   )에 들어갈 것으로 옳은 것은?

> MORT는 (   )와/과 동일한 논리방법을 사용하여 관리, 설계, 생산 및 보전 등의 넓은 범위에 걸친 안전확보를 위하여 활용하는 기법으로 원자력 산업 등에 이용된다.

① HAZOP
② FTA
③ CA
④ FMEA
⑤ PHA

➡️해설 MORT(Management Oversight and Risk Tree)
FTA와 같은 논리기법을 이용하여 관리, 설계, 생산, 보전 등에 대해서 광범위하게 안전성을 확보하기 위한 기법(원자력 산업에 이용, 미국의 W. G. Johnson에 의해 개발)

28. 화학설비에 대한 안전성 평가방법 중 공장의 입지조건이나 공장 내 배치에 관한 사항은 어느 단계에서 하는가?
① 제1단계 : 관계자료의 적성 준비
② 제2단계 : 정성적 평가
③ 제3단계 : 정량적 평가
④ 제4단계 : 안전대책
⑤ 제5단계 : 재해정보에 의한 재평가

➡️해설 안전성 평가 6단계
1. 제1단계 : 관계자료의 정비검토
2. 제2단계 : 정성적 평가
   1) 설계관계 : 공장 내 배치, 소방설비 등
   2) 운전관계 : 원재료, 운송, 저장 등
3. 제3단계 : 정량적 평가
4. 제4단계 : 안전대책
5. 제5단계 : 재해정보에 의한 재평가
6. 제6단계 : FTA에 의한 재평가

29. 다음에서 설명하고 있는 위험성평가 기법은?

> • 초기 개발 단계에서 시스템 고유의 위험성을 파악하고 예상되는 재해의 위험수준을 결정한다.
> • 시스템 내의 위험요소가 어떤 위험상태에 있는가를 평가하는 정성적인 기법이다.

① CA
② FMEA
③ MORT
④ THERP
⑤ PHA

➡️정답 27. ② 28. ② 29. ⑤

> 해설 PHA(예비위험 분석, Preliminary Hazards Analysis)
> 시스템 내의 위험요소가 얼마나 위험상태에 있는가를 평가하는 시스템안전프로그램의 최초단계의
> 분석방식(정성적)
>
> PHA에 의한 위험등급
> Class – 1 : 파국
> Class – 2 : 중대
> Class – 3 : 한계
> Class – 4 : 무시가능

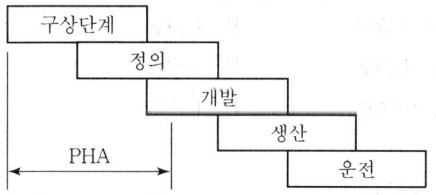

[시스템 수명 주기에서의 PHA]

30. 지수분포를 따르는 A 제품의 평균수명은 5,000시간이다. 이 제품을 연속적으로 6,000시간 동안 사용할 경우 고장 없이 작동할 확률은?
   ① 0.3011
   ② 0.4346
   ③ 0.5654
   ④ 0.6989
   ⑤ 0.7185

> 해설 $R = e^{-\lambda t} = e^{-t/t_0} = e^{-6,000/5,000} = e^{-1.2} = 0.3011$
> 여기서, $\lambda$ : 고장률, $t$ : 가동시간, $t_0$ : 평균수명

31. 사업장 위험성평가에 관한 지침에서 정하고 있는 위험성평가의 절차에서 "상시근로자수가 20명 미만 사업장(총 공사금액 20억원 미만의 건설공사)의 경우"에 생략할 수 있는 절차는?
   ① 평가대상의 선정 등 사전준비
   ② 근로자의 작업과 관계되는 유해·위험요인의 파악
   ③ 파악된 유해·위험요인별 위험성의 추정
   ④ 위험성감소 대책의 수립 및 실행
   ⑤ 위험성평가 실시내용 및 결과에 관한 기록

> 해설 사업장 위험성평가에 관한 지침(고용노동부고시) 제8조(위험성평가의 절차)
> 상시근로자수 20명 미만 사업장(총 공사금액 20억원 미만의 건설공사)의 경우 위험성평가 절차 중 유해·위험요인별 위험성의 추정을 생략할 수 있다.

## 제2과목 산업안전일반

**32.** 프레스에 설치된 안전장치의 수명은 지수분포를 따르며 평균수명은 100시간이다. 새로 구입한 안전장치가 50시간 동안 고장 없이 작동할 확률(A)과 이미 100시간을 사용한 안전장치가 앞으로 100시간 이상 견딜 확률(B)은 약 얼마인가?

① A : 0.606   B : 0.368
② A : 0.606   B : 0.606
③ A : 0.368   B : 0.606
④ A : 0.606   B : 0.308
⑤ A : 0.368   B : 0.368

▶해설  A : $R = e^{-\lambda t} = e^{-\frac{t}{t_0}} = e^{-\frac{50}{100}} = e^{-0.5} = 0.606$

B : $R = e^{-\lambda t} = e^{-\frac{t}{t_0}} = e^{-\frac{200}{100}} = e^{-1} = 0.368$

여기서, $\lambda$ : 고장률, $t$ : 가동시간, $t_0$ : 평균수명

**33.** 고장형태 중 감소형은 어느 고장기간에 나타나는가?

① 초기고장기간
② 우발고장기간
③ 마모고장기간
④ 피로고장기간
⑤ 일정형 고장기간

▶해설  1. 초기고장(감소형) : 제조가 불량하거나 생산과정에서 품질관리가 안 돼 생기는 고장
2. 우발고장(일정형) : 실제 사용하는 상태에서 발생하는 고장으로 예측할 수 없는 랜덤의 간격으로 생기는 고장
3. 마모고장(증가형) : 설비 또는 장치가 수명을 다하여 생기는 고장

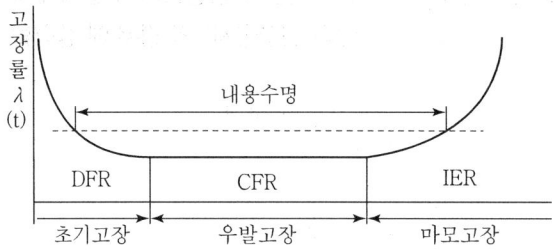

34. 맥박수, 호흡, 체온 등 인간의 상태를 monitoring하여 안전대책강구에 활용하고 있다면 이 monitoring 방법을 무엇이라고 하는가?
   ① 자기적 방법(self monitoring)
   ② 생리학적 방법(physiology monitoring)
   ③ 시각적 방법(visual monitoring)
   ④ 반응적 방법(reaction monitoring)
   ⑤ 환경의 모니터링(environmental monitoring) 방법

   ➡해설 인간에 대한 monitoring 방식
   1. 셀프 모니터링(self monitoring) 방법(자기감지) : 자극, 고통, 피로, 권태, 이상감각 등의 지각에 의해서 자신의 상태를 알고 행동하는 감시방법이다. 이것은 그 결과를 동작자 자신이나 또는 모니터링 센터(monitoring center)에 전달하는 두 가지 경우가 있다.
   2. 생리학적 모니터링(physiology monitoring) 방법 : 맥박수, 체온, 호흡 속도, 혈압, 뇌파 등으로 인간 자체의 상태를 생리적으로 모니터링하는 방법이다.
   3. 비주얼 모니터링(visual monitoring) 방법(시각적 감지) : 작업자의 태도를 보고 작업자의 상태를 파악하는 방법이다.(졸린 상태는 생리학적으로 분석하는 것보다 태도를 보고 상태를 파악하는 것이 쉽고 정확하다.).
   4. 반응에 의한 모니터링(reaction monitoring) 방법 : 자극(청각 또는 시각에 의한 자극)을 가하여 이에 대한 반응을 보고 정상 또는 비정상을 판단하는 방법이다.
   5. 환경의 모니터링(environmental monitoring) 방법 : 간접적인 감시방법으로서 환경조건의 개선으로 인체의 안락과 기분을 좋게 하여 장상작업을 할 수 있도록 만드는 방법이다.

35. 고장률에 관한 욕조곡선(Bathtub Curve)의 설명으로 옳은 것을 모두 고른 것은?
   ㄱ. 시간에 따른 평균 고장시간(MTTF)을 도시한 것이다.
   ㄴ. 초기고장기간, 우발고장기간, 마모고장기간으로 구분된다.
   ㄷ. 초기고장을 줄이기 위해 디버깅(Debugging)이나 번인(Burn-in)을 실시한다.
   ㄹ. 피로나 노화고장은 마모고장 기간에서 발생한다.
   ㅁ. 예방보전은 우발고장기간에서 가장 효과적이다.

   ① ㄱ, ㄴ
   ② ㄱ, ㄴ, ㄷ
   ③ ㄴ, ㄷ, ㄹ
   ④ ㄷ, ㄹ, ㅁ
   ⑤ ㄴ, ㄷ, ㄹ, ㅁ

   ➡해설 고장률에 관한 욕조곡선 유형
   1. 초기고장(감소형)
      제조가 불량하거나 생산과정에서 품질관리가 안 되어 생기는 고장
      (1) 디버깅(Debugging) 기간 : 결함을 찾아내어 고장률을 안정시키는 기간
      (2) 번인(Burn-in) 기간 : 장시간 움직여보고 그동안에 고장난 것을 제거시키는 기간

34. ②  35. ③

2. 우발고장(일정형)
   실제 사용하는 상태에서 발생하는 고장으로 예측할 수 없는 랜덤의 간격으로 생기는 고장
   신뢰도 : $R(t) = e^{-\lambda t}$
   (평균고장시간 $t_0$인 요소가 $t$ 시간 동안 고장을 일으키지 않을 확률)

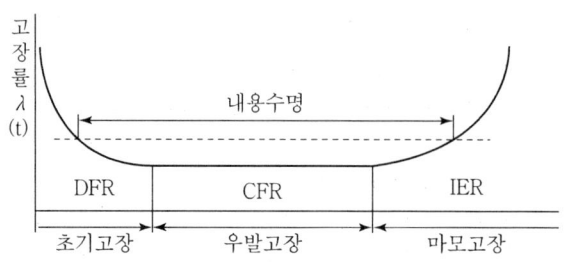

[기계의 고장률(욕조곡선, Bathtub curve)]

3. 마모고장(증가형)
   설비 또는 장치가 수명을 다하여 생기는 고장

36. 부품의 고장이 있더라도 기계는 다음의 보수가 이루어질 때까지 안전한 기능을 유지하는 것은?
    ① Fail-Passive
    ② Fail-Operational
    ③ Fail-Lock
    ④ Fail-Proof
    ⑤ Fool proof

    해설 페일세이프(fail safe) 구조의 기능 면에서의 분류
    1. fail passive(자동감지) : 고장시 기계장치는 정지상태로 옮겨간다.
    2. fail active(자동제어) : 부품이 고장나면 기계는 경보를 올리면 짧은 시간 동안 운전이 가능
    3. fail operational(차단 및 조정) : 부품에 고장이 있더라도 추후 보수가 있을 때까지 안전한 기능을 유지

37. 기계에 고장이 발생하였을 경우 어느 기간동안 기계의 기능이 계속되어 재해로 발전되는 것을 막는 기구를 무엇이라 하는가?
    ① fool-proof
    ② fail-safe
    ③ safe-life
    ④ man-machine system
    ⑤ Fail-proof

▶해설 Fail safe 정의
1. 기계나 그 부품에 고장이나 기능불량이 생겨도 항상 안전을 유지하는 구조와 기능
2. 인간 또는 기계의 과오나 오작동이 있어도 사고 및 재해가 발생하지 않도록 2중, 3중으로 안전장치를 한 시스템(System)

38. 페일세이프(Fail safe)의 기능적 분류 중 고장나면 바로 정지하도록 설계된 것은 어느 것인가?
① 페일 패시브(Fail passive)
② 페일 액티브(Fail active)
③ 페일 오퍼레이션(Fail operation)
④ 페일 소프트(Fail soft)
⑤ 풀프루프(Fool proof)

▶해설 페일 세이프(Fail safe)
1. 페일세이프(Fail safe) : 인간이나 기계 등에 과오나 동작상의 실수가 있더라도 사고·재해를 발생시키지 않도록 2중, 3중 안전장치를 한 시스템(System)
2. 페일세이프의 기능분류
  1) Fail passive : 부품이 고장나면 통상 정지하는 방향으로 이동
  2) Fail active : 부품이 고장나면 기계는 경보를 울리며 짧은 시간 운전이 가능하다.

39. 서로 독립인 기본사상 a, b, c로 구성된 아래의 결함수(Fault Tree)에서 정상사상 T에 관한 최소절단집합(minimal cut set)을 모두 구하면?

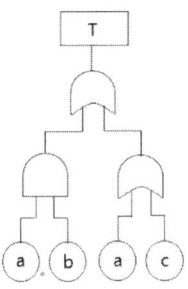

① {a}
② {a,b}
③ {a, c}
④ {a}, {b}
⑤ {a},{c}

**해설** 미니멀 컷셋 산정법
1. 정상사상에서 차례로 하단의 사상으로 치환하면서 AND 게이트는 가로로, OR 게이트는 세로로 나열한다.
2. 중복사상이나 컷을 제거하면 미니멀 컷셋이 된다.

$$T = A_1 \cdot A_2 = (X_1 \cdot X_2) \cdot A_2 = \begin{matrix} X_1 X_2 X_3 \\ X_1 X_2 X_4 \end{matrix}$$

즉, 컷셋은 $(X_1 X_2 X_3)$ 또는 $(X_1 X_2 X_4)$ 중 1개이다.

$$T = A \cdot B = \begin{matrix} X_1 \\ X_2 \end{matrix} \cdot B = \begin{matrix} X_1 X_1 X_3 \\ X_1 X_2 X_3 \end{matrix}$$

즉, 컷셋은 $(X_1 X_3)(X_1 X_2 X_3)$, 미니멀 컷셋은 $(X_1 X_3)$ 또는 $(X_1 X_2 X_3)$ 중 1개이다.

# 인간공학

**Actual Test**

1. 플리커 검사(flicker test)란 무엇을 측정하는 검사인가?
   ① 혈중 알코올 농도를 측정하는 검사이다.
   ② 체내 산소량을 측정하는 검사이다.
   ③ 작업강도를 측정하는 검사이다.
   ④ 피로의 정도를 측정하는 검사이다.
   ⑤ 근육활동의 전위차를 기록하는 것이다.

   > **해설** 플리커 검사(fliker test)
   > 정신적 부담이 대뇌피질의 피로수준에 미치고 있는 영향을 측정하는 것으로 피로의 정도를 측정하는 검사이다.

2. 부주의의 발생원인이 소질적 조건일 때 그 대책으로 알맞은 것은?
   ① 카운슬링                    ② 교육 및 훈련
   ③ 작업순서 정비              ④ 적성에 따른 배치
   ⑤ 환경정비

   > **해설** 부주의 발생대책
   > ① 내적 요인
   >   ㉠ 소질적 조건 : 적성배치
   >   ㉡ 의식의 우회 : 상담
   >   ㉢ 경험 및 미경험 : 교육
   > ② 외적 요인
   >   ㉠ 작업 및 환경조건 불량 : 환경정비
   >   ㉡ 작업순서의 부적당 : 작업순서 정비

1. ④  2. ④

3. 실내 전체를 일률적으로 밝히는 조명방법으로 실내 전체가 밝아지므로 기분이 명랑해지고 눈의 피로가 적어져서 사고나 재해가 적어지는 조명방식은?
   ① 직접조명
   ② 간접조명
   ③ 국부조명
   ④ 전반조명
   ⑤ 조명방식에 따른 차이 없음

   ▶해설 전반조명방식은 실내 전체를 일률적으로 밝히는 조명방법으로 실내 전체가 밝아지므로 기분이 명랑해지고 눈의 피로가 적어져서 사고나 재해가 적어지는 조명방식이다.

4. 주어진 자극에 대해 인간이 갖는 변화감지역을 표현하는 데에는 웨버(Weber)의 법칙을 이용한다. 이때 웨버(Weber) 비의 관계식으로 옳은 것은?(단, 변화감지역을 $\Delta I$, 표준자극을 $I$라 한다.)

   ① 웨버(Weber)비 = $\dfrac{\Delta I}{I}$
   ② 웨버(Weber)비 = $\dfrac{I}{\Delta I}$
   ③ 웨버(Weber)비 = $\Delta I \times I$
   ④ 웨버(Weber)비 = $\dfrac{\Delta I - I}{\Delta I}$
   ⑤ 웨버(Weber)비 = $\dfrac{I - \Delta I}{\Delta I}$

   ▶해설 웨버(Weber)의 법칙 : 특정 감각의 변화감지역($\Delta I$)은 사용되는 표준자극($I$)에 비례한다.
   웨버 비 = $\dfrac{\Delta I}{I}$
   여기서, $I$ : 기준자극크기
   $\Delta I$ : 변화감지역

5. 산업안전보건기준에 관한 규칙의 일부이다. (    )에 들어갈 내용으로 옳은 것은?

   제8조(조도) 사업주는 근로자가 상시 작업하는 장소의 작업면 조도(照度)를 다음 각 호의 기준에 맞도록 하여야 한다. 다만, 갱내(坑內) 작업장과 감광재료(感光材料)를 취급하는 작업장은 그러하지 아니하다.

   1. 초정밀작업: ( ㄱ )럭스(lux) 이상  2. 정밀작업: ( ㄴ )럭스 이상

   ① ㄱ : 600, ㄴ : 300
   ② ㄱ : 650, ㄴ : 250
   ③ ㄱ : 700, ㄴ : 200
   ④ ㄱ : 750, ㄴ : 300
   ⑤ ㄱ : 800, ㄴ : 250

➡해설 1. 초정밀작업: 750럭스(lux) 이상
2. 정밀작업: 300럭스 이상
3. 보통작업: 150럭스 이상
4. 그 밖의 작업: 75럭스 이상

6. 단속반복작업으로 인하여 발생되는 건강장애 즉, CTD의 발생요인이 아닌 것은?
① 과도한 힘의 요구     ② 부적합한 작업자세
③ 긴 작업주기         ④ 장시간의 진동
⑤ 반복적인 동작

➡해설 누적손상장애(CTDs) 발생원인
과도한 힘의 요구, 부적합한 작업자세, 장시간의 진동

7. 소음노출로 인한 청력손실에 관한 내용 중 관계가 먼 것은?
① 초기의 청력손실은 1,000Hz에서 크게 나타난다.
② 청력손실의 정도와 노출된 소음수준은 비례관계가 있다.
③ 약한 소음에 대해서는 노출기간과 청력손실 간에 관계가 없다.
④ 강한 소음에 대해서는 노출기간에 따라 청력 손실도 증가한다.
⑤ 진동수가 높아짐에 따라 청력손실이 증가한다.

➡해설 청력손실
진동수가 높아짐에 따라 청력손실이 증가한다. 청력손실은 4,000Hz에서 크게 나타난다.

8. 다음 중 시스템의 병렬계에 대한 특성이 아닌 것은?
① 요소(要素)의 중복도가 늘수록 계(系)의 수명은 길어진다.
② 요소(要素)의 수가 많을수록 고장의 기회는 줄어든다.
③ 요소(要素)의 어느 하나라도 정상이면 계(系)는 정상이다.
④ 계(系)의 수명은 요소(要素) 중에서 수명이 가장 짧은 것으로 정해진다.
⑤ 계(系)의 수명은 요소(要素) 중에서 수명이 가장 긴 것으로 정해진다.

➡해설 시스템의 직렬계에 대한 특성에 해당된다.

9. 인간의 생리적 부담 척도 중 국소적 근육활동의 척도로 이용되는 것은?
   ① 혈압
   ② 맥박수
   ③ 근전도
   ④ 점멸융합 주파수
   ⑤ 체온

   ➡해설 1. 근전도(EMG) : 근육활동의 전위차를 기록한 것
   2. 심전도(ECG) : 심장근의 근전도를 말함

10. 다음 중 양립성(compatibility)의 종류가 아닌 것은?
    ① 개념
    ② 공간
    ③ 운동
    ④ 인지
    ⑤ 정답없음

    ➡해설 양립성(Compatibility)
    안전을 근원적으로 확보하기 위한 전략으로서 외부의 자극과 인간의 기대가 서로 모순되지 않아야 하는 것. 제어장치와 표시장치 사이의 연관성이 인간의 예상과 어느 정도 일치하는가 여부
    1. 공간적 양립성
    2. 운동적 양립성
    3. 개념적 양립성

11. 청각적 표시장치와 시각적 표시장치 중 시각적 표시장치를 사용하는 경우로 옳은 것은?
    ① 정보가 간단할 때
    ② 정보가 일정시간 경과 후 재참조될 때
    ③ 직무상 수신자가 자주 움직일 때
    ④ 정보전달이 즉각적인 행동을 요구할 때
    ⑤ 수신장소가 너무 밝거나 암조응 유지가 필요할 때

    ➡해설

| 시각장치 사용 | 청각장치 사용 |
|---|---|
| ① 메시지가 복잡하다. | ① 메시지가 간단하다. |
| ② 메시지가 길다. | ② 메시지가 짧다. |
| ③ 메시지가 후에 재참조된다. | ③ 메시지가 후에 재참조되지 않는다. |
| ④ 메시지가 공간적인 위치를 다룬다. | ④ 메시지가 시간적인 사상을 다룬다. |
| ⑤ 메시지가 즉각적인 행동을 요구하지 않는다. | ⑤ 메시지가 즉각적인 행동을 요구한다. |
| ⑥ 수신자의 청각계통이 과부하상태일 때 | ⑥ 수신자의 시각계통이 과부하상태일 때 |
| ⑦ 수신장소가 너무 시끄러울 때 | ⑦ 수신장소가 너무 밝거나 암조응 유지가 필요할 때 |
| ⑧ 직무상 수신자가 한곳에 머무르는 경우 | ⑧ 직무상 수신자가 자주 움직이는 경우 |

12. 다음 중 경계 및 경보신호의 설계지침으로 잘못된 것은?
   ① 귀는 중음역에 민감하므로 500~3,000Hz의 진동수를 사용한다.
   ② 칸막이를 돌아가는 신호는 500Hz 이하의 진동수를 사용한다.
   ③ 배경소음의 진동수가 다른 진동수의 신호를 사용한다.
   ④ 주의를 환기시키기 위하여 변조된 신호를 사용한다.
   ⑤ 300m 이상의 장거리용으로는 1,000Hz를 초과하는 진동수를 사용한다.

   ➡해설 300m 이상 장거리용 신호에는 1,000Hz 이하의 진동수를 사용

13. "표시장치와 이에 대응하는 조종장치 간의 위치 또는 배열이 인간의 기대와 모순되지 않아야 한다."는 인간공학적 설계원리와 가장 관계가 깊은 것은?
   ① 개념양립성         ② 공간양립성
   ③ 운동양립성         ④ 문화양립성
   ⑤ 인지양립성

   ➡해설 공간적 양립성
   어떤 사물들, 특히 표시장치나 조정장치의 물리적 형태나 공간적인 배치의 양립성을 말한다.

14. 인간의 감각 중 반응시간이 가장 빠른 것은?
   ① 시각               ② 통각
   ③ 청각               ④ 미각
   ⑤ 통각

   ➡해설 감각기관의 자극에 대한 반응시간(reaction time)
   청각(0.17초) > 촉각(0.18초) > 시각(0.20초) > 미각(0.29초) > 통각(0.70초)

15. 손이나 특정 신체 부위에 발생하는 누적손상장애(CTDs)의 발생인자와 가장 거리가 먼 것은?
   ① 무리한 힘           ② 다습한 환경
   ③ 장시간의 진동       ④ 반복도가 높은 작업
   ⑤ 부적합한 작업자세

   ➡해설 누적손상장애(CTDs) 발생원인
   과도한 힘의 요구, 부적합한 작업자세, 장시간의 진동

12. ⑤  13. ②  14. ③  15. ②

16. 조작자와 제어버튼 사이의 거리, 조작에 필요한 힘 등을 정할 때 적용되는 인체측정자료 응용원칙은 어느 것인가?
   ① 평균치 설계원칙
   ② 최대치 설계원칙
   ③ 최소치 설계원칙
   ④ 조절식 설계원칙
   ⑤ 구조적 인체치수

   ➡해설 특정한 설비를 설계할 때, 거의 모든 사람을 수용할 수 있는 경우 최소치수가 필요하다. 문, 통로, 탈출구 등을 예로 들 수 있다. 최소치수의 예로는 선반의 높이, 조종장치까지의 거리 등이 있다.

17. 다음 중 점멸-융합(flicker-fusion) 주파수의 용도로 옳은 것인가?
   ① 야간 시력의 척도
   ② 반응 시간의 척도
   ③ 피로 정도의 척도
   ④ 적외선 감지 능력의 척도
   ⑤ 자외선 감지 능력의 척도

   ➡해설 시각적 점멸융합주파수(VFF ; Visual Flicker Fusion)
   1. 점멸률을 점차 증가시키면서 피실험자가 불빛이 계속 켜져 있는 식으로 느끼는 주파수를 측정하는 방법이다.
   2. 중추신경계의 피로 즉, 정신피로의 척도로 사용된다.

18. 관리격자이론에서 "생산에 관한 관심은 대단히 높으나 인간에 대한 관심이 극히 낮은 리더십"의 유형은?
   ① (1.1)형
   ② (1.9)형
   ③ (9.1)형
   ④ (9.9)형
   ⑤ (5.5)형

   ➡해설 관리 그리드(Managerial Grid)
   ① 무관심형(1,1)
      생산과 인간에 대한 관심이 모두 낮은 무관심한 유형으로서, 리더 자신의 직분을 유지하는 데 필요한 최소의 노력만을 투입하는 리더 유형
   ② 인기형(1,9)
      인간에 대한 관심은 매우 높고 생산에 대한 관심은 매우 낮아서 부서원들과의 만족스런 관계와 친밀한 분위기를 조성하는 데 역점을 기울이는 리더 유형
   ③ 과업형(9,1)
      생산에 대한 관심은 매우 높지만 인간에 대한 관심은 매우 낮아서, 인간적인 요소보다도 과업수행에 대한 능력을 중요시하는 리더유형

④ 이상형(9,9)

팀형으로 인간에 대한 관심과 생산에 대한 관심이 모두 높으며, 구성원들에게 공동목표 및 상호 의존관계를 강조하고, 상호신뢰적이고 상호존중관계 속에서 구성원들의 몰입을 통하여 과업을 달성하는 리더유형

⑤ 타협형(5,5)

중간형으로 과업의 생산성과 인간적 요소를 절충하여 적당한 수준의 성과를 지향하는 유형

19. 안전·보건표지에서 경고표지는 삼각형, 안내표지는 사각형, 지시표지는 원형 등으로 부호가 고안되어 있다. 이처럼 부호가 이미 고안되어 이를 사용자가 배워야 하는 부호를 무엇이라 하는가?

① 묘사적 부호
② 추상적 부호
③ 임의적 부호
④ 사실적 부호
⑤ 의미적 부호

해설 임의적 부호

부호가 이미 고안되어 있으므로 이를 배워야 하는 것(산업안전표지의 원형 → 금지표지, 사각형 → 안내표지 등)

20. 다음 중 정보의 전달에 있어서 청각장치보다 시각장치를 사용해야 하는 경우로 옳은 것은?

① Message가 간단할 때
② Message가 즉각적인 행동을 요구하지 않을 때
③ Message가 후에 재참조되지 않을 때
④ Message가 시간적인 사상을 다룰 때
⑤ 직무상 수신자가 자주 움직이는 경우

해설 정보가 긴급하거나 즉각적인 행동을 요구할 때는 청각장치(음성)를 사용하는 것이 효과적이다.

21. 라스무센(Rasmussen)의 SRK 모델을 근거로 리전(J. Reason)이 제안한 인적오류 분류에 관한 내용으로 옳은 것을 모두 고른 것은?

    ㄱ. 실수(slip)와 망각(lapse)은 비의도적 행동으로 분류되는 숙련 기반 오류이다.
    ㄴ. 잘못된 규칙을 적용하는 것은 비의도적 행동으로 분류되는 규칙 기반 착오(mistake)이다.
    ㄷ. 불충분한 정보로 인해 잘못된 결정을 내리는 것은 의도적 행동으로 분류되는 지식 기반 착오(mistake)이다.

① ㄱ
② ㄴ
③ ㄱ, ㄷ
④ ㄴ, ㄷ
⑤ ㄱ, ㄴ, ㄷ

➡해설 **인간의 오류모형**
1. 착오(Mistake) : 상황해석을 잘못하거나 목표를 잘못 이해하고 착각하여 행하는 경우
2. 실수(Slip) : 상황이나 목표의 해석을 제대로 했으나 의도와는 다른 행동을 하는 경우
3. 건망증(Lapse) : 여러 과정이 연계적으로 일어나는 행동 중에서 일부를 잊어버리고 하지 않거나 기억의 실패에 의하여 발생하는 오류
4. 위반(Violation) : 정해진 규칙을 알고 있음에도 고의로 따르지 않거나 무시하는 행위

22. 다음 중 표시장치에서 숫자를 설계할 때 표준으로 권장되는 폭 대 높이의 비율은 약 얼마인가?
① 1 : 2
② 2 : 3
③ 3 : 5
④ 4 : 7
⑤ 5 : 8

➡해설 **종횡비**
문자나 숫자의 폭에 대한 높이의 비율
1. 문자의 경우 최적 종횡비는 1 : 1 정도
2. 숫자의 경우 최적 종횡비는 3 : 5 정도

23. 다음 중 인간이 기계보다 우수한 기능으로 거리가 가장 먼 것은?
   ① 수신상태가 나쁜 음극선관에 나타나는 영상이 같이 배경잡음이 심한 경우에도 신호를 인지할 수 있다.
   ② 항공사진의 피사체나 말소리처럼 상황에 따라 변화하는 복잡한 자극의 형태를 식별할 수 있다.
   ③ 암호화된 정보를 신속하게 대량으로 보관할 수 있다.
   ④ 관찰을 통해서 일반화하여 귀납적으로 추리한다.
   ⑤ 주관적으로 추산하고 평가한다.

   ➡해설 인간이 현존하는 기계를 능가하는 기능
   1. 매우 낮은 수준의 시각, 청각, 촉각, 후각, 미각적인 자극 감지
   2. 주위의 이상하거나 예기치 못한 사건 감지
   3. 다양한 경험을 토대로 의사결정(상황에 따라 적응적인 결정을 함)
   4. 관찰을 통해 일반적으로 귀납적(Inductive)으로 추진
   5. 주관적으로 추산하고 평가한다.

24. 일본의 의학자인 하시모토 쿠니에가 제시한 의식수준 5단계(Phase)의 의식 상태와 신뢰성에 관한 내용으로 옳은 것은?
   ① Phase 0의 의식상태는 무의식상태이며 신뢰성은 0.3이다.
   ② Phase 1의 의식상태는 실신 상태이며 신뢰성은 0.6 이상이다.
   ③ Phase 2의 의식상태는 의식이 둔한 상태이며 신뢰성은 0.9이다.
   ④ Phase 3의 의식상태는 명석한 상태이며 신뢰성은 0.999999 이상이다.
   ⑤ Phase 4의 의식상태는 편안한 상태이며 신뢰성은 1.0이다.

   ➡해설 인간의 의식 Level별 신뢰성

   | 단계 | 의식의 상태 | 신뢰성 | 의식의 작용 |
   |---|---|---|---|
   | Phase 0 | 무의식, 실신 | 0 | 없음 |
   | Phase I | 의식의 둔화 | 0.9 이하 | 부주의 |
   | Phase II | 이완상태 | 0.99~0.99999 | 마음이 안쪽으로 향함(Passive) |
   | Phase III | 명료한 상태 | 0.99999 이상 | 전향적(Active) |
   | Phase IV | 과긴장 상태 | 0.9 이하 | 한 점에 집중, 판단 정지 |

23. ③  24. ④

## 제2과목 산업안전일반

**25.** 종이의 반사율이 70%이고, 인쇄된 글자의 반사율이 10%라면 대비(Luminance Contrast)는 약 얼마인가?
① 85.7%  ② 89.5%
③ 95.3%  ④ 96.7%
⑤ 99.1%

해설
1. 대비(Luminance Contrast) : 표적의 광속발산도($L_t$)와 배경의 광속발산도($L_b$)의 차를 나타내는 척도이다.
2. 대비 $= \dfrac{L_b - L_t}{L_b} \times 100 [\%] = \dfrac{70-10}{70} \times 100 = 85.7 [\%]$

**26.** 다음과 같은 실내 표면에서 일반적으로 반사율의 크기를 올바르게 나열한 것은?
① 바닥  ② 천장
③ 가구  ④ 벽

① ① < ③ < ④ < ②   ② ① < ④ < ③ < ②
③ ④ < ① < ② < ③   ④ ④ < ② < ① < ③
⑤ ① < ② < ④ < ③

해설 옥내 추천 반사율
1. 천장 : 80~90%     2. 벽 : 40~60%
3. 가구 : 25~45%    4. 바닥 : 20~40%

**27.** 다음 중 인간의 감각 반응속도가 빠른 것부터 순서대로 나열한 것은?
① 청각 > 촉각 > 시각 > 통각   ② 청각 > 시각 > 통각 > 촉각
③ 촉각 > 시각 > 통각 > 청각   ④ 촉각 > 시각 > 청각 > 통각
⑤ 시각 > 청각 > 통각 > 촉각

해설 인간의 감각기관의 자극에 대한 반응속도
∴ 청각(0.17초) > 촉각(0.18초) > 시각(0.20초) > 미각(0.29초) > 통각(0.70초)

28. 프레스 작업 중에 금형 내에 손이 오랫동안 남아 있어 발생한 재해의 경우 다음의 휴먼 에러 중 어느 것에 해당하는가?
   ① 시간 오류(Timing Error)
   ② 작위 오류(Commission Error)
   ③ 순서 오류(Sequential Error)
   ④ 생략 오류(Omission Error)
   ⑤ 과잉행동 오류(Extraneous Error)

   **해설** 심리적인 분류(Swain)
   시간에러(Timing Error) : 소정의 기간에 수행하지 못한 실수(너무 빨리 혹은 늦게)

29. 인체 계측 중 운전 또는 워드 작업과 같이 인체의 각 부분이 서로 조화를 이루며 움직이는 자세에서의 인체 치수를 측정하는 것을 무엇이라 하는가?
   ① 구조적 치수
   ② 정적 치수
   ③ 외곽 치수
   ④ 기능적 치수
   ⑤ 최대치수

   **해설** 기능적 인체 치수
   움직이는 몸의 자세로부터 측정

30. 반경이 15cm인 조종구(ball control)를 50° 움직일 때 커서(cursor)는 2cm 이동한다. 이러한 선형표시장치와 회전형 제어장치의 C/R비는 약 얼마인가?
   ① 5.14
   ② 6.54
   ③ 7.64
   ④ 9.65
   ⑤ 10.25

   **해설** $\dfrac{C}{R} = \dfrac{\dfrac{a}{360} \times 2\pi L}{\text{표시계기의 이동거리}} = \dfrac{\dfrac{50}{360} \times 2 \times 3.14 \times 15}{2} = 6.54$

## 제2과목 산업안전일반

**31.** 다음 중 인간공학 연구조사에 사용되는 기준의 구비조건으로 볼 수 없는 것은?
① 적절성
② 무오염성
③ 부호성
④ 기준 척도의 신뢰성
⑤ 타당성

> 해설 체계기준의 구비조건
> 1. 적절성(Validity) : 기준이 의도된 목적에 적당하다고 판단되는 정도
> 2. 무오염성(Free from Contamination) : 측정하고자 하는 측정변수 이외의 다른 변수의 영향을 받지 않을 것
> 3. 기준척도의 신뢰성(Reliability of Criterion Measure)

**32.** 일반적으로 실내 공간의 조명을 설계할 때 조명에 대한 반사율이 낮은 면에서 높은 순으로 올바르게 나열된 것은?
① 바닥 - 창문 - 가구 - 벽
② 바닥 - 가구 - 벽 - 천장
③ 창문 - 바닥 - 가구 - 벽
④ 벽 - 천장 - 가구 - 바닥
⑤ 벽 - 바닥 - 가구 - 창문

> 해설 옥내 추천 반사율
> 1. 천장 : 80~90%
> 2. 벽 : 40~60%
> 3. 가구 : 25~45%
> 4. 바닥 : 20~40%

**33.** 다음 중 전기적 생리신호 측정방법 중 근육의 활용도를 측정하는 방법은?
① ECG
② EMG
③ EEG
④ EOG
⑤ GSR

> 해설 근전도(EMG ; Electromyogram)
> 근육활동의 전위차를 기록한 것으로 심장근의 근전도를 특히 심전도(ECG, Electrocardiogram)라 한다.(정신활동의 부담을 측정하는 방법이 아님)

**34.** 다음 중 통제표시비에 대한 설명으로 틀린 것은?

① "X"가 통제기기의 변위량, "Y"가 표시장치의 변위량일 때 $\dfrac{X}{Y}$로 표현한다.
② Knob의 통제표시비는 손잡이 1회전 시 움직이는 표시장치 이동거리의 역수로 나타낸다.
③ 통제표시비가 클수록 민감한 제어장치이다.
④ 최적의 통제표시비는 제어장치의 종류나 표시장치의 크기, 허용오차 등에 의해 달라진다.
⑤ 최적통제비는 1.18~2.42이다.

➡해설 **통제표시비(선형조정장치)**

$$\dfrac{X}{Y} = \dfrac{C}{D} = \dfrac{\text{통제기기의 변위량}}{\text{표시계기지침의 변위량}}$$

1. C/D비가 증가함에 따라 조정시간은 급격히 감소하다가 안정되며 이동시간은 이와 반대가 된다.
 (최적통제비 : 1.18~2.42)
2. C/D비가 적을수록 이동시간이 짧고 조정이 어려워 조정장치가 민감하다.

**35.** 반경 10cm의 조정구(ball control)를 30° 움직였을 때 표시장치는 1cm 이동하였다. 이때 통제표시비(C/D)는 약 얼마인가?

① 2.56  ② 3.12
③ 4.05  ④ 5.24
⑤ 6.57

➡해설 $\dfrac{C}{D} = \dfrac{a/360 \times 2\pi L}{\text{표시계기의 이동거리}} = \dfrac{30/360 \times 2 \times 3.14 \times 10}{1} \fallingdotseq 5.24$

**36.** 인간-기계 시스템에서 표시장치(display)와 조종장치(control)의 설계에 관한 내용으로 옳지 않은 것은?

① 작업자의 즉각적 행동이 필요한 경우에 청각적 표시장치가 시각적 표시장치보다 유리하다.
② 330m 이상 정도의 장거리에 신호를 전달하고자 할 때는 청각 신호의 주파수를 1,000Hz 이하로 하는 것이 좋다.
③ 광삼현상으로 인해 음각(검은 바탕의 흰 글씨)의 글자 획폭(stroke width)은 양각(흰 바탕의 검은 글씨)보다 작은 값이 권장된다.
④ 조종-반응 비(C/R 비)가 작을수록 조종장치와 표시장치의 민감도가 낮아져 미세조종에 유리하다.
⑤ 공간적 양립성은 표시장치와 조종장치의 배치와 관련된다.

➡해설 조정-반응 비율(통제비, C/D비, C/R비, Control Display, Ratio)
1. 통제표시비(선형조정장치)

$$\frac{X}{Y} = \frac{C}{D} = \frac{통제기기의\ 변위량}{표시계기지침의\ 변위량}$$

2. 조종구의 통제비

$$\frac{C}{D}비 = \frac{\left(\frac{a}{360}\right) \times 2\pi L}{표시계기지침의\ 이동거리}$$

여기서, $a$ : 조종장치가 움직인 각도
$L$ : 반경(지레의 길이)

37. 소음이 심한 기계로부터 2m 떨어진 곳의 음압수준이 100dB이라면 이 기계로부터 4.5m 떨어진 곳의 음압수준은 약 몇 dB인가?
① 85.43
② 89.54
③ 92.96
④ 102.76
⑤ 105.86

➡해설 $dB_2 = dB_1 - 20\log\left(\frac{d_2}{d_1}\right) = 100 - 20\log\left(\frac{4.5}{2}\right) = 92.96$

38. 다음 중 Webber의 법칙에서 Webber 비를 구하는 식으로 옳은 것은?(단, $\Delta I$는 특정 감관의 변화감지역, I는 사용되는 표준자극을 의미한다.)
① $\frac{\Delta I}{I}$
② $\frac{\Delta I^2}{I}$
③ $\frac{\Delta I}{I^2}$
④ $\left(\frac{\Delta I}{I}\right)^2$
⑤ $\left(\frac{I}{\Delta I}\right)^2$

➡해설 Webber의 법칙
특정 감각의 변화감지역($\Delta I$)은 사용되는 표준자극($I$)에 비례한다.
∴ $\frac{\Delta I}{I} = const$(일정)

## 39. 다음 중 정적자세를 유지할 때 진전(tremor)을 가장 감소시키는 손의 위치로 옳은 것은?

① 손이 머리 위에 있을 때
② 손이 심장 높이에 있을 때
③ 손이 배꼽 높이에 있을 때
④ 손이 무릎 높이에 있을 때
⑤ 손이 어깨 높이에 있을 때

**해설** 진전(tremor : 잔잔한 떨림)을 감소시키는 방법은 손이 심장 높이에 있을 때가 손떨림이 적다.

## 40. 반사율이 85%, 글자의 밝기가 400cd/m² 인 VDT 화면에 350lx의 조명이 있다면 대비는 약 얼마인가?

① -2.8
② -4.2
③ -5.0
④ -6.0
⑤ -7.0

**해설** 반사율(%) = $\dfrac{광도(fL)}{조도(fC)} \times 100 = \dfrac{cd/m^2 \times \pi}{lux}$

$L_b = (0.85 \times 350)/3.14 = 94.75$
$L_t = 400 + 94.75 = 494.75$

따라서, 대비 = $\dfrac{L_b - L_t}{L_b} \times 100[\%] = \dfrac{94.75 - 494.75}{94.75} \times 100 = -4.2[\%]$

## 41. 인간이 절대 식별할 수 있는 대안의 최대 범위는 대략 7이라고 한다. 이를 정보량의 단위인 bit로 표시하면 약 몇 bit가 되는가?

① 3.2
② 3.0
③ 2.8
④ 2.6
⑤ 3.4

**해설** 정보량 $H = \log_2 n = \log_2 7 = \dfrac{\log 7}{\log 2} \fallingdotseq 2.8$

## 제2과목 산업안전일반

**42.** 다음 중 인간이 기계보다 우수한 능력이 아닌 것은?
① 문제 해결에 독창성 발휘
② 경험을 활용한 행동방향 개선
③ 단시간에 많은 양의 정보기억과 재생
④ 상황에 따라 변화하는 복잡한 자극의 형태 식별
⑤ 관찰을 통해 일반적으로 귀납적(Inductive)으로 추진

**해설** 인간이 현존하는 기계를 능가하는 기능
1. 매우 낮은 수준의 시각, 청각, 촉각, 후각, 미각적인 자극 감지
2. 주위의 이상하거나 예기치 못한 사건 감지

**43.** 인간의 시(視)식별 기능에 영향을 주는 외적 요인으로 볼 수 없는 것은?
① 사람의 개인차
② 색채의 사용과 조명
③ 물체와 배경 간의 대비
④ 표적물체나 관측자의 이동
⑤ 조도

**해설** 사람의 개인차는 내적요인으로 분류된다.

**44.** 1촉광의 점광원으로부터 1m 떨어진 곡면에 비추는 광의조도는 1촉광의 점광원으로부터 2m 떨어진 곡면에 비추는 광의 조도는 몇 배인가?
① $\dfrac{1}{4}$
② $\dfrac{1}{2}$
③ 2
④ 4
⑤ 8

**해설** 조도 : 물체의 표면에 도달하는 빛의 밀도
조도 = $\dfrac{광도}{(거리)^2}$, 조도는 거리의 제곱에 반비례함

45. 발생 확률이 동일한 64가지의 대안이 있을 때 얻을 수 있는 총 정보량은 몇 bit인가?
① 6
② 16
③ 32
④ 64
⑤ 128

해설 1. bit : 실현가능성이 같은 2개의 대안 중 하나가 명시되었을 때 얻는 정보량
2. 실현가능성이 같은 n개의 대안이 있을 때 총정보량(H) 산정
∴ $H = \log_2 n = \log_2 64 = \log_2 2^6 = 6\log_2 2 = 6$

46. 다음 중 인체 측정치의 하위 백분위수(percentile)를 기준으로 설계하는 사례는?
① 선반의 높이
② 출입문의 높이
③ 탈출구의 크기
④ 그네의 지지하중
⑤ 사무실 의자의 조절

해설 최대치수와 최소치수
특정한 설비를 설계할 때, 거의 모든 사람을 수용할 수 있는 경우(최대치수)가 필요하다. 문, 통로, 탈출구 등을 예로 들 수 있다. 최소치수의 예로는 선반의 높이, 조종장치까지의 거리 등이 있다.
1. 최대치수 : 인체측정 변수 측정기준 1, 5, 10%
2. 최소치수 : 상위백분율(퍼센타일, Percentile) 기준 90, 95, 99%

47. 다음 중 부품배치의 원칙에 해당하지 않는 것은?
① 희소성의 원칙
② 사용빈도의 원칙
③ 기능별 배치의 원칙
④ 사용 순서의 원칙
⑤ 중요성의 원칙

해설 부품배치의 원칙
1. 중요성의 원칙 : 부품의 작동성능이 목표달성에 긴요한 정도에 따라 우선순위를 결정한다.
2. 사용빈도의 원칙 : 부품이 사용되는 빈도에 따른 우선순위를 결정한다.
3. 기능별 배치의 원칙 : 기능적으로 관련된 부품을 모아서 배치한다.
4. 사용 순서의 원칙 : 사용 순서에 맞게 순차적으로 부품들을 배치한다.

**48.** 인간-기계 시스템에 관한 설명으로 틀린 것은?
① 수동 시스템에서는 기계는 동력원을 제공하고 인간의 통제하에서 제품을 생산한다.
② 기계 시스템에서는 고도로 통합된 부품들로 구성되어 있으며, 일반적으로 변화가 거의 없는 기능들을 수행한다.
③ 자동 시스템에서 인간은 감시, 정비, 보전 등의 기능을 수행한다.
④ 자동 시스템에서 인간요소를 고려하여야 한다.
⑤ 자동 시스템에서는 기계가 감지, 정보처리, 의사결정 등 행동을 포함한 모든 임무를 수행하고 인간은 감시, 프로그래밍, 정비유지 등의 기능을 수행한다.

☞해설 수동 시스템에서는 인간이 스스로 동력원을 제공한다.

**49.** 다음 중 실내 면(面)의 추천 반사율이 가장 높은 것은?
① 벽　　　　　　　　　② 천장
③ 가구　　　　　　　　④ 바닥
⑤ 창문

☞해설 옥내 추천 반사율
1. 천장 : 80~90%　　　2. 벽 : 40~60%
3. 가구 : 25~45%　　　4. 바닥 : 20~40%

**50.** 조종구(ball control)와 같이 상당한 회전운동을 하는 선형조정장치의 조정-반응 비율(C/R비)을 올바르게 나타낸 것은?(단, 지레의 길이를 L, 조정장치가 움직인 각도를 θ라 한다.)

① $\dfrac{(\theta/360) \times 2\pi L}{\text{표시장치의 이동거리}}$　　② $\dfrac{(\theta/360) \times \pi r^2}{\text{표시장치의 이동거리}}$

③ $\dfrac{\text{표시장치의 이동거리}}{(180/\theta) \times 2\pi L}$　　④ $\dfrac{\text{표시장치의 이동거리}}{(360/\theta) \times 2\pi L}$

⑤ $\dfrac{(\theta/180) \times \pi r^2}{\text{표시장치의 이동거리}}$

☞해설 조종구의 통제비

$$\dfrac{C}{D}비 = \dfrac{\left(\dfrac{\alpha}{360}\right) \times 2\pi L}{\text{표시계기지침의 이동거리}}$$

여기서, α : 조종자치가 움직인 각도
　　　　L : 반경(지레의 길이)

정답　48. ①　49. ②　50. ①

51. 사용자 인터페이스 설계에서 고려되는 사용성(Usability)의 세부내용에 관한 설명으로 옳지 않은 것은?
   ① 학습 용이성 : 과거의 경험과 직관에 의해 사용법을 쉽게 익히도록 설계한다.
   ② 효율성 : 저렴한 비용으로 최상의 정보를 얻을 수 있도록 설계한다.
   ③ 기억 용이성 : 시간이 지나도 사용법을 기억하기 쉽도록 설계한다.
   ④ 오류 최소화 및 복구 용이성 : 오류가 적어야 하고 오류가 발생하더라도 복구하기 쉽게 설계한다.
   ⑤ 주관적 만족감 : 사용자가 만족하고 몰입할 수 있도록 설계한다.

   ➡해설 닐슨의 사용성 정의
   1. 학습 용이성 : 초보자가 제품의 사용법을 얼마나 배우기 쉬운가를 나타낸다.
   2. 효율성 : 숙련된 사용자가 원하는 일을 얼마나 빨리 수행할 수 있는가를 나타낸다.
   3. 기억 용이성 : 오랜만에 다시 사용하는 사용자들이 사용방법을 얼마나 기억하기 쉬운가를 나타낸다.
   4. 오류의 빈도 및 정도 : 사용자가 실수를 얼마나 자주 하는가와 실수의 정도가 큰지 작은지 여부, 그리고 실수를 쉽게 만회할 수 있는지를 나타낸다.
   5. 주관적 만족도 : 제품에 대하여 사용자들이 얼마나 만족하게 느끼고 있는가를 나타낸다.

52. 다음 중 인간의 양립성에서 개념양립성에 해당하는 것은?
   ① 조정장치를 오른쪽으로 돌리면 표시장치의 지침이 오른쪽으로 이동한다.
   ② 동력스위치에서 스위치를 위로 올리면 전원이 들어오고, 아래로 내리면 전원이 꺼진다.
   ③ 가스버너에서 오른쪽 조리대는 오른쪽 조절장치로, 왼쪽 조리대는 왼쪽 조절장치로 조정한다.
   ④ 냉온수기에서 빨간색은 온수, 파란색은 냉수가 나온다.
   ⑤ 지평선이 고정되고 항공기가 움직이는 형태의 항공기 이동표시 한다.

   ➡해설 개념적 양립성
   외부로부터의 자극에 대해 인간이 가지고 있는 개념적 연상의 일관성을 말하는데, 예를 들어 파란색 수도꼭지와 빨간색 수도꼭지가 있는 경우 빨간색 수도꼭지를 보고 따뜻한 물이라고 연상하는 것을 말한다.

**53.** 다음 중 신체 부위의 운동에 대한 설명으로 틀린 것은?
① 굴곡(flexion)은 부위 간의 각도가 증가하는 신체의 움직임을 말한다.
② 내전(adduction)은 신체의 외부 중에서 중심선으로 이동하는 신체의 움직임을 말한다.
③ 외전(abduction)은 신체 중심선으로부터 이동하는 신체의 움직임을 말한다.
④ 외선(lateral rotation)은 신체의 중심선으로부터 회전하는 신체의 움직임을 말한다.
⑤ 신전(Extension)은 관절이 만드는 각도가 증가하는 동작을 말한다.

➡해설 굴곡(Flexion) : 관절이 만드는 각도가 감소하는 동작(예 : 팔꿈치 굽히기)


**54.** 근골격계부담작업 유해성 평가를 위한 인간공학적 도구에 관한 내용으로 옳지 않은 것은?
① RULA는 하지 자세를 평가에 반영한다.
② REBA는 동작의 반복성을 평가에 반영한다.
③ QEC는 작업자의 주관적 평가 과정이 포함되어 있다.
④ OWAS는 중량물 취급 정도를 평가에 반영한다.
⑤ NLE는 중량물의 수평 이동거리를 평가에 반영한다.

➡해설 NLE 평가에는 수직이동거리가 반영된다.
  **NLE를 적용할 수 없는 경우**
  1. 한 손으로 물건을 취급하는 경우
  2. 8시간 이상 물건을 취급하는 작업을 계속하는 경우
  3. 앉거나 무릎을 굽힌 자세로 작업을 하는 경우
  4. 작업 공간이 제약된 경우
  5. 밸런스가 맞지 않는 물건을 취급하는 경우
  6. 운반이나 밀거나 끌거나 하는 것 같은 작업에서의 중량물 취급
  7. 손수레나 운반 카트를 사용하는 작업에 따르는 중량물 취급
  8. 빠른 속도로 중량물을 취급하는 경우(약 75cm/s를 넘어가는 것)
  9. 바닥면이 좋지 않은 경우(지면과의 마찰계수가 0.4 미만의 경우)
  10. 온도·습도 환경이 나쁜 경우(온도 19~26℃, 습도 35~50%의 범위에 속하지 않는 경우)


**55.** 인체측정 자료를 장비, 설비 등의 설계에 적용하기 위한 응용원칙에 해당하지 않는 것은?
① 조절식 설계
② 극단치를 이용한 설계
③ 구조적 치수 기준의 설계
④ 평균치를 기준으로 한 설계
⑤ 최소치수를 이용한 설계

➡해설 인체 측정자료의 설계사용 원칙
  1. 최대치수와 최소치수  2. 조절식 설계  3. 평균치를 기준으로 한 설계

56. 작업장의 도구, 부품, 조종장치 배치에서 작업의 효율성 향상을 위해 적용하는 원리가 아닌 것은?
   ① 일관성 원리
   ② 중요도 원리
   ③ 독창성 원리
   ④ 사용 순서의 원리
   ⑤ 사용빈도의 원리

   > 해설 **부품배치의 원칙(공간의 배치 원리)**
   > 1. 중요성의 원칙
   >    부품의 작동성능이 목표달성에 긴요한 정도에 따라 우선순위를 결정한다.
   > 2. 사용빈도의 원칙
   >    부품이 사용되는 빈도에 따른 우선순위를 결정한다.
   > 3. 기능별 배치의 원칙
   >    기능적으로 관련된 부품을 모아서 배치한다.
   > 4. 사용 순서의 원칙
   >    사용 순서에 맞게 순차적으로 부품들을 배치한다.
   > 5. 일관성의 원리
   >    동일한 구성요소들은 기억이나 찾는 것을 줄이기 위하여 같은 지점에 위치해야 한다.
   > 6. 조종장치와 표시장치의 양립성의 원리
   >    조종장치와 관련된 표시장치들이 근접하여 위치해야 하고, 여러 개의 조종장치와 표시장치들이 사용되는 경우에는 조종장치와 표시장치의 관계를 쉽게 알아볼 수 있도록 배열 형태를 반영해야 한다.

57. 눈의 구조에서 0.2~0.5mm의 두께가 얇은 암흑갈색의 막으로 색소세포가 있어 암실처럼 빛을 차단하면서 망막내면을 덮고 있는 것은?
   ① 각막
   ② 맥락막
   ③ 중심와
   ④ 공막
   ⑤ 수정체

   > 해설 **맥락막**
   > 망막을 둘러싼 검은 막, 어둠상자 역할

**58.** 다음 중 경쾌하고 가벼운 느낌에서 느리고 둔한 색의 순서로 바르게 나열된 것은?

① 백색 – 황색 – 녹색 – 자색
② 녹색 – 황색 – 적색 – 흑색
③ 청색 – 자색 – 적색 – 흑색
④ 황색 – 자색 – 녹색 – 청색
⑤ 백색 – 자색 – 녹색 – 황색

➡해설 색채의 속도
명도가 높은 색채는 빠르고 경쾌하게 느껴지고, 명도가 낮은 색채는 둔하고 느리게 느껴진다. 가볍고 경쾌한 색에서 느리고 둔한 색의 순서를 나타내면 백색>황색>녹색>등색>자색>청색>흑색이다.

**59.** 25cm 거리에서 글자를 식별하기 위하여 2디옵터(Diopter) 안경이 필요하였다. 동일한 사람이 1m의 거리에서 글자를 식별하기 위하여는 몇 디옵터의 안경이 필요하겠는가?

① 3
② 4
③ 5
④ 6
⑤ 7

➡해설 디옵터(diopter)
수정체의 초점조절 능력, 초점거리를 m으로 표시했을 때의 굴절률렌즈의 굴절률

$$\text{diopter}(D) = \frac{1}{m \text{ 단위의 초점거리}} \text{ (단위 : D)}$$

명시거리 $D = \frac{1}{0.25} = 4(D)$, 실제시력은 $4D + 2D = 6D$이다.

1m 거리에서의 디옵터는 1D이므로 $6D - 1D = 5D$ 즉 5D의 안경이면 글자 식별이 가능하다.

**60.** C/D비(Control – Display ratio)가 크다는 것의 의미로 옳은 것은?

① 미세한 조종은 쉽지만, 수행시간은 상대적으로 길다.
② 미세한 조종이 쉽고 수행시간도 상대적으로 짧다.
③ 미세한 조종이 어렵고 수행시간도 상대적으로 길다.
④ 미세한 조종은 어렵지만, 수행시간은 상대적으로 짧다.
⑤ C/D비가 클수록 이동시간이 짧고 조정이 어려워 조정장치가 민감하다.

➡해설 통제표시비(선형조정장치)

$$\frac{X}{Y} = \frac{C}{D} = \frac{\text{통제기기의 변위량}}{\text{표시계기지침의 변위량}}$$

1. C/D비가 증가함에 따라 조정시간은 급격히 감소하다가 안정되며 이동시간은 이와 반대가 된다.
  (최적통제비 : 1.18~2.42)
2. C/D비가 적을수록 이동시간이 짧고 조정이 어려워 조정장치가 민감하다.

61. 다음 중 기계와 비교하여 인간이 정보처리 및 결정의 측면에서 상대적으로 우수한 것은?
   ① 연역적 추리
   ② 관찰을 통한 일반화
   ③ 정량적 정보처리
   ④ 정보의 신속한 보관
   ⑤ 반복적인 작업을 신뢰성 있게 추진

   **해설** ①, ③, ④항은 기계가 우수한 측면이다.

62. 다음 그림에서 전체 시스템의 신뢰도는 약 얼마인가? (단, 모형 안의 수치는 각 부품의 신뢰도이다.)

   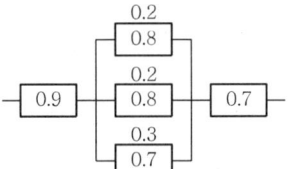

   ① 0.221
   ② 0.483
   ③ 0.622
   ④ 0.767
   ⑤ 0.898

   **해설** 시스템의 신뢰도
   R = 0.9 × {1 − (1 − 0.8)(1 − 0.8)(1 − 0.7)} × 0.7 = 0.6224

63. "표시장치와 이에 대응하는 조종장치 간의 위치 또는 배열이 인간의 기대와 모순되지 않아야 한다."는 인간공학적 설계원리와 가장 관계가 깊은 것은?
   ① 개념양립성
   ② 공간양립성
   ③ 운동양립성
   ④ 문화양립성
   ⑤ 의미양립성

   **해설** 공간적 양립성
   어떤 사물들, 특히 표시장치나 조정장치의 물리적 형태나 공간적인 배치의 양립성을 말한다.

64. 영상표시단말기(VDT) 취급 근로자를 위한 조명과 채광에 대한 설명으로 옳은 것은?
   ① 화면을 바라보는 시간이 많은 작업일수록 화면 밝기와 작업대 주변 밝기의 차를 줄이도록 한다.
   ② 작업장 주변 환경의 조도를 화면의 바탕 색상이 흰색 계통일 때에는 300Lux 이하로 유지하도록 한다.
   ③ 작업장 주변 환경의 조도를 화면 바탕 색상이 검은색 계통일 때에는 500Lux 이상을 유지하도록 한다.
   ④ 작업실 내의 창·벽면 등은 반사되는 재질로 하여야 하며, 조명은 화면과 명암의 대조가 심하지 않도록 하여야 한다.
   ⑤ 광도비 : 화면과 극 인접 주변 간에는 1 : 30의 광도비가 추천된다.

   ※해설 VDT를 위한 조명
   1. 조명수준 : VDT 조명은 화면에서 반사하여 화면상의 정보를 더 어렵게 할 수 있으므로 대부분 300~500lux를 지정한다.
   2. 광도비 : 화면과 극 인접 주변 간에는 1 : 3의 광도비가, 화면과 화면에서 먼 주위 간에는 1 : 10의 광도비가 추천된다.
   3. 화면반사 : 화면반사는 화면으로부터 정보를 읽기 어렵게 하므로 화면반사를 줄이는 방법에는 ① 창문을 가리고 ② 반사원의 위치를 바꾸고 ③ 광도를 줄이고 ④ 산란된 간접조명을 사용하는 것 등이 있다.

65. 의도는 올바른 것이었지만, 행동이 의도한 것과는 다르게 나타나는 오류를 무엇이라 하는가?
   ① Lapse　　　　　　　　② Slip
   ③ Violation　　　　　　　④ Mistake
   ⑤ Error

   ※해설 인간의 오류모형
   실수(Slip) : 상황이나 목표의 해석을 제대로 했으나 의도와는 다른 행동을 하는 경우

66. 다음 논리식을 가장 간단하게 표현한 것은?

$$\{(A+B+C)(\overline{A}+B+C)\}AB+BC$$

① $A+B$　　　　　　　② $A+\overline{B}$
③ $B+C$　　　　　　　④ $\overline{B}+\overline{C}$
⑤ $A+\overline{B}+C$

◈해설 1. 불 대수의 법칙
  (1) 동정법칙 : $A+A=A$, $AA=A$
  (2) 교환법칙 : $AB=BA$, $A+B=B+A$
  (3) 흡수법칙 : $A(AB)=(AA)B=AB$
  $A+AB = A\cup(A\cap B) = (A\cup A)\cap(A\cup B) = A\cap(A\cup B) = A$
  $\overline{A\cdot B} = \overline{A} + \overline{B}$
  (4) 분배법칙 : $A(B+C)=AB+AC$, $A+(BC)=(A+B)\cdot(A+C)$
  (5) 결합법칙 : $A(BC)=(AB)C$, $A+(B+C)=(A+B)+C$
  2. 드 모르간의 법칙
  (1) $\overline{A+B} = \overline{A}\cdot\overline{B}$
  (2) $A+\overline{A}\cdot B = A+B$

67. 다음 중 인체측정자료의 응용원칙에 있어 조절식 설계를 적용하기에 가장 적절한 것은?
  ① 그네줄의 인장강도
  ② 자동차 운전석 의자의 위치
  ③ 전동차의 손잡이 높이
  ④ 은행의 창구 높이
  ⑤ 출입구 높이

◈해설 조절 범위(5~95%)
  체격이 다른 여러 사람에게 맞도록 조절식으로 만드는 것이 바람직하다. 그 예로는 자동차 좌석의 전후 조절, 사무실 의자의 상하 조절 등이 있다.

68. 다음은 푸르키네 효과(Purkinje Effect)에 관한 내용이다. ( )에 들어갈 내용으로 옳은 것은?

  • 색의 식별은 암순응과 명순응으로 나누어지고 우리 눈의 망막에는 추상체와 간상체라는 두 종류의 시신경이 있는데 추상체는 ( ㄱ )을/를 주로 느끼고 간상체는 ( ㄴ )을/를 주로 느낀다.
  • ( ㄷ )된 눈의 최대비시감도는 약 555nm이고 ( ㄹ )된 눈의 최대 비시감도는 약 510nm로서 짧은 파장으로 이동한다.

  ① ㄱ : 색상, ㄴ : 명암, ㄷ : 명순응, ㄹ : 암순응
  ② ㄱ : 명암, ㄴ : 색상, ㄷ : 암순응, ㄹ : 명순응
  ③ ㄱ : 명암, ㄴ : 채도, ㄷ : 암순응, ㄹ : 명순응
  ④ ㄱ : 명암, ㄴ : 색상, ㄷ : 명순응, ㄹ : 암순응
  ⑤ ㄱ : 채도, ㄴ : 명암, ㄷ : 암순응, ㄹ : 명순응

67. ② 68. ①

※해설 푸르키네 현상(Purkinje Effect)
(1) 조명수준이 감소하면 장파장에 대한 시감도가 감소하는 현상. 즉 밤에는 같은 밝기를 가진 장파장의 적색보다 단파장인 청색이 더 잘 보인다.
(2) 색의 식별은 암순응과 명순응으로 나누어지고 우리 눈의 망막에는 추상체와 간상체라는 두 종류의 시신경이 있는데 추상체는 주로 색상을 느끼고 간상체는 명암을 주로 느낀다.
(3) 명순응된 눈의 최대비시감도는 약 55nm이고, 암순응된 눈의 최대비시감도는 약 510nm로서 짧은 파장으로 이동한다.

**69.** 다음 중 소음에 대한 대책으로 가장 거리가 먼 것은?
① 소음의 통제
② 소음의 격리
③ 소음의 분배
④ 적절한 배치
⑤ 차폐장치 및 흡음재료 사용

※해설 소음을 통제하는 방법(소음대책)
1. 소음원의 통제
2. 소음의 격리
3. 차폐장치 및 흡음재료 사용
4. 음향처리제 사용
5. 적절한 배치

**70.** 다음 중 암호체계의 사용상에 있어 일반적인 지침으로 적절하지 않은 것은?
① 다차원의 암호보다 단일 차원화된 암호가 정보전달이 촉진된다.
② 정보를 암호화한 자극은 검출이 가능하여야 한다.
③ 암호를 사용할 때는 사용자가 그 뜻을 분명히 알 수 있어야 한다.
④ 모든 암호 표시는 감지장치에 의해 검출될 수 있고 다른 암호 표시와 구별될 수 있어야 한다.
⑤ 다른 암호표시와 구분이 되어야 한다.

※해설 2가지 이상의 암호를 조합해서 사용하면 정보전달이 촉진된다.

71. 작업장 내의 설비 3대에서는 각각 80dB과 86dB 및 78dB의 소음을 발생시키고 있다. 이 작업장의 전체 소음은 약 몇 dB인가?
   ① 81.3
   ② 85.5
   ③ 87.5
   ④ 90.3
   ⑤ 91.5

   ➡해설 전체소음도 $PWL(dB) = 10\log(10^{\frac{A_1}{10}} + 10^{\frac{A_2}{10}} + 10^{\frac{A_3}{10}}) = 10\log(10^{\frac{80}{10}} + 10^{\frac{86}{10}} + 10^{\frac{78}{10}}) ≒ 87.5$

72. 광원 혹은 반사광이 시계 내에 있으면 성가신 느낌과 불편감을 주어 시성능을 저하시킨다. 이러한 광원으로부터의 직사휘광을 처리하는 방법으로 틀린 것은?
   ① 광원을 시선에서 멀리 위치시킨다.
   ② 차양(visor) 혹은 갓(hood) 등을 사용한다.
   ③ 광원의 휘도를 줄이고 광원의 수를 늘린다.
   ④ 휘광원의 주위를 밝게 하여 광속발산(휘도)비를 늘린다.
   ⑤ 휘광원 주위를 밝게 하여 광도비를 줄인다.

   ➡해설 광원으로부터의 휘광(glare)의 처리방법
   1. 광원의 휘도를 줄이고 수를 늘인다.
   2. 광원을 시선에서 멀리 위치시킨다.
   3. 휘광원 주위를 밝게 하여 광도비를 줄인다.
   4. 가리개, 갓 혹은 차양(visor)을 사용한다.

73. 인간-컴퓨터 상호작용에서 닐슨(J. Nielsen)이 정의한 사용성의 세부 속성에 해당하지 않는 것은?
   ① 적합성(conformity)
   ② 학습 용이성(learn ability)
   ③ 기억 용이성(memorability)
   ④ 주관적 만족도(subjective satisfaction)
   ⑤ 오류의 빈도와 정도(error frequency and severity)

   ➡해설 ② 학습 용이성 : 초보자가 제품의 사용법을 얼마나 배우기 쉬운가를 나타낸다.
   효율성 : 숙련된 사용자가 원하는 일을 얼마나 빨리 수행할 수 있는가를 나타낸다.
   ③ 기억 용이성 : 오랜만에 다시 사용하는 사용자들이 사용방법을 얼마나 기억하기 쉬운가를 나타낸다.

71. ③  72. ④  73. ①

④ 주관적 만족도: 제품에 대하여 사용자들이 얼마나 만족하게 느끼고 있는가를 나타낸다.
⑤ 오류의 빈도 및 정도 : 사용자가 실수를 얼마나 자주 하는가와 실수의 정도가 큰지 작은지 여부, 그리고 실수를 쉽게 만회할 수 있는지를 나타낸다

**74.** 인간이 절대 식별할 수 있는 대안의 최대 범위는 대략 7이라고 한다. 이를 정보량의 단위인 bit로 표시하면 약 몇 bit가 되는가?
① 3.2　　　　　　　　　　② 3.0
③ 2.8　　　　　　　　　　④ 2.6
⑤ 3.4

➡해설 정보량 $H = \log_2 n = \log_2 7 = \dfrac{\log 7}{\log 2} ≒ 2.8$

**75.** 수공구 설계원칙에 관한 설명으로 옳은 것을 모두 고른 것은?

ㄱ. 손에 맞는 장갑을 착용한다.
ㄴ. 손잡이를 꺾지 말고 손목을 꺾는다.
ㄷ. 손잡이 접촉면적을 작게 하여 힘을 집중시킨다.
ㄹ. 가능한 수동공구가 아닌 동력공구를 사용한다.
ㅁ. 양손잡이를 모두 고려한 설계를 한다.

① ㄱ, ㄴ, ㄷ　　　　　　② ㄱ, ㄹ, ㅁ
③ ㄴ, ㄷ, ㄹ　　　　　　④ ㄴ, ㄹ, ㅁ
⑤ ㄷ, ㄹ, ㅁ

➡해설 수공구와 장치 설계의 원리
1. 손목을 곧게 유지
2. 조직의 압축응력을 피함
3. 반복적인 손가락 움직임을 피함(모든 손가락 사용)
4. 안전작동을 고려하여 설계
5. 손잡이는 손바닥의 접촉면적이 크게 설계
6. 양손잡이를 모두 고려한 설계

76. 다음 중 인간-기계 통합 체계의 인간 또는 기계에 의해서 수행되는 기본기능의 유형에 해당하지 않는 것은?
   ① 감지
   ② 정보 보관
   ③ 궤환
   ④ 행동
   ⑤ 정보처리 및 의사결정

   **해설** 인간-기계 체계의 기본기능
   1. 감지기능
   2. 정보저장기능
   3. 정보처리 및 의사결정기능
   4. 행동기능


77. 상완을 자연스럽게 수직으로 늘어뜨린 상태에서 전완만을 편하게 뻗어 파악할 수 있는 영역을 무엇이라 하는가?
   ① 정상작업 파악한계
   ② 정상작업역
   ③ 최대작업역
   ④ 작업공간포락면
   ⑤ 최적높이

   **해설** 정상작업역
   전완을 자연스럽게 수직으로 늘어뜨린 채, 전완만으로 편하게 뻗어 파악할 수 있는 구역(34~45cm)


78. 소음원으로부터의 거리가 음압수준은 역비례한다. 동일한 소음원에서 거리가 2배 증가하면 음압수준은 몇 dB 정도 감소하는가?
   ① 2dB
   ② 3dB
   ③ 6dB
   ④ 9dB
   ⑤ 12dB

   **해설** 음압수준은 $SPL(dB) = 10\log\left(\dfrac{P_1^2}{P_0^2}\right) = 10\log\left(\dfrac{\left(\dfrac{1}{2}\right)^2}{1^2}\right) = -6(dB)$
   음의크기는 소음원에서 거리가 2배 될 때마다 6dB씩 낮아지게 된다.

79. 빛의 성질에 관한 설명으로 옳지 않은 것은?
   ① 과녁이 배경보다 어두우면 대비는 0~100% 사이의 값이다.
   ② 명도는 색의 선명한 정도, 즉 색깔의 강약을 말한다.
   ③ 휘도는 단위면적당 표면에서 반사 또는 방출되는 빛의 양을 말한다.
   ④ 조도는 어떤 물체나 표면에 도달하는 빛의 밀도를 말한다.
   ⑤ 빛을 완전히 발산 및 반사 시키는 표면의 반사율은 100%이다.

   ➡해설 명도는 밝기의 정도를 의미한다.


80. 다음 중 중작업의 경우 작업대의 높이로 가장 적절한 것은?
   ① 허리 높이보다 0~10cm 정도 낮게
   ② 팔꿈치 높이보다 10~20cm 정도 높게
   ③ 팔꿈이 높이보다 15~25cm 정도 낮게
   ④ 어깨 높이보다 30~40cm 정도 높게
   ⑤ 팔꿈이 높이보다 20~30cm 정도 낮게

   ➡해설 입식 작업대 높이
      1. 정밀작업 : 팔꿈치 높이보다 5~10cm 높게 설계
      2. 일반작업 : 팔꿈치 높이보다 5~10cm 낮게 설계
      3. 힘든작업(重작업) : 팔꿈치 높이보다 10~20cm 낮게 설계


81. 다음 중 반응시간이 제일 빠른 감각기능은?
   ① 청각                    ② 촉각
   ③ 시각                    ④ 미각
   ⑤ 통각

   ➡해설 감각기관의 자극에 대한 반응시간(Reaction Time)
      청각(0.17초) > 촉각(0.18초) > 시각(0.20초) > 미각(0.29초) > 통각(0.70초)

82. 다음 중 경고등의 설계지침으로 가장 적절한 것은?
① 1초에 한 번씩 점멸시킨다.
② 일반 시야 범위 밖에 설치한다.
③ 배경보다 2배 이상의 밝기를 사용한다.
④ 일반적으로 2개 이상의 경고등을 사용한다.
⑤ 주의를 끌기 위해서는 초당 1회의 점멸속도를 사용한다.

**해설** 경고등은 식별을 위해서 배경보다 밝게 해야 한다.
**신호 및 경고등**
1. 점멸속도 : 주의를 끌기 위해서는 초당 3~10회의 점멸속도에 지속시간은 0.05초 이상이 적당함
2. 배경 광(불빛) : 배경의 불빛이 신호등과 비슷할 경우 신호광 식별이 곤란함

83. 인간-기계체계의 신뢰도 유지방안 중 피드백 제어방식에 해당하는 것을 모두 고른 것은?

  ㄱ. 서보 메커니즘(servo mechanism)
  ㄴ. 프로세스 컨트롤(process control)
  ㄷ. 오토매틱 레귤레이션(automatic regulation)

① ㄱ  ② ㄴ
③ ㄱ, ㄷ  ④ ㄴ, ㄷ
⑤ ㄱ, ㄴ, ㄷ

**해설** 인간-기계체계(Human-machine System)는 어떠한 환경 속에서 인간과 기계가 특정한 목적을 수행하기 위하여 결합된 집합체를 말한다.

84. 다음 중 인간-기계 시스템에서 기계의 표시장치와 인간의 눈은 어느 요소에 해당하는가?
① 감지  ② 정보저장
③ 정보처리  ④ 행동기능
⑤ 의사결정

**해설** 인간의 눈은 감지기능에 해당된다.
**인간기계 체계의 기본기능**
1. 감지기능
2. 정보보관(정보저장)기능
3. 정보처리 및 의사결정 기능
4. 행동기능

# 산업재해 조사 및 원인 분석

1. 연평균 근로자 1,000명인 사업장에서 연간 3건의 재해가 발생하였다. 사망 1명, 50일 요양 1명, 30일 요양 2명이 발생했을 경우에 강도율은 얼마인가? (단, 연근로시간은 2,500시간으로 한다.)
   ① 2.04
   ② 3.04
   ③ 4.04
   ④ 5.04
   ⑤ 6.04

   ➡해설 강도율 = $\dfrac{\text{근로손실일수}}{\text{연근로시간수}} \times 1,000 = \dfrac{7,500+(50+30\times 2)\times \dfrac{300}{365}}{1,000\times 2,500}\times 1,000 = 3.04$

2. 다음 중 불안전한 행동에 해당되지 않는 것은?
   ① 안전장치를 해지한다.
   ② 작업장소의 공간이 부족하다.
   ③ 보호구를 착용하지 않고 작업한다.
   ④ 적재, 청소 등 정리 정돈을 하지 않는다.
   ⑤ 방호덮개를 해체한다.

   ➡해설 작업장소의 공간 부족 : 불안전한 상태

3. 국제노동기구(ILO)의 산업재해 정도 구분에서 부상 결과 근로자가 신체장해등급 제12급 판정을 받았다고 하면 이는 어느 정도의 부상을 의미하는가?
   ① 영구일부노동불능
   ② 영구전노동불능
   ③ 일시일부노동불능
   ④ 일시전노동불능
   ⑤ 구급처치상해

   ➡해설 노동불능상태의 구분
   1. 영구전노동불능 : 장해등급 1~3급
   2. 영구일부노동불능 : 장해등급 4~14급
   3. 일시전노동불능 : 장해가 남지 않는 휴업상해
   4. 일시일부노동불능 : 일시 근무 중에 업무를 떠나 치료를 받는 정도의 상해
   5. 구급처치상해 : 응급처치 후 정상작업을 할 수 있는 정도의 상해

4. A사업장의 도수율이 10이라 할 때 연천인율은 얼마인가?
   ① 2.4
   ② 5
   ③ 12
   ④ 18
   ⑤ 24

   ◈해설 연천인율＝도수율×2.4＝10×2.4＝24

5. 1일 근무시간이 9시간, 지난 한 해 동안 근무한 일수가 290일인 A사업장의 재해건수는 24건, 의사진단에 의한 총휴업일수는 3,650일이었다. 해당 사업장의 도수율과 강도율은 얼마인가?
   ① 도수율 : 0.02, 강도율 : 2.55
   ② 도수율 : 2.04, 강도율 : 0.26
   ③ 도수율 : 20.43, 강도율 : 0.26
   ④ 도수율 : 20.43, 강도율 : 2.55
   ⑤ 도수율 : 20.43, 강도율 : 0.02

   ◈해설 1. 도수율＝$\dfrac{재해건수}{연근로시간수}\times 10^6 = \dfrac{24}{45\times 290\times 9}\times 10^6 = 20.43$

   2. 강도율＝$\dfrac{근로손실일수}{연근로시간수}\times 1{,}000 = \dfrac{3{,}650\times 300/365}{450\times 290\times 9}\times 1{,}000 = 2.55$

6. 다음 중 부주의의 발생 원인별 대책방법이 올바르게 짝지어진 것은?
   ① 소질적 문제 – 안전교육
   ② 경험, 미경험 – 적성배치
   ③ 의식우회 – 작업환경 개선
   ④ 작업순서의 부적합 – 인간공학적 접근
   ⑤ 소질적 문제 – 상담

   ◈해설 부주의 발생원인 및 대책
   1. 외적원인 및 대책
      (1) 작업, 환경조건 불량 : 환경정비, 작업환경 개선
      (2) 작업순서의 부적당 : 작업순서 변경 및 인간공학적 접근
   2. 내적원인 및 대책
      (1) 소질적 문제 : 적성배치
      (2) 의식의 우회 : 상담
      (3) 경험・미경험 : 안전교육

7. 연평균 500명의 근로자가 근무하는 사업장에서 지난 한 해 동안 20명의 재해자가 발생하였다. 만약 이 사업장에서 한 작업자가 평생 동안 작업을 한다면 약 몇 건의 재해가 발생하겠는가? (단, 1인당 평생근로시간은 120,000시간으로 한다.)
① 1건
② 2건
③ 4건
④ 6건
⑤ 8건

> 해설 환산도수율 = $\dfrac{\text{재해건수}}{\text{연근로시간수}} \times \text{근로자1일평생근로시간수} = \dfrac{20}{500 \times 8 \times 300} \times 120{,}000 = 1.99$
> 그러므로 평생 동안 작업에서 약 2건의 재해가 발생한다고 볼 수 있다.

8. 종합재해지수(FSI)에 대한 설명으로 틀린 것은?
① 강도율과 도수율의 기하평균이다.
② 강도율을 도수율로 나눈 값의 제곱근이다.
③ 어떤 집단의 안전성적을 비교하는 수단으로 사용된다.
④ 재해의 빈도와 상해 정도의 강약을 종합하여 나타낸다.
⑤ 어느 그룹의 위험도를 비교하는 수단으로 사용된다.

> 해설 종합재해지수(FSI) = $\sqrt{\text{도수율} \times \text{강도율}}$

9. 시스템 안전성 확보를 위한 방법이 아닌 것은?
① 위험상태 존재의 최소화
② 중복(redundancy)설계의 배제
③ 안전장치의 채용
④ 경보장치의 채택
⑤ 인간공학적 설계의 적용

> 해설 시스템의 안전성 확보방법
> 1. 위험상태의 존재 최소화
> 2. 안전장치의 채용
> 3. 경보장치의 채택
> 4. 특수 수단 개발과 표식 등의 규격화
> 5. 중복(Redundancy)설계
> 6. 부품의 단순화와 표준화
> 7. 인간공학적 설계와 보전성 설계

10. 사고의 직접 원인 중 인적 요인에 해당하지 않는 것은?
   ① 불안전한 속도 조작
   ② 안전장치의 기능 제거
   ③ 운전 중 기계장치의 고장
   ④ 불안전한 인양 및 운반
   ⑤ 신호덮개의 제거

   ▶해설 운전 중 기계장치의 고장은 물적요인(불안전한 상태)이다.


11. 베어링을 생산하는 사업장에 300명의 근로자가 근무하고 있다. 1년에 21건의 재해가 발생하였다면 이 사업장에서 근로자 1명이 평생작업 시 약 몇 건의 재해를 당할 수 있겠는가? (단, 1일 8시간, 1년에 300일 근무, 평생근로시간은 10만 시간이다.)
   ① 1건　　　　　　　　　　② 3건
   ③ 5건　　　　　　　　　　④ 6건
   ⑤ 9건

   ▶해설 (1) 환산도수율 : 평생(근로시간 : 10만 시간) 작업시 발생하는 재해건수
   (2) 환산도수율 : 도수율 × $\frac{1}{10}$ = $\frac{재해건수}{연근로시간수}$ × $10^6$ × $\frac{1}{10}$
   　　　　　　　　　　= $\left(\frac{21}{300 \times 8 \times 300} \times 10^6\right) \times \frac{1}{10}$ = 2.92 ≒ 3건


12. A공장의 근로자수가 440명, 1일 근로시간이 7시간 30분, 연간 총근로일수는 300일, 평균출근율 95%, 총잔업시간이 10,000시간, 지각 및 조퇴시간 500시간일 때, 이 기간 중 발생한 재해는 휴업재해 4건, 불휴재해 6건이라고 한다. 이 공장의 도수율은 얼마인가?
   ① 0.11　　　　　　　　　② 4.26
   ③ 6.32　　　　　　　　　④ 9.76
   ⑤ 10.53

   ▶해설 도수율 = $\frac{재해건수}{연근로총시간수}$ × $10^6$
   　　　　　= $\frac{4+6}{(440 \times 7.5 \times 300 \times 0.95) + (10,000 - 500)}$ × $10^6$ = 10.53

제2과목 산업안전일반

13. 다음 중 재해조사의 목적에 해당되지 않는 것은?
　① 재해발생 원인 및 결함 규명　② 재해관련 책임자 문책
　③ 재해예방 자료수집　④ 동종재해 재발방지
　⑤ 유사재해 재발방지

　➡해설　재해조사의 목적
　　　1. 재해예방 자료수집
　　　2. 재해발생원인 및 결함규명
　　　3. 동종재해 및 유사재해의 재발방지(재해조사의 주목적)

14. 도수율이 24.5이고, 강도율이 2.15인 사업장이 있다. 이 사업장에 한 근로자가 입사하여 퇴직할 때까지는 며칠간의 근로손실일수가 발생하겠는가?
　① 2.45일　② 215일
　③ 2150일　④ 2450일
　⑤ 2500일

　➡해설　환산강도율＝강도율×100＝2.15×100＝215일

15. 산업재해의 분석 및 평가를 위하여 재해발생 건수 등의 추이에 대해 한계선을 설정하여 목표 관리를 수행하는 재해통계 분석기법은?
　① 폴리건(Polygon)
　② 관리도(Control Chart)
　③ 파레토도(Pareto Diagram)
　④ 특성요인도(Cause & Effect Diagram)
　⑤ 클로즈(Close) 분석도

　➡해설　재해의 통계적 원인분석방법
　　　관리도(Control Chart) : 재해발생 건수 등의 추이를 파악하여 목표관리를 행하는 데 필요한 월별 재해발생수를 그래프화하여 관리선을 설정 관리하는 방법

16. 산업안전보건법령상 대여자 등이 안전조치 등을 해야 하는 기계·기구·설비 및 건축물 등에 해당하는 것을 모두 고른 것은?

　　ㄱ. 타워크레인　　　　　ㄴ. 이동식 크레인
　　ㄷ. 고소작업대　　　　　ㄹ. 리프트

① ㄱ, ㄴ
② ㄷ, ㄹ
③ ㄱ, ㄴ, ㄹ
④ ㄴ, ㄷ, ㄹ
⑤ ㄱ, ㄴ, ㄷ, ㄹ

> **해설** 대여자 등이 안전조치 등을 해야 하는 기계·기구·설비 및 건축물 등
> 1. 사무실 및 공장용 건축물, 2. 이동식 크레인, 3. 타워크레인, 4. 불도저, 5. 모터 그레이더, 6. 로더, 7. 스크레이퍼, 8. 스크레이퍼 도저, 9. 파워 셔블, 10. 드래그라인, 11. 클램셸, 12. 버킷굴착기, 13. 트렌치, 14. 항타기, 15. 항발기, 16. 어스드릴, 17. 천공기, 18. 어스오거, 19. 페이퍼드레인머신, 20. 리프트, 21. 지게차, 22. 롤러기, 23. 콘크리트 펌프, 24. 고소작업대, 25. 그 밖에 산업재해보상보험 및 예방심의위원회 심의를 거쳐 고용노동부장관이 정하여 고시하는 기계, 기구, 설비 및 건축물 등

17. 도수율이 11.65인 사업장의 연천인율은 약 얼마인가?

① 23.96
② 25.76
③ 27.96
④ 30.36
⑤ 33.96

> **해설** 연천인율 = 도수율 × 2.4 = 11.65 × 2.4 = 27.96

18. K사업장의 근로자가 90명이고, 3건의 재해가 발생하여 5명의 사상자가 발생하였다면 이 사업장의 도수율은 약 얼마인가? (단, 1인 1일 9시간씩 연간 300일을 근무하였다.)

① 12.35
② 13.89
③ 20.58
④ 34.58
⑤ 55.56

> **해설** 도수율 = $\dfrac{\text{재해건수}}{\text{연근로시간수}} \times 10^6 = \dfrac{3}{90 \times 9 \times 300} \times 10^6 = 12.35$

## 제2과목 산업안전일반

**19.** 다음 중 재해의 발생형태에 해당하지 않는 것은?
① 낙하 · 비래
② 협착
③ 이상온도 노출
④ 골절
⑤ 충돌

➡해설 골절은 상해종류이다.

**20.** 재해코스트 산정에 있어 시몬즈(R. H. Simonds)방식에 의한 재해코스트 총액을 올바르게 나타낸 것은?
① 직접비+간접비
② 직접비+비보험코스트
③ 보험코스트+비보험코스트
④ 보험코스트+사업부보상금 지급액
⑤ 간접비+비보험코스트

➡해설 시몬즈방식에 의한 재해코스트 산출방식
총재해 cost = 보험 cost + 비보험 cost
[비보험 cost = (A×휴업상해건수) + (B×통원상해건수) + (C×응급조치건수) + (D×무상해사고건수)]
여기서, A, B, C, D는 상해정도별에 따른 비보험 cost의 평균치

**21.** 상시근로자를 400명 채용하고 있는 사업장에서 주당 40시간씩 1년간 50주를 작업하는 동안 재해가 180건 발생하였고, 이에 따른 근로손실일수가 780일이었다. 이 사업장의 강도율은 약 얼마인가?
① 0.45
② 0.75
③ 0.98
④ 1.95
⑤ 2.15

➡해설 강도율 = $\dfrac{\text{근로손실일수}}{\text{연근로시간수}} \times 1{,}000 = \dfrac{780}{400 \times 40 \times 50} \times 1{,}000 = 0.98$

22. A사업장의 연천인율이 10.8이었다면 이 사업장의 도수율은 약 얼마인가?
   ① 5.4
   ② 4.5
   ③ 3.7
   ④ 1.8
   ⑤ 0.7

   ➡해설 도수율 = $\dfrac{연천인율}{2.4} = \dfrac{10.8}{2.4} = 4.5$

23. 근로자 280명의 사업장에서 1년 동안 사고로 인한 근로 손실일수가 190일, 휴업일수가 28일이었다. 이 사업장의 강도율은 약 얼마인가?
   ① 0.28
   ② 0.32
   ③ 0.38
   ④ 0.43
   ⑤ 0.56

   ➡해설 $\dfrac{근로손실일수}{연평균근로시간} \times 1{,}000 = \dfrac{(190 + 28 \times 300 \div 365)}{280 \times 8 \times 300} \times 1{,}000 = 0.317 ≒ 0.32$

24. 중대재해로 인하여 사망사고가 발생시 근로손실일수는 얼마로 산정하는가? (단, ILO의 산정 기준을 따른다.)
   ① 3,000일
   ② 4,000일
   ③ 5,500일
   ④ 7,000일
   ⑤ 7,500일

   ➡해설 사망 및 영구전노동불능(장애등급 1~3급) : 7,500일

25. 하인리히 재해코스트 중 직접비로 볼 수 없는 것은?
   ① 치료비
   ② 재해급여
   ③ 생산손실비
   ④ 장의비
   ⑤ 유족보상비

➡해설 직접비
법령으로 정한 피해자에게 지급되는 산재보험비
1. 휴업보상비   2. 장해보상비
3. 요양보상비   4. 유족보상비   5. 장의비

26. 도수율이 12.5인 사업장에서 근로자 1명에게 평생 동안 약 몇 건의 재해가 발생하겠는가? (단, 평생근로연수는 40년, 평생근로시간은 잔업시간 4,000시간을 포함하여 80,000시간으로 가정한다.)
① 1
② 2
③ 4
④ 8
⑤ 12

➡해설 환산도수율 = 도수율 $\times \frac{1}{10}$ = $12.5 \times \frac{1}{10}$ = 1.25
그러므로 평생 동안 약 1건의 재해가 발생한다.

27. 재해 조사과정에서 수행해야 할 절차 내용을 순서대로 옳게 나열한 것은?

ㄱ. 근본적 문제점 결정
ㄴ. 4M 모델에 따른 기본 원인파악
ㄷ. 5W1H 원칙에 따른 사실 확인
ㄹ. 불안전 상태와 불안전 행동에 해당하는 직접 원인 파악

① ㄱ → ㄴ → ㄷ → ㄹ
② ㄴ → ㄱ → ㄷ → ㄹ
③ ㄷ → ㄴ → ㄹ → ㄱ
④ ㄷ → ㄹ → ㄴ → ㄱ
⑤ ㄹ → ㄷ → ㄱ → ㄴ

➡해설 재해조사에서 방지대책까지의 순서(재해사례연구)
1단계 : 사실의 확인(① 사람 ② 물건 ③ 관리 ④ 재해발생까지의 경과)
2단계 : 직접원인과 문제점의 확인
3단계 : 근본 문제점의 결정
4단계 : 대책의 수립
① 동종재해의 재발방지
② 유사재해의 재발방지
③ 재해원인의 규명 및 예방자료 수집

28. 종업원 1,000명이 근무하는 S사업장의 강도율이 0.40이었다. 이 사업장에서 연간 재해발생으로 인한 근로손실일수는 총 며칠인가?
   ① 480
   ② 720
   ③ 960
   ④ 1,024
   ⑤ 1,440

   **해설** 강도율 = $\dfrac{근로손실일수}{연근로시간수} \times 1,000$ 이므로 $0.40 = \dfrac{근로손실일수}{1,000 \times 2,400} \times 1,000$

   따라서 근로손실일수는 960일이다.

29. 연간 근로자수가 1,000명인 A 공장의 도수율이 10이었다면 이 공장에서 연간 발생한 재해건수는 몇 건인가?
   ① 20건
   ② 22건
   ③ 24건
   ④ 26건
   ⑤ 28건

   **해설** 연천인율 = 도수율 × 2.4 = 10 × 2.4 = 24건

30. 다음 중 재해조사 시 유의사항에 관한 설명으로 틀린 것은?
   ① 사실을 있는 그대로 수집한다.
   ② 조사는 2인 이상이 실시한다.
   ③ 기계설비에 관한 재해요인만 직접적으로 도출한다.
   ④ 목격자의 증언 등 사실 이외의 추측의 말은 참고로만 한다.
   ⑤ 조사는 신속하게 행하고 긴급 조치하여 2차 재해의 방지를 도모한다.

   **해설** 사람, 기계 설비 등의 재해요인을 모두 도출한다.

31. 신뢰성 수명분포 중 지수분포에 관한 내용으로 옳은 것을 모두 고른 것은?

　　ㄱ. 우발적인 고장을 다루는 데 적합하다.
　　ㄴ. 무기억성(memoryless property)을 갖는다.
　　ㄷ. 평균(mean)이 중앙값(median)보다 작다.

① ㄱ　　　　　　　　　　　② ㄷ
③ ㄱ, ㄴ　　　　　　　　　 ④ ㄴ, ㄷ
⑤ ㄱ, ㄴ, ㄷ

➡해설 1. 지수분포는 분포는 오른쪽으로 비대칭이므로 최빈치<중앙값<평균
　　　　2. 연속형분포 가운데 무기억성을 가지는 분포는 지수분포가 유일하고, 이산형 분포 가운데는 기하분포가 무기억성을 가지며, 우발적인 고장이 대부분이다.

32. 재해분석도구 가운데 재해발생의 유형을 어골상으로 분류하여 분석하는 것은?
① 파레토도　　　　　　　　② 특성요인도
③ 관리도　　　　　　　　　④ 클로즈분석
⑤ 체크시트

➡해설 특성 요인도
　　　　특성과 요인관계를 도표로 하여 어골상으로 세분화한 분석법

33. A 사업장에서는 450명 근로자가 1주일에 40시간씩, 연간 50주를 작업하는 동안에 18건의 재해가 발생하여 20명의 재해자가 발생하였다. 이 근로시간 중에 근로자의 6%가 결근하였다면 이 사업장의 도수율은 약 얼마인가?
① 20.00　　　　　　　　　② 21.28
③ 23.64　　　　　　　　　④ 33.28
⑤ 44.44

➡해설 도수율 = $\dfrac{\text{재해발생건수}}{\text{연근로총시간수}} \times 10^6 = \dfrac{18}{(450 \times 40 \times 50 \times 0.94)} \times 10^6 ≒ 21.28$

34. 다음 중 재해발생 시 긴급처리의 조치순서로 가장 적절한 것은?
   ① 기계정지 - 현장보존 - 피해자 구조 - 관계자 통보
   ② 현장보존 - 관계자 통보 - 기계정지 - 피해자 구조
   ③ 피해자 구조 - 현장보존 - 기계정지 - 관계자 통보
   ④ 피해자 구조 - 기계정지 - 관계자 통보 - 현장보존
   ⑤ 기계정지 - 피해자 구조 - 관계자 통보 - 현장보존

   ➡해설 긴급처리 조치순서
   1) 피재기계의 정지 및 피해확산 방지
   2) 피재자의 응급조치
   3) 관계자에게 통보
   4) 2차 재해방지
   5) 현장보존

35. 2,500명의 근로자가 근무하는 사업장의 재해율(천인율)은 1.6, 도수율은 0.8, 강도율은 1.2이었다. 이 사업장의 연간 재해발생건수와 근로손실일수로 옳은 것은? (단, 1일 8시간, 연간 250일 근무하는 것으로 가정한다.)
   ① 재해발생건수 : 4건, 근로손실일수 : 4,000일
   ② 재해발생건수 : 4건, 근로손실일수 : 6,000일
   ③ 재해발생건수 : 6건, 근로손실일수 : 6,000일
   ④ 재해발생건수 : 6건, 근로손실일수 : 8,000일
   ⑤ 재해발생건수 : 8건, 근로손실일수 : 8,000일

   ➡해설 근로손실일수 $= \dfrac{강도율 \times 연근로시간수}{1,000} = \dfrac{1.2 \times 2,500 \times 8 \times 250}{1,000} = 6,000$

   재해발생건수 $= \dfrac{도수율 \times 연근로시간수}{1,000,000} = \dfrac{0.8 \times 2,500 \times 8 \times 250}{1,000,000} = 4$

## 제2과목 산업안전일반

**36.** 재해발생 시의 조치순서 중 재해조사 단계에서 실시하는 내용으로 옳은 것은?
① 현장보존
② 관계자에게 통보
③ 잠재위험요인의 색출
④ 피재자의 응급조치
⑤ 대책수립

➡해설 재해발생 시의 조치사항
1. 긴급처리
2. 재해조사(잠재위험요인의 색출)
3. 원인강구 : 원인분석(사람, 물체, 관리)
4. 대책수립
5. 대책실시계획
6. 실시
7. 평가

**37.** 1,000명의 근로자가 근무하는 금속제품 제조업체에서 연간 100건의 재해가 발생하였다. 이 가운데 근로자들이 질병, 기타 사유로 인하여 총근로시간 중 3%가 결근하였다면 이 업체의 도수율은 약 얼마인가? (단, 근로자는 주당 48시간, 연간 50주를 근무하였다.)
① 31.67
② 32.96
③ 41.67
④ 42.96
⑤ 44.67

➡해설 도수율 $= \dfrac{\text{재해건수}}{\text{연근로시간수}} \times 10^6 = \dfrac{100}{1,000 \times 48 \times 50 \times 0.97} \times 10^6 = 42.96$

**38.** 강도율 5인 사업장에서 한 작업자가 평생 동안 작업을 한다면 산업재해로 인하여 근로손실을 당하는 일수는 며칠로 추정되겠는가? (단, 한 작업자의 평생근로시간은 100,000시간으로 가정한다.)
① 450
② 500
③ 550
④ 600
⑤ 650

➡해설 근로자가 입사하여 퇴직할 때까지 잃을 수 있는 근로손실일수는 환산강도율로 구한다.
환산강도율 = 강도율 × 100 = 5 × 100 = 500일

39. "미끄러운 기름이 흘러있는 복도 위를 걷다가 미끄러지면서 넘어져 기계에 머리를 부딪쳐서 다쳤다." 이러한 재해상황에 관한 내용으로 옳은 것은?
  ① 가해물 : 복도, 기인물 : 기름, 사고유형 : 추락
  ② 가해물 : 기름, 기인물 : 복도, 사고유형 : 끼임
  ③ 가해물 : 기계, 기인물 : 기름, 사고유형 : 전도
  ④ 가해물 : 기름, 기인물 : 기계, 사고유형 : 화재
  ⑤ 가해물 : 기계, 기인물 : 기름, 사고유형 : 감전

  해설

  | | |
  |---|---|
  | 기인물 | 직접적으로 재해를 유발하거나 영향을 끼친 에너지원(운동, 위치, 열, 전기 등)을 지닌 기계·장치, 구조물, 물체·물질, 사람 또는 환경 등 |
  | 2차 기인물 | 복합적 요인으로 발생된 재해에 있어서 기인물을 유발(가속화)시켰거나 재해 또는 특정물질에 노출을 유도한 것 즉, 간접적 영향을 끼친 물체, 사람, 에너지원, 환경요인 |
  | 가해물 | 근로자(사람)에게 직접적으로 상해를 입힌 기계, 장치, 구조물, 물체·물질, 사람 또는 환경 등 |

# 참고도서

1. 강성두 외 「산업안전기사」(예문사, 2012)
2. 강성두 외 「건설안전기사」(예문사, 2012)
3. 강성두 「산업기계설비기술사」(예문사, 2011)
4. 강성두 외 「기계제작기술사」(예문사, 2010)
5. 강성두 외 「산업안전보건법령집」(예문사, 2012)
6. 강성두 외 「기계안전기술사」(예문사, 2012)
7. 김두현 외 「최신전기안전공학」
    (신광문화사, 2008)
8. 김두현 외 「정전기안전」(동화기술, 2001)
9. 송길영 「최신송배전공학」(동일출판사, 2007)
10. 한경보 「최신 건설안전기술사」(예문사, 2007)
11. 이호행 「건설안전공학 특론」
    (서초수도건축토목학원, 2005)
12. 한국산업안전보건공단 「거푸집동바리 안전작업 매뉴얼」(대한인쇄사, 2009)
13. 한국산업안전보건공단 「만화로 보는 산업안전·보건기준에 관한 규칙」(안전신문사, 2005)
14. 유철진 「화공안전공학」(경록, 1999)
15. DANIEL A. CROWL 외 「화공안전공학」
    (대영사, 1997)
16. 조성철 「소방기계시설론」(신광문화사, 2008)
17. 현성호 외 「위험물질론」(동화기술, 2008)
18. Charles H. Corwin 「기초일반화학」
    (탐구당, 2000)
19. 김병석 「산업안전관리」(형설출판사, 2005)
20. 이진식 「산업안전관리공학론」
    (형설출판사, 1996)
21. 김병석·성호경·남재수 「산업안전보건 현장실무」(형설출판사, 2000)
22. 정국삼 「산업안전공학개론」(동화기술, 1985)
23. 김병석 「산업안전교육론」(형설출판사, 1999)
24. 기도형 「(산업안전보건관리자를 위한)인간공학」
    (한경사, 2006)
25. 박경수 「인간공학, 작업경제학」
    (영지문화사, 2006)
26. 양성환 「인간공학」(형설출판사, 2006)
27. 정병용·이동경 「(현대)인간공학」
    (민영사, 2005)
28. 김병석·나승훈 「시스템안전공학」
    (형설출판사, 2006)
29. 갈원모 외 「시스템안전공학」(태성, 2000)
30. 김광종 등 7 「산업위생관리」(신광출판사, 2000)
31. 백남원 「산업위생학개론」(신광출판사, 1966)
32. 이종태 등 4 「알기쉬운 산업보건학」
    (고려의학, 2004)
33. 고용노동부 「화학물질 및 물리적 인자의 노출기준」(2011)
34. 고용노동부 「작업환측정 및 측정기관 평가 등에 관한 고시」(2011)
35. 김태형, 김현욱, 박동욱 「산업환기」
    (신광출판사, 1999)
36. 백남원, 박동욱, 윤충식 「작업환경측정 및 평가」
    (신광출판사, 1997)
37. 역자 노재훈 등 11 「작업장 노출평가와 관리」
    (군자출판사, 2001)
38. 조영일 「인간공학(제 7판)」(대영사, 1998)
39. 한돈희, 정춘화 「산업보건위생」
    (신광문화사, 2011)

# 저자소개

### 김병진(金柄鎭)

<약력>
- 전남대학교 법과대학 졸업
- 숭실대학교 노사관계대학원 졸업
- 서울대학교 공기업최고경영자 과정 수료
- 산업안전보건법령 전면 개정 작업시 실무자
- 1995년 국무총리실 안전관리자문위원회 전문위원
- 국무총리 표창 수상(안전관리공로)
- 대학/기업체/공단교육원 산업안전보건법령 강의
- 한국산업안전보건공단 안전경영정책연구실장
  전북지도원장/경영기획실장/교육문화국장
- 한국산업안전보건공단 본부장(現在)

<저서>
- 산업안전보건법 이론 및 해설(지구문화사)
- 산업안전보건법요론(도서출판 건설도서)
- 산업안전보건법 개론(노문사)
- 산업안전보건법령집(예문사)
- 안전을 넘어 행복으로(예문사)

### 김동섭(金東燮)

<약력>
- 기계안전기술사, 산업안전지도사
- ISO45001, KOSHA-MS 심사원
- 경기도안전관리자문위원
- (주)디에스산업안전컨설팅 대표

<저서>
- 산업안전기사(예문사)
- 산업안전산업기사(예문사)

### 김희권(金羲權)

<약력>
- 산업안전기사, 건설안전기사
- 숭실대학교 대학원(현)

<저서>
- 산업안전보건법령(예문사)
- 산업안전지도사(예문사)

산업안전지도사 1차
# ② 산업안전일반

**발행일** | 2022년 08월 05일 초판 발행

**저 자** | 김병진·김동섭·김희권
**발행인** | 정용수
**발행처** | (주)예문아카이브

**주 소** | 서울시 마포구 동교로 18길 10 2층
**T E L** | 02) 2038-7597
**F A X** | 031) 955-0660
**등록번호** | 제2016-000240호

- 이 책의 어느 부분도 저작권자나 발행인의 승인 없이 무단 복제하여 이용할 수 없습니다.
- 파본 및 낙장은 구입하신 서점에서 교환하여 드립니다.
- 홈페이지 http://www.yeamoonedu.com

정가 : 31,000원

ISBN 979-11-6386-103-4  13530